Thomas Trapp



# MOTORRAD OLDTIMER KATALOG

HEEL

# IMPRESSUM

**HEEL Verlag GmbH**
**Gut Pottscheidt**
**53639 Königswinter**
**Tel.: 0 22 23 / 92 30 - 0**
**Fax: 0 22 23 / 92 30 26**
**E-Mail: info@heel-verlag.de**
**Internet: www.heel-verlag.de**



Chefredaktion: Thomas Trapp

Bildnachweis:
WK Verlag, Archiv Kurt Krulik, Frank Ratering, Archiv Stefan Knittel, BMW Archiv, Harley-Davidson, Honda, Jürgen Mainx, Udo Riegel, Archiv Thomas Trapp, Archiv des Veteranen Fahrzeug Verbandes

Titelbild: Frank Ratering

Satz & Layout: Collibri-Prepress GmbH, Königswinter

Litho: Collibri-Prepress GmbH, Königswinter

Anzeigenleitung: Daniela Buschky
Es gilt die Preisliste Nr. 10/01.01.2003



Printed and bound in Germany

ISBN 3-89880-099-7

Thomas Trapp

# MOTORRAD OLDTIMER KATALOG

HEEL

# INHALTSVERZEICHNIS


Vorwort des Autors ... 9
Wie Sie diesen Katalog benutzen ... 10
Kleines Technik-Lexikon ... 11
Adler 1902–1957 ... 15
Aermacchi 1951–1978 ... 17
AJS 1909–1969 ... 18
Ardie 1919–1958 ... 20
Ariel 1898–1965 ... 22
AWO (Simson) 1936–1961 ... 24
Benelli 1921–1989 ... 25
BMW 1923–1929 ... 26
BMW 1929–1942 ... 27
BMW 1936–1944 ... 28
BMW 1948–1966 ... 29
BMW 1950–1969 ... 30
BMW 1969–heute ... 30
Böhmerland 1925–1952 ... 31
Brough Superior 1921–1940 ... 32
BSA 1910–1945 ... 33
BSA 1946–1973 ... 34
Bücker 1922–1955 ... 37
Bultaco 1958–1982 ... 38
Calthorpe 1911–1939 ... 39
Condor 1901–1978 ... 39
Cotton 1920–1976 ... 40
CZ 1931–1997 ... 41
DKW 1919–1944 ... 42
DKW 1949–1958 ... 44
Douglas 1907–1957 ... 45
D-Rad 1923–1933 ... 46
Ducati 1926–heute ... 46
Dürkopp 1899–1961 ... 48
EMW 1945–1955 ... 49
Express 1900–1959 ... 50
FN 1901–1965 ... 52
Garelli 1919–1979 ... 53
Gilera 1909–1995 ... 53
Gillet 1919–1959 ... 55
Gnome et Rhône 1919–1959 ... 57
Göricke 1903–1959 ... 58
Goggo (Glas) 1951–1956 ... 58
Harley-Davidson, wechsel- und seitengesteuert 1903–1951 ... 59
Harley-Davidson 1936–heute ... 60
Harley-Davidson Sportster 1952–heute ... 62
Hecker 1922–1956 ... 63
Heinkel 1953–1965 ... 64
Henderson 1911–1931 ... 64
Hercules 1904–1979 ... 65
Hoffmann 1948–1954 ... 67
Honda 1946–heute ... 68
Horex 1923–1939 ... 69
Horex 1948–1956 ... 70
HRD 1924–1939 ... 72
IFA 1950–1955 ... 73
Imme 1948–1951 ... 73
Imperia 1925–1935 ... 74
Indian 1901–1953 ... 75
Jawa 1929–heute ... 77
Kawasaki 1960–heute ... 79
Kreidler 1951–1982 ... 81
KTM 1953–heute ... 81
Lambretta 1947–1971 ... 82
Laverda 1949–1986 ... 83
Mabeco 1922–1927 ... 85
Magnat-Debon 1906–1957 ... 86
Maico 1933–1983 ... 86
Mars 1898–1958 ... 88
Matchless 1902–1969 ... 89
Miele 1931–1961 ... 92

Mondial 1948–1985 .......... 93
Monet-Goyon 1917–1959 .......... 93
Montesa 1945–heute .......... 94
Morini 1937–1991 .......... 95
Motobécane 1924–1986 .......... 99
Motobi 1950–1973 .......... 100
Moto Guzzi 1921–1945 .......... 101
Moto Guzzi 1946–heute .......... 103
Motosacoche 1900–1956 .......... 105
Münch 1966–1976 .......... 106
MV Agusta
Ein- und Zweizylinder 1946–1975 .......... 108
MV Agusta Vierzylinder 1965–1977 .......... 110
MZ 1956–heute .......... 111
Neander 1924–1949 .......... 113
New Hudson 1902–1958 .......... 114
New Imperial 1910–1939 .......... 114
Nimbus 1918–1960 .......... 115
Norton 1902–1945 .......... 116
Norton 1946–heute .......... 119
NSU 1900–1945 .......... 120
NSU 1946–1964 .......... 123
Opel 1901–1930 .......... 126
Peugeot 1899–heute .......... 128
Puch 1903–1987 .......... 129
Rabeneick 1934–1957 .......... 130
Rickman 1959–1984 .......... 131
Rixe 1933–1985 .......... 132
RMW Phönix 1925–1957 .......... 133
Royal Enfield 1901–1945 .......... 134
Royal Enfield 1946–heute .......... 134
Rudge 1910–1939 .......... 136
Rumi 1950–1961 .......... 137
Sanglas 1945–1981 .......... 138
Saroléa 1902–1962 .......... 139
Schüttoff 1924–1930 .......... 140
Scott 1898–1979 .......... 140
Standard 1926–1949 .......... 141
Sunbeam 1913–1957 .......... 142
Suzuki 1952–heute .......... 143
Terrot 1902–1957 .......... 144
Tornax 1926–1955 .......... 146
Triumph (D) 1903–1943 .......... 147
Triumph (D) 1948–1957 .......... 149
Triumph (GB) Einzylinder 1902–1970 .......... 150
Triumph (GB)
Zwei-und Dreizylinder .......... 151
UT 1922–1962 .......... 154
Velocette 1905–1971 .......... 155
Vespa 1946–heute .......... 157
Victoria 1901–1945 .......... 157
Victoria 1948–1958 .......... 159
Vincent 1946–1955 .......... 161
Wanderer 1902–1943 .......... 162
Yamaha 1955–heute .......... 163
Zündapp 1921–1950 .......... 166
Zündapp 1950–1984 .......... 168
Appendix .......... 170
· Villiers-Motoren .......... 171
· MAG-Motoren .......... 173
· JAP-Motoren .......... 176
· Blackburne-Motoren .......... 178
· Küchen (K)-Motoren .......... 181
· ILO-Motoren .......... 183
· Sachs-Motoren .......... 187
· Rex-Motoren .......... 190

· Tipps zur Vergasereinstellung .......... 191
· Tipps zur Zündeinstellung .......... 192
· Tipps zur Schmierung .......... 193

# Motorrad-Bücher bei HEEL

**Lust auf... (1. Aufl.):**
je 96 Seiten, mind. 20 farb. Abb., 110 x 192 mm, Paperback,
**je € (D) 9,– / € (A) 9,30 / CHF 16,–**

**Bestell-Nr.: 065-123**

**Bestell-Nr.: 065-125**

**Bestell-Nr.: 065-122**

**Bestell-Nr.: 065-121**

**Bestell-Nr.: 065-127**

**Lust auf... (2. Aufl.):**
je 96 Seiten, durchgehend farbig, 148 x 210 mm, Paperback,
**je € (D) 11,– / € (A) 11,40 / CHF 19,10**

**Bestell-Nr.: 065-131**

**Bestell-Nr.: 065-133**

**Bestell-Nr.: 065-213**

**Bestell-Nr.: 065-118**

**€ (D) 16,–**
**€ (A) 16,50**
**CHF 27,50**
**Bestell-Nr.: 065-114**

**In Deutschland unterwegs:**
je 96 Seiten, durchgehend farbig, 148 x 210 mm, Paperback,
**je € (D) 11,– / € (A) 11,40 / CHF 19,10**

**Bestell-Nr.: 065-130**

**Bestell-Nr.: 065-126**

**Bestell-Nr.: 065-119**

**Bestell-Nr.: 065-115**

**Bestell-Nr.: 065-129**

**Bestell-Nr.: 065-216**

**Bestell-Nr.: 065-128**

**Auszeit**
318 Seiten, zwei je 8-seitige Farbstrecken, 145 x 220 mm, gebunden mit Schutzumschlag
**€ (D) 22,–**
**€ (A) 22,70**
**CHF 37,10**
**Bestell-Nr.: 065-132**

**7 Kontinente**
320 Seiten, 2 Farbstrecken à 8 Seiten, 145 x 220 mm, gebunden mit Schutzumschlag
**€ (D) 22,–**
**€ (A) 22,70**
**CHF 37,10**
**Bestell-Nr.: 065-138**

**Bennat Beiker: „Hömma, Kalle ...“**
Motorrad-Geschichten aus dem Ruhrpott
208 Seiten, mit ca. 20 s/w-Abb., 120 x 187 mm, Paperback
**€ (D) 10,–**
**€ (A) 10,30**
**CHF 17,70**
**Bestell-Nr.: 065-144**

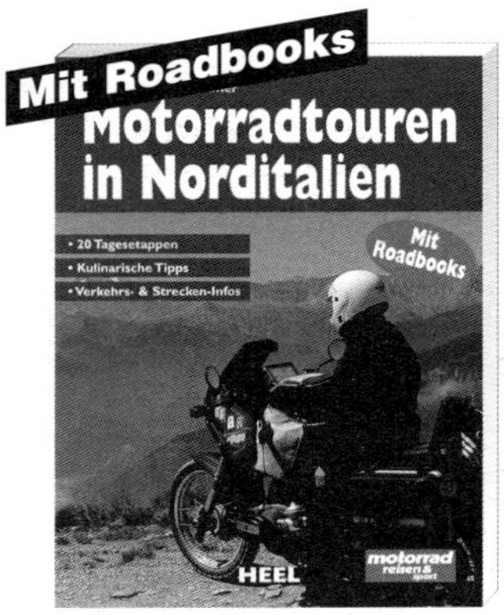


**Motorradtouren in Norditalien**
128 Seiten, ca. 100 farb. Abb. und Skizzen, 160 x 215 mm, Paperback
**€ (D) 16,95 / € (A) 17,50 / CHF 29,–**
**Bestell-Nr.: 665-132**

**Motorradtraum Alpen**
2160 km mit dem Motorrad über die schönsten Passstrassen der Alpen
144 Seiten, farb. Abb., 220 x 265 mm, gebunden
**statt € (D) 20,– nur noch:**
**€ (D) 9,95 / € (A) 10,30 / CHF 17,50**
**Bestell-Nr.: 650-843**

**Enduro Atlas**
192 Seiten, ca. 120 farb. Abb. u. 60 Skizzen,
158 x 264 mm, gebunden mit perforierten Tourenkarten
**(Komplettpreis der Originalausgaben € 40,85)**
**€ (D) 22,– / € (A) 22,70 / CHF 37,–**
**Bestell-Nr.: 025-081**

**Route 66**
Auf der Traumstraße mit der Harley-Davidson
144 Seiten, ca. 300 farbige Abbildungen, 270 x 370 mm, gebunden mit Schutzumschlag
**€ (D) 39,90 / € (A) 41,10 / CHF 67,–**
**Bestell-Nr.: 650-780**

**BMW Motorradklassiker**
Von der R 32 bis zur „neuen Generation“
260 Seiten, ca. 50 s/w- und 250 farb. Abb., 206 x 229 mm, gebunden
**€ (D) 19,95 / € (A) 20,50 / CHF 33,70**
**Bestell-Nr.: 665-080**

**Ducati – Supersport**
160 Seiten, über 200 Farbfotos, 200 x 265 mm, gebunden mit Schutzumschlag
**€ (D) 25,50 / € (A) 26,30 / CHF 43,–**
**Bestell-Nr.: 650-781**

**Moto Guzzi**
128 Seiten, 116 überwiegend farb. Abb., 210 x 270 mm, gebunden
**€ (D) 25,50 / € (A) 26,30 / CHF 43,–**
**Bestell-Nr.: 650-763**

**Die Kawasaki Story**
176 Seiten, ca. 300 teilw. farb. Abb., 215 x 280 mm, gebunden mit Schutzumschlag
**€ (D) 25,50 / € (A) 26,30 / CHF 43,–**
**Bestell-Nr.: 650-924**

**IFA-/MZ-Renngeschichte**
224 Seiten, ca. 300 teils farbige Abbildungen, 230 x 275 mm, gebunden mit Schutzumschlag
**€ (D) 39,90 / € (A) 41,10 / CHF 67,–**
**Bestell-Nr.: 665-011**

**NSU – Der Weg zur Motorrad-Weltmeisterschaft**
200 Seiten, ca. 400 teils farb. Abb., 230 x 275 mm, gebunden mit Schutzumschlag
**€ (D) 39,90 / € (A) 41,10 / CHF 67,–**
**Bestell-Nr.: 665-116**

**Neander – Ernst Neumann Neander und seine Fahrmaschinen**
224 Seiten, ca. 300 z.T. farbige Abb., 230 x 275 mm, geb. mit Schutzumschlag
**€ (D) 39,90 / € (A) 41,10 / CHF 67,–**
**Bestell-Nr.: 665-041**

**Handbuch Praktische Motorrad-Technik**
336 Seiten, viele Abb. und Skizzen, 155 x 225 mm, Paperback
**€ (D) 12,50 / € (A) 12,90 / CHF 21,90**
**Bestell-Nr.: 065-429**

**Motorrad-Restaurierung**
180 Seiten, ca. 300 größtenteils farbige Abbildungen, 210 x 297 mm, gebunden
**€ (D) 25,50 / € (A) 26,30 / CHF 43,–**
**Bestell-Nr.: 650-842**

**Das neue Nürburgring Fahrer-Handbuch**
Der Erfolgstitel erscheint komplett überarbeitet und aktualisiert in neuer optischer Aufmachung. Ulrich Thomson, (erfahrener Instruktor bei Sicherheitstrainigs,) hat die Nürburgring-Nordschleife, (noch immer das Dorado für ambitionierte Motorrad- und Autofahrer,) wieder ganz neu Abschnitt für Abschnitt seziert und gibt dem interessierten Leser einen detaillierten Einblick in die strecken- und fahrtechnischen Feinheiten der „Grünen Hölle". Ziel ist hier nicht die absolute Rundenbestzeit, sondern die sichere Beherrschung dieser nach wie vor schwierigsten Rennstrecke der Welt. (Denn: Wem die Nordschleife auf zwei Rädern keine Rätsel mehr aufgibt, der ist auch gewappnet für die Herausforderung des Alltagsverkehrs.)
ca. 152 Seiten, ca. 180 Abbildungen und Zeichnungen, 165 x 250 mm, Paperback

**ca. € (D) 14,95 / € (A) 15,40 / CHF 25,90**
**Bestell-Nr.: 665-149**
erscheint: April 2003

**Dirk Wildschrei's großes gelbes MZ-Schrauberbuch**
Vom richtigen Umgang mit den Zschopauer Zweitaktern Nach wie vor haben die simplen und robusten MZ-Motorräder in Deutschland eine riesige Fangemeinde – keine andere Gebrauchtmaschine wird so oft verkauft. Doch trotz ihrer einfachen Machart verlangen die Zschopauer Zweitakter eine kundige Hand im Alltag. MZ-Urgestein Dirk Waldschrei (gibt in seinem Buch nun praktische Lebenshilfe: Es) bietet fachlich kompetenten Rat bei Kauf, Wartung Reparatur, beginnend bei den IFA/MZ-Modellen der frühen Nachkriegszeit bis hin zu den letzten ETZ 251 und in einem Exkurs sogar zu den Viertaktern der frühen 90er Jahre.
ca. 256 Seiten, ca. 300 Abbildungen und Zeichnungen, ca. 165 x 250 mm, gebunden
**ca. € (D) 19,95 / € (A) 20,50 / CHF 33,70**
**Bestell-Nr.: 665-148**
erscheint: Mai 2003

**Oldtimer Katalog Nr. 17**
296 Seiten, ca. 1300 zum großen Teil farbige Abbildungen, 210 x 297 mm, Paperback
**€ (D) 17,90 / € (A) 18,40 / CHF 30,50**
**Bestell-Nr.: 665-130**

**Oldtimer-Adressen-Lexikon Nr. 12**
208 Seiten, 4.500 Adressen, 210 x 297 mm, Paperback
**€ (D) 10,– / € (A) 10,30 / CHF 17,60**
**Bestell-Nr.: 650-812**

# BESTELLUNGEN:


**TELEFON: (05 31) 79 90 79**
**FAX: (05 31) 79 59 39**
**E-Mail: service@heel-verlag.de**

**HEEL Verlag GmbH**
**Gut Pottscheidt**
**53639 Königswinter**

# VORWORT ZU DIESER NEUEN AUSGABE DES MOTORRAD-OLDTIMER-KATALOGES

Liebe Freunde historischer Motorräder,

Nun schon zum zweiten Mal habe ich die ehrenvolle Aufgabe den Motorrad-Oldtimer-Katalog für den Heel-Verlag zu überarbeiten.

Nachdem man ja als Einzelner ganz sicher keine vernünftige Bewertung historischer Motorräder nach Preis, Nachfragetrend oder Ersatzteilsituation geben kann, ist auch dieses Mal wieder ein Großteil der Marken auf Aktualität der Informationen von anerkannten Spezialisten, Interessengemeinschaften oder Markenclubs geprüft worden. Die Adresse der jeweiligen Fachleute sind am Ende der Marke aufgeführt (Bitte bei eventuellen Anfragen Rückporto nicht vergessen).

Etliche Änderungen sind auch in dieser Ausgabe eingeflossen und diverse Modelle bei den einzelnen Marken ergänzt worden, nachdem bereits im letzten Katalog alle Marken im Textteil komplett neu und nun umfassend beschrieben worden sind. Ein Großteil der Abbildungen wurde ebenfalls erneuert und nun dürfte auch dem letzten Zweifler klar geworden sein, dass der MOK inzwischen gänzlich überarbeitet ist.

Als Trend gegenüber der letzten Ausgabe ist eine Preissteigerung gerade bei restaurierten Modellen sowie bei den ohnehin eher hochpreisigen Marken wie MV Agusta, Brough Superior, Münch u.s.w. festzustellen. Aber auch der Bereich der Mopeds, Kleinkrafträder und Youngtimer-Maschinen japanischer Herkunft geraten immer weiter in stärkeres Interesse.

Viele Ersatzteilsituationen haben sich erneut verbessert; der Markt der Nachfertigungen bleibt bis hin zu seltenen Stücken für bspw. die „Weisse Mars“ im Aufschwung. Ganz sicher eine positive Entwicklung, die bei unseren Oldtimerfreunden in England ja schon lange vorbildlich gemeistert wird, denn unsere Schätzchen sollen ja nicht nur zum Anschauen sein.

Es würde uns sehr freuen, wenn der Katalog wieder den Neueinsteigern der Szene als Hilfsmittel dient um ein ausgewähltes Objekt besser bewerten zu können und die Möglichkeit eventuell nötiger Ersatzteilbeschaffungen zu verdeutlichen.

Und ich möchte persönlich all denen danken, die mich mit Ihren vielen Zuschriften, Anrufen und Gesprächen auf Veranstaltungen dazu ermutigt haben, den MOK auch dieses mal wieder zu überarbeiten.

Mit herzlichen Grüßen

Ihr

Thomas Trapp
Vizepräsident des Veteranen Fahrzeug Verbandes

# WIE SIE DIESEN KATALOG BENUTZEN

**Unterhalb der Marken- und Modellbeschreibungen finden Sie diese Felder, die Ihnen Aufschluss geben über**

## ADLER EINZYLINDER

| Modell | Baujahr | Zylinder | ccm | Steuerung | PS/min | Ersatzteilsituation | Nachfragetrend | Preise (EUR) |
|---|---|---|---|---|---|---|---|---|
| M 100 | 1949 - 55 | 1 | 98 | 2 Takt | 3,75/4800 | gut | stark ansteigend | 500 bis 3500 |
| M 125 | 1951 - 55 | 1 | 123 | 2 Takt | 5,6/5600 | gut | stark ansteigend | 900 bis 4000 |
| M 150 | 1952 - 53 | 1 | 147 | 2 Takt | 6,8/6100 | gut | gleichbleibend | 750 bis 4000 |
| MB 150 | 1954 | 1 | 148 | 2 Takt | 8,4/5800 | gut | gleichbleibend | 500 bis 4000 |
| M 2011 | 1954 - 55 | 1 | 198 | 2 Takt | 10,4/4760 | gut | leicht ansteigend | 750 bis 3500 |
| MB 201 | 1954 - 55 | 1 | 198 | 2 Takt | 10,4/4750 | gut | leicht ansteigend | 600 bis 3750 |

**Hubraum in cm$^3$**

**Leistung in PS bei U/min**

**Preisspannen von/bis in EUR**

**die auf dem Oldtimermarkt notierten Motorradmodelle in Kurzbezeichnung mit ihrem Baujahr**

**Beurteilung der Ersatzteilsituation schwach-sehr gut**

**Zahl der Zylinder**

**Einlass-steuerung**

**Beurteilung des Nachfragetrends gleichbleibend-stark ansteigend**

# KLEINES TECHNIKLEXIKON
# BEGRIFFE AUS DER OLDIEWELT

**Blockmotor** – moderne Motorbauweise, bei der Motor und Getriebe in einem gemeinsamen Gehäuse (Block) Platz finden. Der Blockmotor löste die Antriebsart mit getrennten Baugruppen ab, die durch einen separaten Primärantrieb verbunden wurden.

**Desmodromik** – bei der aufwändigen und wartungsintensiven, auch als Zwangssteuerung bezeichnete Ventil-Betätigung eines Viertaktmotors ersetzen separate Schließnocken auf der (n) Steuerwelle (n) und zusätzliche Kipphebel die sonst üblichen Federn zum Schließen der Ventile. Das zwangsweise, mechanische Schließen der Ventile unterbindet Ventil-Flattern und ermöglicht steile Nockenprofile.

**DOHC-Motor** – Viertaktmotor mit „double overhead camshaft" – zwei obenliegende Nockenwellen –, die direkt per Tassenstößel oder über kurze Schlepphebel die im Zylinderkopf hängenden Ventile betätigen.

**Doppelkolbenmotor** – Zweitaktmotor, bei dem zwei Kolben mit einem gemeinsamen Brennraum parallel auf einem Hubzapfen laufen. Bei diesem nach Gleichstromprinzip (keine Änderung des Gasstroms) arbeitenden Zweitakter obliegt einem Kolben die Steuerung der Spülschlitze, der andere regelt den Auslass. Ein Doppelkolbenzweitakter weist entweder ein Pleuel mit langem Kolbenbolzen (Prinzip Garelli, symmetrisches Steuerdiagramm, aber Trennung der Frisch- und Altgase) oder ein Gabel- beziehungsweise Anlenkpleuel auf, das dank Vor- respektive Nachbildung der Kolben zueinander ein asymmetrisches Steuerdiagramm erlaubt (Prinzip Buch). Das Gabelpeuel ist einteilig in Form einer Stimmgabel ausgeführt, das Anlenkpleuel besteht aus Haupt- und einem drehbar gelagerten Nebenpleuel.

**Doppelport-Motor** – Einzylindermotor, bei dem meist aus optischen Gründen, ungeachtet der Tatsache, ob ein oder zwei Auslaßkanäle vorhanden sind, zwei Auspuffrohre zum Einsatz kommen

**Drehschieber** – Einlasssteuerungseinrichtung von Zweitaktmotoren, die bei Rotation Öffnungen freigibt oder verschließt. Die Frischgaszufuhr wird dabei nicht nur durch die Unterkante des Kolbens, sondern auch über einen zwischen Kurbelgehäuse und Vergaser angeordneten Schieber in Platten- oder Walzenform gesteuert. Der mit Kurbelwellendrehzahl rotierende Drehschieber gibt den Zugang zum Kurbelgehäuse während der Unterdruck erzeugenden Aufwärtsbewegung des Kolbens frei. Die Anordnung und Form der Öffnungen im Drehschieber bestimmen Einlasszeitpunkt und -dauer, womit entscheidend die Leistungsentfaltung des Triebwerkes beeinflusst wird.

**Drehstabventilfeder** – platzsparende, auch Torsionsfeder genannte Form der Ventilschlussfeder bei Vierventilmotoren. Beim Öffnen des Ventils über einen Schlepphebel wird mit dem Ventil ein Gabelhebel nach unten bewegt. Dieser ist mit einem Hüllenrohr verbunden, in dem eine Feder liegt. Bei der Abwärtsbewegung des Ventils wird das Hüllenrohr verdreht und setzt die innenliegende Feder unter Spannung.

**Druidgabel** – Schwinghebel-Vorderradführung mit seitlich unterm Steuerkopf angeordneten Tonnen-Federn.

**Duplexkette** – als Primärantrieb verwendete doppelte Rollenkette, deren Hälften mittels durchgehender Nieten verbunden sind.

**Earles-Gabel** – eine von Ernie Earles entwickelte, geschobene Vorderrad-Langarmschwinge mit zwei Federbeinen, bei der die Schwingendrehpunkte außerhalb des Rades angeordnet waren, um eine steife Verbindung zwischen beiden Seiten zu erreichen.

**Flachkolben** – Kolben mit flachem beziehungsweise nur leicht konkav gewölbtem Kolbenboden. Diese thermisch und mechanisch gesunde und beim Viertaktmotor längst verbreitete Bauart ersetzte Anfang der 30er-Jahre mit Einführung der Umkehrspühlung beim Zweitaktmotor die Nasen und Stufenkolben. Letztere waren bis dahin zur Trennung von Frisch- und Altgasen im Zweitakter notwendig.

**Flat Twin** – im englischen Sprachraum gebräuchliche Bezeichnung für einen Zweizylinder-Boxermotor.

**Frischölschmierung** – übliche Bezeichnung für die Ölversorgung des Zweitaktmotors, bei der ungebrauchtes Öl dem Kraftstoff beigemischt (Mischungsschmierung) oder getrennt aus einem Vorratbehälter mittels Dosierpumpe (Getrenntschmierung) zugeteilt wird.

**Gabelpleuel** – siehe Doppelkolbenmotor

**Gegengesteuerter Motor** – siehe IOE-Steuerung

**Geradwegfederung** – gefederte Aufnahme des Hinterrades an senkrecht angeordneten, fest mit dem Rahmen verbundenen Federelementen. Die Radfederung erfolgt hier – im Gegensatz zum Kreisbogen der Hinterradschwinge – nur in horizontaler Richtung. Der Federweg ist sehr begrenzt, die Belastung des Antriebs hoch und das Ansprechen der Federung auf Fahrbahnstöße unzureichend.

**Geschobene Schwinge** – gefederte Radaufhängung, deren Federungsbewegung einen Kreisbogen beschreibt und deren Drehpunkt, in Fahrtrichtung gesehen, hinter der Radachse liegt.

**Getrenntschmierung** – siehe Frischölschmierung

**Gezogene Schwinge** – im Gegensatz zur geschobenen Schwinge liegt der Schwingendrehpunkt, in Fahrtrichtung gesehen, vor der Radachse.

**Gummifederung** – federnde Aufhängung der Laufräder, bei denen statt Schraubenfedern auf Zug- und Druck belastete Gummi-Elemente eingesetzt werden. Heute finden Gummi-Elemente in Kombination mit anderen Bauteilen – z.B. als Anschlaggummis in Stoßdämpfern – immer noch Verwendung.

**Hängende Ventile** – siehe OHV-Steuerung

**Hubzapfenversatz** – liegen bei einem Mehrzylindermotor die Zapfen der Kurbelwelle, auf denen die Pleuelfüße gelagert sind, nicht auf einer Ebene, spricht man von Hubzapfenversatz, der üblicherweise in Gradeinheiten von OT zu OT angegeben wird. Ein gegenläufiger Zweizylindermotor weist also 180 Grad Hubzapfenversatz auf. Beim klassischen Parallel-Twin mit 360 Grad Versatz liegen beide Zapfen auf einer Ebene.

**IOE-Steuerung** – Ventilanordnung beim Viertaktmotor. IOE steht für die englische Bezeichnung inlet over exhaust – Einlass über Auslass. dabei erfolgt die Steuerung – ausgehend von einer untenliegenden Nockenwelle – des im Zylinderkopf hängenden Einlassventils über Stößel, Stößelstange und Kipphebel. Das darunter stehend angeordnete Auslassventil wird unmittelbar von der Nockenwelle betätigt. Diese Mischform aus seiten- und kopfgesteuertem Motor wird auch als wechsel- oder gegengesteuerter Motor bezeichnet.

**Kettengetriebe** – Schaltgetriebe, bei dem statt der sonst gebräuchlichen Stirnradpaare mittels Duplexketten verbundene Kettenräder ständig im Eingriff sind. Der Vorteil des Kettengetriebes über dem Zahnradgetriebe liegt in der elastischeren Kraftübertragung.

**Klauengetriebe** – Zweiwellen-Wechselgetriebe, bei dem die Zahnräder ständig im Eingriff sind. Die Zahnräder auf der Getriebehauptwelle sitzen lose und werden durch Verschieben des Zahnrades selbst oder durch verschiebbare Schaltmuffen mit der Welle gekuppelt. Dabei stellen seitliche Klauen an den Zahnrädern respektive Schaltmuffen, die in seitlichen Vertiefungen des Nebenrades gleiten, den Kraftschluss her.

**Klotzbremse** – Bremsbauart, bei der ein Holzklotz auf die am Hinterrad befestigte Riemenscheibe wirkt.

**Königswellenantrieb** – Antrieb der obenliegenden Nockenwelle (n) beim Viertaktmotor, bei der eine parallel zum Zylinder angeordnete Welle via Kegelradansätzen die Drehbewegung von Kurbel- auf Nockenwelle (n) überträgt.

**Kopfgesteuerter Motor** – siehe OHC-/OHV-Motor

**Kurzschwinge** – gefederte Radführung, bei der sich der Schwingendrehpunkt innerhalb des Radumfangs befindet.

**Membraneinlass** – vom Unterdruck im Kurbelgehäuse eines Zweitaktmotor abhängige Einlasssteuerung der Frischgase – auch Lamellensteuerung genannt.

**Nasenkolben** – Kolben alter Zweitaktmotoren, dessen profilierter Kolbenboden das einströmende Frischgas vom Auslassschlitz Richtung Zylinderkopf ablenkt.

**OHC-Motor** – Viertaktmotor mit obenliegender Nockenwelle und im Kopf hängenden Ventilen, die via Kipp- oder Schlepphebel betätigen werden. ohc steht als Abkürzung für die englische Bezeichnung overhead camshaft, was soviel wie über dem Zylinderkopf liegende Nockenwelle bedeutet.

**OHV-Motor** – Viertaktmotor mit im Kopf hängenden Ventilen, die üblicherweise von untenliegenden Nockenwellen, Stößeln sowie Kipphebel betätigt werden. OHV steht als Abkürzung für overhead valves, was im Kopf hängende Ventile bedeutet.

**Parallelogrammfederung** – gefederte Vorderradaufhängung, bei der die radführenden Gabelscheiden über je zwei seitliche Schwinghebel, deren vier seitliche Drehpunkte je ein Gelenkparallelogramm bilden, schwenkbar am Steuerkopf angelenkt sind.

**Pressstahlrahmen** – aus zusammengeschweißten Blechpress-Profilteilen gefertigter Rahmen.

**Radialventile** – im spitzen Winkel zueinander stehende Ein- und Auslassventile beim Viertaktmotor. Im Vergleich zu den üblich paarweise parallel stehenden Ein- und Auslassventilen wirkt deren halbkugelförmige Anordnung leistungssteigernd, erfordert jedoch großen Bauaufwand für den Ventil-Betätigungsmechanismus.

**Reibungsdämpfer** – mechanischer, meist von Hand nachstellbarer Schwingungsdämpfer, der durch mechanische Reibung Schwingungen im Lenk- oder Federungssystem abbaut.

**Sackzylinder** – hier bilden Zylinder und Zylinderkopf ein geschlossenes Bauteil. Sackzylinder wurden bei Zweitaktern wie seitengesteuerte Viertaktmotoren verwendet, um Dichtungsprobleme zwischen Kopf und Zylinder zu umgehen.

**Schlitzsteuerung** – Steuerung des Gaswechsels beim Zweitaktmotor in Abhängigkeit von der Stellung des Kolbens. Ober- und Unterkante des auf- und abwärts laufenden Kolbens geben Steuerschlitze frei, die Einlass-, Überström- und Auslassvorgang regeln.

**Schnüffelventil** – Bezeichnung des automatischen Einlassventils früher Viertaktmotoren, das im Gegensatz zum mechanisch gesteuerten Auslassventil lediglich durch den vom abwärts gehenden Kolben erzeugten Unterdruck geöffnet wird.

**Seitengesteuerter Motor** – siehe SV-Motor

**Starrrahmen** – Bezeichnung für den völlig ungefederten oder nur vorderradgefederten Motorradrahmen.

**Stirnkurbelwelle** – Einseitig – „fliegend" – gelagerte Kurbelwelle bei Kleinmotoren.

**SV-Motor** – Viertaktmotor mit seitlich neben dem Zylinder stehenden Ventilen, die via Stößel von einer untenliegenden Nockenwelle aus betätigt werden. sv ist die englische Kurzbezeichnung für side valves.

**Tiger-Gabel** – Parallelogrammgabel der Firma KLM, Köln, die aus geraden Rohren besteht und mittels vier Schwinghebeln am Steuerkopf angelenkt wird. Zwei parallel angeordnete Schraubfedern übernehmen die Federung, Reibscheiben die Dämpfung. Ab 1933 wurde diese Konstruktion von der Firma Rolf & Brüsselbach in Köln gefertigt.

**Trapezgabel** – Vorderradführung, die mittels zweier Schwinghebelpaare am Steuerkopf angelenkt wird. Im Unterschied zur Parallelogrammgabel sind die Hebelpaare unterschiedlich lang.

**Untengesteuerter Motor** – siehe SV-Motor

**Vollschwingenfahrwerk** – Motorradfahrwerk, das eine Hinterradschwinge sowie Lang- beziehungsweise Kurzarmschwinge als Vorderradführung aufweist.

**Webb-Gabel** – Bauform der Trapezgabel.

**Wechselgesteuerter Motor** – siehe IOE-Motor.

**Wellenantrieb** – Bezeichnung für den Hinterradantrieb über Kardanwelle. Übliche Bezeichnungen für diese Art der Kraftübertragung sind auch Kegelrad- oder Gelenkwellenantrieb.

**Zentralpressrahmen** – zu den Brückenrahmen zählende und daher den Motor seitlich nicht umschließende Bauart. Das tragende Teil besteht aus gepressten, halbschalenförmigen Stahlblechen, die zu einem hochstegigen Profil zusammengeschweißt werden.

**Zentralrohrrahmen** – zu den Brückenrahmen zählende Rahmenbauart, bei der der Motor unter einem groß dimensionierten Hauptrohr eingehängt wird.

**Ziehkeilgetriebe** – Zweiwellen-Wechselgetriebe, bei dem sich Zahnräder ständig im Eingriff befinden. Auf der hohlgebohrten Schaltwelle laufen sämtliche Zahnräder kraftschlussfrei, während die Zahnräder der korrespondierenden Welle starr befestigt sind. Den Kraftschluss zwischen den einzelnen Zahnradpaaren stellt ein verschiebbarer Keil in den hohlen Schaltwelle her, der Kugelpaare durch Schlitze in der Schaltwelle nach außen drückt. Diese rasten drehfest in entsprechende Nuten im Innenradius der Zahnräder ein, die zuvor lose auf der Schaltwelle saßen.

# Goldene Regeln für Motorradfahrer.

1. Alkohol ist prozentual an den meisten Unfällen schuld.
2. Man vermeide Alkohol besonders dann, wenn der Heimweg im Dunkeln angetreten wird.
3. Alkohol wird individuell vertragen, außerdem ist der eine daran gewöhnt, der andere nicht. Der letztere wird durch Alkoholgenuß hemmungsfrei und fährt zu schnell und zu leichtsinnig.
4. Man sei stets der Tatsache eingedenk, daß allerorts und zu jeder Zeit das Unheil und die Gefahr lauert.
5. Mißtrauen bei unübersichtlichen Stellen sowie bei Nachtfahrten ist der beste Freund.
6. Vorsicht ist unerläßlich.
7. Man vergesse nie, daß es unbeleuchtete Pferdewagen, Langholz-Wagen, Handkarren und Radfahrer gibt. Es ist ein großes Verdienst aller Sportskollegen, diese zur Anzeige zu bringen.
8. Man rechne mit allem und auch damit, daß es immer noch proletenhafte Kraftfahrer gibt, die mangels Rücksicht die Kurve auf der falschen Straßenseite schneiden, um alle anständigen Fahrer in Gefahr zu bringen.
9. Allein richtig ist die rechte Seite.
10. Auf der rechten Seite ist das Recht mit Jedem.
11. Große Geschwindigkeiten sind nur bei Tage und absolut übersichtlichen Strecken angebracht.
12. Im Straßen- und Tourenverkehr sollte die Höchstleistung eines Motor-Fahrzeuges als schlummernde Kraftreserve betrachtet werden, und nicht bei jeder nichtigen und sich nicht bezahlt machenden Gelegenheit gezeigt werden.
13. Nur das vernünftige Fahren wird im Laufe der Zeit Nutzen und Freude bringen, und gleichzeitig die Lebensdauer des Fahrzeuges erhöhen.
14. Man soll im Durchschnitt so fahren, daß der Notfall, die Bremsen auf das stärkste zu benutzen, nur höchst selten oder möglichst garnicht eintritt.
15. Bremsen sind in erster Linie vorhanden, das Fahrzeug im geeigneten Moment leichter oder stärker abzubremsen, und dasselbe bergab in der Hand zu behalten. Erst in zweiter Linie sind sie dafür gemacht, Unglücksfälle durch äußerstes plötzliches Bremsen zu verhüten. Es ist jedoch oft schon zu spät, wenn es hierzu kommen muß, um ein Unglück zu verhüten.
16. Alle Bremsen werden ohne ständiges Einstellen oder Belagserneuerung weit länger brauchbar bleiben, wenn sie nur im Notfalle stark benutzt werden.
17. Ein eingehender Blick über alle Schrauben und Teile des Fahrzeuges vor jeder Fahrt verhütet manchen Aufenthalt auf der Landstraße und oft manchen Unglücksfall.
18. Man erneuere zeitig die der Abnutzung unterliegenden Teile, besonders verwende man keine schlechte Bereifung, denn von dieser hängt hauptsächlich das Leben des Fahrers ab.
19. Das schnelle Fahren führt über kurz oder lang zum Unheil.
20. Je höher die Geschwindigkeit, desto schwerer das Unglück.
21. Besonnenheit, Nüchternheit, Umsicht und Vernunft sind die besten Begleiter auf der Fahrt.
22. Man unterschätze keine Steigung und keine Kurve.
23. Es ist besser, Unbesonnenen, denen das Überholen kindliche Freude bereitet, die Sache so leicht wie möglich zu machen, anstatt sich verleiten zu lassen, auf verkehrsreichen Straßen mit solchen Ehrgeizigen um die Wette zu fahren.
24. Der Motorradfahrer bedenke, daß er Automobilfahrern gegenüber im Nachteil ist, sofern es zu einem Zusammenstoß kommt. Er weiche zeitig aus, oder halte besser auf der Straßenseite, sofern er sich rücksichtslosen Nicht-Abblendern, deren es immer wieder welche gibt, gegenüber sieht.
25. Man bekämpfe stets geschmacklose Auswüchse seiner Sportskollegen, und helfe, sie zu erziehen und zu überzeugen, rücksichtsvoll zu fahren.
26. Alle Motorradfahrer mit Sozius sollten diese Ratschläge noch mehr als andere beherzigen, da erfahrungsgemäß bei allen Unfällen der Soziusfahrer meistens am schlechtesten wegkommt.
27. Man richte sein Augenmerk auf gutes Material, auf eine gute Maschine, und immer wieder auf gute Bereifung und gute Bremsen.

Ohne diese Faktoren und Regeln auf die Reise zu gehen, ist ein großer Leichtsinn.

# ADLER 1902–1957

1881 begann der Frankfurter Unternehmer Heinrich Kleyer mit der serienmäßigen Fertigung von Hochrädern. Ab 1886 baute er die ersten Sicherheits-Niederräder, welche das Hochrad schnell verdrängten. Die glänzenden Erfolge dieser Fahrräder und generell die rasante technische Entwicklung im Fahrradbau erlaubten ihm im Sommer 1895 die Gründung einer Aktiengesellschaft – Adler Fahrradwerke, vormals Heinrich Kleyer, Frankfurt/M.

Ab 1897 begann schon die Fertigung von Motorfahrzeugen, zunächst als Dreiräder, 1900 gefolgt von vierrädrigen Motorwagen und 1902 vom ersten Motorzweirad. Diese Motorzweiräder waren mit Ein- oder Zweizylinder-Viertaktmotoren ausgestattet und lagen im Leistungsbereich von 1 3/4 bis 2 1/2 PS.

Trotz bedeutender Rennerfolge der Adler Motorräder wurde die Serienproduktion 1907 zugunsten der Automobilproduktion eingestellt.

Erst zwischen 1930 und 1932 fertigte die Fahrradabteilung der Adler-Werke erneut Motorräder, diese als Motorfahrräder zunächst mit dem 74-cm³-Sachs-Motor in kleineren Stückzahlen und von 1936 bis 1940 die MF 1 mit dem 98-cm³-Sachs-Motor in der beachtlichen Zahl von 14.000 Einheiten.

Nach dem 2. Weltkrieg, als an eine Produktion von Autos noch nicht zu denken war, besann man sich der ursprünglichen Erfahrungen beim Motorradbau und leitete, 1948 beginnend, eine der erfolgreichsten Produktionen der Nachkriegszeit ein, die Fertigung der Adler Ein- und Zweizylinder-Motorräder.

Aufgrund der Marktlage entschied sich Adler 1948, den Schwerpunkt auf die Motorradproduktion zu legen. 1949 war die M 100 serienreif. Doppelschleifenrahmen, vordere Kurzschwinge und ein neu konstruierter Motor mit angeflanschtem Dreiganggetriebe ergaben ein echtes, leistungsstarkes Motorrad.

*Adler M 100 1955*

*Adler M 125 1951*

*Adler M 150 1953*

*Adler MB 150 Tourenmodell 1954*

## ADLER EINZYLINDER

| Modell | Baujahr | Zylinder | ccm | Steuerung | PS/min | Ersatzteilsituation | Nachfragetrend | Preise (EUR) |
|---|---|---|---|---|---|---|---|---|
| M 100 | 1949 - 55 | 1 | 98 | 2 Takt | 3,75/4800 | gut | stark ansteigend | 500 bis 3500 |
| M 125 | 1951 - 55 | 1 | 123 | 2 Takt | 5,6/5600 | gut | stark ansteigend | 900 bis 4000 |
| M 150 | 1952 - 53 | 1 | 147 | 2 Takt | 6,8/6100 | gut | gleichbleibend | 750 bis 4000 |
| MB 150 | 1954 | 1 | 148 | 2 Takt | 8,4/5800 | gut | gleichbleibend | 500 bis 4000 |
| M 201 | 1954 - 55 | 1 | 198 | 2 Takt | 10,4/4760 | gut | leicht ansteigend | 750 bis 3500 |
| MB 201 | 1954 - 55 | 1 | 198 | 2 Takt | 10,4/4750 | gut | leicht ansteigend | 600 bis 3750 |
| Roller | 1956 - 57 | 1 | 98 | 2 Takt | 4-5,1/4000 | gut | leicht ansteigend | 400 bis 3500 |

*Adler M 200 1951*

Die kurz nach dem Krieg explosionsartig einsetzende Wirtschaftsentwicklung zwang auch Adler in immer größere Hubraum- und PS-Segmente vorzudringen. So konnte schon 1951/52 die 125-cm³-Version zum Kauf angeboten werden. Auf der IFMA 1951 wurde ein Zweizylindermodell mit ganz neuen Entwicklungsmerkmalen, die M 200, gezeigt. Kurbelwelle, Kupplung, Getriebe und Lichtmaschine waren in einem kompakten Motorblock gemeinsam untergebracht, wobei die neu entwickelte Kurbelwelle mittels HIRTH-Verzahnung in der Mitte getrennt werden konnte. Die um 180° versetzte Kurbelwelle mit Lichtmaschine und Kupplung auf den Endzapfen, sowie kurzer Hub und quadratischer Querschnitt ergaben eine Leistungskurve mit bahnbrechenden Ergebnissen. Die ebenfalls auf der IFMA gezeigte M 150 Einzylinder-Ausführung wurde erst am 5.12.1952 mit der M 250 den Händlern angeboten.

Im Wege der Modellpflege wurden durch die 1953/54 erscheinende MB-Ausführung ganz neue Maßstäbe gesetzt. Eine Vorderradgabel mit vorher nie gekannter Präzision, vergrößerter Tank und Einarmschwingsattel zeigten das Bild eines modernen Motorrades. Leider blieb noch die alte Konstruktion der Geradweg-Hinterradfederung mit Ölpatsche im Einsatz.

Die neue Gabel mit den bewährten 16-Zoll-Rädern veränderte die Straßenlage beträchtlich ins Positive. Auch die neue Modellreihe konnte mit 1- oder 2-Zylinder-Motoren erworben werden. Eine Sparversion, die M 2011, hergestellt aus Bauteilen der M- und MB-Reihe mit dem starken 200-cm³-Einzylinder-Motor, deutete schon den beginnenden Niedergang der deutschen Motorradproduktion an.

Auch der Renneinsatz trug zum Erfolg dieser Zeit bei. Mit der RS 250 bot man ein in Kleinserie gebautes Rennmodell an, welches mit zunächst 26 PS Leistung gut 180 km/h schnell war. Im Jahr 1955 stieg die Leistung auf über 30 PS und mit der Delphin-Rennverkleidung ging der wassergekühlte Renner dann fast 200 km/h.

Die letzte Baureihe, die Hinterradschwingenmodelle Favorit und Sprinter, ausgereifte Konstruktionen, sowie der 98-cm³-Roller Junior konnten das Ende der Adler Motorradproduktion im Oktober 1957 nicht mehr abwenden.

Ansprechpartner: Adler Motor Veteranen Club, Dr. Ernst-Peter Kühn, Schulstr. 2, 03053 Cottbus

*Adler MB 201 1954*

*Adler Junior 1951*

## ADLER ZWEIZYLINDER

| Modell | Baujahr | Zylinder | ccm | Steuerung | PS/min | Ersatzteilsituation | Nachfragetrend | Preise (EUR) |
|---|---|---|---|---|---|---|---|---|
| M 200 | 1951 - 53 | 2 | 198 | Schlitz | 9,3/5600 | gut | gleichbleibend | 750 bis 5 000 |
| M 250 | 1952 - 54 | 2 | 248 | Schlitz | 12/5600 | gut | gleichbleibend | 1 150 bis 6 000 |
| MB 200 | 1954 - 55 | 2 | 195 | Schlitz | 11,4/5400 | gut | gleichbleibend | 750 bis 5 000 |
| MB 250 | 1954 - 56 | 2 | 247 | Schlitz | 16/5600 | gut | leicht ansteigend | 750 bis 6 500 |
| MB 250 S | 1954 - 56 | 2 | 247 | Schlitz | 18/6200 | gut | leicht ansteigend | 1 000 bis 6 500 |
| Favorit | 1956 - 57 | 2 | 247 | Schlitz | 16/5600 | schwach | leicht ansteigend | 1 250 bis 9 500 |
| Sprinter | 1956 - 57 | 2 | 247 | Schlitz | 18/6200 | schwach | leicht ansteigend | 1 250 bis 9 500 |

# AERMACCHI (I) 1951–1978

*Aermacchi Ala d'Oro 1960*

*Aermacchi Ala Bianca 1958*

Bis auf das Jahr 1912 reicht die Geschichte der „Aeronautica Macchi" in Mailand zurück, die sich ursprünglich mit dem Flugzeugbau beschäftigte. Unmittelbar nach dem Krieg widmete man sich dem Bau von Lastdreirädern und suchte ab 1951 im Zweiradgeschäft ein zweites Bein zu setzen. Mit der Fertigung unkonventioneller Roller, angetrieben durch Zweitaktmotore begann die Zweiradgeschichte bei Aermacchi. Der Roller 125N war eine Mischung aus Roller und Motorrad, verkaufte sich aber gut, sodass er ab 1953 als Sportster M auch mit 150 $cm^3$ erhältlich war. In diesem Jahr kamen auch echte Motorräder mit der Monsone 125 und der Corsaro 150 hinzu.

Mit der Chimera, einem vollverkleideten Motorrad mit 175-$cm^3$-Viertaktmotor läutete Aermacchi 1956 die Ära der bekannten Einzylinder-ohv-Motoren ein. Sie sollte die Grundlage für alle Singles des Hauses bis in die siebziger Jahre bleiben.

Nachdem die Chimera wegen mangelnder Nachfrage sowohl in der 250-$cm^3$-, wie auch in der 175-$cm^3$-Version aus dem Programm gestrichen wurde, kamen mit der Ala Bianca und der Ala Rossa die ersten Aermacchis mit dem bekannten Zentralrohrrahmen auf den Markt. In den nächsten Jahren wurde die Modelpalette wieder um 250-$cm^3$-Maschinen erweitert. Je nach Ausstattung wurden in der 175-$cm^3$- und der 250-$cm^3$-Klasse eine Tourenversion und eine sportlichere Version (mit 250 $cm^3$ die Ala Verde) angeboten.

Für den Renneinsatz wurden für diese beiden Hubraumklassen jeweils ein Produktionracer, die legendäre Ala d'Oro angeboten. Mit ihr war Alberto Pagani bei GP-Rennen äußerst erfolgreich.

Die Modellpflege wurde bei Aermacchi konstant weiter betrieben. Dennoch wichen die Motorräder äußerlich bis auf Ausstattungsmerkmale kaum voneinander ab. Ab 1965 war serienmäßig ein 5-Ganggetriebe lieferbar.

Aermacchis wiesen ab 1967 bereits das neuere Fahrwerk mit verstärktem Hinterbau auf. Die Tourenversion hieß von da an Ala Blue, die sportlichere Version nach wie vor Ala Verde. Ab 1969 wurde eine 350-$cm^3$-Aermacchi mit Trockenkupplung in der Tourenversion 350 GT und später auch als Sportversion 350 TV angeboten. Der zwischenzeitlich verbaute runde Zylinderkopfdeckel fand bei den europäischen Aermacchi-Käufern keinen Anklang, so erhielten die Modelle ab 1971 wieder den zerklüfteten Kopf.

Die 1973 angebotene E-Starterversion mit neuem Rahmen erwies sich als zu schwer für den kleinen Aermacchi-Motor. Trotzdem hat sich in den letzten Jahren eine Fangemeinde um dieses Modell gebildet. Die in den darauffolgenden Jahren produzierten Zweitakter spielen, mit Ausnahme der Rennmaschinen, lediglich eine untergeordnete Rolle.

Besonders zu betrachten sind die Rennmaschinen und die US-Modelle von Aermacchi. Während die US-Serienmodelle auf dem europäischen Markt aufgrund des dort verwendeten runden Zylinderkopfes kaum gefragt sind, boomt die Nachfrage bei den Ala d'Oro ungebrochen. Hier ist besonders zwischen der Baureihe bis 1965 und ab 1965 (zu erkennen am speziellen Rahmen mit Alu Motorträgern) zu unterscheiden. Maschinen bis 1965 werden häufig aus Serienmaschinen umgebaut; Maschinen ab 1965 mit nachgefertigten Rahmen und Anbauteilen aus moderner Kunststoff-/Aluproduktion. Oftmals werden diese Motorräder als originale Ala d'Oro angeboten.

Als absolute Exoten sind die amerikanischen Produktionracer CRTT und ERS zu betrachten. Diese nur in ganz geringer

*Aermacchi Ala Verde 1968*

Stückzahl verkauften Rennmaschinen sind sofort an ihrer markanten Rahmenversteifung zu erkennen.

1978 wurde Aermacchi von der italienischen Cagiva-Gruppe übernommen.

Ansprechpartner:
Aermacchi , Rudolf Jungjohann,
Kleinhaslach 6,
90599 Dietenhofen

*Aermacchi 350 TV 1972*

*(Aermacchi) Harley-Davidson SS 350 1974*

## AERMACCHI

| Modell | Baujahr | Zylinder | ccm | Steuerung | PS/min | Ersatzteilsituation | Nachfragetrend | Preise (EUR) |
|---|---|---|---|---|---|---|---|---|
| Ala Bianca | 1957 - 62 | 1 | 172 | ohv | 10/7000 | schwach | gleichbleibend | 750 bis 2 250 |
| Ala Rossa | 1957 - 62 | 1 | 172 | ohv | 11/7000 | schwach | gleichbleibend | 750 bis 2 250 |
| Ala Azzurra | 1959 - 65 | 1 | 246 | ohv | 12/6500 | schwach | gleichbleibend | 750 bis 2 750 |
| Ala Verde | 1959 - 68 | 1 | 246 | ohv | 18/6750 | gut | gleichbleibend | 750 bis 3 250 |
| Ala Blu GT | 1965 - 68 | 1 | 246 | ohv | 18/6750 | gut | gleichbleibend | 750 bis 2 500 |
| 350 TV | 1969 - 72 | 1 | 344 | ohv | 29/7500 | gut | gleichbleibend | 1 150 bis 4 000 |
| 350 SS | 1972 - 74 | 1 | 344 | ohv | 26/7000 | gut | gleichbleibend | 1 000 bis 3 500 |
| Ala d'Oro | 1959 - 65 | 1 | 249 | ohv | 30 - 34 | gut | gleichbleibend | 5 000 bis 7 500 |
| Ala d'Oro | 1966 - 71 | 1 | 344 | ohv | 38 - 44 | sehr gut | gleichbleibend | 8 000 bis 15 000 |

# AJS (GB) 1909–1969

Mit der Produktion einer kleinen seitengesteuerten Einzylinder mit 298 cm³ begründeten die vier Brüder Albert John (genannt Jack), Joe, George und Harry Stevens in Wolverhampton 1909 die Firma A. J. Stevens & Co Ltd.

Schon zuvor hatte man sich in dem Schmiedebetrieb des Vaters mit der Fertigung von Maschinenteilen beschäftigt. Der engagierte Rennfahrer Jack Stevens entschloss sich erstmals 1911 am TT-Rennen auf der Isle of Man zu beteiligen. Noch nicht sonderlich erfolgreich, gelang es jedoch 1914 mit einer inzwischen auf 350 cm³ angewachsenen Maschine den TT-Erfolg zu erringen.

1915 wuchs die Modellpalette bei AJS auf je zwei Einzylinder- und Zweizylindermodelle an. Die 350-cm³-Einzylinder erhielten die Typenbezeichnung „B“ und das große Schwestermodell mit zwei Zylindern und 748cm³ das Kürzel „D“. Sie blieben bis 1916 im Programm, und als AJS der Rüstungsindustrie dienen musste, fertigte man in kleinen Mengen das Modell „D“ weiter.

1920 fertigte AJS erstmals zum Einsatz in der Tourist-Trophy das bekannte Vorkriegsmodell, die Big Port (wegen ihres dicken Auspuffrohrs so genannt) mit 349 cm³ und oben gesteuerten Ventilen. Aufgrund ihrer erfolgreichen Teilnahme auf der TT erhielt sie in der Serienfertigung ab 1923 die Bezeichnung TT-Model.

1926 war die Entwicklung einer obengesteuerten 500er abgeschlossen. Der Typ G8 war ein sehr sportliches Motorrad, wies jedoch noch Stecktank im verstärkten Einrohr-Rahmen auf. 1928 folgte eine noch sportlichere Variante mit kettengetriebe-

*AJS 349 cm³ Modell K6 1928*

AJS Big Port 350 1925

AJS Modell 2 1933

AJS Modell 8 1933

AJS 16 CS 1956

AJS 18 1947

AJS 7R 1953

ner, obenliegender Nockenwelle, die sich im Renneinsatz beweisen sollte. Diese als K7 mit 350 $cm^3$ bzw. K10 mit 500 $cm^3$ bezeichnete Maschine wies eine formschöne Verkapselung der Antriebskette zur Nockenwelle auf, hatte jedoch wie das ohv-Modell noch den altertümlichen Stecktank und Druid-Vordergabel. Dies sollte sich erst 1929 ändern.

Die neue Modellreihe wurde als „M" bezeichnet und reichte nun vom kleinen 250er-Seitenventiler bis zur großen 1000-$cm^3$-Zweizylinder für den Gespannbetrieb.

AJS wurde aufgrund finanzieller Schwierigkeiten von den Collier-Brüdern, denen die Firma Matchless gehörte, übernommen. Die Produktion siedelte um von Wolverhampton nach Plumstead und schon bald waren die Unterschiede zwischen Matchless- und AJS-Motorrädern nur noch sehr gering.

Mitte der dreißiger Jahre entstand für den Renneinsatz eine gewaltige V-Vierzylinder mit Kompressor, die jedoch keine Titel erringen konnte.

Während des Krieges stand AJS unter dem Banner von AMC (Associated Motor Cycles Ltd.) und baute für das Militär Motorräder, an die als Typ 16 mit 350-$cm^3$- bzw. 18 mit 500-$cm^3$-ohv-Motoren ab 1945 angeknüpft wurde. Sie wiesen die bereits im Krieg verwendete Teledraulic-Vorderradgabel auf und erhielten ab 1949 Hinterradschwinge.

An die Rennerfolge der Vorkriegszeit wurde mit einem Zweizylinder-Twin angeknüpft, welcher aufgrund der stachelförmigen Optik der Kühlrippen des Zylinderkopfes auch „Stachelschwein" genannt wurde. Den wesentlich erfolgreicheren Anschluss an die Rennerfolge schaffte AJS mit einem Einzylinder mit 348 $cm^3$: 1948 erschien die 7R, der sogenannte „Boy Racer". Sie war als käufliches Rennmodell gedacht und entwickelte sich zu einer der beliebtesten Privatfahrer-Rennmaschine der Nachkriegszeit.

Bis zu ihrem letzten Produktionsjahr 1963 leistete der Motor des „Boy Racer" bis zu 40 PS.

Die Zweizylinder-Maschinen der Serienfertigung wurden, beginnend mit dem Typ 20, ab 1949 noch mit 500 cm³ gefertigt und hielten sich bis 1969 mit der großen 750er Typ 33 mit knapp 50 PS in den Verkaufskatalogen. Letztere wies schon Roadholder-Gabel, Radnaben und den Atlas-Motor von Norton auf, die zwischenzeitlich genau wie AJS zum AMC-Konzern gehörten. Es war das letzte Modell mit den drei Lettern AJS am Tank.

Ansprechpartner:
Classic British Bike Club,
Paul Hanenberg, Overbergstr. 2,
48366 Laer

*AJS Springtwin 500 1951*

## AJS

| Modell | Baujahr | Zylinder | ccm | Steuerung | PS/min | Ersatzteilsituation | Nachfragetrend | Preise (EUR) |
|---|---|---|---|---|---|---|---|---|
| 6/16 | 1923 - 39 | 1 | 348 | ohv | 15/4800 | schwach | leicht ansteigend | 1 750 bis 4 600 |
| 8/18 | 1926 - 39 | 1 | 499 | ohv | 20/4800 | schwach | leicht ansteigend | 2 500 bis 6 000 |
| 2 | 1929 - 39 | 2 | 998 | sv | 24/4000 | schwach | gleichbleibend | 2 750 bis 7 500 |
| 16 | 1945 - 66 | 1 | 348 | ohv | 16/5600 | gut | gleichbleibend | 650 bis 3 500 |
| 18 | 1945 - 66 | 1 | 497 | ohv | 23/5400 | gut | gleichbleibend | 1 500 bis 4 000 |
| 14 | 1958 - 66 | 1 | 249 | ohv | 18/7000 | schwach | gleichbleibend | 400 bis 1 650 |
| 20 | 1949 - 61 | 2 | 498 | ohv | 29/6800 | gut | leicht ansteigend | 1 250 bis 3 750 |
| 30 | 1956 - 58 | 2 | 593 | ohv | 33/6800 | gut | gleichbleibend | 1 250 bis 3 500 |
| 31 | 1958 - 66 | 2 | 646 | ohv | 36/6500 | gut | gleichbleibend | 1 250 bis 3 750 |
| 33 | 1964 - 69 | 2 | 745 | ohv | 49/6400 | gut | gleichbleibend | 1 250 bis 4 000 |
| 7 R | 1948 - 63 | 1 | 348 | ohc | 31 - 38 | sehr gut | gleichbleibend | 12 500 bis 25 000 |

# ARDIE 1919–1958

Arno Dietrich hatte zunächst als Werkmeister bei Triumph und Premier im Zweiradbau gearbeitet und gündete 1919 in Nürnberg die nach ihm benannte Motorradfirma Ardie. Er begann mit der Konstruktion von Motorrädern mit eigenem Zweitaktmotor mit 288 cm³ und 2,3 PS. Die feuerrote Maschine hatte einen länglich-runden Stecktank und erhielt deshalb in Anlehnung an eine bekannte Feuerlöschermarke den Beinamen „Minimax". Im Jahre 1922 verunglückte Arno Dietrich bei einer Testfahrt mit einem Motorrad tödlich. Die Firma wurde daraufhin in eine GmbH umgewandelt und von den Brüdern Bendit weitergeführt.

Es wurde ein 350-cm³-Zweitakt-Modell mit 5 PS entwickelt, das auf Grund seiner Zuverlässigkeit zahlreiche Erfolge erzielte und deshalb „Reichsfahrtmodell M25" genannt wurde.

Ab 1925 wurden bei Ardie englische JAP-Einzylinder mit 350 cm³ und 500 cm³ verwendet, später auch Zweizylinder mit 750 cm³ und 1000 cm³. Die TM 500 galt Ende der 20er-Jahre als meist verkaufte Halblitermaschine in Deutschland.

Auch die Rennerfolge von Georg und Hans Thumshim und Eugen Bussinger trugen zum guten Ruf der Ardie-Motorräder bei.

Zum 10-jährigen Jubiläum im Jahre 1929 wurde das TM 500-Modell komplett überarbeitet und bis 1933 weiter verbessert.

In Ergänzung brachte Ardie zwei Neukonstruktionen mit leichtem Duraluminium-Rahmen heraus. Die Ardie Silberfuchs hatte einen 200-cm³-JAP-sv-Motor und kam als Rennversion mit einem 250-cm³-ohv-Motor auf den Markt. Spitzenmodell der frühen 30er-Jahre war jedoch die Ardie SS31 Silberpfeil mit dem JAP-ohv-Motor, 500 cm³ und 18 PS, sowie die entsprechende Rennversion Silberblitz mit 30 PS.

1933 wurden Motorräder mit Bark-Motoren aus Dresden (200-cm³-Zweitakt, 500-cm³-sv und -ohv) verwendet. Die Maschinen wurden mit einem Buchstaben/Zahlencode bezeichnet: R= Rohrrahmen, D= Duraluminiumrahmen, B= Blockmotor, U= untengesteuert, K= kopfgesteuert, Z= Zweitakt. Der Zahlencode ergab sich aus dem Hubraum plus der letzten Ziffer der Baujahreszahl und wurde von 1933 bis 1936 benutzt.

Außerdem erhielten die Modelle einen zusätzlichen Namen (RBK205 Feuerreiter, RBU356 Waldläufer, DBK503 Berlin und RBK503 Meran). Die Spitzenmodelle Berlin und Meran hatten einen 500-cm³-ohv-Motor mit einem Doppelport-Auslass und Freilaufgetriebe für den 4. Gang, welches sich automatisch einschaltete.

In den folgenden zwei Jahren kamen noch die sportliche RBK354 und die führerscheinfreie RBK205 mit Bark-Motoren hinzu.

Die größte Modellpalette wurde von Ardie 1937 angeboten. Von 100-cm³-Zweitaktern mit Sachs-Motor über die RZ200 Peter mit eigenem Zweitakter, die RBU350 mit eigenem sv-Motor bis zu der Ardie RBK505 Bergfreund mit ohv-Küchen-Motor.

Bemerkenswert ist noch die Ardie RBZ250 Major aus dem Jahr 1939, die mit einem Kreuzstrom-Zweitakter ausgerüstet war, bei dem die Auspuffgase seitlich nach hinten aus dem Zylinder ausgeleitet wurden, und der 9,5 PS leistete.

Unmittelbar nach dem Krieg wurden die Dürkopp-Werke übernommen und nur noch Motorfahrräder bis 125 cm³ gebaut.

*Ardie BD 1952*

Ab 1946 wurden zunächst wieder 125-cm³-Modelle mit der Bezeichnung NE125 gebaut. Ab 1950 wurde wieder eine 250-cm³-Maschine gebaut und B250 genannt. Sie hatte einen neu entwickelten Zweitakter mit Umkehrspülung und leistete 9 PS. Ein Jahr später wurde sie mit einer Telegabel und einer Jurisch-Hinterradfederung zur B251 verbessert und wurde zu einem echten Kassenschlager. Die nächste Überarbeitung führte zur B252, die 1953 auf den Markt kam und auch als Sport-Version mit 14,5 PS und hochgezogener Auspuffanlage angeboten wurde.

Parallel konstruierten Ardie und Dürkopp 150/175/200-cm³-Motoren mit Schwungmagnetzündung, die bei der Dürkopp MD150/200 und der Ardie BD175 eingesetzt wurden. Dieses Modell wurde 1955 zur Ardie BD176/BD201 mit einem hochmodernen, leistungsstarken Zweitaktmotor mit Vierganggetriebe, Doppelport und Hinterradschwinge weiterentwickelt.

Das Spitzenmodell der Nachkriegszeit war die Ardie BZ350 mit einem Paralleltwin, der, von Dr. Noack entwickelt, 20 PS leistete. Von diesem genialen Motorrad wurden nur noch ca. 250 Stück gebaut, bis Ardie die Motorradproduktion einstellte.

Appendix: JAP, Küchen, Sachs

Ansprechpartner: Ardie IG, Thomas Knaak,
Stolberger Str. 12, 28205 Bremen, e-mail: ardie@gmx.net

*Ardie 500 1929, Jubiläumsmodell*

## ARDIE

| Modell | Baujahr | Zylinder | ccm | Steuerung | PS/min | Ersatzteilsituation | Nachfragetrend | Preise (EUR) |
|---|---|---|---|---|---|---|---|---|
| TM500 | 1927 - 29 | 1 | 500 | sv | 9 | schwach | leicht ansteigend | 2 500 bis 5 000 |
| Jubi | 1929 - 33 | 1 | 500 | sv | 14/3800 | gut | leicht ansteigend | 2 000 bis 6 000 |
| ZL30 | 1930 - 31 | 1 | 200 | sv | 5 | gut | leicht ansteigend | 1 500 bis 3 000 |
| SS31 | 1930 - 31 | 1 | 500 | ohv | 18 | schwach | stark ansteigend | 4 000 bis 8 000 |
| RBK503 | 1933 | 1 | 500 | ohv | 22 | schwach | stark ansteigend | 3 500 bis 7 500 |
| RBK505 | 1935 | 1 | 500 | ohv | 20 | schwach | stark ansteigend | 4 000 bis 8 000 |
| RBU350 | 1937 | 1 | 350 | sv | 10 | gut | leicht ansteigend | 1 000 bis 4 000 |
| RZ200 | 1937 | 1 | 200 | Schlitz | 7/5000 | gut | gleichbleibend | 700 bis 2 500 |
| RBZ250 | 1939 - 40 | 1 | 250 | Schlitz | 9,5 | gut | leicht ansteigend | 1 250 bis 3 000 |
| NE125 | 1946 - 50 | 1 | 125 | Schlitz | 5 | gut | leicht ansteigend | 750 bis 2 000 |
| B125 | 1950 - 52 | 1 | 125 | Schlitz | 5,5 | gut | leicht ansteigend | 900 bis 2 250 |
| B251 | 1951 - 53 | 1 | 250 | Schlitz | 10,5 | sehr gut | gleichbleibend | 600 bis 2 500 |
| B252 | 1953 - 55 | 1 | 250 | Schlitz | 13 | sehr gut | gleichbleibend | 750 bis 3 000 |
| B252S | 1954 - 56 | 1 | 250 | Schlitz | 14,5 | gut | stark ansteigend | 1 250 bis 4 000 |
| BD175 | 1952 - 54 | 1 | 175 | Schlitz | 9 | sehr gut | gleichbleibend | 500 bis 2 250 |
| BD176 | 1955 - 58 | 1 | 175 | Schlitz | 10,5 | sehr gut | leicht ansteigend | 1 200 bis 2 400 |
| BD201 | 1955 - 58 | 1 | 200 | Schlitz | 12 | gut | stark ansteigend | 1 750 bis 3 250 |
| BZ350 | 1955 - 58 | 2 | 350 | Schlitz | 20 | schwach | stark ansteigend | 2 250 bis 6 000 |

*Ardie ZL 30 200 1930*

# ARIEL (GB) 1898–1965

Wie viele andere Pioniere des Motorradbaus in Europa begann Ariel in Birmingham bereits um die Jahrhundertwende mit dem Bau eigener Fahrgestelle unter Verwendung von Konfektionsmotoren aus dem Hause de Dion-Bouton. Diese Konstruktionsweise setzte sich fort bis in die zwanziger Jahre, wobei Einbaumotoren von Blackburne und MAG verwendet wurden.

Mit dem Eintritt des genialen Konstrukteurs Edward Turner setzte Ariel auf eigene Motoren und entwickelte sich zu einem

*Ariel Square Four 600 1936*

*Ariel VH 500 Red Hunter 1939*

*Ariel VB 1939*

der größten Hersteller der Welt. Die Einzylinder-Motoren mit seitengesteuerten Ventilen und 550 cm³ galten als Bauernmotoren mit unverwüstlichen Laufeigenschaften. Der große Wurf gelang Ariel ab 1932 mit den Red-Hunter Modellen – den „Roten Jägern", die als Konkurrenz zu den schnellen Norton-Maschinen produziert wurden. Die Popularität dieses Modells und die sportlichen Erfolge machen diese 350- und 500-cm³-Maschinen heute zu gesuchten Modellen, insbesondere zum Einstieg in den historischen Motorradsport.

Im gleichen Jahr gelang eine technische Sensation mit dem Bau der Square Four, einem ohc-Vierzylinder in Blockbauweise. Dieser sollte bis Ende der fünfziger Jahre die Fahne für das Haus hoch halten. In der zweiten Hälfte der dreißiger Jahre fusionierte Ariel mit Triumph.

Um dem in den sechziger Jahren einsetzenden Trend zu kleinen Zweitaktmaschinen zu folgen, wurden bis 1965 die Leader als Tourenmodell mit Vollverkleidung und die Arrow als sportliche Variante gebaut. Beide erhielten den eigenen schlitzgesteuerten 250-cm³-Paralleltwin als Triebwerk.

Durch Missmanagement währte der Erfolg dieser feinen Maschinen nicht lange, und Ariel schloss seine Tore endgültig im Jahr 1965.

Appendix: Blackburne, MAG

Ansprechpartner: Horst Pütz, Kuchenheimerstr. 162, 53881 Euskirchen

*Ariel VH 500 1957*

*Ariel Square Four 1957*

## ARIEL

| Modell | Baujahr | Zylinder | ccm | Steuerung | PS/min | Ersatzteilsituation | Nachfragetrend | Preise (EUR) |
|---|---|---|---|---|---|---|---|---|
| E | 1927 - 30 | 1 | 497 | ohv | 20/4800 | schwach | gleichbleibend | 2 500 bis 5 000 |
| VB | 1931 - 59 | 1 | 557 | sv | 15/4400 | schwach | gleichbleibend | 1 000 bis 3 000 |
| VH (Red Hunter) | 1932 - 39 | 1 | 497 | ohv | 27/6000 | gut | stark ansteigend | 2 500 bis 7 500 |
| NH (Red Hunter) | 1933 - 39 | 1 | 348 | ohv | 19/5800 | gut | stark ansteigend | 2 250 bis 7 500 |
| VH | 1946 - 59 | 1 | 497 | ohv | 26/6000 | gut | leicht ansteigend | 1 750 bis 4 000 |
| NH | 1946 - 59 | 1 | 348 | ohv | 17/5800 | gut | leicht ansteigend | 1 000 bis 3 500 |
| Square Four | 1932 - 36 | 4 | 599 | ohc | 24/4600 | schwach | leicht ansteigend | 4 000 bis 10 000 |
| Square Four | 1937 - 59 | 4 | 995 | ohv | 36/5800 | schwach | leicht ansteigend | 4 000 bis 10 000 |
| FH (Huntmaster) | 1954 - 59 | 2 | 647 | ohv | 35/5750 | schwach | gleichbleibend | 1 000 bis 3 500 |
| Arrow | 1958 - 65 | 2 | 247 | Schlitz | 16/6400 | gut | gleichbleibend | 900 bis 2 750 |

# AWO (SIMSON) 1936–1961

In Suhl/Thüringen wurden bei Simson bereits seit 1856 Waffen hergestellt. Durch den später angegliederten Fahrradbau und die Fertigung des Simson Supra, eines exklusiven Automobils im Jahre 1934, folgte ab 1936 ein Motorfahrrad mit dem bekannten 98er-Sachs-Einbaumotor. Dieses wurde bis zum Krieg in rund 9000 Exemplaren gefertigt.

Nach Kriegsende, etwa 1947, wurde der Fertigungsbetrieb im Sinne der Wiedergutmachung von den Sowjets der SAG Awtowelo, Moskau, einverleibt, in der auch die Fertigung der EMW R35 vorgenommen wurde. Unter der neuen Leitung entstand auf Basis der Einzylinder-BMW mit 250 cm³ die 1950 zum ersten Mal der Öffentlichkeit vorgestellte AWO 425, bei der „AWO" für Awtowelo, „4" für Viertakter und „25" für 250 cm³ stand. Sie hatte Kardanantrieb und einen mit getrennten Ventilkammern ausgerüsteten Zylinderkopf.

1952 wurde das Unternehmen in den VEB „Fahrzeug- und Gerätewerk Simson" überführt. Stückzahlen von bis zu 20.000 Exemplaren jährlich wurden produziert und einige Modellpflegemaßnahmen, wie ölgedämpfte Vordergabel, stärkerer Kardanantrieb etc. folgten.

1955 debütierte dann die AWO 425 S, welche einen Leistungszuwachs um 2 PS durch Überarbeitung des Zylinderkopfes erfuhr. Das Fahrwerk wurde ebenfalls optimiert mittels Hinterradschwinge mit hydraulisch gedämpften Federbeinen, 18-Zoll-Rädern und großen Aluminium-Vollbremsnaben.

1958 erfolgte die Umbenennung in Simson 425 und 425 S, und nun waren statt der durchgehenden Sitzbank auch gefederte Einzelsitze erhältlich.

Durch Renneinsätze in der DDR-Meisterschaftsserie wurden die AWO-Motoren ständig verbessert. Doppelnocken-Triebwerke mit Königswellen und späterem gekapseltem Kettenantrieb schraubten die Leistung deutlich nach oben, und 1953-55 wurden mit AWO-Maschinen die DDR-Meisterschaften der 250er-Klasse gewonnen. Mit der Fertigung von kleinen 50-cm³-Mopeds ab 1955 suchte man sich ein zweites Standbein – was sich als gute Entscheidung erwies. Per Dekret entschied die DDR-Regierung, Motorräder nur noch in Zschopau bei MZ zu bauen, und so endete die Bauserie der AWO/Simson 425 im Jahr 1961. Zwischen 1950 und 1961 entstanden etwa 200.000 Maschinen des Typs 425 und 425 S.

Ansprechpartner:
Holger Grope, Querumer Str.26a
38104 Braunschweig

*AWO 425 1955*

## AWO

| Modell | Baujahr | Zylinder | ccm | Steuerung | PS/min | Ersatzteilsituation | Nachfragetrend | Preise (EUR) |
|---|---|---|---|---|---|---|---|---|
| 425 T | 1950 - 60 | 1 | 247 | ohv | 12/5500 | gut | leicht ansteigend | 1 000 bis 4 000 |
| 425 S | 1955 - 61 | 1 | 247 | ohv | 14/6300 | gut | leicht ansteigend | 900 bis 3 800 |

# BENELLI (I) 1921–1989

Die sechs Benelli Brüder gründeten 1911 in Pesaro eine Automobil- und Motorrad-Werkstatt, aus der sich schon bald eine richtige Motorradproduktion entwickeln sollte. 1921 erschien das erste Benelli-Motorrad mit 75-cm³-Zweitaktmotor. Hubraumstärkere Varianten folgten und 1926 baute Benelli bereits den ersten schnellen Viertakter mit obenliegender Nockenwelle und 175 cm³, mit der bereits ein Jahr später Tonino Benelli italienischer Meister wurde.

1931 wurde der Motor mit einer zweiten obenliegenden Nockenwelle versehen und leistete 15 PS. Neben den kleineren Zweitaktern der Serienproduktion folgten ab 1934 bei Benelli für jedermann 175-cm³-, 250-cm³- und 500-cm³-Sportmotorräder, welche eine obenliegende Nockenwelle besaßen. Sie waren sehr sportlich und erhielten ab 1936 eine Hinterradschwinge.

1939 war das erfolgreichste Rennjahr für Benelli. Ted Mellors siegte auf der Isle of Man in der Viertelliter-Klasse und kurz darauf präsentierte man eine Einzylinder- und eine Vierzylinder-Rennmaschine mit Kompressor. Doch der Krieg machte den Einsatz dieser schönen Rennmaschinen unmöglich.

Während des Krieges produzierte Benelli überwiegend 500-cm³-Seitenventiler für das Militär.

Bereits 1947 begann die Motorradproduktion erneut. 1950 trennte sich Giuseppe Benelli von seinen Brüdern und fertigte seine eigenen, später unter dem Namen Motobi bekannt gewordenen Motorräder. Zu dieser Zeit entstanden bei Benelli die bekannten kleinen Leoncino-Zweitakter mit 124 cm³ und ein kopfgesteuerter Viertakt-Twin mit 250 cm³, die Leonessa.

In diesen Hubraumklassen bewegten sich nahezu alle folgenden Modelle bei Benelli, bis die erste Neuerung 1968 mit der ungewöhnlichen Tornado entstand. Für den US-Markt entwickelt, war der Zweizylinder mit 45 PS eine Mischung aus englischer Technik und japanischer Optik. Obwohl sieben Jahre gebaut, setzte sich die Tornado nicht durch.

Im Rennsport gelang mit einer 250er Vierzylinder 1969 der WM-Titel unter dem Australier Kel Carruthers.

Mit der Übernahme Benellis durch den De Tomaso-Konzern im Jahr 1972 wurde mit spitzerem Bleistift gerechnet. Die Rennaktivitäten wurden eingefroren und De Tomaso, der auch Moto Guzzi übernahm, setzte auf eine Markenzusammenführung. So waren in den siebziger Jahren einige Modelle aus dem Hause Moto Guzzi mit denen von Benelli baugleich.

Die aufregendste Neuheit war 1973 die Benelli Sei, das weltweit erste Serien- Sechszylinder-Motorrad, welches die japanische Konkurrenz abschrecken sollte. Die 76-PS-Maschine war stylistisch gelungen und wies ein sportliches Fahrwerk auf. In Gemeinschaft mit Moto Guzzi und Maserati entstanden, war sie ein Meilenstein im Serienbau. Von 1978 an bis zum letzten Produktionsjahr Benellis 1989 wurde die Sei mit 900 cm³ angeboten.

*Benelli Leoncino (Viertakt) 1962*

*Benelli 750 Sei 1973*

Eine ebenfalls formschöne 500er Vierzylinder folgte, die es auch als kleine Quattro mit 250 cm³ gab. Sie war die kleinste Vierzylinder-Maschine auf dem Motorradmarkt.

1989 übernahm die BS-Gruppe, eine Unternehmung im holzverarbeitenden Bereich, Benelli und vertreibt im Schwerpunkt Mopeds, Mokicks und Roller.

Seit 1999 wird unter dem Namen Benelli versucht, mit einem selbst entwickelten Dreizylindermotor und der Typenbezeichnung „Tornado" wieder an die Vergangenheit anzuknüpfen.

Ansprechpartner: Benelli Sei IG, Vitus Mertens, Daxenäckerweg 19a, 85748 Garching

*Benelli 250 SS 1972*

## BENELLI

| Modell | Baujahr | Zylinder | ccm | Steuerung | PS/min | Ersatzteilsituation | Nachfragetrend | Preise (EUR) |
|---|---|---|---|---|---|---|---|---|
| 500 | 1933 - 40 | 1 | 498 | ohc | ca. 23 | schwach | gleichbleibend | 4 000 bis 7 500 |
| 250 | 1934 - 40 | 1 | 248 | ohc | ca. 12 | schwach | gleichbleibend | 2 000 bis 4 500 |
| Leoncino | 1951 - 62 | 1 | 124 | Schlitz | 5,5/5000 | schwach | gleichbleibend | 500 bis 1 500 |
| Leoncino | 1956 - 62 | 1 | 124 | ohc | ca. 7 | schwach | gleichbleibend | 750 bis 2 000 |
| Sprite | 1965 - 68 | 1 | 125 | ohv | 9/7500 | schwach | gleichbleibend | 400 bis 1 500 |
| SS 250 | 1968 - 72 | 1 | 245 | ohv | 16/7500 | schwach | gleichbleibend | 750 bis 3 000 |
| Tornado | 1968 - 75 | 2 | 643 | ohv | 45/6500 | schwach | gleichbleibend | 1 500 bis 4 250 |
| 750 Sei | 1973 - 77 | 6 | 748 | ohc | 63/8500 | schwach | gleichbleibend | 3 000 bis 7 000 |
| 125 | 1972 - 89 | 2 | 125 | Schlitz | 13/7500 | schwach | gleichbleibend | 400 bis 1 000 |
| 250 | 1972 - 88 | 2 | 231 | Schlitz | 24/7500 | schwach | gleichbleibend | 500 bis 1 250 |
| 500 Quattro, 500, 504 | 1974 - 80 | 4 | 498 | ohc | 44/8500 | schwach | gleichbleibend | 1 000 bis 2 000 |
| 250 Quattro, 250, 304 | 1976 - 89 | 4 | 231 | ohc | 27/10 500 | schwach | gleichbleibend | 1 250 bis 2 500 |
| 900 Sei | 1978 - 89 | 6 | 903 | ohc | 80/8300 | schwach | gleichbleibend | 3 000 bis 7 000 |
| 350 RS, 354 S, T | 1979 - 84 | 4 | 345 | ohc | ca. 32/9500 | schwach | gleichbleibend | 750 bis 2 000 |
| 654 S, 654 T | 1980 - 86 | 4 | 603 | ohc | 50/8700 | schwach | gleichbleibend | 1 000 bis 2 000 |

# BMW 1923–1929

Der weiß-blaue Propeller im Emblem von BMW geht auf die ursprünglichen Aktivitäten der Bayern im Flugzeugbau zurück. Auf Basis des Boxermotors vom Typ M2B15, der auch bei Victoria und anderen Konfektionären Verwendung fand, schuf Max Friz 1923 die R32, das erste BMW-Motorrad mit Boxermotor und Kardanantrieb. Diese Basis sollte bis heute Bestand haben. Bereits ein Jahr später entstand die R39, ein mit stehendem 250-cm³-Einzylindermotor bestücktes Rohrrahmenmodell mit 6,5 PS Leistung. Im gleichen Jahr 1925 bot BMW auch eine obengesteuerte Variante der R32 an – die R37. Sie begann die Ära der Sportmaschinen bei der bayrischen Aktiengesellschaft. Aus ihr wurde 1927 die R47 ebenfalls mit 500 cm³, 1928 die R57, welche auch als 750er-Variante Typ R63 erhältlich war. Verhältnismäßig teuer, aber von bester Qualität, sorgten sie für einen hervorragenden Ruf der Marke.

Gerade die ohv-Modelle sind heute gesuchte Sammlerstücke. Die in deutlich höheren Stückzahlen gefertigten Seitenventiler wie die R42 und R52 mit 500 cm³ und die R62 mit 750 cm³ sind als ausdauernde Tourenversionen ebenfalls sehr beliebt und werden doch deutlich häufiger angeboten.

Ansprechpartner: Christian Zimmerlin, Kindergartenstraße 12, 79268 Bötzingen

*BMW R 32 1924*

## BMW

| Modell | Baujahr | Zylinder | ccm | Steuerung | PS/min | Ersatzteilsituation | Nachfragetrend | Preise (EUR) |
|---|---|---|---|---|---|---|---|---|
| R 32 | 1923 - 26 | 2 | 494 | sv | 8,5/3300 | schwach | gleichbleibend | 9 000 bis 25 000 |
| R 37 | 1925 - 26 | 2 | 494 | ohv | 16/4000 | schwach | gleichbleibend | keine Notierungen |
| R 39 | 1925 - 27 | 1 | 247 | ohv | 6,5/4000 | schwach | gleichbleibend | keine Notierungen |
| R 42 | 1926 - 28 | 2 | 494 | sv | 12/3400 | schwach | gleichbleibend | 3 500 bis 8 000 |
| R 47 | 1927 - 28 | 2 | 494 | ohv | 18/4000 | schwach | gleichbleibend | 7 000 bis 15 000 |
| R 52 | 1928 - 29 | 2 | 487 | sv | 12/3400 | schwach | gleichbleibend | 3 750 bis 9 000 |
| R 57 | 1928 - 30 | 2 | 494 | ohv | 18/4000 | schwach | gleichbleibend | 6 000 bis 13 500 |
| R 62 | 1928 - 29 | 2 | 745 | sv | 18/3400 | schwach | gleichbleibend | 3 750 bis 10 000 |
| R 63 | 1928 - 29 | 2 | 735 | ohv | 24/4000 | schwach | gleichbleibend | 7 500 bis 17 500 |

# BMW 1929–1942



Mit dem Jahr 1929 begann bei BMW der Umschwung von Rohrrahmenfertigung auf Stahlpress-Bauweise. Einer der Gründe war die sicherlich billigere Fertigung, aber auch die vielen Rahmenbrüche der Rohrrahmenmodelle bei Einsatz im Seitenwagenbetrieb. BMW belieferte mit den seitengesteuerten Varianten viele Behörden, und hier wurde ein Gespann sicher alles andere als geschont.

Die R11 ersetzte die seitengesteuerte R62, während die R16 als Sportmodell die R63 ablöste.

Als Antwort auf die Einführung der steuer- und führerscheinfreien Klasse bis 200 cm³ lebte mit der R2 wieder eine Einzylinder bei BMW auf und knüpfte an die erste R39 der Jahre 1925-27 an. Sie war später als R3 mit 300 cm³ und als R4 auch mit 400 cm³ erhältlich.

1935 war ein besonderes Jahr bei BMW. Mit der R12 mit seitengesteuertem 750-cm³-Motor kam weltweit erstmals die hydraulisch gedämpfte Telegabel zum Einsatz. Als R17 mit obengesteuerten Ventilen und 33 PS Leistung war sie als teuerstes Topmodell kaum erschwinglich. Für den Behördeneinsatz und insbesondere für den folgenden Krieg gab es neben der einzylindrigen R35 auch die R12 ohne Chrom und Zierlinien in den typischen Grün- und Beigetönen der Wehrmacht. Die R12 sollte das meist gebaute BMW-Motorrad werden und so wird sie von den Vorkriegsmodellen heute noch am häufigsten angeboten.

*BMW R4 1936*

Ansprechpartner: Christian Zimmerlin, Kindergartenstr. 12, 79268 Bötzingen

*BMW R 12 1935*

## BMW

| Modell | Baujahr | Zylinder | ccm | Steuerung | PS/min | Ersatzteilsituation | Nachfragetrend | Preise (EUR) |
|---|---|---|---|---|---|---|---|---|
| R 11 | 1929 - 34 | 2 | 745 | sv | 18/3400 | schwach | gleichbleibend | 3 250 bis 8 500 |
| R 16 | 1929 - 34 | 2 | 735 | ohv | 25/4000 | schwach | gleichbleibend | 4 000 bis 10 000 |
| R 2 | 1931 - 36 | 1 | 198 | ohv | 6/3500 | schwach | gleichbleibend | 2 250 bis 4 250 |
| R 4 | 1932 - 37 | 1 | 398 | ohv | 12/3500 | schwach | gleichbleibend | 2 150 bis 4 250 |
| R 3 | 1936 | 1 | 305 | ohv | 11/4200 | schwach | gleichbleibend | 1 500 bis 3 000 |
| R 12 | 1935 - 42 | 2 | 745 | sv | 20/4000 | schwach | gleichbleibend | 2 250 bis 7 500 |
| R 17 | 1935 - 37 | 2 | 735 | ohv | 33/5000 | schwach | gleichbleibend | 7 500 bis 15 000 |
| R 35 | 1937 - 40 | 1 | 342 | ohv | 14/4500 | schwach | gleichbleibend | 1 250 bis 3 750 |

# BMW 1936–1944

Weiterentwicklung nicht nur im Motorenbereich veranlasste BMW, im Jahr 1936 ein völlig neues Konzept zu präsentieren. Mit der R5 kam ein neuer ohv-Motor zum Einsatz, der zwei Nockenwellen im Motorgehäuse besaß. Auch der Rahmen war neu konzipiert – man setzte wieder auf den Rohrrahmenbau und führte zwei Jahre später in der Serie bei den Modellen R51/61 die Geradwegfederung am Hinterrad ein.

Im selben Jahr 1938 kamen zuverlässige neue Maschinen für den Gespannbetrieb hinzu. Die R51 mit 500 cm³ und obengesteuerten Ventilen sowie die R61 mit 600 cm³ und seitengesteuertem Motor. Als 750er-Topmodell dieser Tourenversion konnte man die R71 erhalten, die bis 1941 gefertigt wurde. Sie sollte später als Kriegsbeute Russland, aber auch anderen Ländern zur Vorlage von Nachbauten dienen.

Als kleines Einsteigermodell in der Einzylinder-Klasse wurde die R20 mit 8 PS und 200 cm³ 1937 vorgestellt. Ihr folgte ein Jahr darauf die R23 mit 250 cm³ und 2 PS Mehrleistung gegenüber ihrer Vorgängerin.

Das wohl bedeutendste Motorrad dieser Bauepoche bei BMW war die R75.

Speziell für den Wehrmachtseinsatz konzipiert, werden ihr heute fast schon legendäre Fahreigenschaften im Geländebetrieb zugesprochen. Mit angetriebenem Seitenwagenrad, Sperrdifferenzial und Geländeuntersetzungen ist sie heute als Sammelobjekt sicher eher etwas für den Profirestaurator als für einen Novizen im Oldtimerhobby.

Ansprechpartner: Christian Zimmerlin, Kindergartenstr. 12, 79268 Bötzingen

*BMW R5 1937*

## BMW

| Modell | Baujahr | Zylinder | ccm | Steuerung | PS/min | Ersatzteilsituation | Nachfragetrend | Preise (DM) |
|---|---|---|---|---|---|---|---|---|
| R 5 | 1936 - 37 | 2 | 494 | ohv | 24/5800 | schwach | gleichbleibend | 3 000 bis 12 500 |
| R 6 | 1937 | 2 | 596 | sv | 18/4800 | schwach | gleichbleibend | 3 000 bis 6 000 |
| R 20 | 1937 - 38 | 1 | 192 | ohv | 8/5400 | schwach | gleichbleibend | 1 250 bis 3 250 |
| R 23 | 1938 - 40 | 1 | 247 | ohv | 10/5400 | schwach | gleichbleibend | 1 000 bis 2 500 |
| R 51 | 1938 - 40 | 2 | 494 | ohv | 24/5800 | schwach | gleichbleibend | 2 000 bis 8 500 |
| R 61 | 1938 - 41 | 2 | 596 | sv | 18/4800 | schwach | gleichbleibend | 2 750 bis 6 000 |
| R 66 | 1938 - 41 | 2 | 596 | ohv | 30/5300 | schwach | gleichbleibend | 3 500 bis 12 500 |
| R 71 | 1938 - 41 | 2 | 745 | sv | 22/4600 | schwach | leicht ansteigend | 1 750 bis 6 500 |
| R 75 | 1941 - 44 | 2 | 745 | ohv | 26/4000 | gut | gleichbleibend | 5 000 bis 15 000 |

# BMW EINZYLINDER 1948–1966



Nach dem Krieg begann man bei BMW wieder auf kleiner Flamme. Die Einzylinder R24 auf Basis der Vorkriegs-R23 mit 250 cm³ debütierte 1948. Noch mit starrem Hinterrad wurde sie zwei Jahre lang gefertigt, bis 1950 die Ablösung durch die R25, nun mit Geradwegfederung, folgte. Während die R25 und R25/2 noch auf Rädern mit 19 Zoll Durchmesser rollten und 12 PS Leistung hatten, kam 1953 die auf 13 PS erstarkte R25/3 mit 18-Zoll-Rädern. Sie wies als erstes Modell nun auch Vollnaben auf.

1955 stieg die Leistung der R26 auf 15 PS und das Vollschwingenfahrwerk kam zum Tragen. Die moderne Optik unterschied sie deutlich von ihren Vorgängerinnen.

Das schnellste Einzylinder-Motorrad dieser Serie war zweifellos die R27, die von 1960 bis 1966 mit 18 PS gebaut wurde. Ihre Motor-/Getriebe-Einheit wurde vollständig in Gummiblöcken aufgehängt, was zur Vibrationsdämpfung, insbesondere bei höheren Drehzahlen, dienen sollte.

Als zweites Standbein von BMW wurden die R25-Modelle in großen Stückzahlen an Behörden, häufig auch ins europäische Ausland geliefert. Aber auch in Deutschland wurden verschiedene Modelle hierfür in NATO-oliv eingesetzt. Bedingt durch diese Tatsache und den daraus resultierenden Stückzahlen sind diese Modelle heute als unkomplizierte Einsteiger-Motorräder zu betrachten. Vernünftige Preis-/Leistungsangebote und die hervorragende Ersatzteilversorgung lassen die Restaurierung eines solchen Fahrzeuges ohne große Schwierigkeiten gelingen.

*BMW R 25/2 1952*

Ansprechpartner: Christian Zimmerlin, Kindergartenstrasse 12, 79268 Bötzingen

*BMW R 25/3 1955*

## BMW

| Modell | Baujahr | Zylinder | ccm | Steuerung | PS/min | Ersatzteilsituation | Nachfragetrend | Preise (EUR) |
|---|---|---|---|---|---|---|---|---|
| R 24 | 1948 - 50 | 1 | 247 | ohv | 12/5600 | schwach | leicht ansteigend | 1 250 bis 3 750 |
| R 25/0 | 1950 - 51 | 1 | 247 | ohv | 12/5600 | gut | gleichbleibend | 1 000 bis 3 750 |
| R 25/2 | 1951 - 54 | 1 | 247 | ohv | 12/5600 | gut | leicht ansteigend | 1 500 bis 4 750 |
| R 25/3 | 1953 - 56 | 1 | 247 | ohv | 13/5800 | sehr gut | leicht ansteigend | 1 250 bis 4 750 |
| R 26 | 1955 - 60 | 1 | 247 | ohv | 15/6400 | sehr gut | gleichbleibend | 1 000 bis 4 500 |
| R 27 | 1960 - 66 | 1 | 247 | ohv | 18/7400 | sehr gut | gleichbleibend | 1 500 bis 5 000 |

# BMW ZWEIZYLINDER 1950–1969

Natürlich setzte man nach dem Krieg schnellstmöglich wieder auf den Einsatz von Zweizylindern mit Boxermotoren. Die R51/2 mit 500 cm³ knüpfte, ähnlich den Einzylinder-Modellen, an die Vorkriegsversionen an. Im ersten Produktionsjahr 1950 konnten bereits 4000 Stück verkauft werden. Ein guter Anfang.

Ihr folgte die R51/3, der 1951 als hubraumstärkere Variante mit 600 cm³ die R67 zur Seite stand. Beide hatten gegenüber der R51/2 einen neu konzipierten Motor mit zentraler Nockenwelle.

Ein Jahr darauf bot man in der R67/2, die als Gespannmaschine mit zwei zusätzlichen PS ideal war, im Vorderrad eine Duplexbremse an. Die Zeit der seitengesteuerten Motoren bei BMW war mit diesen Nachkriegsmodellen endgültig vorbei, und als 1952 die R68 mit 35 PS Leistung antrat, konnte sie sich als erstes serienmäßiges 100-Meilen-Motorrad betrachten und genoss weltweite Anerkennung.

1955 wurden die Fahrwerke der Zweizylinder noch einmal deutlich verbessert. Das Vorderrad erhielt eine neue Führung durch die geschobene Langarmschwinge. Im Hinterrad folgte nun anstelle der Geradwegfederung eine Schwinge mit Federbeinen. Die Typenbezeichnungen R50 und R60 wiesen auf ihre Hubraumgrößen hin, und Topmodell sollte in diesem Jahr die R69 mit 35 PS sein.

1960 folgte ein weiterer Meilenstein des Motorradbaus bei BMW: Die R69 S. Mit 42 PS und über 170 km/h Höchstgeschwindigkeit war sie ein Superlativ. Sie wurde bis 1969 gefertigt. In diesem Jahr verlegte BMW den kompletten Motorradbau nach Berlin-Spandau in das ehemalige Flugmotorenwerk.

Ansprechpartner: Christian Zimmerlin, Kindergartenstr. 12, 79268 Bötzingen

*BMW R50 1962*

*BMW R 69 S 1960*

**BMW**

| Modell | Baujahr | Zylinder | ccm | Steuerung | PS/min | Ersatzteilsituation | Nachfragetrend | Preise (EUR) |
|---|---|---|---|---|---|---|---|---|
| R 51/2 | 1950 - 51 | 2 | 494 | ohv | 24/5800 | gut | gleichbleibend | 2 000 bis 9 000 |
| R 51/3 | 1951 - 54 | 2 | 494 | ohv | 24/5800 | gut | gleichbleibend | 2 500 bis 9 000 |
| R 67 | 1951 | 2 | 594 | ohv | 26/5500 | gut | gleichbleibend | 3 000 bis 9 000 |
| R 67/2 | 1952 - 56 | 2 | 594 | ohv | 28/5600 | gut | gleichbleibend | 2 500 bis 9 000 |
| R 68 | 1952 - 54 | 2 | 594 | ohv | 35/7000 | gut | stark ansteigend | 5 000 bis 15 000 |
| R 50 | 1955 - 69 | 2 | 494 | ohv | 26/5800 | sehr gut | leicht ansteigend | 2 500 bis 6 500 |
| R 69 | 1955 - 60 | 2 | 594 | ohv | 35/6800 | sehr gut | gleichbleibend | 3 500 bis 8 500 |
| R 60 | 1956 - 60 | 2 | 594 | ohv | 28/5600 | sehr gut | gleichbleibend | 2 500 bis 7 000 |
| R 60/2 | 1960 - 69 | 2 | 594 | ohv | 30/5800 | sehr gut | leicht ansteigend | 3 250 bis 7 500 |
| R 50 S | 1960 - 62 | 2 | 494 | ohv | 35/7650 | sehr gut | gleichbleibend | 3 250 bis 7 500 |
| R 69 S | 1960 - 69 | 2 | 594 | ohv | 42/7000 | sehr gut | stark ansteigend | 4 000 bis 9 500 |

# BMW 1969–HEUTE

Mit der /5-Serie, gefertigt in Berlin-Spandau, endete die Zeit der Vollschwingen-Fahrwerke bei der Bayrischen Motoren Werke AG. Mit neuer Konstruktion von Fahrwerk und Motor sowie dem Einsatz einer neuen Teleskop-Vordergabel entstand ein völlig neues Aussehen für die drei Grundversionen R50/5, R60/5 und R75/5. Spitzenmodell und Verkaufsschlager war zweifelsohne die R75/5.

Während diese Modelle noch mit dem Vierganggetriebe ausgerüstet waren, folgte mit der /6-Serie 1973 das lang ersehnte Fünfganggetriebe in der Serienfertigung. Absolutes Topmodell wurde die R90S, die mit 67 PS gut 200 km/h schnell war.

Mit der R100 kam 1976 nun auch eine 1000-cm³-Maschine ins Programm, die in verschiedenen Varianten erhältlich war.

Mit der Baureihe K wich BMW 1983 erstmals vom Bauprinzip des Boxermotors ab. Mit flüssigkeitsgekühlten Vierzylindern wurde die Modellpalette der Boxer ergänzt. 1985 folgte eine kleinere 750er-Dreizylinder, der jedoch kein größerer Erfolg zuteil wurde.

1991 lief das 1.000.000. BMW-Motorrad vom Band, und bis zum heutigen Tage können weltweit nur ganz wenige Unternehmen des Motorradbaus auf soviel Tradition zurückblicken.

Ansprechpartner: Christian Zimmerlin, Kindergartenstr. 12, 79268 Bötzingen

*BMW R 50/5 1969*

## BMW

| Modell | Baujahr | Zylinder | ccm | Steuerung | PS/min | Ersatzteilsituation | Nachfragetrend | Preise (EUR) |
|---|---|---|---|---|---|---|---|---|
| R 50/5 | 1969 - 73 | 2 | 496 | ohv | 32/6400 | sehr gut | leicht ansteigend | 2 750 bis 3 750 |
| R 60/5 | 1969 - 73 | 2 | 599 | ohv | 40/6400 | sehr gut | leicht ansteigend | 1 750 bis 4 000 |
| R 75/5 | 1969 - 73 | 2 | 745 | ohv | 50/6200 | sehr gut | gleichbleibend | 1 750 bis 4 750 |
| R 90 S | 1973 - 76 | 2 | 898 | ohv | 67/7000 | sehr gut | gleichbleibend | 2 750 bis 6 500 |

# BÖHMERLAND (CZ) 1925–1952

Albin Liebisch war Chauffeur bei dem Großindustriellen Alfred Hielle, der schon bald die Talente seines Fahrers schätzte. Der gelernte Fahrradmechaniker Liebisch begeisterte Hielle mit der Idee zur Fertigung eines ungewöhnlichen Motorrades.

1925 errichtete man im nordböhmischen Schönlinde eine Motorradfabrik. Liebisch, der als eigenwillig galt, konstruierte selbst einen 600-cm³-Motor mit obengesteuerten Ventilen. Doch damit nicht genug: Der verstärkte Doppelschleifenrahmen seiner Konstruktion hatte einen Radstand von 1,74 Metern, was ermöglichte, dass drei Personen hintereinander Platz fanden. Zwei in herkömmlicher Sitzweise – der dritte über dem Hinterrad. Die Gesamtlänge betrug somit rund 2,70 Meter!

Um die Linie des Fahrzeuges nicht zu stören, wanderte der zweiteilige Tank links und rechts neben das Hinterrad. Optional gab es einen großen Zusatztank am Fahrzeugende.

Mit gut 180 Kilogramm gehörte die Böhmerland nicht gerade zu den Leichtgewichten, dies war jedoch auch nicht das Konzept Liebischs. Vielmehr setzte er auf die Mobilität von bis zu drei Personen und auf das gemütliche Geradeausfahren. Denn Wendemanöver waren nicht die Sache der ungewöhnlichen Konstruktion.

Natürlich gab es auch einen Seitenwagen, womit das Fahrzeug eine ganze Kleinfamilie transportieren konnte. Optisch trug Liebisch dem tristen Einerlei schwarzer Motorräder Rechnung: die Böhmerland, die in den rein tschechischsprachigen Regionen als „Cechie" angeboten wurde, gab es in Rot oder Grün.

Bis zum Krieg hielt Liebisch am skurrilen Konzept der Böhmerland fest, die mit ihrem offenen Ventiltrieb dem Fahrer gern Öl zwischen die Beine spritzte. Trotz Umzug in die neue Fabrik in Schluckenau-Kunratitz ergab seine Fertigung kaum mehr als 200 Stück pro Jahr. Ein Händlernetz gab es nicht. Für Reparaturen musste man sich schon ins Werk begeben.

Weder die Fertigung von Spezialmodellen für die Armee, welche mit zwei Getrieben ausgestattet waren und somit 9 Gänge zur Verfügung stellten, noch die „kurzen" Versionen, also eine zweisitzige Böhmerland mit kleinem Zweitaktmotor und 350 cm³, retteten Liebisch. Im Krieg wurde die Fertigungsstätte zur Produktion von Rüstungsgütern verwendet und nach dem Krieg trat Liebisch noch einmal im Jahr 1952 mit einem Prototyp mit 200-cm³-Motor in Erscheinung.

Die „lange" Böhmerland kann man sicher in Sammlerkreisen zu einem echten Meilenstein zählen, womit auch ihre Preisangabe zu relativieren ist.

*Böhmerland 600, Reisemodell, langes Fahrgestell 1935*

## BÖHMERLAND

| Modell | Baujahr | Zylinder | ccm | Steuerung | PS/min | Ersatzteilsituation | Nachfragetrend | Preise (EUR) |
|---|---|---|---|---|---|---|---|---|
| Reisemodell | 1925 - 39 | 1 | 598 | ohv | 18/4000 | schwach | gleichbleibend | 6 000 bis 17 500 |

# BROUGH SUPERIOR (GB) 1921–1940

Bereits seit dem Jahre 1902 arbeitete George Brough gemeinsam mit seinem Vater William an dem Bau von Motorrädern mit Werner-Motoren. Schon bald folgten eigene Konstruktionen mit 1 und 2 Zylindern. 1919 trennten sich die beiden, da Sohn George beabsichtigte, eine eigene Motorradkonstruktion zu kreieren. Sie sollte sich durch luxuriöse Sportlichkeit von allen anderen damaligen Herstellern abheben.

Im ersten Produktionsjahr 1921 stellte er mit der „Mark 1", einem sportlichen Motorrad mit dem 1000-cm³-V-Zweizylinder von JAP, bereits viele Konkurrenten in den Schatten. Etwas zahmer mutete die „Mark 2" an, die den 750er-Einbaumotor von Motosacoche M.A.G. aus der Schweiz bekam. Beide Modelle zeichneten sich bereits durch höchstwertige Verarbeitung aus und unterschieden sich allein durch Hubraum und Kettenantrieb von der damaligen Masse der riemengetriebenen Einzylinder in England.

Der große Wurf gelang George Brough, dessen Maschinen gerne als der „Rolls-Royce unter den Motorrädern" bezeichnet wurde, mit der 1923 eingeführten Modellreihe „SS" (Super Sports).

Für die SS 80, eine Maschine mit dem JAP-Einbaumotor mit 1000 cm³ und seitengesteuerten Ventilen, garantierte Brough eine Höchstgeschwindigkeit von 80 Meilen. Die 1924 hinzukommende SS 100 mit kopfgesteuertem JAP wurde gar mit 100 Meilen ( = 160 km/h) beziffert. Dies wurde dem Kunden mit einem Zertifikat bescheinigt. Alle Motorräder wurden vor Auslieferung diesem Test unterzogen.

1928 kamen die 40-55 PS starken JAP-Motoren der Typen JTO und JTOR zum Einsatz, letzterer wurde mit 80 x 99 Bohrung/Hub als JTOR (R=Racing) bei vielen Rennmaschinen der damaligen Zeit verwendet. Das Fahrwerk mit der Castle-Vorderradgabel, als Nachbau der Harley-Davidson-Gabel, war einmalig. Die Gabel war so gut, dass auch Standard sie bei ihren Motorrädern verwendete. Lediglich die Bremsen ließen zu wünschen übrig.

George Brough war selbst ein anerkannter Rennfahrer und gewann auf seinen eigenen Maschinen viele Preise. Seine seitengesteuerte Brough „Old Bill", die heute noch existiert, überschritt gar als erstes Motorrad die 100-Meilen-Marke auf der Brooklandsbahn. 1937 setzte Eric „Ferni" Fernihough einen Geschwindigkeitsrekord mit 273 km/h, bevor er kurz darauf bei einem weiteren Rekordversuch ums Leben kam.

*Brough Superior SS 80  1927*

Wer es gerne etwas kleiner wollte, hatte Gelegenheit, mit der kleineren Schwester der SS 100 Vorlieb zu nehmen. Mit dem 680-cm³-Zweizylinder von JAP mit oben gesteuerten Ventilen war sie allerdings preislich nicht deutlich von den großen Modellen differenziert, was ihre Absatzzahlen gering hielt. Sie wurde auch als „Poor Man´s SS 100" bezeichnet.

1936 war das Jahr der Ergänzung um die Motoren von Matchless. Der Typ „MX" galt als laufruhiger, aber auch unsportlicher als der JAP. Trotzdem wurde dieses Modell als Brough „Typ 11-50" wegen seines Hubraums von 1100 cm³ erfolgreich verkauft. Diese Maschinen waren oft mit der fortschrittlichen Cantilever-Federung von Bently & Draper ausgestattet, was den Fahrkomfort ins nahezu Unermessliche steigerte. Der B&D-Rahmen war ab 1929 wahlweise für alle Modelle erhältlich. Ab 1937 ging man zur Geradwegfederung über.

Berühmtester Kunde bei Brough war Colonel T. E . Lawrence, der als „Lawrence von Arabien" und bekennender Brough-Fahrer bekannt wurde. Legendär sein Rennen gegen einen Doppeldecker,

*Brough Superior SS 100  1927*

welches er mit seiner SS100 Grand Alpine Sport gewann. Er besaß sieben Brough Superior und mit der letzten verunglückte er auf mysteriöse Weise tödlich.

Der „Rolls-Royce unter den Motorrädern" wurde noch bis zum Krieg gebaut; 1940 verließ die letzte Brough die Fertigungshallen.

Ansprechpartner: Dr. Jörg Beyer, Kiefernweg 36, 41470 Neuss



## BROUGH SUPERIOR

| Modell | Baujahr | Zylinder | ccm | Steuerung | PS/min | Ersatzteilsituation | Nachfragetrend | Preise (EUR) |
|---|---|---|---|---|---|---|---|---|
| SS 80 | 1923 - 40 | 2 | 981 | sv | 34/4500 | gut | gleichbleibend | 12 000 bis 25 000 |
| SS 100 | 1924 - 40 | 2 | 995 | ohv | 40 - 57 | gut | gleichbleibend | 30 000 bis 70 000 |
| 680 | 1927 - 36 | 2 | 674 | ohv | 25/4500 | gut | gleichbleibend | 12 000 bis 25 000 |
| 11 - 50 | 1933 - 40 | 2 | 1096 | sv | 28/4600 | gut | gleichbleibend | 15 000 bis 30 000 |

# BSA (GB) 1910–1945

Die Gründung der alteingesessenen britischen Waffenfabrik Birmingham Small Arms, kurz BSA, geht bis auf das Jahr 1692 zurück. 1907 fertigte man Automobile, und so lag es nahe, 1910 auch in den Motorradbau einzusteigen. Das erste Modell hatte einen eigenen seitengesteuerten Motor mit 350 cm³ und direktem Riemenantrieb zum Hinterrad.

1919 stieg der Hubraum der Einzylinder auf 499 cm³ sowie 557 cm³ an und bereits im gleichen Jahr ging man an den Bau eines 770-cm³-V-Zweizylinder-Motorrades, das sich besonders im Seitenwagenbetrieb bewies. Die Robustheit der BSA-Maschinen sorgte für hohe Marktdurchdringung und schon Mitte der zwanziger Jahre zählte BSA zu den führenden Herstellern Englands.

1927 kam mit der S27 ein modernes Motorrad mit Satteltank und leicht nach vorn geneigtem 500-cm³-ohv-Motor auf den Markt. Diese Einbauart des Motors gab ihr den Namen „Sloper". Im Folgejahr wuchs die Modellpalette bei BSA auf 13 Modelle an; vom kleinen 175er Einzylinder-Zweitakter bis zum großen 1000-cm³-Zweizylinder-Viertakter konnte der Kunde wählen.

1932 löste die Blue Star, wahlweise mit 350 cm³ und 500 cm³ erhältlich, die bewährte „Sloper" ab. Sie waren bis 1936 im Pro-

*BSA Gold Star 1938*

*BSA G 14 1938*

gramm, als ein motorsportliches Ereignis Licht auf BSA warf: Wal Handley, berühmter Rennfahrer, stellte mit einer getunten Empire Star die als Nachfolgerin der „Blue Star" kam, auf der Brooklandsbahn einen Rekord mit 172 km/h Durchschnitt auf. Dies war ein prestigeträchtiges Ereignis und sorgte für großen Absatz, sowohl als Straßensport- als auch als Geländesportmodell.

Auf Basis der Empire Star schuf man die wohl bekannteste BSA der Vorkriegszeit, die Gold Star, welche mit 28 PS Leistung aufwarten konnte. Für die Gespannkundschaft gab es auch weiterhin hubraumstarke Modelle, wie die G14 mit seitengesteuertem 1000-cm³-Motor.

Der Krieg kam, und hier hatte BSA die Chance, mit der seitengesteuerten, bewährten M20 mit 500 cm³ und deren größerer Schwester M21 mit 600 cm³ einen Teil des Rüstungsbedarfes zu decken. Rund 120.000 Exemplare dieser Maschinen wurden als Militärtypen produziert.

Ansprechpartner: Classic British Bike Club e.V., Paul Hanenberg, Overbergstr. 2, 48366 Laer

## BSA

| Modell | Baujahr | Zylinder | ccm | Steuerung | PS/min | Ersatzteilsituation | Nachfragetrend | Preise (EUR) |
|---|---|---|---|---|---|---|---|---|
| Sloper | 1927 - 32 | 1 | 493 | ohv | 20/4800 | schwach | gleichbleibend | 1 750 bis 5 500 |
| Blue Star | 1932 - 36 | 1 | 348 | ohv | 18/5400 | schwach | gleichbleibend | 1 750 bis 4 000 |
| Blue Star | 1932 - 36 | 1 | 499 | ohv | 24/5400 | schwach | gleichbleibend | 1 750 bis 5 000 |
| Empire Star | 1936 - 39 | 1 | 496 | ohv | 26/5800 | schwach | gleichbleibend | 1 750 bis 6 000 |
| Gold Star | 1938 - 39 | 1 | 496 | ohv | 28/6000 | schwach | gleichbleibend | 3 000 bis 8 750 |
| G 14 | 1934 - 39 | 2 | 986 | sv | 24/4000 | schwach | gleichbleibend | 2 000 bis 6 000 |

# BSA (GB) 1946–1973

Nach dem zweiten Weltkrieg konnte man bei BSA mit Zivilversionen der M20/21 wieder an den Markt gehen. Auch kopfgesteuerte Sportmodelle, die B31 und 33 mit 350 bzw. 500 cm³, folgten.

Doch der Markt verlangte kleine, preiswerte Maschinen. Durch Reparationsleistung kamen Baupläne der DKW RT125 auch nach England und die „Bantam" war eine nahezu exakte Kopie des erfolgreichen deutschen Vorkriegsmotorrades. Sie verkaufte sich in ihrer gesamten Bauzeit von 1948-1971 gut 400.000 Mal.

1946 erschien bei BSA der erste Parallel-Zweizylinder mit der A7 Twin. Sie hatte 500 cm³ und wurde 1950 durch die A10 Golden Flash mit 650 cm³ ergänzt. Die A7 und A10 wurden durch die Modelle A50 und A65 zu Beginn der sechziger Jahre abgelöst. Neue Fahrwerke und vor allem die Zusammenfassung von Motor und Getriebe zu einer Einheit kennzeichneten diese neuen Zweizylinder.

Im Einzylinderbereich deckten die überaus sportlichen DB 32 Goldstar und DB 34 Gold Star bis 1963 den Markt ab.

Während die Einzylinder insbesondere in Europa sehr beliebt waren, wurden die Parallel-Twins auf dem US-Markt in großen Stückzahlen verkauft. Weitere klassische Einzylinder – nicht so leistungsstark wie die Gold Star-Modelle – blieben mit 250, 350 und 500 cm³ bis Anfang der siebziger Jahre im Programm. Der überaus starke Druck der Japaner ließ die britische Motorradindustrie wanken. Auch auf dem bislang bewährten US-Markt ging es bergab. So machte BSA 1968 den Versuch, dem mit einer Dreizylinder-Maschine entgegen zu wirken. Die A75 Rocket 3 leistete knapp 60 PS und war für 190 km/h gut. Trotz einer erfolgreichen Beteiligung am wichtigen US-Rennen „200 Meilen von Daytona" und dem Sieg von Dick Mann konnte man hier die Marktposition nicht halten.

Am 16.7.1973 wurde die Motorradproduktion bei BSA, nach Übernahme durch die Norton-Villiers-Gruppe, eingestellt.

Ansprechpartner:
Classic British Bike Club e.V.,
Paul Hanenberg,
Overbergstr. 2, 48366 Laer

*BSA B 34 Clubman's 500 1958*

*BSA B 40 1965*

*BSA B 44 1968*

BSA B 31 1954

BSA B 50 SS 1972

## BSA EINZYLINDER

| Modell | Baujahr | Zylinder | ccm | Steuerung | PS/min | Ersatzteilsituation | Nachfragetrend | Preise (EUR) |
|---|---|---|---|---|---|---|---|---|
| M 20 | 1937 - 55 | 1 | 496 | sv | 13/4200 | gut | gleichbleibend | 1 000 bis 3 000 |
| M 21 | 1937 - 63 | 1 | 596 | sv | 15/4000 | gut | gleichbleibend | 1 000 bis 3 250 |
| B 31 | 1945 - 59 | 1 | 348 | ohv | 17/5500 | schwach | gleichbleibend | 1 000 bis 3 000 |
| B 33 | 1947 - 60 | 1 | 499 | ohv | 23/5500 | schwach | gleichbleibend | 1 500 bis 4 500 |
| C 11, C 12 | 1954 - 58 | 1 | 249 | ohv | 11/5200 | schwach | gleichbleibend | 400 bis 1 750 |
| DB 32 Gold Star | 1955 - 61 | 1 | 348 | ohv | 30/7500 | sehr gut | gleichbleibend | 3 000 bis 10 000 |
| DBD 34 Gold Star | 1956 - 63 | 1 | 499 | ohv | 40/7000 | gut | gleichbleibend | 5 000 bis 15 000 |
| Bantam | 1948 - 71 | 1 | 172 (123) | Schlitz | 10/6000 | schwach | leicht ansteigend | 400 bis 1 250 |
| C 15 | 1958 - 66 | 1 | 247 | ohv | 15/7000 | schwach | gleichbleibend | 500 bis 1 350 |
| B 40 | 1960 - 65 | 1 | 343 | ohv | 21/7000 | sehr gut | gleichbleibend | 750 bis 2 150 |
| B 25 | 1967 - 71 | 1 | 247 | ohv | 25/8000 | gut | gleichbleibend | 750 bis 2 250 |
| B 44 | 1966 - 70 | 1 | 441 | ohv | 28/6500 | gut | gleichbleibend | 1 000 bis 3 150 |
| B 50 | 1971 - 72 | 1 | 499 | ohv | 34/6200 | gut | gleichbleibend | 1 100 bis 2 150 |

BSA A 75 Rocket 3 1972

*BSA A 10 Golden Flash 1954*

*BSA A 65 Firebird Scrambler 1968*

*BSA A 65 Lightning 1968*

*BSA A 65 Firebird 1969*

*BSA A 65 Thunderbolt 1972*

*BSA A 65 Lightning 1972*

## BSA ZWEI- UND DREIZYLINDER

| Modell | Baujahr | Zylinder | ccm | Steuerung | PS/min | Ersatzteilsituation | Nachfragetrend | Preise (EUR) |
|---|---|---|---|---|---|---|---|---|
| A 7 Star Twin | 1946 - 54 | 2 | 497 | ohv | 26/6000 | schwach | leicht ansteigend | 2 000 bis 3 750 |
| A 7 Shooting Star | 1955 - 61 | 2 | 497 | ohv | 32/6250 | gut | gleichbleibend | 1 300 bis 3 250 |
| A 10 Golden Flash | 1950 - 61 | 2 | 646 | ohv | 34/5750 | sehr gut | gleichbleibend | 1 250 bis 3 750 |
| A 10 Road Rocket | 1955 - 61 | 2 | 646 | ohv | 40/6000 | sehr gut | leicht ansteigend | 1 750 bis 5 000 |
| A 50 | 1962 - 71 | 2 | 499 | ohv | 32/6250 | sehr gut | gleichbleibend | 1 150 bis 2 500 |
| A 65 | 1962 - 65 | 2 | 654 | ohv | 38/5800 | sehr gut | gleichbleibend | 1 750 bis 3 750 |
| A 65 Spitfire | 1965 - 70 | 2 | 654 | ohv | 52/7500 | mäßig | gleichbleibend | 2 000 bis 5 000 |
| A 65 Thunderbolt | 1965 - 73 | 2 | 654 | ohv | 46/7000 | sehr gut | gleichbleibend | 1 750 bis 4 000 |
| A 65 Lightning | 1965 - 73 | 2 | 654 | ohv | 52/7000 | sehr gut | gleichbleibend | 1 500 bis 4 000 |
| A 65 Firebird | 1967 - 70 | 2 | 654 | ohv | 54/7250 | gut | gleichbleibend | 1 750 bis 5 000 |
| A 75 Rocket 3 | 1968 - 73 | 3 | 740 | ohv | 58/7250 | gut | leicht ansteigend | 2 750 bis 6 000 |

# BÜCKER 1922–1955

Die 1922 im hessischen Oberursel von Franz Bücker gegründete Motorradfabrik stellte stets hervorragend konfektionierte Maschinen her. Bücker verwendete neben seinem qualitativ hochwertigen Rahmenbau nur Einbauprodukte namhafter Hersteller.

Zu Beginn stattete er seine Motorräder noch mit kleinen 110-cm³-Zweitaktmotoren von Fritz Cockerell wie auch mit 148-cm³-Rinne-Motoren aus. Größerer Erfolg trat jedoch mit der Verwendung von Einbaumotoren der Hersteller MAG, JAP, Blackburne, Bark, ILO und Sachs ein. Natürlich wurde auch der in Oberursel produzierte Columbus-Motor der Oberurseler Motorenwerke verwendet, zu denen Franz Bücker schon seit dem ersten Weltkrieg Kontakte hatte. Der frühe Motorradmotor Typ AM mit 250 cm³ fand schon in den ersten Bücker-Modellen Verwendung. Die kleinste Maschine in der umfangreichen Produktpalette Bückers war ein 98-cm³-Zweitakter für 375,– Mark und gipfelte am oberen Ende in der damals teuersten deutschen Vorkriegsmaschine mit einem 1000-cm³-JAP-Motor zu einem Preis von 2400,– Mark. Die Höchstgeschwindigkeit für dieses Spitzenmodell mit 55 PS Leistung lag bei gut 180 km/h.

Das am weitesten verbreitete Modell dieser Periode war die Version mit leicht nach vorn geneigtem 496-cm³-Motor von MAG aus der Schweiz. Dieses formschöne Chrommodell Bückers war äußerst beliebt und mit 22 PS auch gut für 120 km/h. Ähnlich verbreitet war die ab 1931 erhältliche steuer- und führerscheinfreie Bücker mit 200er Columbus-Motor.

Naben von Pränafa, Felgen von Kronprinz, Gabeln von Tiger waren die typischen Qualitätsmerkmale dieser Konfektionsmaschinen. Natürlich wurde auch seitens Bücker auf motorsportliche Erfolge gesetzt. Bei der englischen Sixdays Geländesport-Veranstaltung gewann Kurt Nitschky auf einer 350er-Serienmaschine Gold. Der Frankfurter Friedel Schön setzte schon vor dem Krieg bei Straßen- und Zementbahnrennen auf eine Bücker-JAP, mit der er in der 250er-Klasse auch 1949 endlich die deutsche Meisterschaft gewann.

Die schwierige Nachkriegszeit meisterte das emsige Werk ab 1949 mit dem Einsatz von ILO-Motoren. Die ILOs (ILO = Esperanto: das Werkzeug) waren robuste Einbaumotoren. Das Modell TZ125 war 1949 die erste Bücker-ILO. Ihr folgte die TZ 175, die schon einen geschlossenen Kettenkasten aufwies. 1952 fanden die bekannten Ilona-Modelle Platz, wobei die Ilona I noch mit Einzylinder-Motor ausgestattet war. Die Ilona II erhielt den neuen ILO-Twin M2, der aus zwei 125-cm³-Motoren mit horizontal geteiltem Kurbelhaus entstanden war. Die Namensgebung war angelehnt an die nahe Konkurrenz der Bad Homburger Horex-Werke, denen ein noch größerer Erfolg mit ihren Regina-Modellen beschieden war.

*Bücker Ilona II 1955*

Ende 1953 folgte noch die 11 PS starke 200er TZ200, doch auch dieses Modell hielt die sinkenden Absatzzahlen nicht auf. Mit der Fertigung der 1954 erschienenen Mopeds mit 50-cm³-Motoren der Hersteller Sachs und ILO endete ein Jahr später die lange Fertigungsperiode des hessischen Herstellers.

Appendix: JAP, MAG, Küchen, Sachs, ILO

Ansprechpartner: Bruno Schmück,
Am Wingertsweg 2c,
63165 Mühlheim/Main

## BÜCKER

| Modell | Baujahr | Zylinder | ccm | Steuerung | PS/min | Ersatzteilsituation | Nachfragetrend | Preise (EUR) |
|---|---|---|---|---|---|---|---|---|
| Bark, Rinne, Bek.,Col. | 1922 - 24 | 1 | 250/350 | sv/ohv/Schlitz | versch. | schwach | gleichbleibend | 2 000 bis 6 000 |
| Columbus | 1924 - 39 | 1 | 500/600 | sv | 12-18/4500 | schwach | gleichbleibend | 1 500 bis 5 000 |
| Columbus | 1924 - 39 | 1 | 200-600 | ohv | 8-26/5000 | schwach | gleichbleibend | 2 000 bis 6 000 |
| Jap | 1924 - 32 | 1 | 200-600 | sv | 4-15/3600 | schwach | gleichbleibend | 1 500 bis 5 000 |
| Jap | 1928 - 32 | 1 | 200-500 | ohv | 9-18/3800 | schwach | gleichbleibend | 2 000 bis 8 000 |
| MAG | 1928 - 32 | 1 | 500/600 | ioe | 13/16/4200 | schwach | gleichbleibend | 2 000 bis 6 000 |
| MAG | 1929 - 32 | 1 | 500 | ohv | 22/4400 | schwach | gleichbleibend | 2 000 bis 8 000 |
| TZ 125 | 1948 - 52 | 1 | 125 | Schlitz | 5,4/5000 | schwach | gleichbleibend | 500 bis 2 500 |
| TZ 175 | 1952 - 55 | 1 | 174 | Schlitz | 8,5/5000 | schwach | gleichbleibend | 500 bis 3 000 |
| TZ 200 | 1952 - 55 | 1 | 197 | Schlitz | 11/5200 | schwach | gleichbleibend | 500 bis 3 000 |
| Ilona 1 | 1952 - 55 | 1 | 247,5 | Schlitz | 12,8/5500 | schwach | gleichbleibend | 500 bis 3 500 |
| Ilona 2 | 1952 - 55 | 2 | 246 | Schlitz | 15,1/6000 | schwach | gleichbleibend | 500 bis 4 000 |

# BULTACO (E) 1958–1982

*Bultaco Metralla Mk 2 1967*

Der Mitbegründer der bekannten spanischen Motorradfabrik Montesa, Francisco Xavier Bulto, trennte sich 1958 wegen Differenzen über von ihm befürwortete motorsportliche Aktivitäten von dem Unternehmen und gründete auf Anregung früherer Mitarbeiter die Firma Bultaco.

Bulto konzentrierte sich mit seinen Zweitaktmotorrädern auf den Straßenrenn- und Geländesport. Auf dem US-Markt konnten Bultacos bei Wüstenrennen und Flat-Track-Rennen einen guten Namen erringen, womit der kommerzielle Erfolg gesichert war. In Europa errangen bekannte Größen wie Sammy Miller im Trialsport (z.B. 1965 mit dem Sieg beim schottischen Sechs-Tage-Trial) oder auch Bill Smith mit der 250er Metralla auf der Isle of Man wertvolle Trophäen. Neben dem erstmals 1962 als 200er vorgestellten Straßenmodell Metralla entstanden bald spezielle Off-Road-Modelle, wie z.B. Sherpa für Trial, Pursang für Moto Cross, Matador für Geländewettbewerbe und Alpina als straßentaugliche Abwandlung der Sherpa. Mit der Modellreihe TSS gelang es ab 1961, ein richtiges Sportgerät für Rennfahrer anzubieten. Hierbei war nach Vorstellung von Sen. Bulto vorrangig an die vielen Privatfahrer gedacht, unter denen die 125-, 175-, 200-, 250- und später 350-TSS Production Racer viele nationale Meisterschaften errangen. Trotz der konzeptionellen Unterlegenheit gegen die High-Tech-Werksrennmotorräder der japanischen und ostdeutschen (MZ!) Konkurrenz, gelangen durch die Bultaco-Werksfahrer etliche Achtungserfolge und durch Ginger Molloy ein 3. WM-Platz 1968 in der 125er-Klasse. Zu Beginn der 70er-Jahre wandte man sich wieder verstärkt dem Geländesport zu und erst 1975 errang man nach Übernahme der italienischen Piovaticci-Rennmotorräder im Straßenrennsport der 50er-Klasse durch Angel Nieto einen Weltmeisterschaftserfolg, der 1976 und 1977 ebenfalls durch Nieto wiederholt wurde. 1978 und 1979 gewann Ricardo Tormo den Titel.

*Bultaco Sherpa 250 1970*

Ansprechpartner:
Gunther Lingelbach,
Finkenloh 10, 34130 Kassel

## BULTACO

| Modell | Baujahr | Zylinder | ccm | Steuerung | PS/min | Ersatzteilsituation | Nachfragetrend | Preise (EUR) |
|---|---|---|---|---|---|---|---|---|
| Metralla | 1962 - 65 | 1 | 196 | Schlitz | 20/7000 | schwach | gleichbleibend | 400 bis 1 000 |
| Metralla Mk 2 | 1966 - 70 | 1 | 244 | Schlitz | 27/7500 | gut | gleichbleibend | 500 bis 1 750 |
| TSS 125 | 1961 - 69 | 1 | 124 | Schlitz | 21 - 29 | schwach | leicht ansteigend | 3 000 bis 6 500 |
| TSS 250 | 1964 - 69 | 1 | 244 | Schlitz | 36 - 40 | schwach | leicht ansteigend | 4 000 bis 7 500 |
| TSS 350 | 1968 - 69 | 1 | 348 | Schlitz | 47/8500 | schwach | leicht ansteigend | 5 000 bis 9 000 |
| Sherpa-T | 1965 - 74 | 1 | 125/250/350 | Schlitz | 11 - 21 | gut | gleichbleibend | 400 bis 1 600 |
| Alpina | 1967 - 74 | 1 | 125/250/350 | Schlitz | 12 - 25 | schwach | gleichbleibend | 400 bis 1 250 |
| Matador | 1969 - 74 | 1 | 250/350 | Schlitz | 23 - 32 | schwach | gleichbleibend | 400 bis 1 250 |
| Pursang | 1968 - 74 | 1 | 125/250/350 | Schlitz | 25 - 39 | schwach | gleichbleibend | 400 bis 1 250 |

# CALTHORPE (GB) 1911–1939

Die englische Firma Calthorpe wurde 1911 gegründet und war zu Beginn ihrer Produktionszeit ein typischer Verwender von Einbaumotoren. Während man sich zunächst auf die gängigen englischen Lieferanten wie Villiers, JAP, Blackburne und die kleinen AZA-Zweitakter konzentrierte, entstanden schon bald eigene Motoren mit 250, 350 und 500 cm³. Die formschönen und schnellen Calthorpe-Motoren wurden beliebt bei den damals in England üblichen Zuverlässigkeitsfahrten und sorgten so für eine schnelle Verbreitung des guten Rufes. Die ab 1930 eingeläutete „Ivory"-Serie – so genannt wegen der elfenbeinfarbenen Lackierung der Maschinen –, tat ein Übriges für das Renommee dieser überaus sportlichen Maschinen.

Der Konkurs von Calthorpe im Jahre 1938 konnte auch nicht durch die Übernahme der Marke seitens Bruce Douglas verhindert werden, der für 1939 den Einbau von 350- und 500-cm³-Matchless-Motoren plante. Außer ein paar Prototypen verlief dieses Projekt im Sande, und Calthorpe war unmittelbar vor dem Kriege nicht mehr existent.

Appendix: Villiers, JAP, Blackburne

*Calthorpe Ivory 350 1932*

## CALTHORPE

| Modell | Baujahr | Zylinder | ccm | Steuerung | PS/min | Ersatzteilsituation | Nachfragetrend | Preise (EUR) |
|---|---|---|---|---|---|---|---|---|
| Ivory 350 | 1930 - 39 | 1 | 348 | ohv | 16/5200 | schwach | gleichbleibend | 2 000 bis 4 250 |
| Ivory 500 | 1932 - 39 | 1 | 494 | ohv | 22/5200 | schwach | gleichbleibend | 2 000 bis 5 000 |

# CONDOR (CH) 1901–1978

Die Firma aus dem schweizerischen Courfaivre entwickelte bereits 1901 das erste Condor-Motorrad mit eigenem Einzylinder-Motor. Schon bald wandte man sich aber dem weitaus verbreiteteren Triebwerken von Motosacoche zu, die in Acacias bei Genf gefertigt wurden. So wurde Condor zu einem typischen Konfektionär, was sich aber später noch einmal ändern sollte. Andere Schweizer Einbaumotor-Fabrikate folgten, so z.B. Moser und Zedel oder auch M.&V., doch der Schwerpunkt sollte ab 1908 bei den MAG.-Motoren bleiben.

In den zwanziger Jahren stellte Condor neben Motosacoche in der Schweiz ein großes, erfolgreiches Rennteam auf die Beine, in dem Meisterfahrer wie Ernst Hänni oder auch George Cordey viele Titel errangen. Ausgestattet mit den äußerst selten von Motosacoche an „Fremdfabrikate" weiter gegebenen ohc-Motoren Typ A, waren diese Renn-Condor extrem schnell.

Der Erfolg schlug sich natürlich in den Absatzzahlen nieder, und 1925 konnte man bereits 11 Modelle anbieten. Von der kleinsten Condorette mit 150-cm³-Villiers-Zweitakter bis zum 1000-cm³-

*Condor 2,5 PS 1914*

*Condor Grand Sport 500 1930*

Armee fand Gefallen, und so wurden relativ große Stückzahlen dieses Modells produziert.

Seine Leistung betrug 19 PS, und sehr schnell wurden technische Modifizierungen vorgenommen. Mit dem Jahr 1951 entstand die Condor A 580 I, die bis 1957 nahezu unverändert gebaut wurde. Dies war auch das letzte Produktionsjahr. Es folgte noch ein Armee-Modell mit 250-cm³-Einzylinder und Kardanantrieb, eine 350-cm³ mit Ducati-Motor und einige Zweitaktmodelle für den Zivileinsatz. Der Motorradbau wurde dann endgültig 1978 eingestellt.

Appendix: Villiers, MAG

Modell 11 HP mit dem wechselgesteuerten Zweizylinder von MAG war für jeden Wunsch und Geldbeutel etwas dabei. Zu Beginn der Dreißiger gesellte sich zu der umfangreichen Produktpalette noch die neu entwickelte, robuste 850 cm³ namens Spezial Duplex, die besonders für den Seitenwagenbetrieb geeignet war.

Drei Seitenwagentypen wurden von Condor ebenso angeboten wie Transport-Dreiräder. Hierzu kam ergänzend die 680er Condor, die von Otto Fricker 1940 bis1943 für die Schweizer Armee entwickelt wurde. Der Motor war eine Art Lizenzbau auf Basis des JAP-Motors aus England, der gemeinsam mit Universal entwickelt worden ist.

Nach dem Krieg begann man wieder mit der Fertigung eigener Motoren, und der 580-cm³-Boxer-Seitenventiler legte einen Grundstein für die Motorradfertigung bei Condor. Wegen ihrer großen Robustheit waren die von Konstrukteur Raimond Schaller entwickelten Zweizylinder sehr beliebt. Auch die Schweizer

*Condor 250 1960*

## CONDOR

| Modell | Baujahr | Zylinder | ccm | Steuerung | PS/min | Ersatzteilsituation | Nachfragetrend | Preise (EUR) |
|---|---|---|---|---|---|---|---|---|
| A 580 | 1947 - 58 | 2 | 577 | sv | 20/4400 | gut | gleichbleibend | 2 000 bis 4 000 |

# COTTON (GB) 1920–1976

Cotton in Gloucester war wie viele seiner Konkurrenten ein Konfektionär, der sich auf den Einbau der kleinen Villiers-Zweitakter sowie größerer Viertakter von JAP und Blackburne konzentrierte. Durch den frühen Einsatz bei Rennveranstaltungen machte sich Cotton einen Namen. Mitte der Zwanziger wurden überwiegend Viertakt-Motoren in den Cotton-typischen Dreiecksrahmen eingebaut – es gab gar Modelle mit dem schnellen Rudge-Python 500er sowie mit dem obengesteuerten Sturmey-Archer-Triebwerk. Um 1930 war Cotton in der Lage, 20 Modelle mit Einzylinder-Motoren von 150 bis 550 cm³ anzubieten. Eine gigantische Palette, deren Modellpflege sicher nicht einfach war.

*Cotton Trials 250 1963*

Der Krieg kam und Cotton musste wie viele andere auch der Rüstungsindustrie dienen. Nach dem Krieg wurde Cotton aufgrund finanzieller Schwierigkeiten von einer neuen Gesellschaft übernommen und baute fortan konventionelle Rohrrahmen mit ausschließlich Villiers-Zweitaktmotoren unterschiedlicher Hubräume. Dem Zweitakter nun treu, folgten ab Ende der fünfziger Jahre kleine, sportliche 175er und 250er Motorräder, bis 1962 die „Telstar", eine für Privatfahrer käufliche Rennmaschine erhältlich wurde. Mit dem schnellen Villiers-Starmaker-Motor, der sich ideal für individuelles Tuning eignete, sicherte sich Cotton hier wieder einen hohen Bekanntheitsgrad – allerdings nur noch auf sportlichem Sektor. Der allgemeine Absatz ging deutlich zurück und neben einem Ausflug zu Minarelli, deren Motoren für eine Geländemaschine verwendet wurden, und zu Rotax, mit deren Zweitakt-Rennmotor sich Cotton 1976 noch einmal in den Straßenrennsport einmischte, blieb es bei punktuellen Auftritten.

Appendix: Villiers, JAP, Blackburne



## COTTON

| Modell | Baujahr | Zylinder | ccm | Steuerung | PS/min | Ersatzteilsituation | Nachfragetrend | Preise (EUR) |
|---|---|---|---|---|---|---|---|---|
| 350 | 1925 - 39 | 1 | 350 | ohv | 15 - 20 | schwach | gleichbleibend | 1 750 bis 4 500 |
| 500 | 1925 - 39 | 1 | 500 | ohv | 22 - 28 | schwach | gleichbleibend | 2 000 bis 5 000 |
| Trials | 1959 - 68 | 1 | 246 | Schlitz | 12/5000 | schwach | gleichbleibend | 750 bis 1 500 |

# CZ (CZ) 1931–1997

*CZ 350 1938*

*CZ 250 Moto Cross 1968*

Die Tschech. Waffenfabrik Ceska Zbrojovka (CZ) begann 1931 mit der Produktion eines kleinen Motorrades mit 76 cm³ Hubraum in einem Fahrradrahmen. Diese erste CZ erhielt wegen ihrer Zylinderform den Beinamen „Kaktus". 1934 wurde der Motor auf 98 cm³ vergrößert und in einen deutlich verstärkten Rahmen integriert. Mit Trapezgabel ausgestattet, verkaufte sich dieses Leichtmotorrad außerordentlich gut, sodass sich ein Jahr später bereits weitere Modelle mit 175 cm³ und 250 cm³ hinzu gesellten. Der Stahlpress-Rahmen der Standard 175 ähnelte sehr dem Kardanmodell, welches bei Triumph in Nürnberg schon einige Zeit vorher entstand.

1937 ging man bei CZ vom Nasenkolben auf Flachkolben über und das Spülsystem der Zweitakter wurde als „Diagonal-Spülung" benannt. Dies wohl um patentrechtlichen Ansprüchen des DKW-Schnürle-Systems zu entgehen. 1938 folgte eine 350-cm³-Einzylinder- und eine 500-cm³-Zweizylinder-Maschine, ebenfalls im Stahlpress-Rahmen.

Bis zum Beginn des Krieges war CZ, entgegen dem großen Konkurrenten JAWA, kaum in motorsportliche Aktivitäten – außer in Wertungsfahrten – aktiv. Dies sollte sich nach dem Krieg ändern.

Bereits 1946 begann CZ wieder mit der Fertigung von Motorrädern mit 125 cm³ und bald darauf auch mit größeren 175-cm³-Modellen. 1948 wurde die Telegabel eingeführt und ein Jahr darauf hielt die Geradweg-Hinterradfederung Einzug, welche deutliche Ähnlichkeit mit den JAWA-Motorrädern aufzeigte.

Durch die Brüder Jaroslaw und Jan Walter, die bereits vor dem Krieg erfolgreiche Rennmotoren-Konstrukteure waren, setzte bei CZ eine erfolgreiche Renn-Ära ein. Entgegen den zweitaktenden Serien-Motorrädern wiesen die Rennmodelle von 175 cm³ bis 350 cm³ Einzylinder-Viertaktmotoren mit Königswellensteuerung auf. Bis weit in die sechziger Jahre war CZ hiermit erfolgreich auf nationalem und internationalem Parkett mit Fahrern wie Franta Bartos, Vaclav Parus oder Bohumil Roucka. Danach gab es noch einmal großes Aufsehen, als 1967 Ing. Frantisek Pudil mit einer V-Vierzylinder mit zwei obenliegenden Nockenwellen unter Bohumil Stasa erschien. Sie sollte der schnellen Vierzylinder von MV Paroli bieten. Doch in WM-Ränge konnte sie nicht gelangen.

*CZ 250 1970*

Die Serienfertigung konzentrierte sich in den fünfziger Jahren auf gefällige Modelle mit 125 cm³ und 150 cm³, die ihre Ähnlichkeit zu englischen Vorbildern nicht verleugnen konnten. 1957 bis1959 war ein Roller in Produktion, der, modernisiert, zu Beginn der sechziger Jahre auch als Lastendreirad auf Rollerbasis erhältlich war.

Dies war auch die Zeit der Moto-Cross-Erfolge bei CZ, deren 250- und 360-cm³-Modelle guten Absatz fanden.

1974 folgten bei CZ gefällige Zweizylinder-Zweitakter mit 250 cm³ und 350 cm³ die bis 1984 als Straßenmaschinen im Programm blieben.

Die Moto-Cross-Modelle blieben noch in unterschiedlichen Versionen bis zum Jahr 1997 im Verkauf. Es war das letzte Jahr der großen tschechischen Motorradfabrik.

Ansprechpartner: JAWA und CZ-Freunde e.V. 1991,
Helmut Büchele, Adersbacherstr. 13, 74906 Bad Rappenau

## CZ

| Modell | Baujahr | Zylinder | ccm | Steuerung | PS/min | Ersatzteilsituation | Nachfragetrend | Preise (EUR) |
|---|---|---|---|---|---|---|---|---|
| 98 | 1935 - 48 | 1 | 98 | Schlitz | 2,5/4000 | schwach | gleichbleibend | 200 bis 750 |
| 175 | 1935 - 48 | 1 | 172 | Schlitz | 5,5/3800 | schwach | gleichbleibend | 300 bis 1 000 |
| Tourist | 1936 - 40 | 1 | 249 | Schlitz | 9/4500 | schwach | gleichbleibend | 300 bis 1 000 |
| 125 | 1946 - 68 | 1 | 123 | Schlitz | 7,7/5000 | gut | gleichbleibend | 200 bis 750 |
| 175 | 1948 - 68 | 1 | 172 | Schlitz | 10/5000 | gut | gleichbleibend | 200 bis 750 |
| 250 MC | 1964 - 68 | 1 | 246 | Schlitz | 26/5900 | gut | gleichbleibend | 750 bis 2 100 |
| 360 MC | 1964 - 68 | 1 | 362 | Schlitz | 35/6000 | gut | gleichbleibend | 750 bis 2 000 |

# DKW 1919–1944

Jörgen Skafte Rasmussen erwarb 1907 in Zschopau eine kleine Spinnerei, aus der schon bald eine Maschinenfabrik wurde. Bereits 1916 experimentierte er mit einem Dampf-Kraft-Wagen (DKW zum Ersten), der jedoch nicht in Serie ging.

1919 kam der Konstrukteur Hugo Ruppe mit einem 18-cm³-Spielzeugmotor zu ihm, mit der Bitte, diesen in Serie zu fertigen. Als „Des Knaben Wunsch“ (DKW zum Zweiten) ging dieser in Produktion und erfreute insbesondere die Kinder gut betuchter Familien in der Nachkriegszeit.

Rasmussen entwickelte diesen Motor weiter zu einem Stationäraggregat mit 118 cm³ und wurde auf der Leipziger Messe 1919 als „Das kleine Wunder“ (DKW zum Dritten) ausgestellt. Er war die Basis für die Fertigung des ab 1921 erschienen „Golem“-Sesselrad, einem rollerähnlichen Gefährt mit nunmehr 122 cm². Ihm folgte der weiterentwickelte „Lomos“ mit 145cm³ und Gebläsekühlung.

1922 begann der eigentliche Motorradbau bei DKW mit dem Modell „Reichsfahrt“. Unter dem Steuerkopf eingebaut, war der robuste Zweitakter mit Riemenantrieb zum Hinterrad ausgestattet. Später auf 175 cm³ gewachsen, wurde an diversen Rennveranstaltungen erfolgreich teilgenommen, und schon hier begründete DKW seinen guten Ruf als Rennmaschinen-Hersteller.

*DKW Luxus-Special 200 1930*

Eine unternehmerische Glanzleistung gelang DKW mit der Patentierung der Umkehrspülung von Prof. Adolf Schnürle. Sie war der Wegbereiter für den glanzvollen Aufstieg DKW´s zum führenden Motorradhersteller der Welt.

1926 entstand mit der E206 ein Volksmotorrad der besonderen Art. Sie wurde mit ihrem Blockmotor und Zweiganggetriebe zu einem großen Verkaufserfolg. Im ersten Jahr fertigte man rund 90.000 Stück.

Zur gleichen Zeit entstanden, auch käuflich, die Ladepumpen-Rennmodelle ARe mit 175 cm³, welche auf den Rennstrecken Europas für Furore sorgten. Erst 1932 wurden sie durch die Doppelkolben-Zweitakter mit 250 cm³ abgelöst.

1928 kamen zur Serienfertigung die ersten Zweizylinder-Modelle Luxus 500 mit luftgekühltem Motor hinzu. Sie sollten später Wasserkühlung erhalten.

1930 erhielten die Motorräder einen Pressstahlrahmen, dessen Fertigung einfacher war und damit größeren Ausstoß in der Produktion sicherte.

1932 erfolgte die Umstellung der Motorenbauweise von Querstromspülung mit Nasenkolben auf die moderne und leistungsstarke Umkehrspülung mit Flachkolben. Das Modellprogramm reichte nun vom kleinen 98er Einzylinder-Motor bis zum 600er-Zweizylinder der Supersport mit gut 20 PS. In diesem Jahr ging DKW im Konzern der Auto Union auf.

Der Rennerfolg wurde in der Zeit unmittelbar vor dem zweiten Weltkrieg durch berühmte deutsche Größen wie Rosemeyer, Winkler, Kluge, Wünsche, aber auch ausländische Fahrer wie Woods, Anderson, Thomas und Sunnqvist begründet.

Neben den reinen Werksrennmaschinen von 248 bis 720 cm³ gab es auch käufliche Versionen, die in den SS-Typen mit 248

*DKW Super Sport 600 1932*

*DKW SB 500 1936*

*DKW SB 200 1936*

*DKW NZ 500 1939*

und 348 cm³ angeboten wurden. Diese Ladepumpen-Produktionsrenner sind heute äußerst gesuchte Exemplare.

1934 erschienen die SB-Modelle, welche mit luftgekühlten 200- und 250-cm³-Einzylindern sowie der großen SB500 mit Zweizylindermotor die erfolgreichste Vorkriegsserie wurde. Von diesen Maschinen wurden insgesamt fast 110.000 Stück produziert.

Mit der NZ-Serie kam ab 1937 die letzte Vorkriegs-Serienproduktion ins Programm. Sie reichte von der NZ250 über die NZ350 zur NZ500, die eine Langschwinge aus geschlossenen Stahblechprofilen erhielt, welche sich über Teleskopzylinder abstützte. Diese Konstruktion war eine Ableitung aus dem Rennsport und war die erste Hinterradfederung in Serienmotorrädern bei DKW.

Mit der RT 125, einer 123-cm³-Maschine mit Pressstahlgabel, die ein hervorragendes Preis-/Leistungsverhältnis aufwies, war es 1939 zu spät für einen größeren Erfolg. Er sollte mit diesem Motorrad erst nach dem Krieg einsetzen.

Ansprechpartner: DKW-Motorrad-Club e.V.,
Schäfergasse 3, 63477 Maintal,
e-mail: ralf.kopmann@t-online.de
Homepage: www. dkw-motorrad-club.de

## DKW

| Modell | Baujahr | Zylinder | ccm | Steuerung | PS/min | Ersatzteilsituation | Nachfragetrend | Preise (EUR) |
|---|---|---|---|---|---|---|---|---|
| E 206 (E200) | 1926 - 29 | 1 | 206/198 | Schlitz | 4/3500 | schwach | gleichbleibend | 1 250 bis 3 500 |
| ZS 200 Luxus | 1929 - 33 | 1 | 198 | Schlitz | 4/3500 | schwach | gleichbleibend | 600 bis 2 250 |
| EB 300 | 1929 - 32 | 1 | 292 | Schlitz | 8/3500 | schwach | gleichbleibend | 750 bis 2 000 |
| Luxus 500 | 1928 - 30 | 2 | 490 | Schlitz | 14/4000 | schwach | gleichbleibend | 2 000 bis 6 500 |
| Luxus Spezial | 1930 - 32 | 1 | 198 | Schlitz | 4,5/3500 | schwach | gleichbleibend | 1 100 bis 3 500 |
| Sport 500 | 1930 - 33 | 2 | 490 | Schlitz | 18/4000 | schwach | gleichbleibend | 3 500 bis 5 000 |
| Super Sport 600 | 1931 - 33 | 2 | 598 | Schlitz | 20/3800 | schwach | gleichbleibend | 5 000 bis 7 500 |
| Block 200 | 1931 - 33 | 1 | 198 | Schlitz | 6/3500 | schwach | gleichbleibend | 750 bis 2 000 |
| Block 350 | 1931 - 33 | 1 | 342 | Schlitz | 11/3500 | schwach | gleichbleibend | 900 bis 2 250 |
| RT 2 1/2 PS | 1934 - 36 | 1 | 98 | Schlitz | 2,5/3500 | schwach | gleichbleibend | 750 bis 1 500 |
| RT 3 PS (RT 100) | 1934 - 40 | 1 | 98 | Schlitz | 3/4000 | schwach | gleichbleibend | 600 bis 1 250 |
| KS 200 | 1934 - 40 | 1 | 198 | Schlitz | 7/4000 | schwach | gleichbleibend | 750 bis 1 500 |
| SB 200 | 1934 - 38 | 1 | 192 | Schlitz | 7/4000 | schwach | gleichbleibend | 750 bis 2 250 |
| SB 350 | 1934 - 38 | 1 | 342 | Schlitz | 11/4000 | schwach | gleichbleibend | 1 000 bis 2 500 |
| SB 500 | 1934 - 39 | 2 | 494 | Schlitz | 15/4000 | schwach | gleichbleibend | 3 000 bis 4 500 |
| NZ 350 | 1937 - 44 | 1 | 343 | Schlitz | 11,5/4000 | schwach | gleichbleibend | 1 250 bis 2 500 |
| NZ 250 | 1938 - 40 | 1 | 247 | Schlitz | 9/4500 | schwach | gleichbleibend | 750 bis 2 500 |
| NZ 500 | 1939 - 40 | 2 | 489 | Schlitz | 18,5/4200 | schwach | gleichbleibend | 2 500 bis 4 000 |
| RT 125 | 1939 - 44 | 1 | 123 | Schlitz | 4,75/4800 | schwach | gleichbleibend | 600 bis 1 250 |
| SS 250 | 1935 - 39 | 1 | 247 | Doppelkolben | 22/4800 | – | gleichbleibend | 10 000 bis 20 000 |

# DKW 1949–1958

*DKW RT 200 1952*

*DKW RT 125/2 1954*

*DKW RT 350 1955*

Die von Hermann Weber vor dem Krieg konstruierte RT 125 war das erste Nachkriegsmotorrad bei DKW. Die DKW-Werke, Teil der Chemnitzer Auto Union, wurden einerseits zum IFA-Kombinat, aus dem später die MZ-Werke entstehen sollten. Dort fertigte man zunächst nahezu baugleich die IFA RT 125, zu der später die BK350 mit Boxer-Zweizylindermotor hinzu kam.

Zum anderen fertigte man bei Auto-Union in Ingolstadt die Vorkriegs-RT 125. Sie reifte dort durch Modellverbesserungen wie Telegabel und ab 1954 auch mit Hinterradfederung zu einer der beliebtesten Maschinen ihrer Zeit. Sie sollte bis 1957 im Programm bleiben. Durch die Aliierten gelangten die Baupläne der RT 125 in alle Welt. Sie hat den Ruf, das meistkopierte Motorrad der Welt zu sein. Ob BSA Bantam, Harley-Davidson Hummer oder gar die ersten Modelle von Yamaha – alle waren der RT 125 mehr als ähnlich.

Hubraumstärkere Versionen, wie die RT 175, die RT 200 und die RT 250 folgten, doch ein richtig neues Motorrad kam erst ergänzend mit der 1954 erstmalig auf der IAA in Frankfurt präsentierten RT 350S. Diese mit Parallel-Zweizylindermotor und Hinterradschwinge ausgestattete Maschine litt zu Beginn noch unter thermischen Problemen. Diese wurden jedoch durch die Verwendung von Stachelrippen-Zylindern beseitigt.

Natürlich griff man auch ins Renngeschehen ein. Mit dem von Ing. Erich Wolf entwickelten Dreizylinder-Rennmotor mit 350 $cm^3$ schuf man einen Rennmotor, der mit bis zu 48 PS Leistung nahezu unerreicht war. Einzylinder mit 116 $cm^3$ und 123 $cm^3$, sowie Zweizylinder mit 248 $cm^3$ wurden in den kleineren Hubraumklassen eingesetzt. Berühmten Fahrern wie den Vorkriegsgrößen Kluge, Wünsche und Müller folgten junge Nachwuchsfahrer wie Hobl, Bartl und Finkenzeller. Nach etlichen Titeln stellte DKW den Rennbetrieb 1956 ein.

Mit dem Roller „Hobby" wurde dem Trend folgend ein 74-$cm^3$-Einzylinder-Motorroller im Jahr 1954 auf den Markt gebracht. Er verkaufte sich gut und blieb mit der RT175VS bis zum letzten Produktionsjahr im Programm. 1956 kam mit dem Moped Hummel noch einmal ein kleiner Aufschwung, doch auch die Hummel konnte nichts an der elementar schlechten Verkaufssituation dieser Zeit ändern. 1958 ging der Ingolstädter Motorradbau in der Nürnberger Zweirad-Union auf.

Ansprechpartner: DKW Motorrad-Club e.V., Schäfergasse 3, 63477 Maintal, e-mail: ralf.kopmann@t-online.

## DKW

| Modell | Baujahr | Zylinder | ccm | Steuerung | PS/min | Ersatzteilsituation | Nachfragetrend | Preise (EUR) |
|---|---|---|---|---|---|---|---|---|
| RT 125 W | 1949 - 52 | 1 | 123 | Schlitz | 4,75/5000 | schwach | gleichbleibend | 750 bis 1 750 |
| RT 200 | 1951 - 52 | 1 | 191 | Schlitz | 8,5/4200 | schwach | gleichbleibend | 750 bis 2 000 |
| RT 125/2 | 1952 - 54 | 1 | 123 | Schlitz | 5,7/5400 | schwach | leicht ansteigend | 600 bis 1 250 |
| RT 200 H | 1952 - 53 | 1 | 191 | Schlitz | 8,5/4200 | schwach | gleichbleibend | 750 bis 1 500 |
| RT 250 H | 1952 - 53 | 1 | 244 | Schlitz | 11,5/4500 | schwach | gleichbleibend | 750 bis 1 750 |
| RT 250/1 | 1953 | 1 | 244 | Schlitz | 11,5/4500 | schwach | gleichbleibend | 750 bis 1 750 |
| RT 175 | 1954 - 55 | 1 | 174 | Schlitz | 9,6/5000 | schwach | gleichbleibend | 500 bis 1 500 |
| RT 200/2 | 1954 - 55 | 1 | 197 | Schlitz | 11/5000 | schwach | gleichbleibend | 750 bis 1 750 |
| RT 125/2 H | 1954 - 57 | 1 | 123 | Schlitz | 6,4/5600 | schwach | gleichbleibend | 500 bis 1 500 |
| RT 250/2 | 1953 - 55 | 1 | 244 | Schlitz | 14,1/4700 | schwach | gleichbleibend | 1 000 bis 1 750 |
| RT 175 S (VS) | 1955 - 58 | 1 | 174 | Schlitz | 9,6/5000 | gut | gleichbleibend | 500 bis 1 250 |

## DKW

| Modell | Baujahr | Zylinder | ccm | Steuerung | PS/min | Ersatzteilsituation | Nachfragetrend | Preise (EUR) |
|---|---|---|---|---|---|---|---|---|
| RT 200 S (VS) | 1955 - 57 | 1 | 197 | Schlitz | 11/5000 | gut | gleichbleibend | 500 bis 1 250 |
| RT 250 S (VS) | 1955 - 57 | 1 | 244 | Schlitz | 15/5000 | schwach | gleichbleibend | 1 000 bis 2 000 |
| RT 350 S | 1955 - 56 | 2 | 348 | Schlitz | 18,5/5000 | schwach | leicht ansteigend | 1 500 bis 3 500 |
| Hobby | 1954 - 58 | 1 | 74 | Schlitz | 3/5000 | schwach | leicht ansteigend | 500 bis 1 000 |
| Hummel | 1956 - 58 | 1 | 49 | Schlitz | 1,35/4400 | schwach | gleichbleibend | 150 bis 600 |



# DOUGLAS (GB) 1907–1957

Bereits im Jahre 1907, also lange bevor BMW seine Boxermotorräder baute, startete Douglas im britischen Kingswood den Bau seiner Motorräder. Die erste Maschine mit 293 cm³ sollte für viele Jahre die Basis legen für das Bauprinzip des Boxermotors bei diesem Hersteller. In großen Stückzahlen wurde ein 350-cm³-Modell Typ 2³/4 HP für den Einsatz unterschiedlicher Streitkräfte im ersten Weltkrieg produziert. Danach übernahm sogar Bosch in Deutschland den Lizenzbau dieses Motors und lieferte ihn an zahlreiche Hersteller wie Astra oder SMW. Ab 1922 wurde ein kopfgesteuertes Motorrad mit zunächst 500 cm³ geschaffen, das auf europäischen Rennstrecken für Furore sorgte. Gemeinsam mit dem später folgenden Modell mit 598 cm³ Hubraum war diese Maschine äußerst beliebt für den Einsatz bei Speedway-Rennen. Selbst in den USA wurden Douglas-Maschinen erfolgreich im Dirt-Track-Oval eingesetzt.

*Douglas 350 1926*

1929 führte man den Satteltank ein und die seitengesteuerte 500er Typ F/29 sollte für einige Jahre zum Verkaufsschlager werden. Doch ab 1930 ging es bergab.

Nach einer Firmenneugründung im Jahre 1931 schloss man die Rennabteilung und reduzierte das Händlernetz. Von ständigen Modellwechseln sah man ab und baute stattdessen Einheitsmodelle von 246, 346, 496 und 596 cm³ - und das äußerst preiswert. Doch der zweite Weltkrieg nahm auch hier die Chance zu großer Neuausrichtung.

Unmittelbar nach dem Krieg startete Douglas mit der T35, einer 350er-Maschine mit jetzt quer eingebautem Boxermotor. Sie sollte 1955 durch die Dragonfly abgelöst werden. Diese modifizierte Douglas mit Langarmschwinge vorn und hinten sah zwar sehr schön aus und war eine interessante Konstruktion. Doch auch sie rettete Douglas nicht und so wurde 1957 der Motorradbau endgültig eingestellt.

*Douglas Mk IV 1950*

## DOUGLAS

| Modell | Baujahr | Zylinder | ccm | Steuerung | PS/min | Ersatzteilsituation | Nachfragetrend | Preise (EUR) |
|---|---|---|---|---|---|---|---|---|
| 2³/4 HP | 1912 - 26 | 2 | 348 | sv | ca. 8/3600 | schwach | gleichbleibend | 1 750 bis 4 500 |
| DT 5 | 1928 - 32 | 2 | 494 | ohv | 20 - 25 | schwach | gleichbleibend | 4 000 bis 12 500 |
| 600 | 1927 - 35 | 2 | 596 | sv | 18/3800 | schwach | gleichbleibend | 1 750 bis 3 500 |
| T 35-MkV | 1947 - 54 | 2 | 348 | ohv | 18/6000 | schwach | gleichbleibend | 1 250 bis 2 750 |
| Dragonfly | 1955 - 57 | 2 | 348 | ohv | 20/6000 | schwach | leicht ansteigend | 1 750 bis 3 750 |

# D-RAD 1923–1933

1921 bis 1923 fertigte man in den Spandauer Industriewerken das von Ing. H. F. Günther geschaffene Zweizylinder-Boxermotorrad namens „Star“. Der erste Weltkrieg war vorüber und die Munitionsfertigung, Haupterwerbsquelle der Fabrik, nahm rapide ab.

Die D-Rad Aktiengesellschaft modernisierte nun unter Ing. Christiansen 1923 dieses interessante, aber erfolglose Motorrad und startete so den Beginn des Motorradbaus bei D-Rad.

Zwei Jahre später folgte die weit verbreitete Neukonstruktion R0/4, ein Einzylinder mit seitengesteuerten Ventilen und unglaublich robuster Ausführung. Dies wussten auch die Berliner Taxibetriebe zu schätzen und setzten D-Räder mit speziellen Seitenwagen zur Personenbeförderung ein. Die Blattfedergabel und deren steife Federung trug zu der Bezeichnung „Spandauer Springbock“ bei. Aus ihr entwickelte sich 1927 die Sportversion R1/4 mit höherer Verdichtung und Sportlenker sowie die R0/6, die dann schon einen abnehmbaren Zylinderkopf bot.

Mit dem Eintritt von Obering. Martin Stolle kam es zu diesen Neuerungen.

Bei der 1928 eingeführten R9 neigte er den Motor leicht nach vorne und modifizierte ihn technisch. Der große Wurf gelang mit dem kopfgesteuerten Sportmodell R10, das 1930 erschien und anstelle der „Springgabel“ nun eine Trapezgabel aufwies. Diese Maschine wurde auch sehr erfolgreich im Sport- und Renneinsatz verwendet und namhafte Fahrer wie Erich Tennigkeit und Franz Seelos trugen zum Erfolg des Sportmodells bei D-Rad bei.

Doch die Weltwirtschaftskrise kam und auch D-Rad spürte den Absatzrückgang schon bald. Hier half auch nicht das 1931 für den kleineren Geldbeutel eingeführte Tourenmotorrad R11 mit seitengesteuerten Ventilen oder die kleine 200er Zweitakt-Maschine mit Einbaumotor von Bark. Man tat sich mit dem Sportkonkurrenten NSU zusammen und unter der Bezeichnung NSU-D wurden noch wenige Maschinen aus Restbeständen bis 1933 gefertigt.

*D-Rad R 0/4 1925*

*D-Rad R 11 1931*

## D-RAD

| Modell | Baujahr | Zylinder | ccm | Steuerung | PS/min | Ersatzteilsituation | Nachfragetrend | Preise (EUR) |
|---|---|---|---|---|---|---|---|---|
| R 0/4 | 1925 - 27 | 1 | 496 | sv | 10/3800 | schwach | gleichbleibend | 2 500 bis 6 000 |
| R 1/4 | 1927 | 1 | 496 | sv | 12/4100 | schwach | gleichbleibend | 2 000 bis 4 000 |
| R 0/6 | 1927 - 28 | 1 | 496 | sv | 10/3800 | schwach | gleichbleibend | 2 000 bis 6 000 |
| R 9 | 1928 - 30 | 1 | 496 | sv | 12/4100 | schwach | gleichbleibend | 2 000 bis 4 750 |
| R 10 | 1930 - 31 | 1 | 496 | ohv | 20/4800 | schwach | gleichbleibend | 3 000 bis 7 500 |
| R 11 | 1931 | 1 | 496 | sv | 16/4600 | schwach | gleichbleibend | 2 000 bis 4 000 |

# DUCATI (I) 1926–HEUTE

Adriano und Marcello Ducati gründeten in Bologna eine Firma, die sich zunächst als Elektrounternehmen etablierte. Nach dem Krieg begannen die findigen Brüder mit der Konstruktion eines Kleinstmotors, der zum Anbau an einen Fahrradrahmen gedacht war. Der 48-$cm^3$-Motor mit obenhängenden Ventilen leistete immerhin 1,5 PS und sorgte, angebaut unter dem Tretlager eines Fahrrades, für guten Vortrieb. Dieser Typ T1 verkaufte sich gut und hörte auf den Namen „Cucciolo“.

Bereits 1950 folgte eine Hubraumerhöhung auf 65 $cm^3$ und der Viertakter fand Platz im Pressstahlrahmen eines Mopeds. 1952 erfolgte die Trennung in zwei Firmengruppen: zum Einen für die elektrotechnischen Erzeugnisse, zum Anderen in die Ducati Meccanica S.p.A., die sich allein dem Motorradbau verschrieb. 98er-Modelle entstanden in Touren- und Sportausführung, wie die Typen N, T, TL und Sport. Ebenfalls im Programm war der Roller Cruiser, der sich allerdings schlecht verkaufte.

Mit Ing. Fabio Taglioni kam ein überaus kompetenter Techniker zu Ducati. Er schuf schon bald neue sportliche Motoren. 1956 erschienen die 125er Turismo und Turismo Veloce sowie eine Serie mit 175-$cm^3$-Motorrädern, die sich durch obenliegende Nockenwelle und Vierganggetriebe auszeichneten. Sie erhielten die Bezeichnungen Turismo, Turismo Speciale und Sport, wobei Letztere 16 PS und eine Höchstgeschwindigkeit von über 130 km/h aufwies.

Im gleichen Jahr stellte Ducati erstmals für den Renneinsatz einen 125-$cm^3$-Produktionsrenner vor. Das Triebwerk der Grand

*Ducati 200 Elite 1959*

*Ducati 250 Mark I 1964*

*Ducati 750 GT 1971*

*Ducati 750 SS 1973*

*Ducati 250 Mark III 1973*

*Ducati 750 Sport 1972*

Prix hatte zwei obenliegende Nockenwellen und erstmals die berühmte desmodromische Ventilsteuerung mit Königswelle. Berühmte Renngrößen wie Taveri, Hailwood oder Gandossi sorgten für legendäre Rennerfolge.

Rennmaschinen mit 250 und 350 cm³ für die größeren Klassen folgten, bis sich Ducati werksseitig aus dem Renngeschehen zurückzog und dies kleinen privaten Rennställen oder Händlern überließ.

Mitte der sechziger Jahre wuchs die Modellpalette bei Ducati deutlich an. Motoren der Größen 48 cm³ bis 450 cm³, eingebaut in unterschiedlichste Fahrgestelle wie Moped, Roller, Leichtmotorrad, Moto-Cross, Scrambler-Modell und natürlich Straßensportversionen weiteten das Angebot aus. Ducati war zu einem der führenden Hersteller geworden. Der US-Markt sowie Großbritannien gehörten dabei zum Schwerpunkt der Marktausrichtung.

Die Desmodromik, die Ducati so auszeichnete, ging erst 1968 in Serienmodelle ein. Die Mark III D war mit 250 cm³ und 350 cm³ erhältlich; ein Jahr darauf folgte die 450-cm³-Version. Sie waren, neben den kleineren Versionen mit normaler Ventilsteuerung wie die Monza oder die Mark III, als Scrambler-Modelle die eigentlichen Kassenschlager. 1974 verließen die letzten Einzylinder-Modelle das Werk in Bologna.

1970 läutete man bei Ducati mit den berühmten Zweizylindern eine weitere bedeutungsvolle Ära ein. Die Modelle GT und Sport sollten bis 1974 im Programm bleiben und gipfelten in der 750SS Desmo, die mit 72 PS Leistung ein echtes Superbike war. Später wurde der Hubraum auf 900 cm³ erhöht, und die wohl bekannteste Ducati dieser Zeit war die 900SS. 1978 erschien mit der Pantah ein 500-cm³-V2-Modell, das ebenfalls desmodromische Ventilsteuerung aufwies, deren Nockenwellen jedoch nicht per Königswelle, sondern von einem Zahnriemen angetrieben wurden. Auch sie wurde, genau wie die größeren Schwestern, erfolgreich in Rennen eingesetzt. Bestechend war bei den Ducati-Rennmaschinen nicht unbedingt das absolute Leistungsvermögen, sondern vielmehr die außergewöhnlich guten Fahreigenschaften und das gute Handling dieser Maschinen. Dies macht wohl heute noch die Faszination dieser Motorräder aus.

Ansprechpartner: DUCATI-Freunde Oberschwaben,
Mühlbergring 19, 88339 Bad Waldsee

*Ducati 750 GT 1973*

*Ducati 350 Desmo 1974*

*Ducati 750 Sport 1973*

*Ducati 450 Scrambler 1974*

## DUCATI

| Modell | Baujahr | Zylinder | ccm | Steuerung | PS/min | Ersatzteilsituation | Nachfragetrend | Preise (EUR) |
|---|---|---|---|---|---|---|---|---|
| Cucciolo | 1946 - 56 | 1 | 48 | ohv | 1,25/4000 | schwach | gleichbleibend | 300 bis 1 000 |
| 175 S | 1957 - 61 | 1 | 174 | ohc | 14/8000 | schwach | gleichbleibend | 1 000 bis 2 000 |
| 200 Elite | 1959 - 65 | 1 | 203 | ohc | 17/7500 | schwach | gleichbleibend | 1 000 bis 2 500 |
| 250 Monza | 1961 - 67 | 1 | 249 | ohc | 19/7200 | schwach | gleichbleibend | 1 000 bis 2 500 |
| 250 Mk 3 | 1968 - 74 | 1 | 249 | ohc | 22/7800 | schwach | gleichbleibend | 1 000 bis 3 000 |
| 250 Desmo | 1971 - 74 | 1 | 249 | ohc | 26/9000 | schwach | gleichbleibend | 1 250 bis 4 500 |
| 350 Mk 3 | 1968 - 74 | 1 | 340 | ohc | 27/7000 | schwach | gleichbleibend | 1 000 bis 3 000 |
| 350 Desmo | 1971 - 74 | 1 | 340 | ohc | 29/8000 | schwach | gleichbleibend | 1 750 bis 4 750 |
| 450 Mk 3 | 1969 - 74 | 1 | 436 | ohc | 28/6800 | schwach | gleichbleibend | 1 500 bis 3 750 |
| 450 Desmo | 1971 - 74 | 1 | 436 | ohc | 31/8000 | schwach | gleichbleibend | 2 000 bis 4 750 |
| Scrambler | 1968 - 74 | 1 | 249/340/436 | ohc | 20/24/27 | schwach | gleichbleibend | 1 750 bis 3 750 |
| 750 GT | 1971 - 74 | 2 | 748 | ohc | 58/7600 | schwach | gleichbleibend | 2 500 bis 5 000 |
| 750 Sport | 1972 - 74 | 2 | 748 | ohc | 62/8200 | schwach | gleichbleibend | 4 500 bis 9 000 |
| 750 SS Desmo | 1973 - 74 | 2 | 748 | ohc | 72/9000 | schwach | gleichbleibend | 7 500 bis 16 000 |

# DÜRKOPP 1899–1961

Nikolaus Dürkopp begann sein Firmenimperium mit Fahrrädern und Nähmaschinen schon lange vor der Jahrhundertwende. Bereits 1886 begann man mit der Motorenfertigung. 1894 kam dann das erste Automobil. Bereits 1899 konnte Dürkopp sein erstes Motorfahrrad – als zweiter deutscher Hersteller nach Hildebrand & Wolfmüller – präsentieren. Im Jahre 1900 folgten verschiedene Ein- und Zweizylinder-Modelle und 1906 brachte Dürkopp eine Vierzylinder heraus, angelehnt an das Modell von FN.

1912 wurde die Motorradproduktion vorübergehend aufgegeben, lebte aber kurz nach dem ersten Weltkrieg mit 350-$cm^3$-Maschinen wieder auf.

Ab 1927 konzentrierte man sich bei Dürkopp auf kleine Motorfahrräder mit 74- und 98-$cm^3$-Sachs-Motoren, bis der zweite Weltkrieg kam.

1949 tauchte das Herren-Modell M10 der Vorkriegszeit mit 98er Sachs-Motor wieder auf und ab 1950 kamen auch ILO-Motoren mit 98 und 123 cm³ sowie eine Dürkopp mit 122-cm³-Ardie-Motor hinzu.

Die MD 150 war 1951 das erste Motorrad mit eigenem Motor nach dem Krieg und wurde als schnellste Maschine ihrer Klasse von der Presse gefeiert. Sie wurde auch erfolgreich im Motorsport eingesetzt. Ein Jahr später folgte die MD 200, die mit 10,2 PS deutlich besser motorisiert war.

Etwa zu dieser Zeit wurde Ardie den Dürkopp-Werken angegliedert und einige Modelle bei Ardie waren nahezu baugleich mit denen von Dürkopp.

*Dürkopp MD 150 1952*

*Dürkopp Diana Sport 1960*

1954 brachte Dürkopp das Moped Fratz und den Roller Diana, die zu den beliebtesten Nachkriegsmodellen von Dürkopp gezählt werden. Die Diana konnte bald schon mit 200 cm³ und elektrischem Starter angeboten werden. Doch der Boom ließ schnell nach und bereits 1959 zeichnete sich das Ende ab. 1961 kam das endgültige Aus bei Dürkopp und 1962 wurde das Unternehmen von FAG-Kugelfischer in Schweinfurt als Tochtergesellschaft übernommen.

Appendix: ILO, Sachs

Ansprechpartner: Dürkopp-Diana IG, A. M. Lichtenfeld, Detmolder Str. 208, 33175 Bad Lippspringe

## DÜRKOPP

| Modell | Baujahr | Zylinder | ccm | Steuerung | PS/min | Ersatzteilsituation | Nachfragetrend | Preise (EUR) |
|---|---|---|---|---|---|---|---|---|
| MD 150 | 1951 - 58 | 1 | 149 | Schlitz | 7,5/5300 | schwach | gleichbleibend | 500 bis 1 750 |
| MD 200 | 1952 - 58 | 1 | 194 | Schlitz | 10,2/5500 | schwach | gleichbleibend | 500 bis 1 500 |
| Diana Standard | 1954 - 60 | 1 | 194 | Schlitz | 9,5/5500 | schwach | gleichbleibend | 500 bis 2 000 |
| Diana Sport | 1958 - 60 | 1 | 194 | Schlitz | 12/5500 | schwach | gleichbleibend | 750 bis 2 250 |

# EMW 1945–1955

In Eisenach wurden von BMW vor dem Krieg das Automobil Dixi sowie in den letzten drei Kriegsjahren das überschwere Militärgespann R75 gefertigt. Nach dem Krieg in der sowjetischen Besatzungszone liegend, wurde das Werk in die SAG Awtovelo eingegliedert, zu der auch Simson/Suhl gehörte.

*BMW R35/3 1952*

Sozusagen als Reparationsleistung wurden durchschnittlich 5000 Motorräder des Typs R35 produziert, von denen die meisten in die Sowjetunion gingen. Noch mit BMW-Emblem am Tank gab es diesbezüglich großen Unmut seitens des Münchner BMW-Konzerns und schon bald wurde der weiß-blaue Propeller gegen einen rot-weißen ausgetauscht. Von nun an hieß das Werk Eisenacher Motoren Werke. Erst 1952 erhielt die EMW R35 die längst fällige Modellpflege, die aus einer hydraulisch gedämpften Teleskopgabel, Fuß- anstelle Handschaltung und ungedämpfter Geradwegfederung bestand. Um Kapazitäten für den Automobilbau zu schaffen, wurde 1955 die Produktion eingestellt.

Ansprechpartner: Holger Grope, Querumer Str. 26a 38104 Braunschweig

## EMW

| Modell | Baujahr | Zylinder | ccm | Steuerung | PS/min | Ersatzteilsituation | Nachfragetrend | Preise (EUR) |
|---|---|---|---|---|---|---|---|---|
| EMW R 35/2 | 1945 - 55 | 1 | 340 | ohv | 14/5200 | gut | leicht ansteigend | 1 200 bis 5 500 |
| EMW R 35/3 | 1945 - 55 | 1 | 340 | ohv | 14/5200 | gut | leicht ansteigend | 1 000 bis 4 500 |

# EXPRESS 1900–1959

Die Firma Express aus Neumarkt in der Oberpfalz kann man zu den Pionieren des Motorradbaus in Deutschlands zählen. Um 1900 entstand das erste Motor-Dreirad und das erste Motorrad mit Einzylinder-Fafnir-Motor. Kurz darauf wurden auch Ein- und Zweizylinder-Motorräder mit eigenen wassergekühlten Motoren in Neumarkt hergestellt. Zeitgleich wurden die Vulcan-Werke in Berlin übernommen. Dort baute man PKW, LKW und Busse mit 1-, 2- und 4-Zylinder-Motoren sowie mit Elektroantrieb (Akkumulatoren) unter dem Namen Express bis ca. 1910. So endete der Motorradbau zunächst vor Beginn des ersten Weltkrieges. Ab etwa 1922 wurden Motorräder mit dem neuen ILO-Motor in kleinen Stückzahlen gebaut. Um 1932 stieg man dann groß ins Motorradgeschäft ein. Ein zu dieser Zeit gängiger Weg der Fahrradbauer, denn die kleinen Einbaumotoren von Sachs mit 74 cm³ ließen sich ohne große Produktionsumstelllungen in neue Rahmen integrieren. Der 1,5-PS-Motor der Schweinfurter mit seinem Sackzylinder wurde 1933 von dem moderneren 98er mit abnehmbaren Aluminiumkopf (2,25 PS) abgelöst. Die 98er gab es in vielen Varianten, so z.B. als Damen- und Herrenmodelle, in Standard- und Luxusausführungen. Ein richtiges Motorrad gab es mit der K100 (98er Sachs), deren Vierkantrohr-Profilrahmen (baugleich mit Hecker) an die großen BMW erinnert.

In dieses Fahrgestell wurde auch der 118-cm³-ILO-Motor eingebaut (K120). Die kleine 60-cm³-Saxonette (Nabenmotor) saß unmittelbar im Hinterrad und der Bananentank sorgte für eine fließende Optik. Nach dem Krieg, der den Express-Werken größte Schäden zufügte, startete man mit der 98er-Vorkriegspalette (außer K-Modelle). Ab 1949 wurde das Angebot ständig erweitert.

Folgende Motoren wurden in Serie verwendet: Sachs mit 98, 150 und 175 cm³, ILO mit 98, 125, 200 und 250 cm³ (Ein- und Zweizylinder), BP-K (Bakker und Pölling, von Richard Küchen entwickelt). 125-cm³-Doppelkolben-Prototypen gab es mit dem Zweizylinder-Opti-Motor (250-cm³-Viertakt), dem BP-K 175-cm³-Doppelkolben- sowie dem 750-cm³-Vierzylinder-Nimbus-Motor aus Dänemark.

Wichtig ist ebenfalls die Tatsache, dass Express 1950 die Patente von Karl Jurisch zu seiner Hinterrad-Federung erwarb und diese für alle Hersteller bei Express in Neumarkt hergestellt wurden. 1955 erschien eine Serie mit 16-Zoll-Rädern und Schwingenfahrwerk, deren Spitzenmodell 255 mit dem Zweizylinder von ILO ausgestattet wurde. Auch die Umstellung auf den sich entwickelnden Mopedmarkt um 1953 mit der Radexi, die einen selbst konstruierten 50-cm³-Zweitaktmotor hatte, zögerte das sich abzeichnende Ende nur wenig hinaus. Verkauft an die neu gegründete Zweirad-Union, zu der auch Victoria und DKW gehörten, endete die Ära der „Original"-Express-Motorräder 1959. Bis ca. 1962 wurden dann in Nürnberg bei der Zweirad-Union die Typen Radex 102 und 255 noch montiert.

Appendix: Sachs, ILO

Ansprechpartner:
Express-IG, Andreas Behrendt,
e-mail: express-ig@gmx.de
Homepage: www.express-ig.de

*Express Radex 175 S 1955*

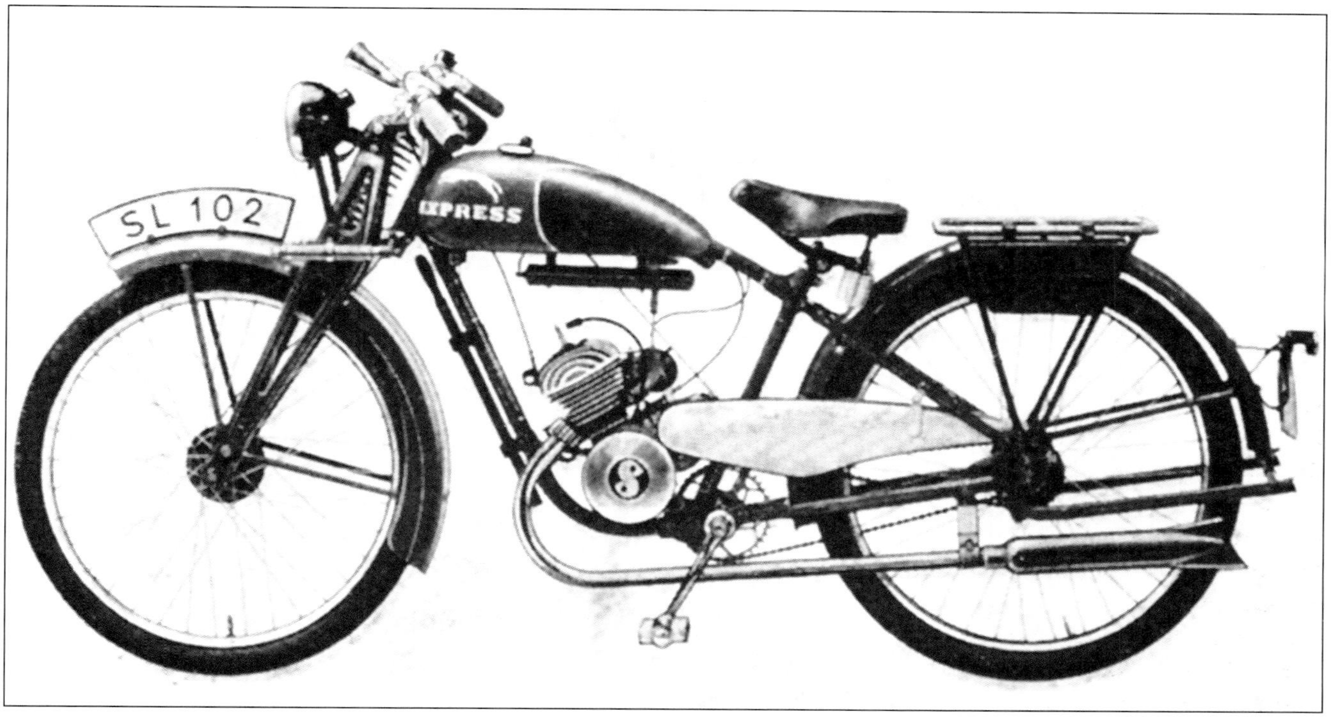


*Express 98 Luxusmodell 1937*

*Express K 100 1938*

*Express Radex 102 1953*

*Express Radex 125 1953*

*Express Radex 255 1956*

## EXPRESS

| Modell | Baujahr | Zylinder | ccm | Steuerung | PS/min | Ersatzteilsituation | Nachfragetrend | Preise (EUR) |
|---|---|---|---|---|---|---|---|---|
| 98 | 1934 - 56 | 1 | 98 | Schlitz | 2,25/3500 | gut | gleichbleibend | 300 bis 1 250 |
| Radex 150 | 1951 - 55 | 1 | 147 | Schlitz | 6,5/6000 | schwach | gleichbleibend | 500 bis 1 750 |
| Radex 175 S | 1953 - 56 | 1 | 174 | Schlitz | 9,5/5250 | schwach | gleichbleibend | 500 bis 1 750 |
| Radex 102 | 1956 - 59 | 1 | 97 | Schlitz | 5,2/5250 | schwach | gleichbleibend | 500 bis 1 500 |
| Radex 255 | 1955 - 59 | 2 | 246 | Schlitz | 15/6000 | schwach | leicht ansteigend | 500 bis 3 000 |

# FN (B) 1901–1965

*FN M 50 1925*

In Herstal bei Lüttich in Belgien siedelten sich einst drei große Motorradfabriken an. Neben Saroléa und Gillet machte sich die Fabrique Nationale (FN) einen Namen. Die belgische Waffenfabrik begann bereits 1901 mit der Fertigung eines Kleinmotorrades mit eigenem 133-cm³-Viertaktmotor und 1¼ PS Leistung. Dessen Hubraum wurde bis 1904 auf 300 cm³ vergrößert.

Richtig für Furore sorgte man bei FN mit der ersten sagenhaften Vierzylinder, die mit Kardanantrieb bereits 1905 entstand und bis 1910 von zuerst 362 cm³ auf fast 500 Kubik vergrößert wurde. Sie erhielt ab 1912 ein Getriebe mit zwei Gängen und einen Kickstarter. Eine erneut ab 1924 gebaute Vierzylinder M50 mit nunmehr 750 cm³ und Kettenantrieb fand aus Preisgründen keinen Absatz und wurde Ende 1926 wieder eingestellt. Sicher waren auch die hohen Absatzzahlen der Sahara, die Produktionsplätze belegte, hierfür mit entscheidend.

Auch die Einzylinder erhielten einige Modellpflege. 1907 erschien ein neu konzipiertes Modell das 1912 sogar mit Kardanantrieb ausgeliefert wurde. Doch der kostenaufwändige Kardan verschwand etwa 1920 und man investierte das Geld lieber in den Einsatz bei Renn- und Sportveranstaltungen. Viele Erfolge konnte FN für sich verbuchen und legendäre Königswellentriebwerke mit 350 und 500 Kubik leiteten in die Serienfertigung mit ohv-Motoren über. Diese als M60 und M67 bezeichneten Modelle waren mit ihren eigenen Blockmotoren zum Ende der zwanziger Jahre sehr beliebte Sportmaschinen.

Die bekannteste FN war das Modell M70/71 „Sahara". Ab 1926 mit seitengesteuertem 350er-Einzylinder gebaut, erhielt sie diesen Namen wegen der mit ihr gelungenen erfolgreichen Durchquerung der Sahara-Wüste. Gebaut wurden ca. 40.000 Stück.

Für den kleineren Geldbeutel bot man ab 1932 eigene 200er und 250er sowie in gleicher Hubraumgröße Aggregate von Villiers aus England an. Wegen der Steuer- und Führerscheinfreiheit waren diese Modelle vom Typ M200 bzw. M250 sehr beliebt.

*FN Serie XIII sv 1953*

1934 kam das bekannte Sportmodell M86 mit Blockmotor und Vierganggetriebe, das nicht nur schön konstruiert, sondern auch außerordentlich schnell war. Hieraus entstanden die bekannten Rennmodelle mit 500 und 600 cm³.

1937 folgte wieder einmal ein Kardan-Motorrad, die M12. Der Zweizylinder-Boxer mit seitengesteuerten Ventilen und 1000 cm³ wurde als schwere Gespannvariante für die belgische Armee produziert, darüberhinaus auch als Tri-Car.

Nach dem Krieg lehnte man sich an die Produktion der Vorkriegsserien an, und 1947 kam eine außergewöhnliche Vordergabel zum Einsatz. Die geschobene Schwinge, die an einer weit nach vorn ausladenden Gabelkonstruktion aufgehängt war, sah recht eigenartig aus und wurde vom Markt abgelehnt. Obwohl technisch gut konzipiert und wirkungsvoll, ging man später zu konventionellen Gabeln über. Die M13 wurde mit 250er-ohv-, 350er-ohv- und sv- sowie 450er-ohv- und sv-Motoren gefertigt.

Zu Beginn der fünfziger Jahre baute man eigene kleine Zweitakter mit 125 und 200 Kubik – als Ergänzung bot man eine zweizylindrige Version M22 mit dem Pinneberger ILO-Motor an, der auch in verschiedenen deutschen Konfektionsmaschinen Einsatz fand.

Trotz der gleichzeitigen Fertigung der eigenen Viertakter gingen, dem allgemeinen Trend folgend, die Produktionszahlen zurück. Man konzentrierte sich deshalb 1955 auf die zusätzliche Fertigung von kleinen 50-cm³-Mopeds. Bis zum Schluss der Motorradfertigung im Jahr 1965 blieben diese im Programm.

Neben Motorrädern und Waffen baute FN Autos, Fahrräder, Schreibmaschinen (MAP), Melkmaschinen, Radpanzer, Busse, Militär-LKW, Düsentriebwerke usw.

Appendix: Villiers, ILO
Ansprechpartner: FN IG, C. J. Berendsen, Reitlander Str. 34, 26937 Stadland

## FN

| Modell | Baujahr | Zylinder | ccm | Steuerung | PS/min | Ersatzteilsituation | Nachfragetrend | Preise (EUR) |
|---|---|---|---|---|---|---|---|---|
| 4 HP | 1906 - 13 | 4 | 410 | ioe | ca. 4/2000 | schwach | gleichbleibend | 12 500 bis 22 500 |
| M 50 | 1924 - 26 | 4 | 748 | ohv | ca. 12/3000 | schwach | gleichbleibend | 12 500 bis 22 500 |
| M 70 | 1926 - 36 | 1 | 346 | sv | 9/3600 | gut | leicht ansteigend | 2 000 bis 4 500 |
| M 67 | 1925 - 39 | 1 | 498 | ohv | 15/4200 | schwach | leicht ansteigend | 3 500 bis 6 000 |
| M86 | 1934 - 39 | 1 | 5/600 | ohv | 22-30/4800 | schwach | gleichbleibend | 5 000 bis 12 500 |
| M13 | 1947 - 56 | 1 | 250-450 | ohv-sv | 11-17/4000 | schwach | abnehmend | 2 000 bis 4 000 |

# GARELLI (I) 1919–1979

Bereits 1913 schuf Adalberto Garelli einen Doppelkolben-Zweitaktmotor in Form eines Prototyps, den er ab 1919 in Sesto San Giovanni nahe Mailand produzierte. Man kann ihn als Wegbereiter des Doppelkolbenmotors bezeichnen, denn das Bauprinzip wurde international später von vielen Herstellern verwendet.

Der Motor wurde, ebenso wie die Fahrgestelle, immer wieder modifiziert und die überaus leichten Garelli-Maschinen erfolgreich als Touren- und auch Sportmodelle verkauft. Insbesondere die Sportversionen sorgten für Furore. Zu Beginn der zwanziger Jahre wurde durch Ernesto Gnesa in Monza der Sieg in der 350er- und 500er-Klasse eingefahren. Acht Weltrekorde wurden im gleichen Jahr aufgestellt. 1926 startete Visioli auf der Isle of Man, doch der schnelle Motor versagte in der dritten Runde. Die Leistung dieser schnellen Doppelkolben-Triebwerke lag um 20 PS bei 4500 Umdrehungen.

1928 wurde der Bau der Touren- und Sportvarianten deutlich vernachlässigt und man konzentrierte sich bei Garelli auf die Versorgung des Militärs. Die letzte Garelli verließ so 1935 das Werk in der Nähe von Mailand.

Erst nach dem Krieg tauchte der Name wieder mit einem kleinen Fahrrad-Hilfsmotor auf. Der Mosquito war ein 38,5 cm³ kleines, gleichwohl leistungsstarkes Aggregat, das seine Kraft per Reibrolle auf das Hinterrad übertrug. Allein im Jahr 1952 wurden 400.000 Stück in Italien produziert.

Durch den Kontakt zur Firma Agrati in Monticello, von der Rahmenteile bezogen wurden und die auch mit Garelli-Motoren für deren Roller namens Capri versorgt wurde, entstanden bei Garelli wieder größere Motoren mit 70, 100 und 125 cm³ Hubraum.

Diese Verbindung führte auch zum Zusammenschluss beider Unternehmen zu Beginn der sechziger Jahre unter dem Namen Agrati-Garelli, der bis heute Gültigkeit hat.

Ab 1963 engagierte man sich erneut im Rennsport und holte wieder verschiedene Weltrekorde ins Unternehmen. 1982 erfolgte der bedeutende Geschwindigkeitsweltrekord in der Schnapsglasklasse bis 50 cm³ durch Eugenio Lazzarini sowie 1985 die Weltmeisterschaft in der 125er-Klasse durch Fausto Gresini.

Ansprechpartner: Garelli-Agrati Zweirad Club,
Frank Schwichtenberg, Tornescher Weg 75, 25436 Uetersen

*Garelli Monza 1968*

G

## GARELLI

| Modell | Baujahr | Zylinder | ccm | Steuerung | PS/min | Ersatzteilsituation | Nachfragetrend | Preise (EUR) |
|---|---|---|---|---|---|---|---|---|
| Capri | 1961 - 72 | 1 | 49 - 124 | Schlitz | 3 - 8 | schwach | gleichbleibend | 300 bis 1 250 |
| Monza | 1966 - 70 | 1 | 49 | Schlitz | 7/8500 | schwach | stark ansteigend | 400 bis 1 500 |
| Rekord | 1966 - 70 | 1 | 49 | Schlitz | 7/8500 | schwach | leicht ansteigend | 350 bis 1 250 |
| Rekord-Super | 1970 - 72 | 1 | 49 | Schlitz | 7/8500 | schwach | leicht ansteigend | 350 bis 1 250 |
| Cross | 1966 - 70 | 1 | 49 | Schlitz | 6/8150 | schwach | stark ansteigend | 400 bis 1 500 |
| Cross Tiger | 1970 - 72 | 1 | 49 | Schlitz | 7/8500 | schwach | stark ansteigend | 300 bis 1 250 |
| Bonanza | 1972 - 78 | 1 | 49 | Schlitz | 3/6000 | schwach | leicht ansteigend | 300 bis 1 250 |
| City Bike/Mosquito | 1971 - 73 | 1 | 35 | Schlitz | 0,7/5200 | schwach | leicht ansteigend | 100 bis 1 000 |
| Rekord RS/RSL | 1973 - 79 | 1 | 49 | Schlitz | 7,5/9000 | schwach | stark ansteigend | 350 bis 1 500 |
| KL 100 | 1974 - 78 | 1 | 98 | Schlitz | 10/9000 | schwach | leicht ansteigend | 400 bis 1 500 |

# GILERA (I) 1909–1995

In Mailand gründete Giuseppe Gilera im Jahr 1909 seine Motorradfabrik. Als Rennfahrer bereits erfolgreich, musste seine erste Konstruktion natürlich auch sportlich sein. Mit 317-cm³-Einzylinder-Motor und oben hängenden Ventilen war sie über 100 km/h schnell.

1912 folgte das Modell A mit 500 cm³ und seitengesteuerten Ventilen, sowie der Typ B mit Zweizylindermotor und 600 cm³.

Der Einzylinder mit 500 cm³ wurde auch nach dem Krieg 1920 wieder gebaut und blieb bis zu den dreißiger Jahren im Programm. Für den Sporteinsatz kam 1924 die obengesteuerte TV mit 500 cm³ dazu, welche in der italienischen Meisterschaft für den dritten Platz gut war.

1932 erschien bei Gilera die typische Hinterradfederung, die aus zwei verkapselten, längs liegenden Stahlfedern bestand. Sie

*Gilera 175 Regolarità*

*Gilera Saturno 1951*

*Gilera 500 Piuma 1953*

waren durch Reibungsdämpfer fein zu justieren. Im gleichen Jahr kam die kleine 175er Sirio, der die Typen L und LE mit 250 cm³ 1936 folgten. 1933 kam mit der Tre Valvole (Dreiventiler) eine sportliche 500er mit 20 PS hinzu.

Mit Motorkarren beschäftigte sich Gilera ebenfalls, die zum Ende der dreißiger Jahre oben hängende Ventile erhielten und so für passable Fahrleistungen sorgten.

1936 entstand als einzigartiges Rennmotorrad die Gilera Rondine, die mit ihrem Vierzylindermotor für viele Rennerfolge und Weltrekorde sorgte.

Auf Basis der VT-Serie, deren Befestigung des Zylinders mit acht Bolzen am Kurbelhaus ihr den Namen „Otto Buloni“ (acht Bolzen) gab, entstand 1939 das bekannteste Serienmodell: die Saturno. Sie leistete aus 500 cm³ in der ersten Version noch 18 PS, die bis zum letzten Produktionsjahr 1959 auf 22 PS anstieg. In der von 1947-57 gebauten Saturno Corsa lagen gar 38 PS an.

Während des Krieges hielt man sich bei Gilera mit den seitengesteuerten Marte mit 500 cm³ und 16 PS über Wasser. Sie wies Kardanantrieb zum Hinterrad auf und galt als äußerst robust.

Mit der kleinen Nettuno mit 250-cm³-OHV-Motor und der Saturno knüpfte man 1946 sofort wieder in der Produktion an. Kleinmotorräder ab 125 cm³ folgten und deckten die unteren Preissegmente des Marktes ab. 1950 wurde die Telegabel eingeführt und die Scherenfederung wich hydraulisch gedämpften Federbeinen.

Zum 50-jährigen Bestehen Gileras folgten 1959 die Modelle Giubileo, welche mit 98, 123, 158 und 202 cm³ erhältlich waren.

Mit Ausstieg aus dem Straßenrennsport 1957 widmete sich Gilera bis in die neunziger Jahre erfolgreich dem Gelände- und Moto-Cross Sport, gewann mehrfach die Sixdays und 1990-1992 drei Mal die Serienmaschinen-Klassen der Rallye Paris-Dakar. Die Geländesport-Modelle der sechziger Jahre, die sogenannte „Regolarità“ und „Regolarità Competizione“ von 98 bis 175 cm³ sind heute zunehmend beliebte Modelle bei Gilera-Anhängern.

Ab 1985 baute man bei Gilera einen wassergekühlten dohc-Einzylinder mit zunächst 350 cm³ in der Enduro Dakota, der später in der RC600 auf 600 cm³ Hubraum wuchs.

Für Furore sorgte er ab 1988 in der 500er Nuovo Saturno, die heute wie damals Liebhaberstatus genießt. Als Rennversion

*Gilera Giubileo 1960*

Piuma war sie in den SoS-Klassen nur 130 kg schwer und erreichte 215 km/h.

Vor Schließung des Werks in Arcore 1995 entstand als Prototyp noch einmal ein 1000-cm³-V-Zweizylinder, der für die Superbike-WM geplant war.

Für die Zukunft denkt man an den eventuellen Wiedereinstieg in den Markt großer Motorräder mit einer Einzylinder-Enduro sowie Vierzylinder-Straßenmotorrädern, allerdings mit Einbaumotoren von Honda.

Ansprechpartner: IG Gilera,
Norbert Hammer,
Auf der Hausstelle 58, 21403 Wendisch Evern
e-mail: ig-gilera@t-online.de

## GILERA

| Modell | Baujahr | Zylinder | ccm | Steuerung | PS/min | Ersatzteilsituation | Nachfragetrend | Preise (EUR) |
|---|---|---|---|---|---|---|---|---|
| Marte | 1941 - 44 | 1 | 499 | sv | 14/4800 | schwach | gleichbleibend | 900 bis 2 500 |
| Saturno | 1946 - 59 | 1 | 499 | ohv | 22/5000 | gut | gleichbleibend | 2 500 bis 5 250 |
| Nettuno | 1946 - 54 | 1 | 247 | ohv | 14/6000 | schwach | gleichbleibend | 1 750 bis 3 500 |
| Saturno Corsa | 1947 - 57 | 1 | 499 | ohv | 38/6000 | gut | gleichbleibend | 6 000 bis 12 500 |
| 150 | 1952 - 60 | 1 | 153 | ohv | 7,5/5800 | schwach | gleichbleibend | 500 bis 1 500 |
| 300 B | 1953 - 69 | 2 | 305 | ohv | 15/6800 | gut | gleichbleibend | 1 000 bis 3 000 |
| Giubileo | 1959 - 70 | 1 | 98 | ohv | 5,8/7000 | gut | gleichbleibend | 250 bis 1 250 |
| Giubileo | 1959 - 70 | 1 | 123 | ohv | 10/8500 | gut | gleichbleibend | 250 bis 1 250 |
| Giubileo | 1962 - 70 | 1 | 158 | ohv | 9,8/6700 | gut | gleichbleibend | 250 bis 1 500 |
| Arcore | 1972 - 79 | 1 | 153 | ohv | 14/8300 | gut | gleichbleibend | 350 bis 1 250 |

# GILLET (B) 1919–1959

In der belgischen Industriemetropole Herstal gefertigt, war das erste Gillet-Motorrad ein kleiner Einzylinder-Zweitakter mit Riemenantrieb und 269 cm³. 1920 kamen Einbaumotoren von MAG, mit dem 750er-Zweizylinder, hinzu.

Bis 1923 wurde der kleine Zweitakter in nahezu unveränderter Form gebaut, bis er von einer 350er abgelöst wurde, der ebenfalls mit Riemenantrieb – für die Sportmodelle aber auch mit Kette als Sekundärtrieb – verfügbar war.

Mit der Weltumrundung auf einer solchen Maschine durch Robert Sexé im Jahre 1926 erhielt sie ihren bekannten Beinamen: die „Tour de Monde".

Im gleichen Jahr folgten eigene Blockmotoren mit oben hängenden Ventilen und 500 cm³ Hubraum für Touren-, Sport- und Wettbewerbsausführungen, gefolgt von kleineren 350ern.

Für die kleineren Kubikklassen sorgte ein 100er-Zweitakter mit Dreiganggetriebe.

Vor dem zweiten Weltkrieg produzierte Gillet als Militärauftrag für die belgische Armee ein schweres Gespann mit 700er Zweizylinder-Zweitaktmotor und Rückwärtsgang.

In der Nachkriegszeit startete man, wie viele europäische Konkurrenten, mit bewährten Vorkriegsmodellen, die ab 1947 durch Telegabel modifiziert wurden.

1951 wuchs das Angebot auf insgesamt 18 Modelle. Vom 100-$cm^3$-Zweitakter bis zum 500er-Seitenventiler bot man dem Käufer eine breite Auswahl. Dazwischen befand sich eine interessante Eigenkonstruktion mit 400 $cm^3$ und Königswellenantrieb. Doch auch vor Gillet machte der rückläufige Motorradmarkt keinen Halt. So endete die Produktion im Jahre 1959.

Appendix: MAG

*Gillet 350 Tour de Monde 1927*

*Gillet 500 Supersport 1927*

## GILLET

| Modell | Baujahr | Zylinder | ccm | Steuerung | PS/min | Ersatzteilsituation | Nachfragetrend | Preise (EUR) |
|---|---|---|---|---|---|---|---|---|
| Tour de Monde | 1923 - 40 | 1 | 347 | Drehschieber | 8,5/4000 | schwach | gleichbleibend | 1 000 bis 3 750 |
| Supersport | 1927 - 54 | 1 | 499 | ohv | 20/4800 | schwach | gleichbleibend | 2 000 bis 6 000 |

# GNOME RHÔNE (F) 1919–1959

Louis Seguin begann sein technisches Werk mit dem Bau von Flugzeugmotoren schon vor dem ersten Weltkrieg. Danach erlahmte das Interesse an den Produkten der „Société des Moteurs Gnome“ und er versuchte einen Ausgleich durch den Bau von Nähmaschinen zu erlangen. 1919 fertigte er dann einige Automobil-Prototypen. Doch beides klappte nicht.

Erst als im gleichen Jahr der Lizenzvertrag zur Fertigung der englischen ABC-Boxermotorräder in Frankreich zustande kam, begann der Start zur Motorradproduktion. Durch einen Zusammenschluss mit der konkurrierenden Flugmotorengesellschaft „Société des Moteurs Le Rhône“ entstand schließlich die „Société des Moteurs Gnome et Rhône“, kurz „Gnome Rhône“.

Ab 1921 gab es die ersten eigenen 500-cm³-Motoren; die englischen Getriebe wurden ab 1923 durch eigene Konstruktionen ersetzt. 1925 reichten die Modelle schon von der E mit 250 cm³ über die seitengesteuerte Type C mit 500 cm³ bis zur Topversion D Grand Sport mit kopfgesteuertem Motor. Ein Jahr später folgte eine kleine 175er-Zweitaktversion zur Abrundung des Programms nach unten.

Gnome Rhône gehörte zu den wenigen Herstellern Europas, die alle wesentlichen Teile zum Bau ihrer Maschinen selbst herstellten. Im Februar 1928 entstand die schnelle D4 mit kopfgesteuertem 500er, die als Rennausführung eine Spitze von 153 km/h erreichen sollte. Für Privatfahrer gab es eine Umrüstanleitung auf Alkoholbetrieb.

1930 wurde eine völlige Neukonstruktion aus der Taufe gehoben: Die V2 mit 500 cm³, Zweizylinder-Boxermotor, Kardanantrieb und Pressstahlrahmen. Sie war luxuriös und teuer, dabei aber verhältnismäßig langsam mit einer Höchstgeschwindigkeit von ca. 105 km/h. Diese wurde dann 1932 durch das Erscheinen der kopfgesteuerten Version CV2 mit 130 km/h deutlich übertroffen. 1936 folgte, auf diesem Motor basierend, die X mit 750-cm³-Motor, die bei Behörden und Militär in XA-Ausführung umfangreichen Tests unterzogen wurde. Doch im harten Einsatz des Militärs bewährte sich der kopfgesteuerte Motor nicht, zumal die Forderung nach einem geeigneten Gespann im Raum stand.

So wurde im Jahr 1938 mit der AX2 ein überschweres Militärgespann entwickelt, das mit 420 Kilogramm Nutzlast alle Anforderungen des Militärs erfüllte. Der nun wieder seitengesteuerte Boxermotor war mit dem schweren angetriebenen Seitenwagen 95 km/h schnell. Die Räder plus Ersatzrad waren untereinander auswechselbar und das Getriebe wies vier Vorwärts- und einen Rückwärtsgang auf. Nach dem Krieg gab es bei Gnome Rhône hiervon nur noch Restbestände, die Behörden zur Verfügung gestellt oder versteigert wurden. Kleine 125er-,175er- und 200er-Zweitakter überdauerten noch einige Jahre, bis 1959 die Produktion endgültig eingestellt wurde.

Ansprechpartner: Hans Jürgen Huse, Friedrich-Ebert-Straße 3, 66131 Saarbrücken

G

*Gnome Rhône D3 1931*

*Gnome Rhône V2 1937*

## GNOME RHÔNE

| Modell | Baujahr | Zylinder | ccm | Steuerung | PS/min | Ersatzteilsituation | Nachfragetrend | Preise (EUR) |
|---|---|---|---|---|---|---|---|---|
| D3 | 1928 - 32 | 1 | 500 | sv | 12 | schwach | leicht ansteigend | 1 500 bis 5 000 |
| D4 | 1928 - 32 | 1 | 500 | ohv | 18 | schwach | leicht ansteigend | 3 000 bis 10 000 |
| V2 | 1930 - 37 | 2 | 500 | sv | 16 | schwach | leicht ansteigend | 1 750 bis 5 000 |
| M2 | 1932 - 35 | 1 | 350 | sv | 11 | schwach | gleichbleibend | 1 000 bis 3 000 |
| CM2 | 1932 - 35 | 1 | 350 | ohv | 14 | schwach | leicht ansteigend | 1 500 bis 3 500 |
| CV 2 | 1932 - 39 | 2 | 500 | ohv | 18 | schwach | leicht ansteigend | 2 000 bis 7 500 |
| Junior | 1934 - 39 | 1 | 250 | sv | 8 | schwach | gleichbleibend | 750 bis 2 500 |
| X | 1935 - 39 | 2 | 725 | ohv | 33 | schwach | leicht ansteigend | 2 500 bis 9 000 |
| Major | 1935 - 40 | 1 | 350 | sv | 13 | schwach | gleichbleibend | 1 250 bis 3 500 |
| Super Major | 1936 - 40 | 1 | 350 | ohv | 16 | schwach | leicht ansteigend | 1 500 bis 4 000 |
| AX II Gespann | 1936 - 45 | 2 | 800 | sv | 18,5 | gut | leicht ansteigend | 2 250 bis 10 000 |
| R4 | 1950 - 59 | 1 | 125 | Schlitz | 6,5 | gut | gleichbleibend | 350 bis 1 500 |
| LX 200 | 1954 - 60 | 1 | 200 | Schlitz | 10,8 | schwach | gleichbleibend | 600 bis 1 750 |

# GÖRICKE 1903–1959

Unmittelbar nach der Jahrhundertwende begann im Jahr 1903 der Fahrradhersteller August Göricke mit dem Bau von Motorrädern. In Bielefeld startete er mit dem Einbau von Ein- und Zweizylinder-Schnüffelventil-Motoren von Fafnir.

Doch noch vor dem ersten Weltkrieg endete diese Produktionszeit und lebte erst in den zwanziger Jahren wieder auf. Als guter Konfektionär konzentrierte sich Göricke auf die Verwendung gängiger Einbaufabrikate, und so kamen Modelle unterschiedlichsten Hubraums von verschiedenen Lieferanten zustande. Die ersten Modelle waren mit den bewährten 350- und 500-cm³-Motoren der Schweizer Firma MAG ausgestattet. Bald schon folgten Aggregate von Blackburne und auch kleinere Villiers-Motoren. Die Hubräume reichten vom kleinen 172-cm³-Villiers-Zweitakter bis zum 493-cm³-MAG-Viertakt-Einzylinder.

*Göricke Gö 100 S 1957*

Größte Verkaufserfolge der Bielefelder Vorkriegsproduktion waren jedoch den kleinen Einbaumotoren von Sachs vorbehalten, die Mitte der dreißiger Jahre alle vorherigen Modelle abgelöst hatten. Bis zum Krieg konnten diese erfolgreich verkauft werden.

Unmittelbar nach dem Krieg setzte man wieder auf Einbaumotoren. Zu den kleinen Sachs-Triebwerken kamen ebensolche von ILO aus Pinneberg hinzu, welche die Produktpalette nach oben ausbauen sollten. So entstanden Fahrzeuge der Hubraumgrößen 98 bis 250 cm³ von Sachs und ILO. Zum Ende der fünfziger Jahre fokussierte sich Göricke auf den Bau von Mopeds.

Appendix: Villiers, MAG, Sachs, ILO

## GÖRICKE

| Modell | Baujahr | Zylinder | ccm | Steuerung | PS/min | Ersatzteilsituation | Nachfragetrend | Preise (EUR) |
|---|---|---|---|---|---|---|---|---|
| Gö | 1934 - 52 | 1 | 98 | Schlitz | 2,25/3500 | gut | gleichbleibend | 300 bis 1 250 |
| Gö 175 | 1950 - 53 | 1 | 174 | Schlitz | 8,5/5000 | schwach | gleichbleibend | 500 bis 1 750 |
| Gö 175 S | 1953 - 59 | 1 | 173 | Schlitz | 9,5/5250 | schwach | gleichbleibend | 500 bis 1 750 |

# GOGGO (GLAS) 1951–1956

Bei der Isaria Maschinenfabrik in Dingolfing baute Hans Glas seine Goggo-Roller. Dem Trend der Zeit entsprach das Rollerkonzept mit Vollverkleidung, das sich auf den Einbau von ILO-Motoren konzentrierte. Schon im ersten Baujahr 1951 waren zwei Varianten erhältlich: Zum Einen der kleinere 125 Kubik mit etwas schwachen 6 PS und zusätzlich die stärkere 150-cm³-Version. Bald schon war der Goggo mit einem 200-cm³-Zweitakter auf fast 10 PS erstarkt, wobei die gebläsegekühlten ILO-Aggregate als zuverlässig und vollgasfest galten. Mit dem Vierganggetriebe ließen sich passable Geschwindigkeiten realisieren.

Es wurde auch eine Luxusversion des 200er Goggo-Rollers angeboten, die mit verschiedensten Zusatzausstattungen aufwarten konnte. Ebenso wurde die Gespanntauglichkeit bescheinigt, und in Zusammenarbeit mit den Seitenwagenherstellern Royal, Stolz und Steib gab es schöne Anbauten, die speziell für den Rollerbetrieb ausgelegt waren.

In den fünf Jahren Bauzeit des Goggo-Rollers konnte die Isaria über 46.000 Exemplare zur Auslieferung bringen. Trotzdem ist der Roller heute eine eher seltene Erscheinung. Hans Glas wurde später durch seine Goggo- und GLAS-Automobile berühmt.
Appendix: ILO

*Goggo Roller 200 1955*

## GOGGO

| Modell | Baujahr | Zylinder | ccm | Steuerung | PS/min | Ersatzteilsituation | Nachfragetrend | Preise (EUR) |
|---|---|---|---|---|---|---|---|---|
| 120 | 1951 | 1 | 118 | Schlitz | 4/4500 | schwach | gleichbleibend | 250 bis 1 500 |
| 125 | 1951 - 56 | 1 | 122 | Schlitz | 4,8/5000 | schwach | gleichbleibend | 250 bis 1 500 |
| 150 | 1951 - 56 | 1 | 146 | Schlitz | 6,7/5000 | schwach | leicht ansteigend | 250 bis 1 750 |
| 200 | 1953 - 56 | 1 | 197 | Schlitz | 9,3/5000 | schwach | gleichbleibend | 500 bis 2 000 |
| Luxus | 1954 - 56 | 1 | 197 | Schlitz | 9,5/4900 | schwach | gleichbleibend | 500 bis 2 000 |

# HARLEY-DAVIDSON (USA) 1903–1951
# MIT WECHSEL- UND SEITENGESTEUERTEN MOTOREN (POCKET-VALVE UND FLATHEAD)

Im Jahre 2003 wird die traditionelle Motorradfabrik Harley-Davidson 100 Jahre alt. Das hätten die Firmengründer Arthur, Walther und William Davidson sowie Bill Harley sicher nicht erwartet.

Im Jahre 1903 hatten die Gebrüder Davidson sowie Bill Harley in einem kleinen Schuppen im Staate Wisconsin die Harley-Davidson Motor Co. gegründet. Das erste Motorrad mit eigenem Einzylinder-Motor konnte seine Ähnlichkeit mit dem bewährten de Dion-Bouton-Triebwerk nicht verleugnen. Die Ventile waren gegenüberliegend angeordnet, wobei das untere Auslassventil gesteuert, das obere Ventil noch als Schnüffelventil ausgelegt war. Eigene Schwinggabel, einstellbare Vergaser und so manche Neuerung machten den „Silent Grey Fellow" mit 574 cm³ zum Kassenschlager. Bereits 1908 folgten Aufträge von Polizei und Post. Mit dem Geld ging es an die Entwicklung eines Zweizylinders, der im Jahr 1912 entstand. Hier waren nun beide Ventile mechanisch gesteuert und die Modellserie F stand für Magnetzündung, während die J-Modelle Batteriezündung erhielten. Zu dieser Zeit wurden bereits 10.000 Motorräder im Jahr produziert. Die 1000-cm³-Zweizylinder wurde als Armeefahrzeug auch im ersten Weltkrieg eingesetzt.

Natürlich wurden die ohnehin schnellen und zuverlässigen Harleys im Renneinsatz gefordert. Fahrer wie Parkhurst, Walker oder Ludlow sorgten in der „Wrecking Crew" für viele Erfolge auf den ovalen Board-Track-Bahnen der USA.

1919 bis 1923 produzierte man bei Harley-Davidson das glücklose Sport-Model. Mit einem 600er Boxermotor ausgerüstet und voll verkleideter Hinterradkette entsprach es nicht eben dem typischen Erscheinungsbild einer Harley. Mit seinem Ende wurde auch die Produktion der einst so erfolgreichen Einzylinder-Versionen zunächst eingestellt.

1922 war das erste Jahr der 1200er mit wechselgesteuerten Motoren, deren Ära endgültig 1929 endete. Die wechselgesteuerten Typen nannte man wegen ihrer Ventilanordnung auch Pocket-Valve-Modelle.

Mit der Erfahrung kleiner Einzylinder mit seitengesteuerten Ventilen, die ab 1926 erneut im Programm standen, startete man mit den D-Modellen eine neue Linie mit Zweizylinder-Motoren bei Harley-Davidson. Der seitengesteuerte Motor mit 750 cm³, aus dem später die erfolgreiche WL entstand, wurde bis 1951 gebaut. Die WL-Maschinen waren äußerst robust und stark verbreitet durch den Einsatz im Zweiten Weltkrieg.

Doch die eigentliche Produktlinie der Seitenventiler bei Harley-Davidson waren die V-Modelle, die ab 1930 mit 1200 cm³ der Konkurrenz von Indian entgegen gesetzt wurden. Diese starken Seitenventiler gipfelten 1937 in den U/UL-Modellen mit 1340 cm³ und 30 PS und waren der direkte Marktgegner der Indian Chief. Wegen der flachen Form der Zylinderköpfe der seitengesteuerten Harleys wurden diese auch als Flatheads (flache Köpfe) bezeichnet.

Ansprechpartner: Harley-Davidson Classic e.V., Peter Rösch, Hauptstr. 16, 55246 Mainz-Kostheim

G

*Harley-Davidson 350 Pocket-Valve 1916*

*Harley-Davidson Silent Grey Fellow 1903*

*Harley-Davidson WLD 1940*

## HARLEY-DAVIDSON 1903–51

| Modell | Baujahr | Zylinder | ccm | Steuerung | PS | Ersatzteilsituation | Nachfragetrend | Preise (EUR) |
|---|---|---|---|---|---|---|---|---|
| F/J | 1912-29 | 2 | 987 | ioe | 8-16 | schwach | gleichbleibend | 7 500 bis 15 000 |
| FD/JD | 1922-29 | 2 | 1214 | ioe | 10-18 | gut | gleichbleibend | 7 500 bis 12 500 |
| A/B | 1926-34 | 1 | 345 | sv | 10 | schwach | gleichbleibend | 5 000 bis 7 500 |
| D/WL | 1929-51 | 2 | 738 | sv | 19 | gut | gleichbleibend | 4 000 bis 9 000 |
| V/VL | 1930-36 | 2 | 1214/1338 | sv | 30/33 | schwach | gleichbleibend | 7 500 bis 15 000 |
| U/UL | 1937-48 | 2 | 1214/1338 | sv | 33/37 | gut | gleichbleibend | 9 000 bis 15 000 |

# HARLEY-DAVIDSON (USA) 1936–HEUTE KNUCKLEHEAD, PANHEAD, SHOVELHEAD, EVOLUTION

Mit der Knucklehead, wegen ihres knöchelförmigen Kipphebelgehäuses so benannt, fertigte Harley-Davidson ein absolutes Spitzenmotorrad seiner Zeit. Sie überflügelte – was Leistung und Design angeht – alle ihre Mitbewerber. Der 1000-$cm^3$-Motor mit obenhängenden Ventilen hatte 40 PS und war für 160 km/h gut. Er passte in das Fahrgestell der Flathead Typ U, doch der Motor war in der ersten Serie noch nicht ausgereift. Von 1936 bis 1940 änderte man Lagerung der Kurbelwelle, mehrfach die Zylinderköpfe und den Schmierkreislauf.

1940 folgte die 1200er-Version, und bis zum Jahr 1947 sollte die Zeit dieser schnellen Maschinen überdauern.

Mit der Panhead wurde für das Modelljahr 1948 ein neuer Motor konzipiert. Die mit Aluminiumköpfen und hydraulischem Ventilspielausgleich vorgestellten, neuen Harleys erhielten ihren Namen wegen ihres pfannenförmigen Ventildeckels.

Die Panheadmodelle gliederten sich in drei Epochen. Die frühe, als Hydra Glide deklarierte 1200er, hatte einen Starrrahmen, zunächst noch die alte Springergabel und wurde später mit der neu entwickelten hydraulisch gedämpften Gabel ausgerüstet. Die Zeit der alten Springergabel war somit endgültig vorüber. Doch der Starrrahmen blieb noch erhalten, bis 1958 mit der Duo Glide, als zweite Epoche der Panheads, die Hinterradfederung Einzug hielt. Sie erhielt nun auch eine hydraulische Bremse.

*Harley-Davidson EL Prototyp 1951*

In der dritten und letzten Epoche der Panheads erhielt sie 1965 als Neuerung einen Elektrostarter samt 12-Volt-Anlage spendiert, und fortan war die Electra Glide das Flaggschiff bei Harley-Davidson.

Ein Jahr später schufen die genialen Konstrukteure aus Milwaukee wieder ein neues Motorenkonzept: Die Early-Shovelhead – wegen ihres nun schaufelförmigen Kipphebeltriebes so benannt. Mit verstärktem Motorgehäuse, neuen Köpfen und anderer Kipphebelkapselung wurde dieses Zwischenstadium bis 1969 beibehalten. 1970 fand dann die komplette Überarbeitung des Triebwerks zur Shovelhead statt, die bis 1984 unter ständigen Detailverbesserungen, wie unterschiedlichen Ölpumpen, Einführung der elektronischen Zündung etc., im Programm blieb. 1979 wurde eine Hubraumerweiterung auf 80 c.i. (1340 $cm^3$) vorgenommen.

Die Ausstattungsvarianten der Shovelheads waren äußerst umfangreich, was allein die unterschiedlichen Modellbezeichnungen wie Super Glide, Low Rider, Wide Glide und Electra Glide belegen. Bis zu diesem Zeitpunkt waren alle Ingenieurleistungen und Entwicklungen im Mutterhaus in Milwaukee erfolgt.

Das änderte sich, als 1984 unter der Mitwirkung von Porsche der Evolution-Motor als völlige Neuerung erschien. Er bildet bis heute in der breiten Produktpalette von Harley-Davidson das Herzstück.

Ansprechpartner: Harley-Davidson Classic e.V., Peter Rösch, Hauptstr. 16, 55246 Mainz-Kostheim

H

*Harley-Davidson Duo Glide 1958*

*Harley-Davidson Super Glide 1974*

*Harley-Davidson Electra Glide 1974*

## HARLEY-DAVIDSON 1936–HEUTE

| Modell | Baujahr | Zylinder | ccm | Steuerung | PS | Ersatzteilsituation | Nachfragetrend | Preise (EUR) |
|---|---|---|---|---|---|---|---|---|
| Knuckle E | 1936 - 47 | 2 | 983 | ohv | 40 | gut | leicht ansteigend | 9 000 bis 20 000 |
| Knuckle F | 1941 - 47 | 2 | 1207 | ohv | 40 | gut | leicht ansteigend | 9 000 bis 20 000 |
| Panhead E | 1948 - 52 | 2 | 983 | ohv | 41 | gut | gleichbleibend | 8 000 bis 17 500 |
| Panhead F | 1948 - 65 | 2 | 1207 | ohv | 45 | gut | gleichbleibend | 8 000 bis 17 500 |
| Early Shovel | 1966 - 69 | 2 | 1207 | ohv | 48 | gut | gleichbleibend | 9 000 bis 12 500 |
| Late Shovel | 1970 - 84 | 2 | 1207/1338 | ohv | 54/58 | gut | gleichbleibend | 9 000 bis 12 500 |

# HARLEY-DAVIDSON (USA)

## SPORTSTER UND XR 1952–HEUTE

Harley-Davidsons Einsatz in den unterschiedlichen Rennserien der einzelnen Epochen war beispielhaft. In der seit 1934 geltenden C-Class, die für seriennahe Motorräder bis 750 $cm^3$ mit seitengesteuerten Ventilen galt, starteten neben Werksteams auch viele Amateure. So dem Markt nah, wurde bis 1952 mit den auf Basis der Straßenversion WL umgebauten Renntypen WR/WRTT erfolgreich gefahren.

Abgelöst wurden diese, noch mit getrennten Getrieben hergestellten WR-Rennmaschinen durch die K-Serie, die man 1952 als Grundstein der späteren Sportster bezeichnen kann. Den Rennmodellen KR/KRTT waren die straßentauglichen Versionen KH sehr ähnlich. Zunächst mit ebenfalls 750 $cm^3$ und im Block integriertem Getriebe waren sie sehr sportlich. 1954 wuchs der Hubraum des Triebwerks auf 883 $cm^3$, war aber bis 1956 noch immer seitengesteuert.

Hieraus entstand 1957 in neuem Fahrwerk die Sportster XL – nun mit oben hängenden Ventilen. Kurz darauf wandelte sich der Modellname in XL-H, eine sportliche Version erhielt die Bezeichnung XL-CH.

Beide wurden erst 1973 durch Einführung des Shovelhead-Motors, natürlich in Blockbauweise, abgelöst. Sie erstarkten auf 1000 $cm^3$ und waren optional auch mit E-Starter erhältlich. Parallel wurde der Rennbetrieb aufrecht erhalten und das erfolgreiche XR750-Triebwerk, das 1970 eingeführt wurde, kam als Straßenversion XR1000 1983 auf den Markt.

Zuvor wurde 1977 bis 1979, ebenfalls zur Unterstreichung des Sporteinsatzes, für den Straßenbetrieb der „Cafe-Racer" gebaut – eine schwarz lackierte Seriensportster mit Fastback-Sitz, schmalem Tank und Cockpitverkleidung. Sie war kein großer Erfolg, gehört aber heute zu den Sammelstücken der Sportster-Ära.

Die Produktion der Ironhead-Sportster, so benannt wegen ihrer gusseisernen Zylinderköpfe, endete 1984.

1984 wurde der Evolution-Motor auch bei den Sportstern eingeführt und heute ist er von 883 bis 1200 $cm^3$ in der Serie erhältlich.

Ansprechpartner: Harley-Davidson Classic e.V., Peter Rösch, Hauptstr. 16, 55246 Mainz-Kostheim

*Harley-Davidson 900 XL-Sportster 1957*

*Harley-Davidson Sportster XLCH 1974*

*Harley-Davidson XR 750 1974*

## HARLEY-DAVIDSON 1952–HEUTE

| Modell | Baujahr | Zylinder | ccm | Steuerung | PS | Ersatzteilsituation | Nachfragetrend | Preise (EUR) |
|---|---|---|---|---|---|---|---|---|
| K-Modell | 1952 - 53 | 2 | 738 | sv | 24 | schwach | gleichbleibend | 5 000 bis 7 500 |
| K-Modell | 1954 - 56 | 2 | 883 | sv | 26 | schwach | gleichbleibend | 5 000 bis 7 500 |
| XL-Modell | 1957 - 72 | 2 | 883 | ohv | 40 | gut | gleichbleibend | 5 000 bis 6 000 |
| XL | 1973 - 84 | 2 | 983 | ohv | 55 | gut | gleichbleibend | 4 000 bis 6 000 |

# HECKER 1922–1956

In Langenaltheim/Mittelfranken begann Hans Hecker etwa um 1917 gemeinsam mit seinem Bruder Alfons mit der Produktion von Fahrrädern. 1922 gründete Hans Hecker dann, als ehemaliger MAN-Ingenieur seine Firma Hecker in Nürnberg. 1923 und 1924 entstanden die gut konfektionierten Modelle H1 mit 250 cm³ und H2 mit 350 cm³. Die Motoren bezog er von der Nürnberger Fabrik Scharrer & Gross. Mit dem Umschwung auf Einbaumotoren von JAP aus England erweiterte sich die Modellvielfalt 1925 auf Modelle mit 300, 350, 500, 550 und 600 Kubik.

Erst 1928 überraschte der Konfektionär mit einer zu dieser Zeit einmaligen Rahmenkonstruktion: ein Doppelrohrrahmen, aus nur einem Stück Rohr gebogen! Eingelötete Muffen dienten zur Verstärkung an den bruchgefährdeten Stellen und wurden vor dem Biegen über das Rohr geschoben. Ausgestattet mit dem seitengesteuerten 550-cm³-JAP war dieses Modell H3-28 sehr beliebt. Topmodell war die H4 mit dem wechselgesteuerten V2-Zylinder von MAG aus der Schweiz.

Nach unten rundeten kleine 200er und 350er Motoren von JAP die Produktpalette ab.

1931 kehrte Hecker wieder zu geschweißten Rohrrahmen zurück und setzte sich, genau wie schon vor 1930, gegenüber den Mitbewerbern mit seinen rot lackierten Tanks optisch ab.

Die Weltwirtschaftskrise senkte den Absatz und Hecker fertigte mit der VM1 1933 ein Kleinmotorrad mit 74-cm³-Sachs-Motor, dessen Hubraum später auf 98 cm³ erhöht wurde, sowie die VM2, das Damenmodell der VM1. Das Volksmotorrad VM 100, welches gemeinsam mit Express entwickelt wurde, hatte einen Rahmen aus Vierkantrohr. Der Tank wurde von unten in das Fahrgestell eingehängt. ILO- und Sachs-Motoren bis 125 cm³ kamen hinzu und diese Verbindung sollte auch den Krieg überdauern.

1948 folgte die K125, die bald auch mit Hinterradfederung angeboten wurde. 1950 dann die K 175 und zwei Jahre später die K200 – alle mit dem Aggregat von ILO. Neben einem Intermezzo unter Verwendung eines Villiers-Zweitakters, dem Typ V200, gab es richtig Neues erst, als der Typ K250Z mit einem Zweizylinder von ILO aufwarten konnte. Diese Maschine hatte sich auch im sportlichen Einsatz unter Hans Best und Rudolf Grenz mehrfach bewährt.

Weder der Versuch eines Vollschwingenfahrwerks noch der Bau von kleinen 50-cm³-Mopeds wie dem Sport-Moped Blitz konnte das Ende bei Hecker aufhalten. 1956 ging Hecker in Nürnberg Konkurs.

Appendix: JAP, MAG, Sachs, ILO
Ansprechpartner: IG der Hecker-Motorradfahrer, Konrad Hecker, Poststr. 42, 34289 Zierenberg

H

*Hecker K 125 1949*

## HECKER

| Modell | Baujahr | Zylinder | ccm | Steuerung | PS/min | Ersatzteilsituation | Nachfragetrend | Preise (EUR) |
|---|---|---|---|---|---|---|---|---|
| H I | 1928 - 31 | 1 | 200-250 | sv/ohv | 4,5-6,5 | schwach | gleichbleibend | 1 000 bis 2 000 |
| H II | 1926 - 31 | 1 | 300-350 | sv/ohv | 6,5-11 | schwach | gleichbleibend | 1 000 bis 5 000 |
| H III | 1925 - 31 | 1 | 500-600 | sv/ohv | 14-18 | schwach | gleichbleibend | 1 500 bis 6 000 |
| VM 100 | 1936 - 39 | 1 | 98 | Schlitz | 2,25/3500 | schwach | gleichbleibend | 300 bis 1 500 |
| K 125 | 1948 - 54 | 1 | 123 | Schlitz | 5,2/5000 | schwach | gleichbleibend | 500 bis 2 500 |
| K 200 | 1952 - 56 | 1 | 197 | Schlitz | 11 | schwach | gleichbleibend | 500 bis 2 000 |
| K 250 | 1952 - 56 | 1 | 247 | Schlitz | 12,8/4750 | schwach | gleichbleibend | 1 000 bis 4 000 |
| K 250 Z | 1953 - 56 | 2 | 244 | Schlitz | 15,1 | schwach | gleichbleibend | 1 500 bis 4 000 |

# HEINKEL 1953–1965

Die ehemalige Flugzeugfabrik Heinkel stellte mit ihrem Viertakt-Roller Tourist 1953 einen Welterfolg auf die Beine, der sich mit weit über 100.000 Stück verkaufte. Die Ernst Heinkel Motorenbau GmbH in Karlsruhe fertigte zunächst die Motorenteile, bis im August 1954 die Fertigmontage in Stuttgart-Zuffenhausen übernommen wurde. Hatte die erste Serie des Typs Tourist 101 A0 noch 149 $cm^3$, so kletterte die Leistung ab 1954 auf 9,2 PS aus 174 $cm^3$ Hubraum beim Typ 102 A1.

Hier stieg man bei Heinkel nun auch auf 12-Volt-Betrieb um und spendierte dem starken Roller eine Dynastart-Anlage. Dies gefiel besonders dem weiblichen Publikum, denn der sanfte Druck auf den Zündschlüssel ließ den Motor ruhig anlaufen.

Durch einige Modellpflege gereift erschien 1956 der Typ Tourist 103, der bis zum Ende der Bauperiode das Flaggschiff bleiben sollte. Im gleichen Jahr gab der Typ 150 sein Stelldichein, ein 150-$cm^3$-Zweitakt-Roller, der sich nicht nur durch das Arbeitsprinzip des Motors unterschied. Heinkel ging mit dem Design auch auf die klassisch italienische Rollerlinie zu. Doch das mochte die Heinkel-Kundschaft nicht. Er wurde kein großer Erfolg und nur 7000 Exemplare wurden gefertigt.

Größerer Erfolg war der Heinkel Perle beschieden. Das kleine 50-$cm^3$-Moped wurde zeitgleich zum Tourist 1953 präsentiert und zeichnete sich ebenfalls durch ungewöhnlich glatte Linienführung aus. Neben einer hervorragenden, selbst konstruierten Teleskopgabel gab es einen öldichten Kettenkasten für den Sekundärtrieb. Steckachsen machten den Radwechsel der 23-Zoll-Laufräder leicht. Unter dem Sitz befand sich der Benzintank und mit ungewöhnlichen Lackierungen, meist in Hammerschlag, eroberte man einen großen Käuferkreis. Bis 1958 wurde die Perle gefertigt, der Tourist wurde noch bis August 1965 hergestellt.

Kontaktadresse: Heinkel Club Deutschland e.V., Im vorderen Burgfeld 12, 74348 Lauffen

*Heinkel Tourist 103 A0 1955*

## HEINKEL

| Modell | Baujahr | Zylinder | ccm | Steuerung | PS/min | Ersatzteilsituation | Nachfragetrend | Preise (EUR) |
|---|---|---|---|---|---|---|---|---|
| Tourist 101 A0 | 1954 | 1 | 149 | ohv | 7,2/5000 | gut | gleichbleibend | 600 bis 2 400 |
| Tourist 102 A1 | 1954 - 55 | 1 | 175 | ohv | 9,2/5500 | gut | gleichbleibend | 600 bis 2 750 |
| Tourist 103 A0 | 1955 - 57 | 1 | 175 | ohv | 9,2/5500 | gut | gleichbleibend | 500 bis 2 500 |
| Tourist 103 A1 | 1957 - 60 | 1 | 175 | ohv | 9,2/5500 | gut | gleichbleibend | 750 bis 2 750 |
| Tourist 103 A2 | 1960 - 65 | 1 | 175 | ohv | 9,2/5500 | gut | gleichbleibend | 750 bis 3 000 |
| 150 | 1960 - 65 | 1 | 150 | Schlitz | 9/5750 | schwach | gleichbleibend | 400 bis 1 500 |
| Perle | 1954 - 58 | 1 | 49 | Schlitz | 1,5/5000 | schwach | gleichbleibend | 500 bis 1 250 |

# HENDERSON (USA) 1911–1931

Die Brüder William und Thomas Henderson gründeten 1911 in Detroit ihre Motorradfabrik. Ihr Interesse war es, in gewisser Anlehnung an bereits bestehende Produkte mit Vierzylinder-Reihenmotor, wie der Pierce, ein eigenes Vierzylinder-Motorenkonzept zu entwickeln. So entstand der erste Prototyp mit 950 $cm^3$ Hubraum und wechselgesteuerten Ventilen. Um das Gemisch anzuwärmen wurde der Ansaugtrakt unmittelbar oberhalb der Auspuffkrümmer angeordnet. Dieses konstruktive Markenzeichen zog sich durch alle Modelle. Reklamebewusst wurden schon bald Fahrten kreuz und quer durch die USA unternommen, um die Robustheit der Technik zu unterstreichen.

1913 stieg der Hubraum auf 1065 $cm^3$ an, und als Leistung gab man 14 PS am Hinterrad an. Wahlweise waren im Jahr 1915 neben den Modellen mit langem Radstand auch „kürzere“ mit einem Radstand von 1473 mm erhältlich. Das kürzere Modell E war beliebt und erhielt, wie schon die Modelle ab 1914, auf Wunsch ein Planeten-Zweiganggetriebe. 1916 wurde die Druckumlaufschmierung eingeführt, und man ging generell zur Verwendung des kurzen Fahrgestells über. 1917 wurde auf drei Gänge aufgestockt und die Hinterradkette wechselte von der linken auf die rechte Seite. Vom ursprünglichen Handkurbelanlasser sah man nun ab und verwendete einen konventionellen Kickstarter.

All diese Neuerungen erforderten zusätzliches Kapital und im gleichen Jahr nahm man das Angebot des Fahrrad- und Motorradfabrikanten Ignaz Schwinn an, Henderson in dessen Firmenimperium der Excelsior-Motorräder zu integrieren. Aus diesem Grund erhielten die Hendersons ab 1918 zu ihrem Markenemblem das rote „X" der Excelsior-Motorräder hinzugefügt. 1920 erschienen bei Excelsior die als K-Modelle bezeichneten Maschinen mit 1300 cm$^3$, seitengesteuerten Ventilen und rund 24 PS Leistung. Die Konstruktionszeichnungen hierzu entstanden bereits 1916 bei Henderson.

Die Bande mit Schwinn hielt nicht lange und die beiden Brüder Henderson stiegen aus dem Kombinat Henderson/Excelsior wieder aus. William „Bill" Henderson gründete die Firma ACE und machte Furore mit seinen eigenen Vierzylindern, bis er 1922 bei einer Versuchsfahrt tödlich verunglückte. Die ACE sollte später bei Indian eine bedeutende Rolle spielen.

Art Lemon, der Chefingenieur, kehrte von ACE zu Henderson zurück und schuf 1922 das Modell de Luxe, welches bis 1929 im Programm blieb. Die Leistung stieg bis letztlich nahezu 30 PS an, und im gleichen Jahr folgte eine Neuerung mit der KJ, die nun wiederum wechselgesteuerte Ventile erhielt und bis 1931 produziert wurde. Durch Fallstrom-Anordnung des Schebler-Vergaser in diesem Modell wuchs die Leistung noch einmal auf 40 PS an.

Doch Ignaz Schwinn gab in diesem Jahr die unrentable Motorradproduktion auf. Der Fertigungsaufwand für ein solches Vierzylinder-Motorrad war einfach zu groß, um in günstigem Preis-/Leistungsverhältnis die Anforderungen des Marktes zu erfüllen.

Ansprechpartner: Heinz Helmer, Rühlmannstr. 41,
30167 Hannover, e-mail: heinzhel@htp-tel.de

*Henderson De Luxe 1927*

## HENDERSON

| Modell | Baujahr | Zylinder | ccm | Steuerung | PS/min | Ersatzteilsituation | Nachfragetrend | Preise (EUR) |
|---|---|---|---|---|---|---|---|---|
| K | 1919 - 22 | 4 | 1300 | sv | 24/3400 | schwach | gleichbleibend | 15 000 bis 25 000 |
| De Luxe | 1922 - 30 | 4 | 1300 | sv | 28/3800 | schwach | gleichbleibend | 15 000 bis 25 000 |
| KJ | 1931 | 4 | 1300 | ioe | 40/4000 | schwach | gleichbleibend | 15 000 bis 25 000 |

# HERCULES 1904–1979

Bereits 1886 gründete Carl Marschütz in Nürnberg seine Fahrradfabrik, die so als eine der ältesten Produktionsstätten gilt. Schon zu Beginn des Jahrhunderts, etwa 1904, entstanden die ersten Motorräder mit belgischen FN- und deutschen Fafnir- Einzylinder-Motoren. Ab 1929 begann man wieder mit dem Motorradbau. Bis Mitte der dreißiger Jahre waren Modelle vom kleinen 74-cm$^3$ -Sachs-Nasenkolben-Zweitakter bis zum Halbliter-JAP-Motor erhältlich. Einbaumotoren unterschiedlichster Größe und namhafter Lieferanten wie JAP, Villiers, Sturmey-Archer, Moser, Columbus, ILO, Bark und natürlich Fichtel & Sachs wurden verwendet.

Die Verbindung zu dem Schweinfurter Unternehmen sollte noch bedeutungsvoll werden. Speziell die 74-cm$^3$- und die später folgenden 98-cm$^3$-Sachs-Triebwerke sorgten für ein günstiges Preis-/Leistungsverhältnis. So kostete die 98er-Version im Jahre 1934 nur 345 Mark.

Aktive Beteiligung im Straßen- und Geländesport sorgte für großen Bekanntheitsgrad und der Rennfahrer Hans Kahrmann holte etliche Titel für Hercules auf einer 250er Hercules-JAP. Viele Touristikveranstaltungen wurden mit den 98er-Motoren bestritten.

Der Krieg zerstörte das Hercules-Werk zu einem großen Teil. Trotzdem begann man sehr schnell mit dem Bau von Fahrrädern. Schon 1948 entstanden die ersten Nachkriegs-Motorräder und es wurden nun im Schwerpunkt die etablierten Marken ILO und Sachs mit Hubräumen von 98 bis 250cm³ verwendet. Wie viele Konfektionäre dieser Zeit konzentrierte man sich bald auf Mofas und Mopeds, und schon bald sollten diese Fahrzeuge einen bedeutenden Anteil der Fertigung einnehmen.

Ab 1956 gab es auch käufliche Geländesportmodelle, die große Beliebtheit erlangten. Bereits 1957 ging die Firma Hercules in die Hände von Fichtel & Sachs über. Die Nürnberger Zweirad-Union mit den Marken DKW, Victoria und Express folgte ab 1965 ebenfalls. 1966 zog Hercules von der Fürther Straße in die Nopitschstraße, die noch heute der Standort von Sachs, der Nachfolgefirma von Hercules, ist.

Neue Wege beschritt man durch die Lizenznahme einer Fertigung von Wankelmotoren. So entstand 1970 der Prototyp der W 2000. Eine ungewöhnliche Konstruktion, die zwar richtungweisend war, doch an der seinerzeit ungünstigen Steuer- und Versicherungsgesetzgebung scheiterte. Ihre Produktion wurde 1978 wieder eingestellt. Weiteres Neuland betrat Hercules mit einem Elektro-Mofa, das aber aufgrund des Gewichtsproblems der schweren Akkus ebenfalls kein kommerzieller Erfolg wurde.

Appendix: JAP, Villiers, Sachs, ILO

Ansprechpartner:
Hercules Motorrad und Geländesportmotorrad IG,
Norbert Daum, Schulstr. 29, 35102 Lohra

*Hercules 200 1933*

*Hercules 313 1953*

*Hercules 322 1953*

*Hercules K 100 1956*

## HERCULES

| Modell | Baujahr | Zylinder | ccm | Steuerung | PS/min | Ersatzteilsituation | Nachfragetrend | Preise (EUR) |
|---|---|---|---|---|---|---|---|---|
| 200 | 1929 - 38 | 1 | 198 | sv/ohv | 5-8,5/4800 | schwach | gleichbleibend | 1 250 bis 3 000 |
| MF 100 | 1934 - 56 | 1 | 98 | Schlitz | 2,25/3500 | gut | gleichbleibend | 300 bis 1 000 |
| 313 | 1951 - 56 | 1 | 147 | Schlitz | 6,5/4500 | schwach | gleichbleibend | 400 bis 1 750 |
| 320 | 1953 - 56 | 1 | 174 | Schlitz | 9/5250 | schwach | gleichbleibend | 400 bis 2 000 |
| 322 | 1953 - 58 | 2 | 246 | Schlitz | 15/6000 | schwach | gleichbleibend | 1 250 bis 4 500 |
| K 100 | 1956 - 72 | 1 | 97 | Schlitz | 5,2 - 12 | gut | gleichbleibend | 150 bis 1 000 |
| K 175 | 1956 - 58 | 1 | 174 | Schlitz | 10/5250 | schwach | gleichbleibend | 300 bis 1 500 |
| K 50 | 1963 - 80 | 1 | 49 | Schlitz | 4,5-8,5/7000 | gut | gleichbleibend | 150 bis 1 500 |
| GS | 1959 - 78 | 1 | 50/75/100/125 | Schlitz | 5,2-24 | schwach | gleichbleibend | 500 bis 1 500 |
| K 125 | 1971 - 79 | 1 | 122 | Schlitz | 15-17/7500 | schwach | gleichbleibend | 300 bis 1 500 |
| W 2000 | 1973 - 78 | 1 | 288 | Wankel | 26/6500 | schwach | gleichbleibend | 1 500 bis 4 000 |

# HOFFMANN 1948–1954



Vor dem Krieg war Jakob Oswald Hoffmann Tabak- und Fahrradgroßhändler, wovon ihm Letzteres eine Grundlage im Nachkriegsdeutschland ab 1948 bot. Mit guten, kleinen Konfektionsmaschinen, ausgestattet mit den Einbaumotoren von Sachs und ILO, begann man mit 98- und 123-cm³-Zweitaktmaschinen. Bald folgten größere Modelle mit Motoren der Klassen 175, 200 und 250 cm³ von ILO, die sich wegen ihrer Robustheit und der guten Konstruktion der Hoffmann-Motorräder hervorragend verkauften. Ein weiterer Umstand sicherte den Aufschwung von zunächst 63 auf später über 850 Mitarbeiter: Die Übernahme der Lizenz zur Fertigung der Vespa-Motorroller in Deutschland. Mit finanziellem Rückenwind versehen, ging Hoffmann daran, einen Traum zu verwirklichen. Er beauftragt Richard Küchen, einen Motor zu entwickeln, der für die kleine 250er-Klasse vorgesehen war. Er wurde eine technische Sensation, und im Jahr 1951 wurde die Hoffmann Gouverneur erstmals auf der IFMA in Frankfurt vorgestellt. Der für Küchen-Konstruktionen typisch glattflächig gestylte Motor wies als Zweizylinder-Boxer 250 cm³ und obengesteuerte Ventile auf. Doch mit nur 12,5 PS blieb er deutlich unter der Leistung vergleichbarer Mitbewerber wie NSU. Auch der Preis für die Gouverneur war mit 2350,– Mark happig – die NSU Max kostete nur 1990,–. Und bei diesem Preis butterte Hoffmann noch einiges an Geld hinzu, denn die Herstellkosten für das aufwändige Fahrzeug waren enorm. Umso schlimmer, dass sich überdies konstruktionsbedingte Mängel herausstellten, die von der Fachpresse entsprechend bewertet wurden. So litt der Küchenmotor an thermischer Überhitzung und der mit nur einem Liter Öl dürftig bemessene Ölhaushalt tat sein Übriges.

*Hoffmann HWL 125 1952*

*Hoffmann 250 1952*

Es dauerte zwei Jahre, bis die Gouverneur ihre Kinderkrankheiten überwunden hatte. Anfang 1953 kamen zur IFMA die ersten 460 Exemplare der Gouverneur mit eckigem Einlasskanal auf den Markt. Ab dem Frühjahr des gleichen Jahres gab es ein überarbeitetes Model mit rundem Einlasskanal, das als MP 250-2 zusammen mit der olivgrünen S300 vorgestellt wurde. Doch die Konkurrenz konnte auch hier ein deutlich besseres Preis-/ Leistungsverhältnis bieten: 2285,– Mark kostete eine Horex Regina, 2350,– Mark eine 350er NSU Konsul – dem standen nun 2475,– Mark für die Hoffmann S300 gegenüber.

*Hoffmann MP 250-2 1953*

1954 kündigte Vespa schließlich aufgrund technischer und lizenzbedingter Meinungsverschiedenheiten den Vertrag mit Hoffmann und damit endete auch die Motorradproduktion in Lintorf bei Düsseldorf.

Appendix: ILO, Sachs

Ansprechpartner: Manfred Baumann, Hauffstr. 6, 71706 Markgröningen

## HOFFMANN

| Modell | Baujahr | Zylinder | ccm | Steuerung | PS/min | Ersatzteilsituation | Nachfragetrend | Preise (EUR) |
|---|---|---|---|---|---|---|---|---|
| MHF 125 | 1949 - 54 | 1 | 123 | Schlitz | 5,2/5000 | schwach | gleichbleibend | 500 bis 2 000 |
| MR 175 | 1951 - 53 | 1 | 174 | Schlitz | 8,2/5000 | schwach | gleichbleibend | 500 bis 2 000 |
| 250 | 1952 - 54 | 1 | 248 | Schlitz | 11,4/4600 | schwach | gleichbleibend | 800 bis 2 500 |
| MR 200 | 1953 - 54 | 1 | 197 | Schlitz | 11/5000 | schwach | gleichbleibend | 700 bis 2 500 |
| Gouverneur | 1953 - 54 | 2 | 248 | ohv | 14,5/5700 | schwach | gleichbleibend | 2 000 bis 5 000 |
| S 300 | 1954 | 2 | 298 | ohv | 17/6000 | schwach | leicht ansteigend | 3 000 bis 7 500 |

# HONDA (J) 1946–HEUTE

Soichiro Honda gründete 1946 sein Unternehmen. Aus Armeerestbeständen bezog er kleine Zweitakt-Einzylindermotoren, die er in ein Fahrradfahrgestell einbaute. 1949 folgte mit der Dream das erste richtige Motorrad, und Honda konnte sich als einziger Hersteller Japans große Marktanteile sichern. Das Unternehmen expandierte immens und von der F-Cub wurden ab 1952 schon jährlich 6500 Exemplare gefertigt.

Mit der Dream Typ E gelang Honda eine Sensation. Nun mit eigenem 146-$cm^3$-Viertaktmotor ausgestattet, wies die Dream eine Geradwegfederung des Hinterrades auf. Der Markterfolg machte ein größeres Werk erforderlich, das in Saitama entstand.

Soichiro Honda bereiste Europa und die USA und insbesondere die deutschen Motorräder hatten es ihm angetan. So ist es nicht verwunderlich, dass insbesondere der ab 1953 entstandene Typ Benly der NSU Fox und die Dream SA mit 250 $cm^3$ bzw. die Dream SB mit 350 $cm^3$ der Horex Regina deutlich ähnelten. Inzwischen entstand ein weiteres Werk in Hamamatsu.

1959 folgten Niederlassungen in den USA und bereits 1961 in Europa, so auch in Deutschland. Durch engagierte Entwicklung von Rennmotorrädern, wie der ersten RC 160, testete Honda immer wieder neue Technik-Konzepte. Obenliegende, über Stirnräder getriebene Nockenwellen waren schon 1960 Basis für einen bevorstehenden Siegeszug über die Rennstrecken der Welt, der bis 1967 anhielt. Honda zog sich zugunsten des Automobilbaus in diesem Jahr zunächst vom Renngeschehen zurück.

Mit den Modellen C92 (125 $cm^3$), C71 (250 $cm^3$) und C76 (305 $cm^3$) startete man eine erfolgreiche Serienfertigung. Aus diesen Modellen entstanden zwischen 1960 und 1966 die CB-Modelle, welche in der CB77 mit 305 $cm^3$ und 28 PS Leistung gipfelten. Das genügte, um jeder anderen Serienmaschine mit 500 $cm^3$ Paroli zu bieten und ermöglichte eine Höchstgeschwindigkeit von 155 km/h.

1965 folgte die CB 450, die wegen ihrer schwarzen Lackierung als „Black Bomber" in die Geschichte eingehen sollte. Der Parallel-Zweizylinder mit zwei obenliegenden Nockenwellen war leistungsmäßig besser als die englische Konkurrenz mit 200 $cm^3$ mehr Hubraum. Honda übernahm mit ihr die Marktführerschaft.

Drei Jahre später trumpfte Honda mit der Vierzylinder-CB 750 auf, die mit ihren 67 PS schon an der magischen 200-km/h-Grenze kratzte. Sie wurde mit ihrem Bauprinzip das Basismodell für etliche folgende Vierzylinder-Typen bei Honda. So debütierte 1971 die 500 Four mit 48 PS und bereits ein Jahr später folgte die kleine CB 350 Four als weltweit kleinster Vierzylinder in Serie. 1975 kam die CB 400 Four mit dem trendgerechten 4-in-1-Auspuff-System.

Kleine Mokicks, wie die Monkey und Dax-Modelle, oder Scrambler-Maschinen sowie die SLT -Typen rundeten Hondas Angebotspalette ab. Mit der 1978 vorgestellten CBX, die einen Sechszylinder-Motor aufwies, machte sich Honda selbst ein Geschenk, 30 Jahre nach Erscheinen der Dream. 1979 stieg Honda wieder in den GP-Sport ein.

Bis zum heutigen Tag ist Honda eines der führenden Unternehmen im Motorradbau.

Ansprechpartner: Stefan Hauch, Klingelhüttenweg 7a, 69118 Heidelberg

*Honda CB 92 1962*

*Honda CB 72 1963*

*Honda CB 750 Four 1969*

*Honda CB 350 1970*

Honda CB 400 Four 1974

Honda CB 500 Four 1974

## HONDA

| Modell | Baujahr | Zylinder | ccm | Steuerung | PS/min | Ersatzteilsituation | Nachfragetrend | Preise (EUR) |
|---|---|---|---|---|---|---|---|---|
| CB 92 | 1959 - 64 | 2 | 124 | ohc | 15/10500 | schwach | leicht ansteigend | 1 250 bis 3 750 |
| CB 72 | 1961 - 67 | 2 | 247 | ohc | 24/9000 | gut | leicht ansteigend | 1 000 bis 3 250 |
| CB 77 | 1963 - 67 | 2 | 305 | ohc | 28/9000 | gut | leicht ansteigend | 1 000 bis 3 250 |
| CB 450 | 1965 - 67 | 2 | 444 | dohc | 43/8500 | gut | gleichbleibend | 1 250 bis 4 250 |
| CB 750 | 1968 - 78 | 4 | 736 | ohc | 67/8000 | gut | gleichbleibend | 1 500 bis 5 500 |
| CR 93 | 1962 - 64 | 2 | 125 | dohc | 16,5/11500 | schwach | gleichbleibend | 7 500 bis 15 000 |

# HOREX 1923–1939

1920 übernimmt der Kommerzienrat Friedrich Kleemann die kleine Motorenfabrik Columbus-Motorenbau A.G. in Oberursel im Taunus. Der Selfmademan, der es zu einem beträchtlichen Vermögen gebracht hatte, besaß auch die Aktienmajorität an der nahe gelegenen Rex-Konservenglasgesellschaft in Bad Homburg, in der sein Sohn Fritz als Verwaltungsangestellter tätig war.

Das erste Erzeugnis der Columbus-Werke, der Einbaumotor Gnom, wurde vor dem Tretlager in Fahrradrahmen installiert. Der kopfgesteuerte Viertakter mit 63 cm³ leistete etwa 1 PS, was mehr als genügend für die Integration in ein Fahrradgestell war.

Ein Prototyp, basierend auf dem kleinen Gnom, erschien mit 250 cm³ im Jahr 1923, und im gleichen Jahr gründete der junge, sportbegeisterte Fritz Kleemann in einem Zusammenschluss mit der finanziell kränkelnden Rex-Konservenglasgesellschaft die Horex-Fahrzeugbau A.G. Ho- stand für den Entstehungsort Bad Homburg und -Rex für die integrierte Rex-Konservenglas AG.

Für Werbung fehlte das nötige Kleingeld und so setzte sich Kleemann 1924 selbst in den Sattel seiner Erstkonstruktion und sorgte für Publicity.

1925 vereinnahmte er noch die Columbus-Motorenwerke und die Symbiose war perfekt. Natürlich gab es jetzt eine neue Motorenserie, die sich aus drei seitengesteuerten Modellen ergab: Bei stets 110 mm Hub gab es mit 76 mm Bohrung eine 500er, mit 80 mm eine 550er und mit 83 mm Bohrung eine 600er Horex. Die Typenserie lautete BM. Die schnellen Seitenventiler waren gut für viele Sporterfolge, so auch beim Eröffnungsrennen des Nürburgrings 1927.

1929 sorgte der bekannte Engländer Tom Bullus für Furore, als er für Horex mit einer 500-cm³-OHV-Raleigh startete.

Bereits 1927 kam der geniale Motorenkonstrukteur Hermann Reeb zu Horex, der von nun an die technische Entwicklung des jungen Unternehmens deutlich beeinflusste.

Wegen der Steuer- und Führerscheinfreiheit schrie der Markt nach kleinen preiswerten Maschinen. So entstand 1931 die S2 mit 200 cm³ und OHV-Motor, die auch als S3 mit 300 cm³ erhältlich war.

1932 schuf Reeb einen Parallel-Zweizylinder mit obenliegender Nockenwelle, die per Kette angetrieben wurde. Diese hervorragende Konstruktion unterstrich die Fähigkeiten Reebs. Der Motor war wahlweise mit 598 cm³ als Typ S6 und 898 cm³ als Typ S8 erhältlich und wurde erfolgreich bei Gespannrennen bei Horex und ebenso bei Tornax eingesetzt.

Bis zum Krieg entstanden weiterentwickelte Modelle der seitengesteuerten T5 und T6 mit jeweils 500 und 600 cm³, während die S5 und S6 mit oben hängenden Ventilen ausgestattet waren. Krönung dieser Einzylinderserie war die S64 mit Vierventilkopf, welche ab 1935 für die Serienfertigung – nicht für den Renneinsatz – gedacht war. Die Motoren gingen ebenso an Firmen wie Tornax, Superia oder AWD.

Mit der S35, eine aus dem S2-Motor weiterentwickelten Konstruktion, legte Hermann Reeb bereits 1934 den Grundstein für den Erfolg der später folgenden Regina-Modelle. Der OHV-Motor mit 13 PS Leistung und voll gekapselten Ventilen war in einen Rohrrahmen integriert. Das moderne Vierganggetriebe sorgte für schnellen Vortrieb. Aus ihr entstand 1938 die SB 35, die abgesehen von der alten Tiger-Paralellogramm-Gabel, schon deutlich die Regina erkennen ließ.

Ansprechpartner:
Karl Reese, Walther-Rathenau-Straße 105, 64560 Riedstadt

## HOREX 1923-1939

| Modell | Baujahr | Zylinder | ccm | Steuerung | PS/min | Ersatzteilsituation | Nachfragetrend | Preise (EUR) |
|---|---|---|---|---|---|---|---|---|
| S 5 | 1928 - 39 | 1 | 492 | ohv | 22/5000 | schwach | gleichbleibend | 2 000 bis 7 500 |
| T 6 | 1928 - 41 | 1 | 590 | sv | 18/4750 | schwach | gleichbleibend | 2 000 bis 9 000 |
| SB 35 | 1939 - 45 | 1 | 342 | ohv | 18/5000 | schwach | gleichbleibend | 2 000 bis 5 000 |

# HOREX 1948–1956

Nach dem Krieg konnte man 1948 in den weitestgehend unbeschädigten Fabrikanlagen in Bad Homburg mit der SB35, die kurz vor dem Krieg entstand, an den Erfolg der Vorkriegszeit anknüpfen. Hermann Reeb hatte neue Ideen. Zügig erhielt das Motorrad angemessene Modellpflege. Der Motor wurde verbessert, ein modernes Fahrwerk geschaffen durch eine Telegabel, Vollnaben sowie Hinterradfederung.

1950 erschien die Regina mit 350-cm³-Motor und 18 PS Leistung wie ihre Vorgängerin, die SB 35. Doch sie sah rassig aus und wurde ein Verkaufserfolg. Bereits im Jahr 1951 lief die 10.000 Regina vom Band, und sie stand in einer Motorenvariante nun auch mit 250 cm³ zur Verfügung. Konstruktiv waren neben Reeb der leitende Techniker Fred Schlachter, sowie zumindest für die ersten Prototypen der Technische Ingenieur Hawlitschek verantwortlich. Die Regina wurde neben diversen Modellpflegen bis 1956 sogar als 400-cm³-Einzylinder gebaut und der Anbau von Seitenwagen, vornehmlich aus dem Hause Steib, Nürnberg, bot sich durch die serienmäßigen Seitenwagenanschlüsse förmlich an. Doch ab 1953 sanken die Stückzahlen und Horex konterte mit der bereits 1950 als Prototyp entstandenen Imperator mit einem Zweizylinder-Triebwerk mit 400 cm³ und 26 PS. Sie sollte eine neue Kundschaft locken. Zuletzt stieg der Hubraum auf 450 cm³ und die Leistung auf 30 PS, doch blieben ihr, nicht zuletzt wegen des hohen Verkaufspreises, große Stückzahlen versagt. Auch auf dem US-Markt, für den die Imperator eigentlich konzipiert war, gelang kein großer Absatz.

Auch das Nachfolgemodell der Regina, die Resident, welche genau wie ihre Vorgängerin einen OHV-Einzylinder mit wahlweise 250 oder 350 cm³ erhielt, konnte der deutlich sinkenden Nachfrage am Motorradmarkt der damaligen Zeit nichts entgegensetzen.

Ansprechpartner: Karl Reese, Walther-Rathenau-Str. 105, 64560 Riedstadt

*Horex Regina 1952 Serie 2*

*Horex Regina Sport 1952*

*Horex 350 1955*

*Horex SB 35 1949*

*Horex Regina 350 mit Steib-Seitenwagen*

*Horex Imperator 1955, 400 cm³*

*Horex Resident 1956*

H

## HOREX

| Modell | Baujahr | Zylinder | ccm | Steuerung | PS/min | Ersatzteilsituation | Nachfragetrend | Preise (EUR) |
|---|---|---|---|---|---|---|---|---|
| Regina | 1949 - 52 | 1 | 342 | ohv | 18/5000 | gut | gleichbleibend | 1 800 bis 5 000 |
| Regina Sport | 1951 - 53 | 1 | 342 | ohv | 20/6000 | gut | gleichbleibend | 2 000 bis 6 500 |
| Regina 250 | 1953 - 56 | 1 | 248 | ohv | 17/6600 | gut | gleichbleibend | 1 800 bis 4 000 |
| Regina 350 | 1953 - 56 | 1 | 342 | ohv | 19,4/6250 | gut | gleichbleibend | 1 800 bis 5 500 |
| Regina 400 | 1953 - 56 | 1 | 399 | ohv | 22/5750 | gut | gleichbleibend | 2 500 bis 6 500 |
| Imperator | 1955 - 56 | 2 | 392 | ohc | 26/6670 | schwach | gleichbleibend | 2 500 bis 7 000 |
| Resident 250 | 1956 | 1 | 248 | ohv | 18,5/7000 | schwach | gleichbleibend | 1 500 bis 3 500 |
| Resident 350 | 1955 - 56 | 1 | 349 | ohv | 24/7000 | schwach | gleichbleibend | 2 000 bis 4 000 |

# HRD (GB) 1924–1939

In Wolverhampton gründete Howard R. Davies 1924 seine Firma HRD. Als aktiver Rennfahrer gewann er ein Jahr später die Senior TT unter Verwendung kopfgesteuerter JAP-Motoren im eigenen HRD-Fahrwerk. Es folgten Touren- und Sportversionen mit 350er-, 500er- und 600er-Motoren mit seiten- und obengesteuerten Ventilen. Doch die Geschäfte liefen schlecht und erst durch den Einstieg des jungen Philip C. Vincent gab es 1928 neuen Aufwind. Die Firma wurde verlegt nach Stevenage und der agile Vincent machte sich daran, einen Federrahmen zu konstruieren, der zur Aufnahme von JAP- und Python-Motoren gedacht war. Auch kleine Villiers-Zweitakter fanden Verwendung.

1934 hatte sich der Federrahmen soweit verbessert, dass nun auch eine bedeutende Neukonstruktion Phil Vincents entsprechend Platz fand. Der neue 498-cm³-Einzylinder-OHV-Motor mit stirnradgetriebener, hochliegender Nockenwelle und kurzen Stößelstangen wurde hier erstmals im Modell Comet der Serie A vorgestellt. Mit 26 PS hatte dieses zwei PS weniger als ihre stärkere Schwester Comet Special. Die zahmere Meteor wartete mit 24 PS Leistung auf. Das Diamond-Fahrwerk machte seinem Namen alle Ehre, denn ungewöhnlich positive Fahreigenschaften zeichneten es aus.

Neben den zahlreichen Rennsiegen machte der kleine Exclusivhersteller 1936 erneut Schlagzeilen. Mit der Kopplung zweier Einzylinder-Triebwerke in einem neuen Kurbelhaus entstand die Rapide der Serie A mit 45 PS. Sie war das schnellste Serienmotorrad ihrer Zeit mit über 100 mph Spitze. Aber das Fahrwerk zeigte hier seine Grenzen. Nur wenigen Testfahrern gelang es, die Rapide auszufahren. Mit dem Einsatz der Rapide entfielen alle Modelle mit Einbaumotoren aus dem Programm von HRD. Ein weiterer Meilenstein im Motorradbau war geboren. (Fortsetzung siehe Kapitel Vincent)

*HRD 350 Sport 1927*

*HRD Rapide 1000 1936*

Appendix: JAP, Villiers
Ansprechpartner: Vincent Owners Club, Kurt Schupp, Lindenbachstr. 13, 35641 Niederwetz

*HRD 500 Super Sport 1927*

## HRD

| Modell | Baujahr | Zylinder | ccm | Steuerung | PS/min | Ersatzteilsituation | Nachfragetrend | Preise (EUR) |
|---|---|---|---|---|---|---|---|---|
| H.D.90 | 1924 - 27 | 1 | 489 | ohv | 24/5200 | schwach | gleichbleibend | 3 000 bis 6 000 |
| H.D.80 | 1924 - 27 | 1 | 348 | ohv | 15/4800 | schwach | gleichbleibend | 2 750 bis 5 000 |
| H.D.70/S | 1924 - 27 | 1 | 489 | sv | 14/3800 | schwach | gleichbleibend | 2 000 bis 4 000 |
| Sports Model | 1928 - 34 | 1 | 489 | ohv | 20/4800 | schwach | gleichbleibend | 2 250 bis 6 000 |
| Comet | 1934 - 39 | 1 | 499 | ohv | 26/5600 | schwach | leicht ansteigend | 3 000 bis 10 000 |
| Series A Rapide | 1936 - 39 | 2 | 998 | ohv | 45/5500 | schwach | leicht ansteigend | 4 500 bis 22 500 |

# IFA-DKW 1950–1955

Das erste Modell von IFA-DKW, dem ersten Betrieb nach dem Krieg an der Wirkungsstätte von DKW in Zschopau, war eine modernisierte Version der DKW RT 125. Als IFA RT 125 kam sie 1950 auf den Markt. Etwa zur selben Zeit entstand im Westen bei Auto Union die „neue" DKW RT 125 mit gleichem Motor.

1952 entstand bei IFA mit der BK 350 ein Zweizylinder-Zweitakt-Motorrad mit Boxermotor und Kardanantrieb. Das angeblockte Vierganggetriebe sorgte für kräftigen Vorschub. IFA stand für Industrievereinigung Fahrzeugbau, und das neue Konzept wurde von den Käufern im Osten gerne angenommen. Mit 15 PS Leistung, später 17 PS, war die BK 350 auch im Gespannbetrieb einsetzbar. Der Seitenwagen kam meist von Stoye aus Leipzig. Zahlreiche sportliche Einsätze, teils durch den Versuchsleiter Kämpf selbst, wurden mit Erfolg absolviert.

1953 wurde parallel die RT 125/1 vorgestellt: Mit verstärktem Rahmen und 5,5 PS war sie nun soziustauglich und wies erstmals ein Leistungsmerkmal auf, das später bei MZ zu einem Markenkennzeichen werden sollte. Die voll gekapselte Antriebskette war zu dieser Zeit ein absolutes Novum in der Serienfertigung kleiner Zweitaktmaschinen.

Um die Marktlücke zwischen der Einzylinder RT 125 und der Zweizylinder BK 350 zu schließen, entwickelte man 1956 mit dem Typ ES ein neu konzipiertes Motorrad. Dies aber schon unter dem neuen Markenzeichen MZ, nachdem 1955 die Industrievereinigung Fahrzeugbau (IFA) aufgelöst worden war.

Ansprechpartner: Manfred Woll, Lindelbrunnstr.7,
76865 Insheim

*IFA RT 125*

## IFA-DKW

| Modell | Baujahr | Zylinder | ccm | Steuerung | PS/min | Ersatzteilsituation | Nachfragetrend | Preise (EUR) |
|---|---|---|---|---|---|---|---|---|
| RT 125 | 1950 - 54 | 1 | 123 | Schlitz | 5/5000 | gut | gleichbleibend | 400 bis 1 500 |
| RT 125/1 | 1953 - 55 | 1 | 123 | Schlitz | 5,5/5000 | gut | gleichbleibend | 400 bis 1 500 |
| BK 350 | 1952 - 55 | 2 | 343 | Schlitz | 15/5000 | gut | gleichbleibend | 850 bis 2 000 |
| MZ BK 350 | 1956 - 59 | 2 | 343 | Schlitz | 17/5500 | gut | gleichbleibend | 750 bis 2 750 |

# IMME 1948–1951

Norbert Riedel, genialer aber eigenwilliger Konstrukteur, schuf 1948 seine Imme. Der Name leitete sich aus dem Gründungsort seiner Aktiengesellschaft – Immenstadt – ab.

Riedels eiförmig geformter Einzylinder-Zweitaktmotor mit 99 cm³ wies ungewöhnliche Konstruktionsmerkmale auf: Der sehr kurzhubige Motor hatte einen liegenden Zylinder und eine Stirnkurbelwelle, d.h. eine Welle mit lediglich einem Wellenzapfen und einer Kurbelwange. Ähnlich unorthodox Riedels Fahrwerkskonzept: Der Motor der Imme war in einer Triebsatzschwinge integriert. Die Hinterradschwinge war einarmig ausgelegt, d.h. das Hinterrad wurde nur einseitig aufgehängt. Genial die Auspuffführung, welche durch das Rahmenrohr vorgenommen wurde. Die Federung war durch eine zentrale Spiralfeder, ähnlich dem späteren Cantilever-Prinzip, gekennzeichnet.

Ähnliches galt für die Führung des Vorderrades – auch hier lediglich die einseitige Befestigung an einem Gabelholm. Die Räder waren, mit drei Muttern befestigt, untereinander austauschbar. Das Kugel-Ziehkeil-Getriebe war mit drei Gängen versehen, die per Drehgriff am Lenker betätigt wurden.

Die Imme war eine außergewöhnliche Konstruktion und mit 775,– DM auch nicht gerade billig gegenüber anderen, bewährteren Konstruktionen. Auch der Versuch mit einem Zweizylinder-Motor mit 148 cm³ im letzten Produktionsjahr 1951 konnte den Niedergang der Imme nicht aufhalten.

Ansprechpartner: Imme-Schwarm e.V.,
Karl-Heinz Philipps, Zieglerstr. 13,
87509 Immenstadt,
Homepage: www.imme-schwarm.de

*Imme R 100 1949*

*Imme 150er Zweizylinder-Version*

## IMME

| Modell | Baujahr | Zylinder | ccm | Steuerung | PS/min | Ersatzteilsituation | Nachfragetrend | Preise (EUR) |
|---|---|---|---|---|---|---|---|---|
| R 100 | 1948 - 51 | 1 | 99 | Schlitz | 4,5/5800 | gut | gleichbleibend | 1 600 bis 5 000 |

# IMPERIA 1925–1935

Die Firmengeschichte von Imperia kann in den 10 Jahren ihres Bestehens als einzigartig im Zweiradgeschehen Deutschlands bezeichnet werden.

Der Ursprung von Imperia liegt in der 1923 gegründeten Firma K.M.B. (Kölner Motorrad- und Maschinenbau), die unter der Leitung von Dr. Franz Becker stand. Mit eigenen Motoren bis 650 cm³ und Vierventiltechnik waren sie äußerst fortschrittlich, aber nicht besonders zuverlässig. Der ab 1925 neben K.M.B. verwendete Name Imperia wurde nach Firmenübernahme aufgrund finanzieller Probleme vom neuen Eigner, Dr. Rolf Schroedter, Inhaber der Godesberger Maschinenfabrik, beibehalten. Von nun an hieß das Unternehmen Imperia Fahrzeugwerke GmbH.

Verwendet wurden bereits seit 1925 unterschiedliche Einbaumotoren, welche die von K.M.B. selbst gefertigten Fabrikate gänzlich ablösten. Es kamen der ölgekühlte OHV-Motor von Bradshaw ebenso wie JAP- und Blackburne-Motoren aus England zum Einsatz. Aber man bot auch Motoren von MAG aus der Schweiz an. Sporteinsätze wie die Teilnahme an der Deutschlandfahrt wurden großgeschrieben.

1928 erschien die Imperia Sport mit dem schönen und schnellen 500er MAG mit obengesteuerten Ventilen. Sie läutete den Beginn einer neuen Bauserie ein, die die Qualität dieser gediegenen Konfektionsmaschinen durch gute Verkaufserfolge honorierte. 1930 kam das wohl schönste Imperia-Motorrad hinzu. Die „Rheingold“ mit dem 680-cm³-OHV-Zweizylinder von JAP war eine formvollendete Erscheinung. Überhaupt war 1930 ein besonderes Jahr. Zum Einen wurde aus Imperia eine Aktiengesellschaft, zum Anderen stieß Ernst Loof zur Rennabteilung. Er bewies sich später als einer der besten deutschen Vorkriegs-Rennfahrer, der 1934 16 Siege und vier deutsche Meistertitel nach Hause fuhr.

Für ihn wurde durch den bekannten Konstrukteur Arthur F. Dom, vorher bei Standard beschäftigt, eine Rennmaschine mit dem extrem schnellen Rudge-Python-Motor gebaut. Diese „Grand-Prix“ genannte Version sollte auch als Straßenmaschine zu Beginn der dreißiger Jahre erhältlich sein. Nach unten rundeten kleine 146-cm³- und 198-cm³-Villiers-motorisierte Maschinen die Modellpalette ab. Die schöne Rheingold wurde durch den Einbau des 850er-Zweizylinder-MAG in der ursprünglichen Form abgelöst.

Doch schon bald gab es keine ausländischen Einfuhren mehr nach Deutschland. So ging Imperia gezwungenermaßen – wie viele andere Konfektionäre – 1935 zum Einbau deutscher Bark-Motoren aus Dresden über. Diese deutlich leistungsschwächeren Motoren waren vom kleinen 200er-Modell Junior bis zum 500er OHV-Motor mit 18 PS erhältlich.

Die agile Versuchsabteilung bei Imperia beschritt separat ungewöhnliche Wege. Ein Leichtsportwagen sollte in aerodynamischer Bauweise durch Reinhard König-Fachsenfeld einmal über

*Imperia Sport 500 1929*

200 km/h laufen. Außerdem wurde ein Motor in Tandem-Bauweise, also mit zwei gegenüber liegenden Zylindern, bei denen beide Kolben nach außen und nicht wie bei einem Boxer nach außen und innen liefen.

Ein weiteres Projekt war ein Gegenkolben-Zweitakter, bei dem die beiden Kolben aufeinander zu liefen und, mit einem Kompressor aufgeladen, aus 350 Kubik bis zu 40 PS Leistung schöpften.

Diese Projekte waren sehr kostspielig, und man setzte bei Imperia viel auf die Weiterentwicklung dieser ungewöhnlichen Konstruktionen. Ganz sicher trug auch diese finanzielle Belastung zum Untergang der Marke um 1935 bei.

Appendix: JAP, MAG, Villiers

Ansprechpartner: Wilhelm Terlinden, Bärenstr. 3
47802 Krefeld

## IMPERIA

| Modell | Baujahr | Zylinder | ccm | Steuerung | PS/min | Ersatzteilsituation | Nachfragetrend | Preise (EUR) |
|---|---|---|---|---|---|---|---|---|
| Sport | 1928 - 31 | 1 | 500 | ohv | 22/5000 | schwach | leicht ansteigend | 4 000 bis 9 000 |
| Berggeist | 1930 - 31 | 1 | 600 | ioe | 15/4500 | schwach | leicht ansteigend | 4 000 bis 9 500 |
| Rheingold | 1930 - 31 | 2 | 680 | ohv | 26/4800 | schwach | stark ansteigend | 10 000 bis 16 000 |
| Python 500 S | 1931 | 1 | 500 | ohv | 18/5500 | schwach | stark ansteigend | 5 000 bis 10 500 |
| Junior | 1933 - 35 | 1 | 200 | Schlitz | 6 | schwach | gleichbleibend | 1 500 bis 3 000 |
| Wehrsport | 1934 - 35 | 1 | 350 | ohv | 18 | schwach | leicht ansteigend | 3 500 bis 5 500 |
| Godesburg | 1934 - 35 | 1 | 500 | sv | 15 | schwach | leicht ansteigend | 3 000 bis 5 000 |

# INDIAN (USA) 1901–1953

George M. Hendee gründete 1901 gemeinsam mit seinem Weggefährten Carl Oscar Hedstrom in Springfield/Massachusetts sein zukunftsträchtiges Unternehmen. Der ehemalige Radrennfahrer verstand etwas von Zweirädern.

Schon das erste Motorrad entstand mit eigenem Motor. Dieser war in seiner Bauweise an den de-Dion-Bouton Motor angelehnt. Besonderheit der Motorradkonstruktion war die Integration des Motors in das Sattelrohr, der durchgängige Kettenantrieb – für die damalige Zeit unüblich – sowie der buckelförmige Tank oberhalb des hinteren Schutzblechs. Dieser gab wegen seiner Form auch den ersten Indian-Modellen ihren Spitznamen: Camelback – Kamelrücken.

*Indian Powerplus 1918*

1904 war Indian der Pionier in der Einführung von mechanischen Drehgriffen am Lenker für Gas und Zündung. 1905 folgte in gleicher Optik der erste Prototyp mit V2-Motor. Die ab 1907 erhältlichen Serienmodelle mit 633 bis 998 cm³ waren die ersten in größerer Stückzahl hergestellten V2-Motorräder überhaupt. Der wechselgesteuerte Motor blieb bis 1915 im Pro-

*Indian Chief 1924*

*Indian Prince 1926*

gramm, wurde aber ab 1909 in üblicher Weise in einen Schleifenrahmen integriert. Natürlich war Indian auf den Board-Track-Rennbahnen dieser Zeit mit voluminösen Zweizylindermotoren und Vierventiltechnik auch großer Konkurrent für Harley-Davidson. Und dieser Konkurrenzkampf übertrug sich auf die Straße. 1916 debütierte die seitengesteuerte Powerplus, die einblattgefedertes Vollschwingen-Fahrwerk aufwies, und mit zunächst 1000 $cm^3$ in bedeutenden Stückzahlen auch an die Armee geliefert wurde. Sie lehnte sich der Hendee-Spezial an, die bereits 1914 ebenfalls Blattfederung am Hinterrad sowie einen Elektrostarter und elektrisches Licht aufwies.

Ab 1920 war die Powerplus auch mit 1200er-Motor erhältlich. Doch das Jahr 1920 war in anderer Hinsicht ein besonderes für Indian: ein Meilenstein des Motorradbaus – die Scout – war erschienen. Mit 600 $cm^3$ eher ein Leichtgewicht, zeichnete sie sich durch hervorragendes Fahrverhalten aus. Zunächst noch mit Sackzylindern ausgestattet, erhielt die Scout 1925 abnehmbare Zylinderköpfe. 1927 war sie als Police Scout auch mit 750 $cm^3$ erhältlich. Äußeres Unterscheidungsmerkmal waren bei der 600er die sechs Zylinderkopfschrauben gegenüber sieben bei der 750er-Variante.

Von 1928 bis 1931 wurde die legendäre Scout 101 mit 600 und 750 $cm^3$ gebaut, deren verlängerter Rahmen durch eine nochmals tiefere Sitzposition eine einmalige Mischung aus agilem Handling und Stabilität brachte.

Die großen Brüder der Scout waren die Chief-Modelle, die ab 1922 für eine sukzessive Ablösung der Powerplus sorgten, welche noch bis 1922 als preiswertestes Big-Twin-Modell im Programm blieb. Zuerst mit 1000 $cm^3$ und ab 1923 mit 1200 Kubik erhielten sie 1927 als Big Chiefs ebenfalls abnehmbare Köpfe wie die Scouts bereits zwei Jahre zuvor.

*Indian Scout 101 1928*

*Indian Four 1931*

*Indian Four 1929*

*Indian Chief 1950*

Ab 1932 hatten die Zweizylinder-Modelle Trockensumpfschmierung.

Natürlich gab es auch kleinere Modelle bei Indian, etwa die Pony Scout mit einem nur 500 $cm^3$ großen V-Zweizylinder oder die Einzylinder Prince mit 350 $cm^3$. Doch diese setzten sich nicht durch. Im Gegenteil: Noch größere Modelle mit Vierzylinder-Motoren waren durch die ACE mit 1265 $cm^3$ ab 1927 im Programm. Sie sollten bis 1942 die Flaggschiffe in der Indian-Produktlinie bleiben.

Aufgrund der Weltwirtschaftskrise wurde die Scout 101 ab 1932 nicht mehr angeboten und stattdessen die Standard-Scout mit 750 $cm^3$, die wegen des mit der Chief identischen Fahrgestells preiswerter zu produzieren war. Sie blieb bis 1937 im Programm, sprach aber aufgrund ihres Gewichtes nicht den sportlich ambitionierten Fahrer an. Deshalb entstand 1933 die Sport Scout, die mit wiederum geänderter Optik diesen Anforderungen genügen sollte. Optische Unterscheidungsmerkmale zur Chief, die noch die alte Blattfedergabel aufwies, waren die Trapezgabel und der geschraubte Rahmen mit mittragendem Motor-/Getriebeblock.

1940 wurden bei Chief, Scout und Four die Räder halbverkleidet, was für eine einmalige Optik im Motorradbau dieser Zeit sorgte. Diese Modelle sind gerade wegen ihrer wunderschönen Optik heute beliebte Sammlerstücke.

Ebenfalls ab 1940 entstand für den ausschließlichen Militäreinsatz das Modell Scout 741 mit 500 $cm^3$, das im Wesentlichen der Sport Scout entsprach und bei deutlich geringeren Fahrleistungen durch seine Robustheit bestach. Von diesem Modell wurden Stückzahlen von über 30.000 hergestellt, worauf die heute noch starke Verbreitung zurückzuführen ist. Viele Scout 741 wurden von ihren Besitzern nach dem Krieg durch zivile Lackierung und Chromteile den Sport Scout-Modellen optisch angelehnt.

Mit einer auf 50 Exemplare limitierten Rennversion war 1948 die Ära der Scouts vorbei. Eine Renaissance erfuhr die Chief 1950 durch das Modell Blackhawk mit Telegabel, das bis 1953 mit seinen 1308 $cm^3$ Hubraum als größte und letzte richtige Indian gefertigt wurde.

Ansprechpartner: Indian Motorcycle Club,
Mark Schwarz-Loose, Neumarkt 14, 47119 Duisburg



## INDIAN

| Modell | Baujahr | Zylinder | ccm | Steuerung | PS/min | Ersatzteilsituation | Nachfragetrend | Preise (EUR) |
|---|---|---|---|---|---|---|---|---|
| Scout 37 | 1920 - 31 | 2 | 596 | sv | 10/2800 | gut | gleichbleibend | 2 000 bis 12 500 |
| Scout 45 | 1927 - 37 | 2 | 744 | sv | 15-20 | gut | gleichbleibend | 4 000 bis 15 000 |
| Chief 61 | 1922 - 28 | 2 | 998 | sv | 20/3000 | schwach | gleichbleibend | 3 000 bis 15 000 |
| Chief 74 | 1923 - 31 | 2 | 1206 | sv | 26/3200 | gut | gleichbleibend | 5 000 bis 16 000 |
| Chief 74 | 1932 - 39 | 2 | 1206 | sv | 30/3500 | gut | gleichbleibend | 6 000 bis 19 000 |
| Four | 1927 - 42 | 4 | 1265 | ioe | 35/4200 | schwach | gleichbleibend | 12 500 bis 27 500 |
| Sport Scout | 1934 - 42 | 2 | 745 | sv | 25/4000 | gut | gleichbleibend | 4 000 bis 15 000 |
| Scout 741 | 1940 - 44 | 2 | 493 | sv | 12/3800 | gut | gleichbleibend | 2 500 bis 10 000 |
| Chief | 1940 - 48 | 2 | 1206 | sv | 40/4000 | gut | gleichbleibend | 6 000 bis 20 000 |
| Chief | 1950 - 53 | 2 | 1308 | sv | 45/4800 | gut | gleichbleibend | 7 500 bis 22 500 |

# JAWA (CZ) 1929–HEUTE

Der Ursprung von JAWA geht auf das Jahr 1922 zurück, als Firmengründer Ing. Frantisek Janacek in Nusle, einem Prager Vorort, Waffen produzierte.

1929 begann er, in Lizenzbau Wanderer-Motorräder im Pressstahlrahmen zu bauen. Aus der Verbindung Wanderer und Janacek entstand der Name JAWA. Doch die Motorräder mit kopfgesteuertem 500-$cm^3$-Motor und Kardanantrieb waren nicht besonders zuverlässig.

Erst mit dem englischen Konstrukteur George William Patchett kamen neue JAWA-Modelle. Zunächst wurde auf Basis des Pressstahlmodells ein Rennmotorrad geschaffen. Dieses war mit seinem neu konstruierten 500-$cm^3$-Motor, der, obwohl stoßstangengesteuert, wie ein Königswellen-Motor aussah, äußerst erfolgreich und begründete den sportlichen Ruhm von JAWA.

Für die Serie folgte 1932 eine kleine 175er mit Villiers-Motor, die sich ausgezeichnet verkaufte. Sie hatte ebenfalls Pressstahlrahmen und wurde in den ersten beiden Produktionsjahren 5000 Mal hergestellt. 1934 folgte eine 350er mit seitengesteuertem Viertaktmotor, der 1936 durch einen obengesteuerten ersetzt wurde. Im gleichen Jahr erschien ein 250er-Zweitakter mit 9 PS und bereits ein Jahr darauf die Robot, ein kleiner handlicher 100-$cm^3$-Zweitakter, der sich stark an der DKW RT 3 orientierte.

Für den Renneinsatz konstruierte Patchett nun im Schwerpunkt Bahnmotoren mit 250, 350 und 500 $cm^3$, die legendär wurden. Aber auch für den Straßensport-Einsatz gab es ab 1938 für alle Rennklassen 175er-, 250er-, 350er- und 500er-Rennmaschinen.

*JAWA 350 1954*

*JAWA 500 ohc 1956*

Unmittelbar nach dem Zweiten Weltkrieg startete JAWA 1946 mit einem neu konstruierten 250er Zweitakt-Modell. Rechteckprofile anstatt Rohr wurden für den Rahmen verwendet, Telegabel und Geradweg-Federung hinten gehörten zum Standard. Sie wurde ein regelrechter Kassenschlager. Aus ihr entstand zwei Jahre später eine 350er-Version mit einem Zweitakt-Twin, der die Grundlage aller späteren JAWA-Twins bilden sollte. Auch im Export verkauften sich beide Modelle gut, doch der Markt verlangte auch größere Maschinen. 1950 wurde der Hersteller Ogar an JAWA angegliedert, und 1951 kam ein 500er-Zweizylinder mit obenliegender Nockenwelle und 24 PS Leistung. Es entstand auf dieser Basis unter Konstrukteur Jan Krivka ab 1954 eine Reihe von Werksrennmaschinen mit dohc-Steuerung und 350 bzw. 500 cm³, die bis zu 50 PS leisteten. Mit der 350er-Version wurde Franta Stasny 1961 sogar Vizeweltmeister im Grand-Prix-Sport.

Doch der Ruhm von JAWA hielt sich deutlich länger durch die hervorragenden Bahnmotore. Im Speedway-, Sand- und Grasbahneinsatz in aller Welt errangen die Einzylinder-Renntriebwerke großes Ansehen. 1968 übernahm JAWA auch den ehemaligen Konkurrenten ESO, der bereits seit 1949 Bahnmotoren herstellte.

Während die Produktion der 500er Viertakt-Twins 1958 endete, blieben die 350er-Zweitaktmodelle noch lange nahezu unverändert im Programm. Noch in den achtziger Jahren erschienen mit dem Modell 638, mit und ohne Velorex-Seitenwagen, traditionelle JAWA-Zweitakter wie auch einige Geländesportmodelle.

Appendix: Villiers

Ansprechpartner: JAWA und CZ-Freunde e.V. 1991, Helmut Büchele, Adersbacherstr. 13, 74906 Bad Rappenau

## JAWA

| Modell | Baujahr | Zylinder | ccm | Steuerung | PS/min | Ersatzteilsituation | Nachfragetrend | Preise (EUR) |
|---|---|---|---|---|---|---|---|---|
| 175 | 1932 - 37 | 1 | 172 | Schlitz | 5,5/3400 | schwach | gleichbleibend | 500 bis 1 750 |
| 350 | 1934 - 36 | 1 | 348 | sv | 11/3500 | schwach | gleichbleibend | 1 500 bis 3 000 |
| 350 | 1936 - 40 | 1 | 348 | ohv | 15/5200 | schwach | gleichbleibend | 1 500 bis 4 000 |
| Robot | 1937 - 46 | 1 | 99 | Schlitz | 2,7/3750 | gut | gleichbleibend | 300 bis 1 000 |
| 250 | 1936 - 46 | 1 | 248 | Schlitz | 9/3800 | schwach | gleichbleibend | 400 bis 1 250 |
| 250 | 1946 - 68 | 1 | 248 | Schlitz | 9 - 14 | gut | gleichbleibend | 500 bis 1 750 |
| 350 | 1948 - 68 | 2 | 344 | Schlitz | 13 - 18 | gut | gleichbleibend | 500 bis 1 750 |
| 500 | 1951 - 58 | 2 | 498 | ohc | 26/5500 | schwach | gleichbleibend | 2 000 bis 4 250 |

# KAWASAKI (J) 1960–HEUTE

Shozo Kawasaki gründete sein Schiffsbauunternehmen im Jahr 1878. Im Laufe der Jahrzehnte kamen weitere Zweige der Schwerindustrie, und auch der Motorenbau für den Konzern Meihatsu, der in den fünfziger Jahren begann, macht nur einen kleinen Teil innerhalb des gesamten Kawasaki-Konzerns aus. Trotzdem setzte Kawasaki bis zum heutigen Tag mit seinen Konstruktionen immer wieder Highlights.

Die ersten kompletten Maschinen in Serie erschienen bei Kawasaki 1960 mit den Zweitaktern B7 und B8. Diesen kleinen 125er-Maschinen folgten nach Übernahme des ältesten japanischen Motorradherstellers Meguro bald auch Viertaktmodelle.

Aus ihnen entstand 1965 die W1 mit 650-cm³-Zweizylinder, der seine Ähnlichkeit zur BSA A10 nicht verleugnen konnte. Ein Jahr später gab es als kleines Einsteiger-Modell die drehschiebergesteuerte 250er A1 Samurai, die mit gut 30 PS Leistung ausgestattet war. Der Zweizylinder-Zweitakter erstarkte auf 42 PS in der A7 Avenger und beide Modelle blieben bis 1971 im Kawasaki-Programm.

1969 machte die legendäre Mach III mit schlitzgesteuertem Dreizylinder-Zweitakter von sich reden. Aus ihren 499 cm³ Hubraum holten die Konstrukteure 60 PS Leistung und die Mach III begründete damit die erfolgreiche Serie der Dreizylinder-Zweitakter, die von 250 bis 750 cm³ angeboten wurden und zu den schnellsten Serienmaschinen ihrer Zeit zählten.

1972 erschien mit der Z1 das Gegenstück zu Hondas erfolgreicher CB 750. Sie leitete die Erfolgsserie großer Viertakter bei Kawasaki ein, die 1981 in der Z1300 mit Sechszylinder-Motor gipfelte. Sportliche Einsätze im publicityträchtigen Endurance-Bereich mit der Z1 sorgten am Markt für guten Absatz. Im internationalen Straßenrennsport gelang es zwischen 1978 und 1982, mehrere WM-Titel in den Klassen 250 cm³ und 350 cm³ zu holen.

Die Erfahrungen aus dem Rennsport flossen in viele Kawasaki-Maschinen ein und begründen so ihren Ruf als Supersport-Motorräder. Dies machen insbesondere die folgenden GPZ- und GPX-Serien deutlich. Das ausgesprochen sportliche Image hat sich Kawasaki bis zum heutigen Tage bewahrt.

Ansprechpartner: Claus Stolle, Tempelseestr. 12, 63071 Offenbach

*Kawasaki Z 900 1972*

*Kawasaki A1 1966*

*Kawasaki Mach III 1971*

*Kawasaki 750 H2 1972*

## KAWASAKI

| Modell | Baujahr | Zylinder | ccm | Steuerung | PS/min | Ersatzteilsituation | Nachfragetrend | Preise (EUR) |
|---|---|---|---|---|---|---|---|---|
| A 1 Samurai | 1966 - 70 | 2 | 247 | Drehschieber | 31/8000 | schwach | gleichbleibend | 500 bis 2 500 |
| A 7 Avenger | 1967 - 70 | 2 | 338 | Drehschieber | 42/8000 | schwach | gleichbleibend | 600 bis 2 000 |
| W 1/2 | 1965 - 70 | 2 | 624 | ohv | 53/7000 | schwach | gleichbleibend | 2 000 bis 3 750 |
| A 1 B | 1971 | 2 | 247 | Drehschieber | 31/8000 | gut | gleichbleibend | 600 bis 2 000 |
| A 7 B | 1971 | 2 | 338 | Drehschieber | 42/8000 | schwach | gleichbleibend | 600 bis 2 000 |
| Mach III | 1969 - 71 | 3 | 499 | Schlitz | 60/7500 | gut | gleichbleibend | 1 500 bis 5 000 |
| H 1 (A,B,D) | 1971 - 73 | 3 | 499 | Schlitz | 60/7500 | gut | leicht ansteigend | 1 250 bis 3 500 |
| H 2 | 1971 - 73 | 3 | 748 | Schlitz | 74/6800 | gut | leicht ansteigend | 2 000 bis 7 500 |
| Z 1 | 1972 - 73 | 4 | 903 | dohc | 82/8500 | gut | leicht ansteigend | 2 000 bis 7 500 |

# KREIDLER 1951–1982

Am 7.Oktober 1903 wird „Kreidler's Metallwerk Anton Kreidler“ beim Königlichen Amtsgericht in Stuttgart eingetragen. Als nähere Bezeichnung vermerkt der Gerichtsschreiber „Walzwerk und Drahtzieherei“.

Alfred Kreidler, Sohn des Firmengründers Anton Kreidler, begann nach dem zweiten Weltkrieg mit der Entwicklung eines Eigenbau-Prototyps mit 50 cm³. So debütierte die K50 1951 auf dem Genfer Salon. 1953 kam die K51 mit Kickstarter. Basierend auf diesem Fahrzeug baute man den Roller R50, mit dem Günter Markert eine Weltreise unternahm. Weitere Fahrzeuge waren als Einsteigermodell das Moped J50 mit einem Gewicht von unter 33 kg, sowie die J51 und die Amazone, Baujahr 1957. Alle besaßen einen Zweigang-Motor mit stehendem Zylinder.

Eine vollkommene Neukonstruktion stellte die ab 1957 in Serie gebaute Florett dar. Dreigang-Handschaltung, 3-PS-Motor mit Gebläsekühlung und liegendem Zylinder sowie ein Blechpressrahmen zeichneten dieses besondere Fahrzeug aus. Aufbauend auf dieser Basiskonstruktion folgten bis 1982 Mopeds, Mokicks und Kleinkrafträder mit 3, 4 und 5 Gängen, deren Leistung zwischen 2 und 6,8 PS lag. Sie wurden in großen Stückzahlen hergestellt.

Mehrere Weltmeistertitel in der Schnapsglasklasse bis 50 cm³ und Geschwindigkeitsrekorde mit der vollverkleideten „Zigarre“ zeigten die gewaltigen Leistungsmöglichkeiten dieser Konstruktion.

Genauso erfolgreich wurden von Kreidler Mofas, Mopeds und

*Kreidler Florett 1960*

Mokicks mit Zweigang-Automatik sowie Zwei- und Dreigang-Handschaltung gebaut, wobei das Dreigang-Modell Flory einen legendären Ruf genoss...

Mit Anhebung der 50-cm³-Klasse auf 80 cm³ wich der Blechpressrahmen einer Rohrrahmen-Konstruktion, wobei der Zylinder nun stehend ausgeführt war. Diese Fahrzeuge wurden von 1981 bis zum Konkurs im März 1982 gebaut, kamen jedoch in größeren Stückzahlen erst nach dem Konkurs mit weiteren fast 10.000 Fahrzeugen per Konkursverwalter auf den Markt.

Ansprechpartner: Kreidler IG, Kurt Hellmuth, Paradiesweg12, 71701 Schwieberdingen



### KREIDLER

| Modell | Baujahr | Zylinder | ccm | Steuerung | PS/min | Ersatzteilsituation | Nachfragetrend | Preise (EUR) |
|---|---|---|---|---|---|---|---|---|
| K 50 | 1951 - 54 | 1 | 50 | Schlitz | 2,2/5000 | schwach | gleichbleibend | 250 bis 750 |
| K 51 | 1953 - 55 | 1 | 50 | Schlitz | 2,2 | schwach | gleichbleibend | 250 bis 750 |
| R 50 | 1954 - 55 | 1 | 50 | Schlitz | 2,2/5000 | schwach | gleichbleibend | 500 bis 1 500 |
| J50/51 | 1954 - 57 | 1 | 50 | Schlitz | 1,5 | schwach | gleichbleibend | 250 bis 750 |
| Amazone | 1957 - 58 | 1 | 50 | Schlitz | 1,5 | schwach | gleichbleibend | 250 bis 750 |
| Florett | 1957 - 82 | 1 | 50 | Schlitz | 2-6,8 | gut | leicht ansteigend | 250 bis 2 500 |
| Mustang/Florett 80 | 1981 - 82 | 1 | 80 | Schlitz | 8 | gut | gleichbleibend | 250 bis 1 000 |
| Mofa Flory | 1976 - 82 | 1 | 50 | Schlitz | 1,5 | gut | leicht ansteigend | 100 bis 1 000 |
| Moped/Mofa Automatik | 1970 - 82 | 1 | 50 | Schlitz | 1,5-2,0 | gut | gleichbleibend | 100 bis 600 |
| Rennmaschine | 1960 - 68 | 1 | 50 | Drehschieber | 7-14 | schwach | leicht ansteigend | 1 000 bis 7 500 |
| Van-Veen-Kreidler | 1968 - 80 | 1 | 50 | Drehschieber | 14-21 | schwach | leicht ansteigend | 1 500 bis 7 500 |

# KTM (A) 1953–HEUTE

Im oberösterreichischen Mattighofen ansässig, ist KTM aus der berühmten Motorenfabrik Moser hervorgegangen. Kronreif und Trunkenpolz Motorfahrzeugbau, KTM, startete 1953 mit dem Typ 100 ins Motorradgeschäft. Der Einbaumotor, von Rotax geliefert, war ein Sachs-Motor mit abnehmbarem Alu-Zylinderkopf und 3 PS Leistung. Telegabel und Aluminium-Vollnabenbremsen gehörten zum fortschrittlichen Ausstattungsstandard, und 1955 entstand mit der R125 Tourist ein weiteres Modell, das einen fußgeschalteten Dreigangmotor von Sachs erhielt.

Motorsportlicher Einsatz der KTM-Motorräder sorgte für die gezielte Verbreitung des Markennamens, und für den Straßen- und Bergrenneinsatz bezog man sogar Viertakt-ohc-Triebwerke von MV Agusta aus Italien. Unter der Mitwirkung des berühmten Konstrukteurs Apfelbeck entstand sogar ein eigener 125er dohc-Rennmotor bei KTM.

1957 beteiligte man sich mit der Mirabell am einsetzenden Rollerboom. Doppelschleifenrahmen, Stahlprofile und die Verwendung des bewährten Sachs-Rotax-Motors der Tourist sorgten für guten Absatz, ebenso wie der 1957 erschienene Mopedroller Mecky mit 50 cm³. Ihnen folgte der Roller Ponny, welcher sich in Deutschland ebenso erfolgreich verkaufte.

Zur Tourist gesellten sich ab 1957 Viergang-Maschinen mit den Bezeichnungen Trophy, Tarzan, Mustang und Cross hinzu. Doch die eigentlichen Absatzerfolge lieferten die Mopeds mit 50 cm³, wie die 1963 vorgestellte Comet, und die Mofas von KTM, die in großen Stückzahlen verkauft wurden. Zu diesem Zeitpunkt reicherte KTM auch wieder seine Geländesport-Aktivitäten an. Viele Erfolge unterstrichen die Qualität der KTM-Geländemaschinen. 1970 entstand ein eigener 175-cm³-Motor speziell für den US-Markt, und im gleichen Jahr erringt Manfred Klerr mit einer 250-cm³-KTM den Österreichischen Staatsmeister-Titel.

1973 sind bei KTM auch große Geländesport-Modelle mit bis zu 400 cm³ serienmäßig erhältlich und das sportliche Engagement reicht bis hin zum WM-Titel in der 250er Moto-Cross-Weltmeisterschaft im Jahre 1974. 1980 änderte sich der Firmenname in „KTM Motor-Fahrzeugbau KG" und durch Gewichtsreduktion, Einführung der Membransteuerung und die Umstellung von Fahrtwind- auf Wasserkühlung verbesserte man die Wettbewerbsmodelle erneut. 1984 und 1985 wird Heinz Kinigadner in der 250er-Klasse Moto-Cross-Weltmeister.

1987 beginnt bei KTM der Serienbau eines 560-cm³-Viertakters mit obenliegender Nockenwelle, und in diesem Jahr besteht die Produktion aus 98.000 Kühlern, 93.700 Fahrrädern, 12.600 Mopeds und 10.600 Motorrädern. Trotzdem geht KTM 1991 in Konkurs. Die Motorradproduktion wird in der „KTM Sportmotorcycle GmbH" fortgeführt, aus der 1994 eine AG hervorgeht.

1995 übernimmt KTM die schwedische Firma Husaberg, und bis zum heutigen Tag ist KTM eine der erfolgreichsten Marken im internationen Geländesport.

*KTM-Sachs MC 125 1969*

*KTM Comet 50 1969*

*KTM R 125 Tourist 1955*

## KTM

| Modell | Baujahr | Zylinder | ccm | Steuerung | PS/min | Ersatzteilsituation | Nachfragetrend | Preise (EUR) |
|---|---|---|---|---|---|---|---|---|
| KTM 100 | 1953 - 55 | 1 | 98 | Schlitz | 3/4000 | schwach | gleichbleibend | 400 bis 1 250 |
| R 125 Tourist | 1955 - 59 | 1 | 123 | Schlitz | 6/5000 | schwach | gleichbleibend | 400 bis 1 250 |
| Mecky | 1957 - 61 | 1 | 49 | Schlitz | 1,6/5500 | schwach | gleichbleibend | 250 bis 1 000 |
| Ponny | 1961 - 70 | 1 | 49 | Schlitz | 3/6500 | gut | gleichbleibend | 250 bis 750 |
| Comet | 1964 - 69 | 1 | 49 | Schlitz | 4/7250 | gut | gleichbleibend | 250 bis 750 |
| GS/MC 125 | 1968 - 71 | 1 | 123 | Schlitz | 18/8500 | gut | gleichbleibend | 1 000 bis 2 500 |

# LAMBRETTA (I) 1947–1971

Als ehemaliger Rüstungsbetrieb experimentierte Innocenti schon während des Krieges mit Motorrollern für den Einsatz in schwerem Gelände bzw. per Fallschirm. Der Serienbau eines zivilen Motorrollers begann 1947 in Mailand. Der Name Lambretta war abgeleitet von dem Fluss Lambro, der durch das Firmenareal floss. Das Modell A unterschied sich sehr von dem ein Jahr zuvor erschienenen Konkurrenzprodukt von Vespa. So wies die erste Lambretta einen unverkleideten Rohrrahmen auf und der Hinterradantrieb erfolgte über Kegelräder vom links angeordneten Antriebsstrang.

Das B-Modell, welches bereits Drehgriffschaltung und ein gefedertes Hinterrad hatte, wurde 1950 vom Modell C abgelöst, das die fast endgültige Fahrwerksform der Lambrettas mit Zentralrohr und an einer Kurzschwinge gezogenem Vorderrad aufwies. Zum selben Zeitpunkt entstand auch der erste vollkarossierte Lambretta-Roller, wie er auch von NSU in Lizenz gefertigt wurde. Ab etwa 1950 erhielten die Lambrettas einen elektrischen Anlasser.

Das stärkste Modell war die 175-cm³-Version TV 175, die ab 1958 gebaut wurde. Sie erhielt nun eine gänzlich neue Konstruktion der Antriebseinheit. In einer langen Triebsatzschwinge aus Aluminium war die Kurbelwelle mittels Kette sowohl mit der Kupplung als auch mit dem neuen Viergang-Ziehkeilgetriebe verbunden. Diese Modelle kamen jedoch nur in geringen Stückzahlen nach Deutschland. Im Jahr 1971 wurde die Produktion in Mailand eingestellt, doch die Lizenzfertigung wird noch heute in Indien aufrecht erhalten.

*Lambretta TV 175 1960*

## LAMBRETTA

| Modell | Baujahr | Zylinder | ccm | Steuerung | PS/min | Ersatzteilsituation | Nachfragetrend | Preise (EUR) |
|---|---|---|---|---|---|---|---|---|
| A | 1947-48 | 1 | 124 | Schlitz | 4,5/4500 | schwach | gleichbleibend | 1 000 bis 3 000 |
| B | 1948-49 | 1 | 124 | Schlitz | 4,5/4500 | schwach | gleichbleibend | 750 bis 1 000 |
| C | 1950-51 | 1 | 124 | Schlitz | 4,5/4500 | schwach | gleichbleibend | 500 bis 1 500 |
| LC | 1950-51 | 1 | 124 | Schlitz | 4,5/4500 | gut | gleichbleibend | 500 bis 1 500 |
| D | 1952-58 | 1 | 124 | Schlitz | 5/5000 | schwach | gleichbleibend | 350 bis 1 500 |
| LD | 1952-54 | 1 | 124 | Schlitz | 5/5000 | gut | gleichbleibend | 350 bis 1 000 |
| LD | 1954-58 | 1 | 147 | Schlitz | 6,2/5200 | gut | gleichbleibend | 500 bis 1 500 |
| E | 1953 | 1 | 125 | Schlitz | 3,8/4500 | schwach | gleichbleibend | 500 bis 1 500 |
| TV 175 | 1958-66 | 1 | 170 | Schlitz | 8,6/6000 | gut | gleichbleibend | 350 bis 1 000 |



# LAVERDA (I) 1949–1986

Francesco Laverda gründete 1949 in Breganze seine Motorradfabrik „Moto Laverda". Die erste Laverda war eine Pressstahlkonstruktion mit 75-cm³-ohv-Motor, der schon bald Rohrrahmenmodelle mit 100 cm³ Hubraum folgten. 1962 kam ein 200-cm³-Zweizylinder ins Programm, der eine Kombination aus Stahlrohr und Profilblech als Rahmen aufwies. 1965 folgte die „125S", wieder mit Einzylindermotor, die sich bis 1969 gut verkaufte.

Auf der Londoner Earls Court Motorshow Ende 1966 trat Laverda mit dem neuen, rollengelagerten 360-Grad-Zweizylinder ins Rampenlicht. Der Hubraum von 654 cm³, verteilt auf zwei Zylinder, lehnte sich an die englischen Vorbilder an. Die Motor- und die Rahmenkonstruktion dagegen war stark von den Honda-Modellen CB 72/77 beeinflusst. Ein unten offener Brückenrahmen nahm den horizontal geteilten Leichtmetall-Motorblock mit dem um 25° nach vorne geneigten Zylindern als tragendes Element auf.

Noch im ersten Modelljahr 1968 wurde der Hubraum durch Vergrößerung der Zylinderbohrung auf 743 cm³ erweitert. Zum Modelljahr 1970 erfolgte die Vorstellung der Sportvariante 750S mit offenen 30er-Vergasern, höherer Kompression (9,65:1), sportlicher Nockenwelle und einer Lederhöckersitzbank. Mit Einführung dieser Sportvariante 750S wurde aus dem weiter vorhandenem Modell die Tourenvariante 750GT. Die bislang von Grimeca bezogenen Bremsen wurden durch hauseigene Produkte ersetzt.

Im Modelljahr 1971 wurde zuerst die Sportausführung 750S mit den Bremsen aus eigener Fertigung ausgestattet, die 750SF (frühe Serie) war geboren. Ab Modelljahr 1972 wurde die Ausstattung „moderner". Es fielen beim Tank die seitlichen, schwarzen Kniekissen weg und die Form wurde schlanker, die englischen Smiths-Instrumente wurden durch japanische ND-Instrumente ersetzt. Die 750SF (späte Serie) war damit geboren. Die Produktion der 750GT wurde Ende 1972 einstellt, denn statt der Tourenmodelle wurde 1971 ein Supersportmodell, die 750SFC, vorgestellt. Die 1.-3. Ausführung der 750SFC haben Laverda-Trommelbremsen.

Im Modelljahr 1973 wurde die SF1 vorgestellt. Es wurde der „große" Motor mit mehr Leistung – im Renneinsatz in den 71/72er SFC erprobt - in die Serie übernommen. 1974 hält mit dem Modell SF2 die vordere Scheibenbremse Einzug. 1974 bis1977 erhielt die 750SFC einen speziellen, abgesenkten Rah-

*Laverda 750 1968*

*Laverda 750S 1971*

*Laverda 750SF 1972*

men und 3 Scheibenbremsen. Im Jahre 1975 erfolgte ein mit der 750 GTL erneuter Versuch, das Tourenmodell 750GT wiederzubeleben, jedoch ohne Erfolg. Es wurde 1976 wieder eingestellt. Mit neuer Verpackung, dem Design der 1000er (Gussräder, 3 Scheibenbremsen, Entenbürzel-Sitzbank), aber ohne Änderungen an der Motortechnik war die 750SF3 der Schwanengesang der 750er Baureihe. Von der 750SF3 werden nur wenige Exemplare gebaut und verkauft.

Die Laverda 1000 mit Dreizylinder-Triebwerk wurde auf der Motorradausstellung in Mailand vorgestellt. Der Motor war der bekannte 650er-ohc-Twin mit exakt 654 cm³, dem ein Zylinder angefügt wurde. Leider hatte diese Maschine einen hohen Benzinverbrauch bei nur geringer Leistung. Das Motorrad musste noch vor der Serienfertigung stark überarbeitet werden. Im ersten Modelljahr, 1973, besaßen die ersten, ca. 220 verkauften Exemplare der 1000 3C vorn noch die Laverda-Trommelbremsen. Analog zu den 750ern ging man dann zum Modelljahr 1974 bei der Dreizylinder auf vordere Scheibenbremsen über. Mit der Einführung von Gussrädern und Entenbürzel-Sitzbank bei der 1000 3CL gipfelt die Ära der besonders kernigen Laverda-Maschinen, die von 1976 bis 1980 gebaut wurden.

Zwischenzeitlich entwickelte der englische Importeur Slater die 1000 weiter und stellte im Laufe des Jahres 1977 ein nur für den einheimischen Markt bestimmtes Modell mit hoch verdichtenden Kolben, scharfen Nockenwellen und den berühmten „Slatertüten" vor. Der Juniorchef Massimo Laverda wollte mit seinem Entwicklungschef Luciano Zen ein noch hubraumstärkeres Motorrad speziell für den US-Markt bauen. Die Zustimmung des Seniors, Francesco Laverda, wurde aber nur unter der Voraussetzung erteilt, dass es sich dabei um ein Tourenmodell handeln müsse. 1978 bis 1980 gab es dann die entsprechende Laverda 1200 mit 1116 cm³.

Der österreichische Importeur Sulzbacher erzielte zwischenzeitlich mit einer eigenen 1200er bemerkenswerte Sporterfolge. Laverda besann sich nun auch auf die sportlichen Wurzeln und im Laufe des Jahres 1980 wurde ein sehr schnelles Serienmotorrad, die „1000 Jota", vorgestellt (1. Serie, noch mit 180°-Kurbelwellenkröpfung). 1982 erfolgte mit der RGS und Jota (2. Serie) die Änderung der unorthodoxen Kurbelwellenkröpfung von 180° auf 120°. Der deutsche Importeur Witt nahm sich im Modelljahr 1984 der RGS an und es entsteht die sehr sportliche RGS 1000 Corsa. Laverda selbst produziert zusätzlich im nächsten Modelljahr, in geringen Stückzahlen, noch Tourenmodelle RGA und RGS executive mit diversen Ausstattungsmerkmalen.

Im Laufe des Modelljahrs 1985 erfolgt die Vorstellung der 1000 SFC, eigentlich eine sportliche RGS-Variante mit schön geformtem Tank, Verkleidung und, natürlich, komplett in Rot. Schließlich, 1987, die letzte Ausführung der 1000er: Durch die Initiative des deutschen Importeurs entsteht die 1000 SFC Classic. Ganz in Schwarz gehalten wird dieses Modell mit klassischen, weiß unterlegten Instrumenten und Speichenrädern ausgeliefert.

Ansprechpartner:
Willi W. Kruck, Brenner Straße 88,
70839 Gerlingen

*Laverda 750 SFC 1976*

*Laverda 750 GTL 1975*

*Laverda 1000 3C 1979*

*Laverda 1000 SFC 1986*



## LAVERDA

| Model | Baujahr | Zylinder | ccm | Steuerung | PS/min | Ersatzteilsituation | Nachfragetrend | Preise (EUR) |
|---|---|---|---|---|---|---|---|---|
| 650 | 1968 | 2 | 654 | ohc | 45/6500 | schwach | gleichbleibend | k.A. |
| 750 | 1968 - 69 | 2 | 743 | ohc | 49/6500 | schwach | gleichbleibend | 800 bis 3 000 |
| 750 GT, GT(F) | 1970 - 72 | 2 | 743 | ohc | 49/6500 | gut | gleichbleibend | 800 bis 3 000 |
| 750S | 1970 | 2 | 743 | ohc | 60/6600 | schwach | leicht ansteigend | 800 bis 5 000 |
| 750SF | 1971 - 72 | 2 | 743 | ohc | 50/6600 | schwach | leicht ansteigend | 800 bis 4 000 |
| 750SF | 1972 - 73 | 2 | 743 | ohc | 50/6600 | gut | gleichbleibend | 500 bis 3 000 |
| 750SFC | 1971 - 72 | 2 | 743 | ohc | 70/7200 | schwach | leicht ansteigend | 7 000 bis 10 000 |
| 750SF1 | 1973 - 74 | 2 | 743 | ohc | 65/7000 | gut | gleichbleibend | 1 000 bis 4 000 |
| 750SF2 | 1974 - 77 | 2 | 743 | ohc | 60/7000 | gut | gleichbleibend | 1 000 bis 4 500 |
| 750SFC | 1974 - 77 | 2 | 743 | ohc | 75/7200 | schwach | leicht ansteigend | 7 000 bis 12 000 |
| 750GTL | 1975 - 76 | 2 | 743 | ohc | 49/6900 | schwach | gleichbleibend | 800 bis 3 000 |
| 750SF3 | 1975 - 77 | 2 | 743 | ohc | 60/7000 | schwach | gleichbleibend | 1 000 bis 3 000 |
| 1000/3C | 1973 | 3 | 981 | dohc | 75/7250 | schwach | leicht ansteigend | 1 500 bis 5 000 |
| 1000/3C | 1974 - 75 | 3 | 981 | dohc | 78/7750 | gut | leicht ansteigend | 1 500 bis 4 000 |
| 1000/3CL | 1976 - 80 | 3 | 981 | dohc | 80/7750 | gut | gleichbleibend | 1 200 bis 3 500 |
| 1200 | 1978 - 81 | 3 | 1116 | dohc | 85/7350 | schwach | gleichbleibend | 1 500 bis 5 000 |
| 1000/180° | 1980 - 81 | 3 | 981 | dohc | 85/7750 | schwach | gleichbleibend | 1 500 bis 5 000 |
| 1000/120° | 1982 - 84 | 3 | 981 | dohc | 85-95/7750-8000 | gut | gleichbleibend | 1 500 bis 6 000 |
| 1000/120° | 1984 - 86 | 3 | 981 | dohc | 85-95/7750-8000 | gut | gleichbleibend | 1 500 bis 6 000 |
| 1000 | 1985 - 87 | 3 | 981 | dohc | 95/8000 | gut | leicht ansteigend | 2 000 bis 6 000 |

# MABECO 1922–1927

Max Bernhardt verdiente sein Geld während des ersten Weltkrieges mit der Produktion von Geschosshülsen, nachdem er als findiger Unternehmer zuvor Beleuchtungsanlagen verkaufte.

Dank seiner Kontakte zu Siemens in Berlin, die bereits in den Protos-Werken Automobil- und Flugzeugmotore bauten, begeisterte er die Verantwortlichen mit der Idee, ein Motorrad, der amerikanischen Indian ähnlich, für den deutschen Markt zu bauen.

Rahmen, Gabel sowie Blechteile fertigte er in seiner eigenen Fabrik an der Prenzlauer Allee, während die seitengesteuerte Motor-/Getriebeeinheit mit 600 Kubik von Siemens kam. Entgegen der typisch roten Farbe der Indian wählte er zunächst grün. Doch abgesehen von kleinen Details, wie Vergaser von SUM statt Schebler und dem Mabeco-Schriftzug am Tank, war das Vorbild nur zu deutlich zu erkennen. 1922 erstmals präsentiert, setzte man auch gleich auf sportliche Erfolge.

Doch großer Absatz gelang nicht. 1924 sorgten interne Schwierigkeiten zwischen Bernhardt und seinem Buchhalter Holzrichter für einen Eklat: Siemens übernahm die Mehrheit an Mabeco.

1925 kam das Modell VL hinzu, ein seitengesteuertes 750er-Motorrad mit 16 PS, speziell für den Gespannbetrieb ausgelegt. 1926 konzipierte man bei Siemens/Mabeco sogar eine eigene Vorderradgabel mit zwei seitlichen Blattfedern. Es gesellte sich eine 750-cm³-Version mit obengesteuerten Ventilen hinzu sowie eine spezielle Gespannausführung der 600er für den Berliner Taxieinsatz und ein 750-cm³-Lastendreirad mit verschiedenen Aufbauten, genannt Mabeco-Last.

Doch ein schleppender Absatz von nur wenigen Hundert Exemplaren pro Jahr stellte das Siemens-Management nicht zufrieden. So wurde Ende 1926 Bilanz gezogen und durch Personalabbau sowie Reduktion der Produktionszahlen die Weichen in Richtung Aus gestellt. Geringe Stückzahlen wurden 1928nur noch aus Restbeständen gefertigt, ein Teil der Motoren ging an die Firma RMW nach Neheim/Ruhr, die damit ein zusätzliches Modell in ihre Produktpalette aufnehmen konnte. Das Kapitel der Max Bernhardt & Co MABECO war zu Ende.

Ansprechpartner: Egon Ultze,
Am Teich 8, 39443 Atzendorf

## MABECO

| Modell | Baujahr | Zylinder | ccm | Steuerung | PS/min | Ersatzteilsituation | Nachfragetrend | Preise (EUR) |
|---|---|---|---|---|---|---|---|---|
| 600 | 1922 - 27 | 2 | 596 | sv | 11/3000 | schwach | gleichbleibend | 5 000 bis 15 000 |
| 750 | 1925 - 27 | 2 | 749 | sv | 18/3500 | schwach | gleichbleibend | 7 500 bis 17 500 |

# MAGNAT-DEBON (F) 1906–1957

Die Gründung von Motos Magnat Debon fand in Lyon statt. In einem Zweigwerk in Grenoble wurden in eigene Fahrgestelle große Zweizylinder-V-Motoren von Moser eingebaut, die ungewöhnlicherweise zu dieser Zeit bereits gesteuerte Ventile hatten.

Im Dezember 1920 entstand die Gesellschaft „Etablissement Terrot", die unter Führung von Alfred Vurpillot Fabriken, Güter und Patente von Terrot unter einem Dach vereinigen sollte. Hierzu gehörten auch die Teilhaber von Magnat Debon, was zur Folge hatte, dass ab Ende der 20er-Jahre die Motorräder von Magnat Debon nahezu baugleich zu Terrot gefertigt und vertrieben wurden. Das Produktionsende kann man mit dem von Terrot gleichsetzen.

Ansprechpartner: Hans Jürgen Huse, Friedrich-Ebert-Straße 3, 66131 Saarbrücken (Preisangaben siehe TERROT)

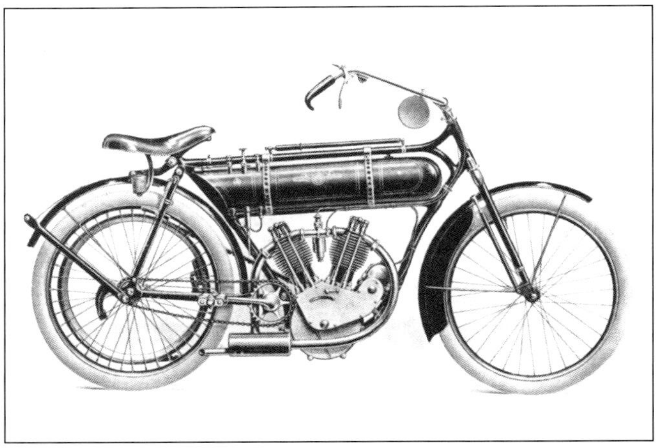

*Magnat-Debon 4HP 1914*

# MAICO 1933–1983

Ursprünglich als Fahrradfabrik gründete Ulrich Maisch 1926 das schwäbische Unternehmen. 1933 stiegen seine beiden Söhne Wilhelm und Otto ein, die sich von nun an mit der Fertigung kleiner Konfektionsmotorräder beschäftigten. Ausschließlich bewährte Einbaumotoren von ILO und Sachs der Größen 98 cm³, 125 cm³ und 150 cm³ kamen in den Modellen MP zum Einbau.

Unmittelbar nach dem Krieg begann man mit der Konstruktion eigener Zweitakter, die erstmals 1948 im Modell M125 erschienen. Hubraumstärkere Varianten folgten und bereits 1951 machte Maico, nun schon etabliert, erneut auf sich aufmerksam. Der Roller Maico-Mobil, ein vollverkleideter Motorroller mit 150 bis 200 cm³, verkaufte sich gut. Er wurde 1955 durch die Maicoletta abgelöst, welche bis 1964 im Programm blieb und neben den kleineren Modellen auch mit schlitzgesteuertem 250-

*Maico Taifun 350 1955*

cm³-Zweitakter und 14 PS Leistung im Programm blieb.

Ebenso unkonventionell war die Taifun, ein stark verkleidetes Motorrad mit Zweizylinder-Zweitakter und 350 bzw. 400 cm³. Sie entsprach dem Stil der Zeit.

Mit der Blizzard, einem bürgerlicheren 250er-Motorrad, gelang der eigentliche große Wurf. Sie ermöglichte es Maico, dem allgemein einsetzenden Trend zum Automobil zu trotzen. Als Typ M250/B konnte sie der Bundeswehr in großen Stückzahlen verkauft werden. Sie blieb letztlich bis 1966 im Maico-Programm.

In den sechziger Jahren konzentrierte sich Maico auf den Moto-Cross-Bereich und konstruierte international erfolgreiche Rennmaschinen dieser Gattung, welche in allen Klassen von 250 bis 500 cm³ siegten. Auch im Trialsport machte sich Maico einen Namen.

1968 entstanden bei Maico richtige Straßensport- und Rennsport-Motorräder. Die Typen MD50 und MD125 hatten einen drehschiebergesteuerten Einlass und waren äußerst sportlich. Aus der MD125 konstruierte man bei Maico die RS125, welche bei großen Grand-Prix-Rennen mit Fahrerassen wie Dieter Braun, Eugenio Lazzarini oder Borje Jansson erfolgreich starteten.

Eine luftgekühlte 250er-Version, die MD250, ging 1974 in Serie und im Jahr 1973 konnte Maico in der Deutschen Straßenmeisterschaft die ersten sechs Plätze in der 125er-Klasse für sich verbuchen. Auf Basis des Serienmotors erschien 1974 die RS250 als Rennmotorrad, die von Minhoff gefahren wurde. Sie kam jedoch über den Prototypenstatus leider nicht hinaus.

Auch in den USA gelangen große Siege, wie der erste und vierte Platz bei der Trans-AMA-Serie, was den wichtigen Absatzmarkt dort beflügelte. Trotz allem Erfolg musste Maico dennoch im Jahr 1983 Konkurs anmelden.

Ansprechpartner: Maico Enthusiasten,
Peter Gerber, Bernsteinweg 46, 33739 Bielefeld/Theesen

*Maico GS 125 1979*

*Maico MD 125 1972*

M

## MAICO

| Modell | Baujahr | Zylinder | ccm | Steuerung | PS/min | Ersatzteilsituation | Nachfragetrend | Preise (EUR) |
|---|---|---|---|---|---|---|---|---|
| MP 100 | 1936 - 40 | 1 | 98 | Schlitz | 2,25/3 500 | schwach | gleichbleibend | 300 bis 1 000 |
| MP 150 | 1938 - 39 | 1 | 143 | Schlitz | 5/4 200 | schwach | gleichbleibend | 500 bis 1 500 |
| M 125 | 1948 - 52 | 1 | 123 | Schlitz | 5,5/5 200 | schwach | gleichbleibend | 300 bis 1 250 |
| M 150 | 1949 - 52 | 1 | 148 | Schlitz | 6,5/4 800 | schwach | gleichbleibend | 500 bis 1 500 |
| M 175 S | 1954 - 59 | 1 | 174 | Schlitz | 9,5/5 600 | schwach | gleichbleibend | 500 bis 1 500 |
| M 175 SS | 1957 - 64 | 1 | 174 | Schlitz | 15,5/6 400 | schwach | leicht ansteigend | 950 bis 4 000 |
| Taifun | 1954 - 56 | 2 | 395 | Schlitz | 22,5/5 250 | schwach | leicht ansteigend | 2 000 bis 7 000 |
| Blizzard | 1955 - 64 | 1 | 247 | Schlitz | 14,5/5 200 | gut | gleichbleibend | 500 bis 1 500 |
| Maico Mobil | 1951 - 56 | 1 | 148 - 197 | Schlitz | 6,5 - 11 | schwach | gleichbleibend | 750 bis 2 500 |
| Maicoletta | 1955 - 64 | 1 | 174 - 247 | Schlitz | 9,5 - 14 | schwach | gleichbleibend | 500 bis 1 500 |
| M 250/B | 1960 - 66 | 1 | 247 | Schlitz | 14,5/5 200 | sehr gut | gleichbleibend | 500 bis 1 500 |
| MD 125 | 1968 - 76 | 1 | 123 | Drehschieber | 16/8 000 | schwach | leicht ansteigend | 500 bis 1 500 |
| GS/MC | 1959 - 73 | 1 | 247 - 360 | Schlitz | 16 - 50 | schwach | leicht ansteigend | 500 bis 3 000 |
| GS/MC | 1968 - 80 | 1 | 125 | Drehschieber | 16 - 30 | schwach | gleichbleibend | 350 bis 1 500 |
| RS 125 | 1969 - 75 | 1 | 123 | Drehschieber | 23 - 32 | schwach | gleichbleibend | 2 500 bis 6 000 |
| MD 250 | 1974 - 78 | 1 | 245 | Drehschieber | 27 | schwach | leicht ansteigend | 500 bis 1 900 |
| GS/MC | 1974 - 77 | 1 | 247 - 400 | Schlitz | 16 - 50 | schwach | gleichbleibend | 400 bis 1 500 |
| GS/MC | 1978 - 83 | 1 | 247 - 500 | Schlitz | 20 - 60 | sehr gut | gleichbleibend | 300 bis 1 400 |
| MD 250 WK | 1979 - 83 | 1 | 245 | Drehschieber | 27 | schwach | gleichbleibend | 600 bis 1 750 |
| MD 250 Cup | 1980 | 1 | 245 | Drehschieber | 35 | schwach | leicht ansteigend | 1 500 bis 4 500 |
| MD 50 | 1968 - 76 | 1 | 50 | Drehschieber | 6,3 | schwach | leicht an steigend | 250 bis 1 400 |

# MARS 1898–1958

*Mars Stella 150 1952*

Die Firma Mars in Nürnberg-Doos begründete ihr ursprüngliches Geschäft 1873 mit der Fertigung von gusseisernen „amerikanischen“ Öfen und startete 1894 als zweite Zweiradfabrik auf dem Kontinent die Fahrradproduktion.

1898 wurde die Firmenbezeichnung „Mars-Werke AG Nürnberg-Doos – Fahrräder, Motorräder, Werkzeugmaschinen“, offiziell.

Ab 1903 wurden erste Rennerfolge auf Mars-Motorrädern mit den Schweizer Einzylinder-3½- und Zweizylinder-5½-PS-Zedel-Motoren errungen. Die Fahrradfertigung stieg auf 30.000 Einheiten jährlich. Zum Ausgleich des Saison-Zweiradgeschäfts wurden erfolgreich Schleifmaschinen und Sirenen in Produktion genommen. Auch entstand das erste Mars-Automobil mit 6 PS, später auch mit 10 PS. Diese Fertigung erwies sich als unrentabel und wurde 1910 wieder eingestellt.

Mars machte erst 1920 mit der Produktion der legendären „Weißen Mars“ auf sich aufmerksam. Ingenieur Klaus Franzenberg hieß der Konstrukteur der A 20 mit 1000-cm³-Zweizylinder-Maybach-Boxermotor.

*Mars A20 1922*

Das außergewöhnliche Bauprinzip mit Kastenrahmen und dem längs eingebauten, teilgebläsegekühlten, von Hand anzukurbelnden Motor, ließ die Mars zu einem der meist begehrten Sammelobjekte heutiger Zeit werden.

Zunächst wurde sie nur in weiß, später auch in grün und rot geliefert. Der hohe Fertigungsaufwand, Kosten für die aufwändige Herstellung, das Aufkommen von leichten, sportlichen Motorrädern sowie die Mitte der zwanziger Jahre weltweit einsetzende Wirtschaftskrise brachten die Mars-Werke in ernste Schwierigkeiten. 1926 übernahmen die Gebrüder Müller, zwei ehemalige Mars-Mitarbeiter, die Fertigung der A 20 – jedoch ohne die Markenbezeichnung Mars. Sie vertrieben die A 20 unter dem Markenamen M.A. bis 1932. Es wurden allerdings auch konventionelle Motorräder mit Motoren von MAG, JAP und Sturmey-Archer hergestellt (Markenbezeichnung M.A.).

Die Mars-Werke selbst bauten weiterhin Motorfahrräder von 60 bis 98 cm³ mit Sachs- und Ardie-Motoren. Nach dem Krieg produzierten sie ab 1949 Motorfahrräder mit 98er Sachs-Motoren. 1951 begann dann die Mars-Stella-Serie als erstes deutsches Motorrad mit 16-Zoll-Bereifung, gummigefederter Hinterrad-Schwinge sowie an Gummibändern aufgehängter Sattelschwinge. Zunächst mit 150-cm³-Sachs-Motor, zuletzt als Typ 175 DS mit Doppelschwinge und 175-cm³-Sachs-Motor.

Die vierköpfige Mars-Werksmannschaft errang mit der geländegängigen Stella zahlreiche Siege bei Geländeveranstaltungen. Den größten Erfolg errang der Fahrer Fritz Wöhe jr. 1955 mit einer Goldmedaille bei den XXX. Internationalen Six Days in der damaligen CSSR.

1953 begann die Moped-Produktion mit der Mars 26S. 1955 überraschte man mit dem Moped Mars-Monza, dem ersten deutschen Sport-Moped. Die Mopedpalette wurde erweitert und es kamen Kleinkrafträder hinzu.

In den Jahren 1956-58 wurden ca. 60% der Gesamtfertigung in über 35 Länder exportiert. Ein Mars-Tourenroller mit 200-cm³-Sachs-Motor und eine kleine Stella 100 DS kamen über das Prototypenstadium nicht hinaus. Im Juli 1958 mussten die Mars-Werke endgültig ihre Tor schließen. Die Mopeds Monza und Milano wurden noch einige Zeit bei Gritzner-Kaiser weiter produziert. Der Name Mars wurde an das Versandhaus Quelle verkauft.

Appendix: MAG, JAP, Sachs
Ansprechpartner: Mike Kron, Lindenstr. 18, 74238 Krautheim

## MARS

| Modell | Baujahr | Zylinder | ccm | Steuerung | PS/min | Ersatzteilsituation | Nachfragetrend | Preise (EUR) |
|---|---|---|---|---|---|---|---|---|
| A 20 | 1920 - 32 | 2 | 956 | sv | 7,3 - 18 | gut | leicht ansteigend | 15 000 bis 35 000 |
| Stella 150 | 1951 - 53 | 1 | 147 | Schlitz | 6,5/4500 | schwach | gleichbleibend | 750 bis 2 250 |
| Stella 175 | 1953 - 57 | 1 | 174 | Schlitz | 9,5/5250 | schwach | gleichbleibend | 750 bis 2 250 |

# MATCHLESS (GB) 1902–1969

Das 1891 als Fahrradfabrik von Henry Collier in Plumstead, einem Vorort Londons, gegründete Unternehmen baute bereits 1902 das erste Motorrad. Es war ein Fahrrad mit einem Hilfsmotor von de Dion, das die Söhne Harry und Charlie schon in frühen motorsportlichen Events bewegten. Es folgten 1904 Dreiräder, die schon bald Kettenantrieb und Hinterradfederung erhielten.

1905 entstanden die ersten Zweizylinder-Maschinen mit Einbaumotoren von JAP aus London. Diese Verbindung sollte sich als sehr fruchtbar erweisen. Ab 1907 fuhren die rennbegeisterten Brüder Collier drei Siege auf der Isle of Man nach Hause.

1912 kamen die ersten eigenen Motoren bei Matchless mit 490 cm³ und zwei Jahre später auch 1000-cm³-Triebwerke des Schweizer Herstellers MAG zum Einsatz.

1923 nahm man Blackburne-Motoren hinzu und das Programm erweiterte sich 1925 um neu entwickelte, eigene 350er-Modelle, wovon eine besonders sportliche Version Königswellensteuerung erhielt. 1923 kam eine kopfgesteuerte 591-cm³-Version hinzu. Fünf Jahre später ging man bei Matchless zum Satteltank über und ein schönes Sportmodell mit 500-cm³-Doubleport-Motor entstand.

1930 schuf Matchless mit der Silver Arrow eine ungewöhnliche Konstruktion. Sie wies einen seitengesteuerten 397-cm³ V-Motor auf, der in einem Block zusammengefasst war und hinten ein gefedertes Rahmendreieck hatte. Als große Schwester gab es die per Königswelle gesteuerte Vierzylinder namens Silver Hawk mit 593 cm³. Im gleichen Jahr übernahmen die Collier-Brüder die Firma AJS in Wolverhampton.

Ab Mitte der dreißiger Jahre verschmolzen die AJS und Matchless-Maschinen immer mehr, sie kamen aus der gleichen Fertigung und wiesen nur noch unwesentliche Unterschiede auf. 1936 begann Matchless den Buchstaben „M" auf dem Tank zu verwenden und das Unternehmen firmierte ab 1938 unter AMC (Associated Motor Cycle Ltd.). Ab diesem Jahr gehörte auch Sunbeam zu diesem Zusammenschluss.

Bis 1939 wurden bei Matchless auch eigene, großvolumige V-Zweizylinder mit oben- und seitengesteuerten Ventilen gebaut.

*Matchless G 9 1954*

M

*Matchless G 12 1958*

*Matchless G 2 1962*

*Matchless G 50 1962*

Die Typ „X"- Serien waren äußerst beliebt, insbesondere im Gespannbetrieb, und die Motoren fanden u.a. Verwendung in den bekannten Threewheelern von Morgan und bei Brough Superior.

Im zweiten Weltkrieg wurden große Stückzahlen der kopfgesteuerten 350er Matchless eingesetzt, welche sich 1941 zum fortschrittlichen Modell G3L entwickelte. Sie hatte eine ölgedämpfte Vordergabel und einen leistungsstarken Motor. Die G3L-Modelle schufen die Grundlage für die künftige Fertigung aller AMC-OHV- Einzylinder, welche bis 1966 gebaut wurden. Die OHV-Einzylinder G2 (250 cm³), G3 (350cm³) und G80 (500 cm³) wurden nach dem Krieg auch als Moto-Cross- und Trial-Modelle angeboten.

1949 wurde mit der G9 auch wieder eine 500er-Zweizylinder angeboten, die 29 PS leistete.

1952 kam zum AMC-Verbund auch die traditionsreiche Firma Norton hinzu.

Neben den Erfolgen im Trial und Moto-Cross gab es 1953 bei Matchless für den Straßen-Rennsport mit der G45 eine obengesteuerte Zweizylinder mit gut 50 PS, welche erst Mitte der fünfziger Jahre konkurrenzfähig war. Sie wurde 1958 von der G50 abgelöst, die aus der AJS A7R, kurz „Boy Racer" abgeleitet wurde.

Konstrukteur Philipp Walker verwendete in beiden Maschinen nahezu den gleichen kettengetriebenen ohc-Antrieb. Große Fahrer wie Mike Duff, Phil Carter und auch Ernst Hiller waren siegreich mit der G50.

In der Serienfertigung umfasste die Produktpalette vom 250 cm³ G2-Einzylinder bis zur großen G12 mit 650 cm³ Parallel-Twin im Jahr 1960 zwölf Modelle.

1964 kam als Topmodell die 750-cm³-Zweizylinder Typ G15 hinzu, welche jedoch direkt aus der Erbmasse von Norton stammte. Norton blieb als einzige der Firmen des AMC-Verbundes bis zum heutigen Tag am Leben.

Appendix: JAP, MAG, Blackburne

Ansprechpartner: Classic British Bike Club e.V., Paul Hanenberg, Overbergstr. 2, 48366 Laer, sowie Jürgen Böhm, In der Panz 9, 66571 Eppelborn

*Matchless G 3 1963*

M

## MATCHLESS

| Modell | Baujahr | Zylinder | ccm | Steuerung | PS/min | Ersatzteilsituation | Nachfragetrend | Preise (EUR) |
|---|---|---|---|---|---|---|---|---|
| G 3 | 1941 - 66 | 1 | 348 | ohv | 16/5600 | gut | gleichbleibend | 1 250 bis 3 500 |
| G 80 | 1945 - 66 | 1 | 497 | ohv | 23/5400 | gut | gleichbleibend | 1 500 bis 4 500 |
| G 2 | 1958 - 66 | 1 | 249 | ohv | 18/7000 | schwach | gleichbleibend | 300 bis 1 500 |
| G 9 | 1949 - 61 | 2 | 498 | ohv | 29/6800 | gut | gleichbleibend | 1 000 bis 3 750 |
| G 11 | 1956 - 58 | 2 | 593 | ohv | 33/6800 | gut | gleichbleibend | 1 250 bis 3 750 |
| G 12 | 1958 - 66 | 2 | 646 | ohv | 36/6500 | gut | gleichbleibend | 1 250 bis 3 750 |
| G 15 | 1964 - 69 | 2 | 745 | ohv | 49/6400 | gut | gleichbleibend | 1 250 bis 4 000 |
| G 45 | 1953 - 57 | 2 | 498 | ohv | 48 - 52 | schwach | gleichbleibend | 10 000 bis 22 500 |
| G 50 | 1958 - 63 | 1 | 496 | ohc | 48 - 51 | sehr gut | gleichbleibend | 12 500 bis 25 000 |

# MIELE 1931–1961

*Miele H 3 1936*

*Miele K 30 1950*

Das bereits 1899 von Carl Miele und Reinhard Zinkann gegründete Unternehmen begann einst mit der Herstellung von Bottichwaschmaschinen und Buttermaschinen.

Ab 1911 wurden Fahrräder gefertigt, deren gute Qualität für eine Absatzzahl von fast 2 Millionen sorgte. Nebenbei gab es auch eine Kleinserie von etwa 100 Automobilen, doch hierfür hätte die gesamte Produktion umgestellt werden müssen. So war es naheliegend, ab 1931 kleine Einbaumotoren von Sachs mit 74 cm³ in verbesserte Fahrradfahrgestelle einzubauen. Die Modelle H2 und H3 besaßen Diamantrohrrahmen und waren in verschiedenen Rahmenhöhen erhältlich. Bald schon gesellte sich das Damenmodell H6 hinzu, welches mit freiem Durchstieg den langen Röcken der damaligen Mode entgegen kam.

1935 wurde der Rahmen verstärkt, und eine Profilrohrgabel mit vier Schwinghebeln und Tonnenfeder sorgte für weiches Fahrgefühl. Hier kam nun der 98er Sachs-Motor zum Einsatz und damit sah die Miele schon fast wie ein richtiges kleines Motorrad aus. Natürlich gab es auch hiervon ein Damenmodell. 1936 folgte die H5 mit größerem Tank, die nun in den Farben schwarz, grün oder rotbraun erhältlich war und ab 1938 sogar wahlweise mit Kickstarter zur Verfügung stand. Die Modellbezeichnungen wandelten sich in die Typen 420 und 720 für die Herren- und 620 für die Damenmodelle.

Neben einem Gepäckmodell, das vor allem bei behördlichem Einsatz beliebt war, folgte im gleichen Jahr das mit Spannung erwartete Modell Miele Saxonette. Das kleine 60-cm³-Nabenmotörchen von Sachs leistete 1,2 PS.

Nach dem Krieg knüpfte man mit der K30 an die Serie der 98er-Vorkriegsmodelle an und erst 1953 feierte man das Debüt eines echten „großen“ Motorrades: der K150. Sie leistete mit ihrem 147-cm³-Blockmotor 6 PS und konnte sogar eine Geradwegfederung vorweisen. Vollnaben-Trommelbremsen verzögerten das leichte Kraftrad wirkungsvoll.

Mit der K50 begann man 1954, auch wieder Mopeds zu bauen. Zunächst noch mit Dreirohrrahmen konstruiert, folgten bald schon Modelle mit Pressschalenrahmen, die sich großer Beliebtheit erfreuten. Um dem Rollerboom der Zeit zu genügen, gab es 1957 den K51, der mit durchstiegsfreiem Zweirohrrahmen und Vollschwingenfahrwerk daher kam.

Mit der K63, einem regelrechten Kleinkraftrad mit Kickstarter und Dreiganggetriebe, kam das letzte neue Modell bei Miele auf den Markt; im selben Jahr noch schloss man die Tore der Produktion motorisierter Zweiräder.

Appendix: Sachs

## MIELE

| Modell | Baujahr | Zylinder | ccm | Steuerung | PS/min | Ersatzteilsituation | Nachfragetrend | Preise (EUR) |
|---|---|---|---|---|---|---|---|---|
| H 2, H 3 | 1930 - 34 | 1 | 74 | Schlitz | 1,25/3000 | schwach | gleichbleibend | 400 bis 1 250 |
| H 3, H 4 | 1934 - 40 | 1 | 98 | Schlitz | 2,25/3300 | gut | gleichbleibend | 300 bis 1 250 |
| Damenrad | 1931 - 40 | 1 | 74 - 98 | Schlitz | 1,25 - 2,25 | gut | gleichbleibend | 400 bis 1 250 |
| K 30 | 1950 - 52 | 1 | 98 | Schlitz | 3/4000 | gut | gleichbleibend | 400 bis 1 250 |
| 100 | 1953 - 55 | 1 | 98 | Schlitz | 3/4000 | schwach | gleichbleibend | 300 bis 1 000 |
| 150 | 1953 - 55 | 1 | 147 | Schlitz | 6,5/4500 | schwach | gleichbleibend | 400 bis 1 500 |

# MONDIAL (I) 1948–1985

Giuseppe Boselli gründete gemeinsam mit seinen Brüdern Ettore, Luigi und Carlo 1936 die Firma F.B.-Fratelli Boselli-Mondial in Croce di Casalecchio. Bis zum Krieg beschäftigte man sich mit der Herstellung von Lastendreirädern.

Nach dem Krieg beauftragte der sportbegeisterte Giuseppe Boselli den Ingenieur Alfonso Drusiani mit der Konstruktion einer 125er-Rennmaschine. Inzwischen in Mailand ansässig, sorgte Mondial mit der Corsa und mit ihrem Doppelnocken-Motor mit 12 PS im Jahr 1948 für erste Erfolge. Das stetig weiterentwickelte Modell, das auch mit 175 cm³ erhältlich war, errang mehrere Weltmeistertitel, bis im Jahr 1957 eine 250-cm³-Zweizylinder folgte. Berühmte Fahrer auf Mondial waren unter anderem Luigi Cavanna, Bruno Ruffo, Carlo Ubbiali sowie Tarquinio Provini. Dies war auch das letzte erfolgreiche Jahr im Werks-Renneinsatz von Mondial. Lediglich für den Privatfahrereinsatz wurden auch weiterhin äußerst wettbewerbsfähige Maschinen gefertigt.

Seit etwa 1950 gab es auch Serien-Sportmodelle wie die 125er Super Sport, die mit OHV-Motor bis 1957 gebaut wurde. Mit der 175er Grand Sport erschien 1954 eine echte Privatfahrer-Rennmaschine mit kettengetriebener obenliegender Nockenwelle. Sie blieb bis 1959 im Programm.

1954 erschien außerdem die Sogno mit 200-cm³-OHV-Motor. Ein Jahr darauf folgte die Meteor mit 175 cm³, obenliegender Nockenwelle und einer Höchstgeschwindigkeit von 120 km/h, sowie die 200er-Typen Extra Lusso und Sport. Parallel hierzu gab es preiswerte Zweitakter mit 125-cm³- und 160-cm³-Motoren.

Die ersten 50-cm³-Mopeds von Mondial gab es ab 1958, und 1960 kamen ein Roller mit 75 cm³ sowie zwei Leichtmotorräder mit 88-cm³- und 98-cm³-Motoren hinzu.

Die Fertigung der sechziger und siebziger Jahre bei Mondial war sowohl von Geländemaschinen geprägt als auch von dem Bau kleinerer Mopeds.

Mitte der siebziger Jahre reichte die Modellpalette noch immer von 50 bis 125 cm³, doch die Fertigung wurde bis Mitte der achtziger Jahre nur noch in stark begrenzter Stückzahl vorgenommen.

*Mondial 160 1952*

*Mondial Corsa 125 1952*

*Mondial Super-Sport 125 1952*

M

## MONDIAL

| Modell | Baujahr | Zylinder | ccm | Steuerung | PS/min | Ersatzteilsituation | Nachfragetrend | Preise (EUR) |
|---|---|---|---|---|---|---|---|---|
| Corsa 125 | 1948 - 52 | 1 | 125 | ohc | 12/9000 | schwach | gleichbleibend | 5 000 bis 12 500 |
| Super Sport | 1950 - 54 | 1 | 125 | ohv | 7/6000 | schwach | gleichbleibend | 1 000 bis 2 250 |
| Gran Sport 175 | 1954 - 59 | 1 | 173 | ohc | 10/6000 | schwach | gleichbleibend | 600 bis 3 000 |
| Sogno | 1954 - 59 | 1 | 197 | ohv | 12/5500 | schwach | gleichbleibend | 750 bis 2 500 |

# MONET-GOYON (F) 1917–1959

Joseph Monet und Adrian Goyon stellten im Jahr 1917 ihr erstes Versehrtendreirad der Öffentlichkeit vor. 1919 erschien das Vélauto T, bei dem der eigene 125-cm³-Viertakter an der rechten Seite des Hinterrades befestigt wurde. Zu Beginn der zwanziger Jahre verwendeten die beiden Freunde auch englische Villiers-Motoren und landeten mit dem Typ 147 ihren ersten Verkaufsschlager. Das 50 Kilogramm leichte Motorrad erfreute sich großer Beliebtheit und läutete 1924 eine breitere Modellpalette mit Villiers-Motoren ein.

1925 kamen die bewährten Einbaumotoren von MAG hinzu und bildeten mit dem kopfgesteuerten 500er die Spitze der Modelle bei Monet-Goyon. 1929 kam es zu einem Zusammenschluss mit Koehler-Escoffier, die aufgrund ihres extrem aufwändigen Modells Mandoline, einem 500-cm³-V2-Zylinder mit obenliegenden Nockenwellen und Königswellensteuerung, in finanzielle Schwierigkeiten geraten waren. Die Produktion einer 1000er-Rennversion trug hierzu erheblich bei. Diese Fusion sollte bis zum Ende von Monet-Goyon dauern.

Ab 1931 fertigte man gemeinsam eigene Viertaktmotoren mit seiten- und obengesteuerten Ventilen von 250 bis 500 cm³. Auch Zweitakter wurden produziert.

So gab es 1937 erstaunliche 10 verschiedene Zweitakt- und 16 verschiedene Viertaktversionen bei Monet-Goyon.

Kurz nach dem Krieg begann man mit der Fertigung kleiner Zweitakt-Maschinen. Die kleinste mit 38 cm³ basierte auf dem italienischen Mosquito-Motor, der unter Lizenz von Garelli in Frankreich produziert wurde. Hinzu kamen, wie bereits vor dem Krieg, Villiers-Einbauten von 98 bis 232 cm³. Der letzte Viertakter wurde 1952 vorgestellt.

1953 folgten die Starlet-Motorroller, doch eine Fehlkonstruktion des Rahmens, der zu Brüchen neigte, verursachte hohe Kosten und Imageverlust. Die ohnehin kriselnde Motorradbranche trug letztlich dazu bei, dass man bei Monet-Goyon 1959 die letzten Maschinen produzierte.

Appendix: MAG, Villiers
Ansprechpartner: Hans Jürgen Huse, Friedrich-Ebert-Str. 3, 66131 Saarbrücken

## MONET-GOYON

| Modell | Baujahr | Zylinder | ccm | Steuerung | PS/min | Ersatzteilsituation | Nachfragetrend | Preise (EUR) |
|---|---|---|---|---|---|---|---|---|
| H | 1927 - 1935 | 1 | 500 | ohv | 15 | schwach | leicht ansteigend | 1 800 bis 5 000 |
| A | 1928 - 1932 | 1 | 250 | Schlitz | – | schwach | gleichbleibend | 500 bis 1 500 |
| L3 | 1933 - 1940 | 1 | 250 | sv | – | schwach | gleichbleibend | 600 bis 2 000 |
| L4 | 1933 - 1940 | 1 | 350 | sv | 9 | schwach | gleichbleibend | 750 bis 2 250 |
| LS4 | 1933 - 1940 | 1 | 350 | ohv | 13 | schwach | leicht ansteigend | 1 250 bis 3 250 |
| M18 | 1933 - 1940 | 1 | 175 | Schlitz | 6 | schwach | gleichbleibend | 500 bis 1 150 |
| L5 | 1935 - 1939 | 1 | 500 | sv | – | schwach | leicht ansteigend | 1 500 bis 3 500 |
| LS5 | 1935 - 1939 | 1 | 500 | ohv | – | schwach | leicht ansteigend | 1 500 bis 4 000 |
| LS3 | 1935 - 1940 | 1 | 250 | ohv | – | schwach | leicht ansteigend | 900 bis 2 750 |
| S3 | 1937 - 1953 | 1 | 98 | Schlitz | 3,2 | schwach | gleichbleibend | 150 bis 750 |
| S6V | 1949 - 1959 | 1 | 125 | Schlitz | 4 | schwach | gleichbleibend | 250 bis 1 100 |
| M2V | 1951 - 1956 | 1 | 197 | Schlitz | 8 | schwach | leicht ansteigend | 450 bis 1 400 |
| M2VS | 1953 - 1955 | 1 | 232 | Schlitz | 10 | schwach | leicht ansteigend | 750 bis 1 750 |
| Pullman | 1955 - 1959 | 1 | 125 | Schlitz | 5 | schwach | leicht ansteigend | 450 bis 1 250 |
| Castor | 1956 - 1959 | 1 | 98/115 | Schlitz | 2,7/3,2 | schwach | gleichbleibend | 300 bis 900 |

# MONTESA (E) 1945–HEUTE

Pedro Permanyer und Francisco Bulto gründeten gemeinsam die Firma Montesa und fertigten zunächst kleine Zweitaker mit 93 und 125 cm³, die den französischen Motobécane-Motoren sehr ähnlich waren.

Der sportinteressierte Bulto sorgte 1951 für den ersten Einsatz der Marke mit dem Modell X49 bei der Tourist Trophy, bei der Montesa beachtliche Platzierungen in der Lightweight-Klasse einfuhr. Mit den 125er-Modellen gelang 1956 der zweite, dritte und vierte Platz, was die Leistungsfähigkeit der Montesa unterstrich.

*Montesa 250 Impala Sport 1966*

In der Serienproduktion sorgte das Modell Brio mit 125 cm³ für den nötigen finanziellen Hintergrund – es verkaufte sich gut.

Der sportbegeisterte Bulto wollte jedoch noch mehr Einsatz in der Rennszene, was Permanyer überhaupt nicht gefiel. Er beabsichtigte, sich auf die Serienfertigung konzentrieren. Das führte zu einem Zerwürfnis mit Bulto, der das Unternehmen im Jahr 1958 verließ.

1962 folgten unter der Regie des technischen Leiters Milá die Impala-Modelle, welche mit schlitzgesteuerten 175-cm³-Zweitakern ausgerüstet waren. Ab 1966 gab es auch eine aufgebohrte 250er-Version namens Impala Sport mit 26 PS Leistung.

Ein Jahr zuvor entstanden noch die Moto-Cross-Modelle Scorpion, welche im US-Markt erfolgreich verkauft wurden. Das Modell Cota, das zunächst mit 250 cm³ angeboten und ab 1976 auf 350 cm³ erweitert wurde, war für den Trial-Einsatz gedacht. Für den Moto-Cross-Sport kamen die Modelle Cappra mit 125, 250 und 360 cm³ auf den Markt. Die Firma Montesa wurde vor einigen Jahren von Honda übernommen und ist noch heute mit hoch spezialisierten Trialmotorrädern aktiv.

Ansprechpartner: Gunther Lingelbach, Finkenloh 10, 34130 Kassel

## MONTESA

| Modell | Baujahr | Zylinder | ccm | Steuerung | PS/min | Ersatzteilsituation | Nachfragetrend | Preise (EUR) |
|---|---|---|---|---|---|---|---|---|
| Brio | 1953 - 63 | 1 | 125 | Schlitz | 6 - 11,5 | schwach | gleichbleibend | 400 bis 1 500 |
| Impala | 1962 - 71 | 1 | 175 | Schlitz | 10 - 18 | schwach | gleichbleibend | 400 bis 1 250 |
| Impala Sport | 1966 - 69 | 1 | 247 | Schlitz | 26/7500 | schwach | gleichbleibend | 400 bis 1 750 |
| Cota | 1968 - 73 | 1 | 247 | Schlitz | 19/6500 | gut | gleichbleibend | 300 bis 1 000 |

# MORINI (I) 1937–1991

Alfonso Morini war Mitbegründer der Firma M.M. in Bologna, die ab 1924 schöne und vor allem schnelle Motorräder baute. 1937 verließ er das Unternehmen und gründete seine eigene Motorradfabrik, die als Moto Morini Geschichte schreiben sollte.

Vor dem Krieg beschäftigte sich das Unternehmen vornehmlich mit der Produktion von Last- und Dreiradfahrzeugen.

Doch bereits unmittelbar nach dem Krieg schuf Morini sein erstes eigenes Motorrad, die „125 Turismo", welche, wie bei vielen anderen Herstellern zu dieser Zeit auch, Anleihen an der DKW RT 125 nahm. Die „Turismo" mit typischem Zweitaktmotor war der Zeit weit voraus, da sie eine Geradfederung des Hinterrades aufwies. Schnell folgte eine Sport- und eine Super-Sport-Version, deren Entwicklung in der „Competizione" gipfelte, auf der Alberti 1948 die italienische Meisterschaft gewann. Berühmte Fahrer wie Pagani, Alberti oder Masetti starteten mit der „Competizione" erfolgreich. Die Zweitaktmodelle blieben bis 1954 im Programm.

Um den aufkommenden Mondials mit Doppelnocke Paroli bieten zu können, folgte auf die Zweitakt-Competizione 1951 eine interessante 123-cm$^3$-Rennmaschine mit kettengetriebener obenliegender Nockenwelle. Sie folgte dem allgemeinen Trend zum Viertaktprinzip. Für die Kunden erschienen 1953 als erste Viertaktmodelle die „175 Turismo" mit 8,5 PS und die berühmte „Settebello" auf dem Markt. Die „Settebello 175" wurde bis 1957 als straßentauglicher Production-Racer für ambitionierte Teilnehmer bekannter Langstreckenrennen wie Milano-Taranto oder dem Giro d'Italia angeboten und war mit ca. 15 PS aus 175-cm$^3$-für Rennen prädestiniert. Die Palette wurde 1954 um die Sportversion „Gran Turismo" ergänzt. Eine Super-Sport-Variante leistete 13 PS und muss als alltagstaugliche Alternative zur „Settebello 175" gelten. Der Typ „Settebello 175 Aste Corte" entstand ab 1958 als reine Rennmaschine in wenigen Exemplaren und wurde noch bis Anfang der siebziger Jahre von Privatfahrern eingesetzt. Alle Motoren dieser Baureihe folgten dem gleichen Konstruktionsprinzip eines ohv-Einzylinders mit Stößelstangen und Kipphebel. Die Zuverlässigkeit der Morinis war sprichwörtlich und eine der Grundlagen für den Verkaufserfolg. 1956 kam die „Briscola" mit 17-Zoll-Rädern und Gabel mit geschobener Kurzschwinge als wirtschaftlich günstige Alternative zu den restlichen Modellen hinzu. Ihr Erfolg war allerdings bescheiden.

Ab 1958 ersetzte die „Tresette" alle bisherigen 175er-Straßenmodelle und sorgte so für Überschaubarkeit in der Modellpalette. Es gab auch dieses Modell in einer Sportversion als „Sprint" mit 13 PS. Beide wurden bis 1963 angeboten.

Eine auf 250 cm$^3$ gebrachte Version nannte sich „Settebello 250 GTI" und sollte zwischen 1965 und 1969 vor allem den amerikanischen Markt erobern, was weitgehend misslang.

Das Werksrennmodell „Rebello" als Nachfolger der 123-cm$^3$-Werksrennmaschine erzielte mit 175-cm$^3$-ohc- und dohc-Motor mit anfänglich 22 PS ab 1955 etliche nationale und internationale Erfolge. Aus der „Rebello" wurde die 250er GP „Bialbero" entwickelt, auf der ab 1961 Tarquinio Provini auch international unglaublich schnell war. 1963 verfehlte er nur um zwei Punkte den WM-Titel gegen Jim Redman auf der Vierzylinder-Honda. Mit zuletzt bis zu 40 PS gilt sie als schnellster 250-cm$^3$-Einzylinder aller Zeiten. Nach dem verpassten WM-Titel wurde sie bis 1967 nur noch in nationalen Rennen eingesetzt, wo sie noch mehrere Titel einfuhr.

Die Modellpalette wurde 1956 nach unten durch die neu entwickelte „Sbarazzino" abgerundet. Mit 98-cm$^3$-ohv-Motor, vier Gängen und 17-Zoll-Rädern wurde sie Basis für viele nachfolgenden Modelle Morinis bis 1975. Die „Sbarazzino" war das erste Modell, bei dem im Zylinderkopf die beiden Ventile parallel angeordnet waren, ein Konstruktionsdetail, das bis zum Ende der Firma beibehalten werden sollte.

1959 entstand zusätzlich die artverwandte „Corsaro 125", von der es, der Tradition des Hauses folgend, ab 1962 auch wieder ein

*Morini Corsaro 125 1964*

*Morini Corsaro 125 1973*

M

Sportmodell, die „Corsaro Veloce" gab. Ab 1964 ersetzte die auf 143-cm³- Hubraum erweiterte „Corsaro 150T" die inzwischen eingestellte „Tresette" und schloss die Lücke zur 250-cm³-Settebello. Die „Corsaro" wurden in den beiden Hubraumvarianten in dieser Form mit kleinen Modifikationen zunächst bis 1968 gebaut. 1969 erschienen die optisch deutlich moderneren Corsaromodelle „Sport Lusso" mit 122 cm³ und „Super Sport" mit 122 cm³ und 143 cm³ Hubraum. Ein geändertes Motorgehäuse erlaubte ab 1970 den Einsatz eines 5-Gang-Getriebes. In der zu dieser Zeit populären Sparte der Scramblermodelle gab es die „Cosaro Country 125", die vor allem wegen ihres Doppelscheifenrahmens auffiel. 1974/75 waren die Corsaros zum letzten Mal in den Preislisten.

Nach dem Rückzug aus dem GP-Geschehen suchte man bei Morini ein neues Feld für Sportaktivitäten und fand es im Geländesport. Von der Corsaro abgeleitete Maschinen wurden als „Regolarità Casa" bekannt, die zwischen 1966 und 1975 mit 98, 122, 143

*Morini Settebello 1954*

*Morini Corsaro 1960*

*Morini 500 Sei VT 1983*

und 163 cm³ erhältlich und sogar bei den Six-Days-Veranstaltungen erfolgreich waren. Die letzte Ausführung der „Regolarità" war die so genannte „Testa piatta". Durch den hier erstmals eingesetzten Heron-Brennraum ist sie als Vorläufer und Versuchsträger für die nachfolgende V-Motorengeneration anzusehen.

Im Mopedbereich kam 1963 mit der „Corsarino" ein 48-cm³-Viertakter auf den Markt, der bis 1976 in etlichen Varianten erschien. Parallel zu den größeren Modellen gab es auch bei der „Corsarino" Turismo-, Sport- und Scramblermodelle, zunächst noch mit einem 3-Gang und ab 1966 auch mit 4-Gang-Getriebe.

1969 verstarb Alfonso Morini und seine Tochter Gabriella übernahm die Leitung der Firma. Der von Ferrari kommende Ingenieur Franco Lambertini sorgte für grundlegende Veränderungen bei Morini, in dem erstmals an Mehrzylindermodellen gearbeitet wurde. 1973 erschien die bekannte Morini „3½" mit 7½ Grad-V-Zweizylinder und Sechsganggetriebe. Der Tourenversion „3½T" mit 35 PS folgten ein Jahr später die Sportversion „3 ½ S" mit 39 PS. Die „3 ½T" war ein modernes Motorrad mit erstmals serienmäßigen Details wie Heron-Brennraum, 6-Gang-Getriebe, elektronischer Zündung und einem Zahnriemen als Nockenwellenantrieb. Die „3½"erhielt allgemein gute Kritiken und der wirtschaftliche Erfolg blieb nicht aus. Erst Mitte der 80er Jahre wurden die Produktion der „klassischen „3½" beendet. Als Nachfolger der 1975 endgültig eingestellten „Corsaro"-Modelle erschien die „125H", deren Einzylindermotor auf dem Konzept des „3 ½"-Motors aufbaute. 1978 folgte in logischer Konsequenz eine 478-cm³-Version, welche die Modellpalette nach oben abschloss. Auch hiervon gab es bald schon wieder eine „T-Version" und eine „S-Version", die sich allerdings im Gegensatz zur „3½" nur optisch unterschieden. Wurde hier, wie auch bei der „3½", das Fahrwerk gelobt, erntete die im Vergleich zur Konkurrenz geringe Motorleistung der 500er herbe Kritik. Eine Turbo-Version der 500er blieb ein Prototyp.

In halbierter Ausführung der 500er war schon 1977 ein 239-cm³- Einzylinder als „250T" erhältlich. Auch bei diesem Modell gab es die Diskrepanz zwischen einem guten Fahrwerk auf der einen und geringer Motorleistung und starken Vibrationen des Einzylinders auf der anderen Seite. Die Bauzeit endete bereits 1980. An ihrer Stelle erschien die „250J", ein V-Zweizylinder mit identischem Hubraum, doch auch ihr war kein Verkaufserfolg beschieden. Sie ist allerdings bei Insidern heute ein Geheimtipp.

An alte Geländeerfahrungen knüpfte Morini Ende 1981 mit der „Camel 500" Enduro an, denen ein Jahr darauf die hubraumkleinere „ Kanguro" mit 344-cm³- folgte.

Auf 507 cm³ Hubraum gebracht, wurde die „Camel" bei verschiedenen Wüstenrallyes eingesetzt. Waren die ersten Ausführungen dieser beiden Enduromodelle noch gut im Gelände zu bewegen, gab es ab 1984, dem Zeitgeist folgend, Ausführungen, die eher auf der Straße als im Gelände bewegt werden wollten. Sie blieben bis 1989 im Angebot. 1989 war mit der nochmals überarbeiteten Enduro „Coguaro 350/501" das Ende dieses Kapitels der Firmengeschichte erreicht. Eine zwischenzeitlich auf den Markt gebrachte Enduro mit 122 cm³ Motor, die „Kangurino", war schnell wieder verschwunden, da chancenlos gegenüber den hier vorherrschenden Zweitaktern.

1986 wurde Morini von den Gebrüdern Castiglioni übernommen, zu deren Konzern auch schon die Marken Cagiva, Ducati und Husqvarna gehörten. Morini sollte in dem Konzern den Marktbereich Chopper abdecken. So entstanden die Soft-Chopper-Modelle „Excalibur 350/501" und „New York 350/501". Für sportliche Fahrer kam 1988 die „Dart" hinzu, bei der das Fahrwerk eines modernen 125-cm³- Cagiva-Modells mit dem inzwischen antiquierten V-Zweizylindermotor mit 350 und 400 cm³ kombiniert wurde. Interessante neue Entwicklungen bei Morini waren nach dem Verkauf der Konzernstrategie bei Cagiva zum Opfer gefallen.

Seit 1991 ist die regelmässige Produktion von Morini-Motorrädern eingestellt und die Marke verschwunden. Einzelne „Excalibur" sind noch bis 1993 gebaut worden. Die Rechte an dem Markennamen „Moto Morini" sind seit 1999 wieder bei der Familie Morini, bei der durch ihre Einbaumotoren bekannte Firma Franco Morini Motori in Bologna, die von einem Neffen von Alfonso Morini gegründet wurde.

Ansprechpartner:
Gerhard Hansberg,
Wittgensteiner Str. 1a, 52271 Hilchenbach

## MORINI

| Modell | Baujahr | Zylinder | ccm | Steuerung | PS/min | Ersatzteilsituation | Nachfragetrend | Preise (EUR) |
|---|---|---|---|---|---|---|---|---|
| 125 Turismo | 1946 - 54 | 1 | 123 | Schlitz | 4,5/4500 | schwach | gleichbleibend | 1 250 bis 2 000 |
| 125 Sport | 1947 - 54 | 1 | 123 | Schlitz | 5,8/5500 | schwach | gleichbleibend | 1 500 bis 2 500 |
| 125 Super Sport | 1948 - 51 | 1 | 123 | Schlitz | 7,5/6500 | schwach | gleichbleibend | 2 000 bis 3 000 |
| 175 Turismo | 1953 - 57 | 1 | 172 | ohv | 8,5/6200 | schwach | gleichbleibend | 1 250 bis 2 250 |
| 175 Grand Turismo | 1954 - 57 | 1 | 172 | ohv | 11/7000 | schwach | gleichbleibend | 2 000 bis 3 750 |
| 175 Supersport | 1955 - 57 | 1 | 172 | ohv | 13/7800 | schwach | gleichbleibend | 3 000 bis 4 000 |
| Settebello 175 | 1954 - 57 | 1 | 172 | ohv | 15/8200 | schwach | leicht ansteigend | 5 000 bis 7 500 |
| Briscola 175 | 1956 - 57 | 1 | 172 | ohv | 8,5/6200 | schwach | gleichbleibend | 1 000 bis 2 000 |
| Tresette | 1958 - 63 | 1 | 172 | ohv | 10/6200 | schwach | gleichbleibend | 1 000 bis 2 000 |
| Tresette Sprint | 1958 - 63 | 1 | 172 | ohv | 13/6500 | schwach | leicht ansteigend | 1 500 bis 3 000 |
| Settebello 250 GTI | 1965 - 69 | 1 | 248 | ohv | 18,3/7200 | schwach | gleichbleibend | 1 250 bis 3 000 |
| Sbarrazino 98 | 1956 - 66 | 1 | 98 | ohv | 6,4/8000 | schwach | gleichbleibend | 750 bis 1 500 |
| Corsaro 125 | 1959 - 60 | 1 | 122 | ohv | 7,5/8000 | schwach | gleichbleibend | 600 bis 1 250 |
| Corsaro Veloce | 1962 - 68 | 1 | 122 | ohv | 9/8200 | schwach | leicht ansteigend | 750 bis 1 500 |
| Corsaro 125 | 1961 - 68 | 1 | 122 | ohv | 8-9/8000 | schwach | gleichbleibend | 600 bis 1 250 |
| Corsaro 150 T | 1964 - 68 | 1 | 143 | ohv | 9,5/8000 | schwach | gleichbleibend | 750 bis 1 500 |
| Corsaro 150 GT | 1965 - 68 | 1 | 143 | ohv | 10,5/8000 | schwach | gleichbleibend | 750 bis 1 500 |
| Corsaro 125 Sp. Lusso | 1969 - 74 | 1 | 122 | ohv | 9.3/9000 | schwach | gleichbleibend | 600 bis 1 250 |
| Corsaro 125/150 SS | 1969 - 74 | 1 | 122/143 | ohv | 10,8-10,9/9600 | schwach | gleichbleibend | 750 bis 1 500 |
| Corsaro Country 125 | 1970 - 74 | 1 | 122 | ohv | 12,5/9600 | schwach | leicht ansteigend | 750 bis 1 500 |
| Corsarino Z | 1963 - 65 | 1 | 48 | ohv | 1,2-4,5/9000 | schwach | gleichbleibend | 500 bis 1 250 |
| Corsarino ZT | 1965 - 70 | 1 | 48 | ohv | 1,2-4,5/9000 | schwach | gleichbleibend | 500 bis 1 250 |
| Corsarino ZZ | 1965 - 75 | 1 | 48 | ohv | 1,2-4,5/9000 | schwach | leicht ansteigend | 750 bis 2 000 |
| Corsarino V | 1963 - 70 | 1 | 48 | ohv | 1,2-4,5/9000 | schwach | gleichbleibend | 500 bis 750 |
| Corsarino Scrambler | 1966 - 69 | 1 | 48 | ohv | 1,2-4,5/9000 | schwach | gleichbleibend | 750 bis 1 500 |
| Corsarino S Scrambler | 1972 - 75 | 1 | 48 | ohv | 1,2-4,5/9000 | schwach | leicht ansteigend | 750 bis 1 750 |
| Corsarino Rego. Casa | 1966 - 75 | 1 | 98 - 163 | ohv | 11-17/10000 | schwach | gleichbleibend | 3 000 bis 4 000 |
| Dollaro | 1971 | 1 | 48 | Schlitz | 1,1/4100 | schwach | gleichbleibend | 250 bis 400 |
| 3 1/2 Turismo | 1973 - 76 | 2 | 344 | ohv | 35/8 200 | gut | leicht ansteigend | 1 500 bis 3 000 |
| 3 1/2 Sport | 1974 - 76 | 2 | 344 | ohv | 39/8 500 | gut | leicht ansteigend | 1 750 bis 3 750 |
| 3 1/2 Turismo | 1977 - 82 | 2 | 344 | ohv | 35/8 200 | gut | gleichbleibend | 1 000 bis 2 000 |
| 3 1/2 Sport | 1977 - 82 | 2 | 344 | ohv | 39/8 500 | gut | gleichbleibend | 1 250 bis 2 250 |
| 3 1/2 K2 | 1983 - 86 | 2 | 344 | ohv | 35/8 500 | gut | gleichbleibend | 750 bis 1 500 |
| 500 T/S | 1978 - 81 | 2 | 478 | ohv | 42/7 500 | gut | gleichbleibend | 1 750 bis 3 000 |
| 500 Sei | 1982 - 85 | 2 | 478 | ohv | 42/7 500 | gut | leicht ansteigend | 2 000 bis 3 750 |
| 125H | 1975 - 85 | 1 | 123 | ohv | 13/9 000 | gut | gleichbleibend | 400 bis 750 |
| 125 Kangurino | 1985 | 1 | 123 | ohv | 12,5/10000 | schwach | gleichbleibend | 500 bis 1 000 |
| 250T | 1977 - 80 | 1 | 239 | ohv | 18,5/7000 | gut | gleichbleibend | 500 bis 1 250 |
| 250J | 1980 - 85 | 2 | 239 | ohv | 23/9000 | gut | gleichbleibend | 750 bis 1 250 |
| Camel 500 | 1981 - 83 | 2 | 478 | ohv | 38/7500 | gut | gleichbleibend | 900 bis 1 750 |
| Camel 501 X2/X3 | 1984 - 89 | 2 | 507 | ohv | 43/8500 | gut | gleichbleibend | 1 000 bis 2 000 |
| Kanguro X/1/2/3 | 1982- 89 | 2 | 344 | ohv | 34/8500 | gut | gleichbleibend | 750 bis 1 750 |
| Coguaro 350/501 | 1986 - 91 | 2 | 344/507 | ohv | 34 - 43/8500 | schwach | gleichbleibend | 1 250 bis 2 250 |
| Excalibur 350/501 | 1986 - 93 | 2 | 344/507 | ohv | 34 - 42/7800 | gut | gleichbleibend | 1 250 bis 2 250 |
| New York | 1989 - 91 | 2 | 344/507 | ohv | 34 - 42/7800 | gut | gleichbleibend | 1 500 bis 2 500 |
| Dart 350/400 | 1988 - 90 | 2 | 344/390 | ohv | 34/8000 | gut | gleichbleibend | 1 250 bis 2 000 |

# MOTOBÉCANE (F) 1924–1986

Mit einem Volksautomobil namens Pelikan wollten Charles Benoît und Abel Bardin den französischen Markt erobern. Doch finanzielle Schwierigkeiten ließen das Konzept nicht aufgehen. So wurde der einfachere Weg eines kleinen, leichten Motorrades begangen, von dem Ende 1923 der erste Prototyp entstand. Mit schlitzgesteuertem Zweitakter und Sackzylinder, einem Hubraum von 175 cm³ und der wahlweisen Möglichkeit, ein Damen- oder Herrenmodell zu kaufen, begann der Start verheißungsvoll.

Bis 1926 verließen immerhin rund 150.000 Exemplare das Werk in Pantin und die MB1, wie das Motorrad treffend hieß, galt als billiges aber zuverlässiges Motorrad. Dies nahm man 1925 zum Anlass, um größere und luxuriösere Maschinen mittels eines zweiten Unternehmens zu vermarkten. Die Firma Motoconfort wurde als Tochter gegründet, und das erste Modell hatte 308 cm³ und hieß 308 Typ MC1.

1928 gab es bei Motobécane die ersten Einbaumotoren anderer Hersteller. Mit dem seitengesteuerten 250er-JAP-Motor sowie den 350- und 500-cm³-Triebwerken von Blackburne bot man nun auch hier größere Maschinen an.

Mit der BMA kam 1929 wieder ein echtes Volksmotorrad zum Zuge, das mit seinem 98-cm³-Motor sowohl bei Motoconfort als auch bei Motobécane zur Verfügung stand.

1930 bot man erstmals einen Viertakter als Eigenkonstruktion. Der Blockmotor Typ B hatte das Getriebe bereits integriert, während die meisten Mitbewerber zu diesem Zeitpunkt noch separate Getriebe verwendeten. Ein Jahr später konnte man den Motor in 13 verschiedenen Varianten von 175 bis 500 Kubik anbieten. 1932 wurden sie noch einmal detailverbessert und man unterschied die Motoren nun nach Typ S für kopfgesteuerte und Typ K für seitengesteuerte Aggregate. Die Modelle hießen Grand Tourisme, Grand Luxe und Grand Sport. Sportliche Erfolge wie Geschwindigkeitsrekorde in Bol d'Or trugen zum Erfolg bei.

1936 gab es ein Kleinmotorrad mit 100 cm³, Typ Grand Routier, das nach dem Krieg als Basis für einen Neustart dienen sollte.

1949 wurde die Mobylette geboren, ein kleines, billiges 50-cm³-Mofa. Sie sollte neben allen anderen folgenden Konstruktionen für finanziellen Ausgleich sorgen, denn sie wurde später weltweit exportiert.

Bis 1962 wurden die Viertakter noch weiter produziert, bevor man sich generell den Zweitaktern widmete. Von 1970 bis 1976 florierte in Frankreich die 125 LT, ein Zweizylinder-Zweitakter, der sogar in Markencups eingesetzt wurde. 1973 gab es noch einen Versuch mit einer 500er Dreizylinder-Version, die allerdings nur als 350er in kleinen Stückzahlen hergestellt wurde.

1986 wurde Motobécane von der Yamaha-Gruppe übernommen.

Appendix: JAP, Blackburne

Ansprechpartner: Hans Jürgen Huse, Friedrich-Ebert-Str. 3, 66131 Saarbrücken

*Motobécane Z54 C 1953*

*Motobécane D45B 1951*

## MOTOBÉCANE

| Modell | Baujahr | Zylinder | ccm | Steuerung | PS/min | Ersatzteilsituation | Nachfragetrend | Preise (EUR) |
|---|---|---|---|---|---|---|---|---|
| MB 1 | 1923 - 1929 | 1 | 175 | 2 - Takt | 2 | schwach | leicht ansteigend | 350 bis 2 000 |
| F | 1926 - 1932 | 1 | 308 | Schlitz | – | schwach | leicht ansteigend | 600 bis 1 750 |
| H2 | 1927 - 1930 | 1 | 500 | sv | 13,3 | schwach | leicht ansteigend | 1 100 bis 3 000 |
| B1 | 1929 - 1940 | 1 | 100 | 2 - Takt | 1,5 - 2 | schwach | gleichbleibend | 400 bis 1 500 |
| B2S | 1930 - 1933 | 1 | 175 | sv | – | schwach | gleichbleibend | 400 bis 1 500 |
| B3 | 1930 - 1933 | 1 | 250 | sv | – | schwach | gleichbleibend | 350 bis 1 250 |
| B4 | 1930 - 1934 | 1 | 350 | sv | – | schwach | leicht ansteigend | 750 bis 2 000 |
| B3C | 1931 - 1933 | 1 | 250 | ohv | – | schwach | leicht ansteigend | 1 200 bis 2 500 |
| B4C | 1931 - 1933 | 1 | 350 | ohv | – | schwach | leicht ansteigend | 1 500 bis 3 000 |
| B5 | 1931 - 1934 | 1 | 500 | sv | – | schwach | leicht ansteigend | 1 700 bis 4 000 |
| S5 | 1933 - 1935 | 1 | 500 | sv | – | schwach | leicht ansteigend | 1 800 bis 4 500 |
| S5C | 1933 - 1939 | 1 | 500 | ohv | – | schwach | leicht ansteigend | 1 750 bis 5 000 |
| S4C | 1933 - 1942 | 1 | 350 | ohv | – | schwach | leicht ansteigend | 1 500 bis 4 000 |
| R55 | 1935 - 1938 | 1 | 500 | sv | – | schwach | leicht ansteigend | 1 200 bis 3 500 |

## MOTOBÉCANE

| Modell | Baujahr | Zylinder | ccm | Steuerung | PS/min | Ersatzteilsituation | Nachfragetrend | Preise (EUR) |
|---|---|---|---|---|---|---|---|---|
| R44 | 1935 - 1939 | 1 | 350 | sv | – | schwach | gleichbleibend | 600 bis 2 250 |
| R55C | 1935 - 1939 | 1 | 500 | ohv | – | schwach | leicht ansteigend | 1 750 bis 4 500 |
| AB1 | 1937 - 1943 | 1 | 100 | 2 - Takt | 3 | schwach | gleichbleibend | 300 bis 1000 |
| D45 A,B | 1946 - 1950 | 1 | 125 | sv | 4,3 | schwach | leicht ansteigend | 250 bis 1 250 |
| Z46C | 1946 - 1953 | 1 | 125 | ohv | 5,4 | schwach | leicht ansteigend | 300 bis 1 500 |
| Z2C | 1948 - 1955 | 1 | 175 | ohv | 8 | schwach | gleichbleibend | 350 bis 1 250 |
| L4C | 1952 - 1957 | 2 | 350 | ohv | – | schwach | leicht ansteigend | 750 bis 2 500 |
| Z57C | 1956 - 1962 | 1 | 125 | ohv | 5 | schwach | leicht ansteigend | 400 bis 1 600 |

# MOTOBI (I) 1950–1973

Unter der Bezeichnung Moto „B“ entstand im Jahr 1950 das erste Motorrad des Ing. Giuseppe Benelli, einem der sechs Benelli-Brüder. In Pesaro, Italien, wurde das 98-cm³-Zweitaktmotorrad mit Drehschiebereinlass gefertigt, welches noch gar nichts mit dem später so bekannten „Kraftei“ zu tun hatte. 1952 folgte eine stärkere Version mit zunächst 115 cm³ und 1953 auch mit 125 cm³, nachdem Benelli 1952 erstmals einen Zweizylinder-Zweitakt-Prototyp ertellt hatte, welcher aufgrund seiner aerodynamisch verrippten Form schon sehr einem Ei ähnelte. 1954 folgten die ersten eiförmigen Serienmodelle (alle mit Viergang-getriebe) und zwar die 125er TV (ab 1955: Ardizio") nebst der 200er Zweizylinder „Spring Lasting", 1955 ergänzt von der 250er Zweizylinder „Spring Lasting Gran Sport". Bis 1956 wurden bei Moto „B“ nur Zweitakter gebaut, bis im selben Jahr erstmals mit einem 125-cm³-Viertakter, der Imperiale, und der 175er Catria das folgte, was Motobi so bekannt machen sollte: die (in der Redaktion „Motorrad“ so getauften)„Krafteier“. Die außergewöhnlich durchzugsstarken kleinen Motoren mit oben

*Motobi Catria 1956*

*Motobi Spring Lasting 200 1955*

gesteuerten Ventilen waren sehr beliebt, insbesondere bei sportlich ambitionierten Fahrern. 1957 folgte die 175er Sport, deren Basis ideal für den Einsatz bei Rennveranstaltungen war und einige italienische Meistertitel erlangte.

Ende der Fünfziger folgten zur Abrundung der Produktpalette noch der 4-Takt-„Picnic“-Roller mit 75 cm³, der 1963 von einer 125er Zweitakt-Version abgelöst wurde, und der „Catria“-Scooter, der mit 175 cm³ recht stark motorisiert war.

1963 erschien mit der 200 cm³ großen und 14 PS starken Sprite eine Maschine, die für 140 km/h gut war. Den vollen viertel Liter Hubraum gab es dann mit der Sprite 250, die 1967 debütierte und ab 1968 als „Sport Special“ neben der 1969 erschienenen - ebenfalls 5-gängigen - 125er „Sport Special“ bis zum Produktionsende 1973 im Programm war.

Ansprechpartner: Manfred Woll, Lindelbrunnstr.7, 76865 Insheim

*Motobi 125 SS 1969*

*Motobi Imperiale 125 1962*

## MOTOBI

| Modell | Baujahr | Zylinder | ccm | Steuerung | PS/min | Ersatzteilsituation | Nachfragetrend | Preise (EUR) |
|---|---|---|---|---|---|---|---|---|
| B 98 - B 125 | 1950 - 53 | 1 | 98 - 125 | Drehschieber | 4,5-6/5500-6500 | schwach | gleichbleibend | 1 500 bis 2 500 |
| Spring Lasting 200 | 1954 - 60 | 2 | 196 | Schlitz | 9/5500 | schwach | gleichbleibend | 2 000 bis 3 000 |
| TV 125 Ardizio | 1954 - 66 | 1 | 124 | Schlitz | 5,5-6,5/5000-6500 | schwach | gleichbleibend | 800 bis 1 500 |
| Gran Sport 250 | 1955 - 60 | 2 | 247 | Schlitz | 12/6500 | schwach | leicht ansteigend | 3 000 bis 5 000 |
| Imperiale | 1956 - 68 | 1 | 124 | ohv | 6/6500 | schwach | gleichbleibend | 500 bis 2 000 |
| Catria | 1956 - 62 | 1 | 172 | ohv | 8,5/6800 | schwach | gleichbleibend | 600 bis 2 500 |
| 175 Sport | 1957 - 62 | 1 | 172 | ohv | 11/7500 | schwach | leicht ansteigend | 2 000 bis 4 500 |
| Sprite | 1963 - 66 | 1 | 198 | ohv | 14/8000 | schwach | gleichbleibend | 750 bis 3 000 |
| Sport Special | 1967 - 73 | 1 | 245 | ohv | 16/7500 | schwach | gleichbleibend | 750 bis 2 500 |
| 125 SS | 1968 - 73 | 1 | 124 | ohv | 10/9000 | schwach | gleichbleibend | 500 bis 2 000 |

# MOTO GUZZI (I) 1921–1945

In Mandello del Lario am Comer See gründeten Carlo Guzzi und sein Freund Giorgio Parodi die Firma Moto Guzzi. 1921 entstand das erste Modell, die Normale, welche mit einem liegenden 500er-Einzylinder-Viertaktmotor mit wechselgesteuerten Ventilen für 8,5 PS Leistung und 100 km/h gut war. Schon 1923 folgte ein sehr sportliches Modell, die Corsa 2V, wobei 2V für zwei im Kopf hängende Ventile stand. Ihr neuer Rahmen wurde fortan für die Normale verwendet, welche bis 1928 im Programm blieb. Die Corsa 2V wurde erfolgreich auf vielen Rennen eingesetzt, und ein noch schnelleres Modell, die C4V mit Vierventilkopf und Königswelle kam 1924 hinzu. Aus ihr entstand 1926 – für die kleineren Klassen bis 250 cm³ – eine zweiventilige Königswellenversion, die ebenfalls sehr schnell war.

Bereits 1928 wurde erstmals in der Serienfertigung eine Hinterradfederung verwendet. Die GT war das Pendant zu den noch mit starrem Hinterteil gefertigten Modellen Sport 14 bzw. 15. Auch Leichtmotorräder wie die P175 und Maschinen mit 250 cm³ folgten.

Das Modell GTV mit kopfgesteuertem Motor erschien 1934 und wurde durch die wechselgesteuerte GTS ergänzt. Letztere wurde durch die Alce 1939 abgelöst. Die sensationelle Hinterradfederung hielt natürlich auch 1935 Einzug bei den 250er Einzylinder- und 500er Zweizylinder-Rennmodellen von Moto Guzzi. Der Zweizylinder folgte gar eine Vierzylinder-Version mit Kompressor.

Mit dem 120-Grad-Weitwinkel-Zweizylinder siegte Stanley Woods auf der Isle of Man 1935 und sogar mit der kleineren

*Moto Guzzi Zigolo 1954*

*Moto Guzzi Galletto 1954*

*Moto Guzzi Lodola 1959*

*Moto Guzzi 500 Nuovo Falcone 1972*

250er-Einzylinder errang er den Titel für Moto Guzzi. Andere bekannte Renngrößen wie die Brüder Ghersi, Nazzaro, Tenni, Pagani und Taruffi fuhren auf Moto Guzzi ebenfalls viele Siege nach Hause.

Für Privatrennfahrer gab es ab 1938 die Condor als käufliches Halblitermodell. Die Viertelliterrenner hießen zuerst Albatros und hatten Königswellenantrieb. Ihnen folgte die bekannte Gambalunghino, doch der Krieg ließ die Rennerfolge abrupt enden.

1939 entstand noch die kleine Airone mit 250-cm³-OHV-Motor und bis zu 13 PS Leistung.

Ansprechpartner: Erwin Bongards, Bremer Str.9, 45239 Essen

*Moto Guzzi 850 GT 1972*

*Moto Guzzi 500 Falcone 1950*

*Moto Guzzi 750 S 1974*

## MOTO GUZZI EINZYLINDER

| Modell | Baujahr | Zylinder | ccm | Steuerung | PS/min | Ersatzteilsituation | Nachfragetrend | Preise (EUR) |
|---|---|---|---|---|---|---|---|---|
| Sport 15 | 1931 - 39 | 1 | 498 | ioe | 13,2/3800 | schwach | gleichbleibend | 2 000 bis 5 000 |
| GTV | 1934 - 48 | 1 | 498 | ohv | 18,9/4300 | schwach | gleichbleibend | 2 250 bis 5 500 |
| GTS | 1934 - 40 | 1 | 498 | ioe | 13,2/4000 | schwach | gleichbleibend | 2 000 bis 5 000 |
| Alce | 1939 - 45 | 1 | 498 | ioe | 13,2/4000 | gut | gleichbleibend | 1 500 bis 3 750 |
| Airone | 1939 - 45 | 1 | 247 | ohv | 9,5 - 13,5 | gut | gleichbleibend | 1 250 bis 3 750 |
| Superalce | 1946 - 57 | 1 | 498 | ohv | 18,5/4300 | gut | gleichbleibend | 1 250 bis 3 750 |
| Astore | 1949 - 53 | 1 | 498 | ohv | 18,9/4300 | gut | gleichbleibend | 2 250 bis 5 000 |
| Falcone | 1950 - 67 | 1 | 498 | ohv | 23/4500 | gut | gleichbleibend | 3 000 bis 5 500 |
| Falcone Militare | 1950 - 67 | 1 | 498 | ohv | 18,9/4300 | gut | gleichbleibend | 1 750 bis 4 250 |
| Nuovo Falcone | 1971 - 76 | 1 | 498 | ohv | 26,2/4800 | sehr gut | gleichbleibend | 1 250 bis 3 500 |
| Nuovo Falcone Militare | 1970 - 76 | 1 | 498 | ohv | 26,2/4800 | sehr gut | gleichbleibend | 1 000 bis 2 400 |

## MOTO GUZZI LEICHTMOTORRÄDER

| Modell | Baujahr | Zylinder | ccm | Steuerung | PS/min | Ersatzteilsituation | Nachfragetrend | Preise (EUR) |
|---|---|---|---|---|---|---|---|---|
| Cardellino | 1946 - 65 | 1 | 64 | Schlitz | 2/5000 | schwach | gleichbleibend | 400 bis 1 000 |
| Galletto | 1950 - 66 | 1 | 192 | ohv | 7,5/5500 | schwach | leicht ansteigend | 400 bis 1 750 |
| Zigolo | 1953 - 66 | 1 | 98 | Schlitz | 4/5200 | schwach | gleichbleibend | 250 bis 750 |
| Lodola | 1956 - 66 | 1 | 174 - 235 | ohc | 9 - 14 | schwach | gleichbleibend | 400 bis 1 600 |
| Stornello | 1960 - 75 | 1 | 125 - 160 | ohv | 7 - 13 | gut | gleichbleibend | 250 bis 1 000 |

## MOTO GUZZI V 7

| Modell | Baujahr | Zylinder | ccm | Steuerung | PS/min | Ersatzteilsituation | Nachfragetrend | Preise (EUR) |
|---|---|---|---|---|---|---|---|---|
| V 7 | 1967 - 69 | 2 | 704 | ohv | 40/5800 | gut | stark ansteigend | 1 750 bis 6 250 |
| V 7 Militare | 1967 - 74 | 2 | 704 | ohv | 35/5000 | sehr gut | gleichbleibend | 1 250 bis 3 500 |
| V 7 Special | 1969 - 72 | 2 | 757 | ohv | 45/6000 | gut | gleichbleibend | 2 150 bis 4 500 |
| V 7 Sport | 1971 - 74 | 2 | 748 | ohv | 52/6300 | gut | gleichbleibend | 2 500 bis 6 000 |
| V 850 GT | 1972 - 74 | 2 | 844 | ohv | 51/6000 | gut | gleichbleibend | 2 250 bis 5 500 |
| California | 1971 - 74 | 2 | 844 | ohv | 51/6000 | gut | gleichbleibend | 2 000 bis 6 500 |

# MOTO GUZZI (I) 1946–HEUTE

Unmittelbar nach dem Krieg startete Moto Guzzi mit den bewährten 500er-Modellen, aber auch mit kleinen Leichtmotorrädern. Als Superalce kam 1946 die 18 PS starke Einzylinderversion als Ablösung der Alce auf den Markt, die verstärkt vom Militär eingesetzt wurde. Ihr folgte zusätzlich 1949 die Astore mit nahezu gleicher Leistung, die durch das Sportmodell Falcone mit 23 PS ergänzt wurde. Die schnellere Falcone fand auch Verwendung bei der italienischen Polizei.

Doch der Leichtmotorradbau bei Moto Guzzi war der eigentliche Umsatzgarant nach dem Krieg. Das kleinste Moped war die Motoleggera 65 mit Einzylinder-Zweitaktmotor und war sehr fortschrittlich mit ihrem „Monoshock"-Fahrwerk mit tonnengefederter Hinterradschwinge. Die Cardellino mit gleichem Motor bildete die Ergänzung, sie wies jedoch einen Scherenstoßdämpfer am Hinterrad auf.

Die rollerähnliche Konstruktion Galletto erschien 1950 und hatte einen 160- bzw. 192-$cm^3$-Viertaktmotor mit OHV-Steuerung, der liegend in das Profilblechfahrgestell eingebaut war.

*Moto Guzzi Stornello 125 Scrambler 1973*

*Moto Guzzi V 7 Special (750) 1969*

*Moto Guzzi California 1973*

*Moto Guzzi 850 GT 1974*

Auch das Kleinmotorrad Zigolo mit 98 $cm^3$ hatte einen liegenden Motor, dieser jedoch als Zweitakter.

1956 trat mit der Lodola ein richtiges kleines Sportmotorrad in Erscheinung. Sie hatte eine kettengetriebene obenliegende Nockenwelle und war neben einer 175er-Version auch mit bis zu 250 $cm^3$ erhältlich.

In der Rennszene mischte Moto Guzzi ebenfalls unmittelbar nach dem Krieg erfolgreich mit. Aus der Condor wurde 1946 die Dondolino, die mit 33 PS Leistung gut 4 PS stärker als ihre Vorgängerin war. 1952 wurden die Zweizylinder-Weitwinkel-Werksrenner durch eine Vierzylinder mit Kardanantrieb abgelöst. Ihr folgte 1955 die „Otto Cilindri", eine Achtzylinder-Rennmaschine, die einzigartig, aber schwer zu fahren war.

Große Siege wie die Weltmeisterschaft in der 350er-Klasse 1953 und 1954 durch Fergus Anderson, sowie 1955 und 1956 durch Bill Lomas und letztlich 1957 durch Keith Campbell beendeten die Erfolgsserie im Renneinsatz bei Moto Guzzi. Man zog sich Ende 1957 aus dem Renngeschehen zurück.

In den sechziger Jahren ergänzten nach unten die Mopeds Dingo und Trotter das Programm und in den großen Hubraumklassen kam erst 1967 mit der V7 ein völlig neues Konzept. Der quer eingebaute 703-$cm^3$-V-Zweizylinder mit Kardanantrieb war in einem Wiegerahmen aufgehängt und leistete 50 PS. Die V7 war ein ausgesprochenens Tourenmotorrad und 1972 folgten die stärkere 7 Sport sowie die 850-$cm^3$-Modelle California und GT.

1976 endete der Einzylinderbau der bewährten Falcone, die zuletzt als Nuovo Falcone verkauft wurde.

1977 folgten in Anlehnung an die V7 die hubraumschwächeren V50 und V35 und durch die technische Integration mit Benelli auch quer eingebaute Vierzylinder von 250 bis 500 $cm^3$.

Bis zum heutigen Tag hat Moto Guzzi an Faszination nichts verloren.

Ansprechpartner: Erwin Bongards, Bremer Str.9, 45239 Essen

*Moto Guzzi V 7 Sport 1972*

M

# MOTOSACOCHE (CH) 1900–1956

Motosacoche, besser bekannt als MAG (Motosacoche, Acacias, Genf), kann getrost als einer der bedeutendsten Hersteller des Motorrad- und insbesondere Motorenbaus bezeichnet werden.

Der Name begründet sich auf den Urtyp des ersten Motors der Brüder Henri und Armand Dufaux, der wie eine Tasche eingehängt in einen Fahrradrahmen zur legendären Motortasche = Motosacoche wurde. Schon bald erlangte dieser hervorragend konzipierte Motor weltweite Anerkennung und die Produktionszahlen stiegen deutlich an. Vor allem der motorradsportliche Einsatz der Brüder trug hierzu bei.

Von 1907 bis 1910 wurde dieser Viertakt-Motor auch als Zweizylinder produziert, bevor man zu einem neuen Bauprinzip überging. Überhaupt waren die Baureihen von ständigen Neuerungen geprägt, was die Innovationsfreudigkeit des Unternehmens unterstreichen sollte. Die Zweizylinder waren es auch, die als Basis für die Lieferung als Konfektionsware für andere Hersteller den Anfang machten. Besonders in England machten sie sich einen Namen, natürlich auch durch die erfolgreiche Teilnahme am Isle of Man-Grand Prix. Besonders Matchless und Royal Enfield starteten mit Spitzenfahrern und MAG-Erzeugnissen.

Schon vor dem ersten Weltkrieg war MAG der größte Einbaumotorenhersteller der Welt und hatte größere Stückzahlen als JAP. Die Modellpalette reichte von 250 bis 1000 Kubik.

Ab 1913 begann die Serie der wechselgesteuerten MAG-V2-Zylinder-Motoren, die bis in die 30er-Jahre hinein das Rückgrat des Einbaumotorengeschäfts in den großen Hubraumklassen darstellte. Mit 500, 750 und 1000 cm³ wurden zahlreiche Hersteller versorgt. In Deutschland gehörten hierzu u.a. Allright, Bücker, Hecker, Imperia, Mars, Neander, OD, Standard oder Triumph in Nürnberg.

Immer wieder gab es auch neue Ein- und Zweizylinder-Rennmotoren mit obenliegenden Ventilen und teilweise mit ohc-Steuerung. Einer der bekanntesten Fahrer war der Tessiner Francesco Franconi.

1929 erhielten die größten Abnehmer auch Rennmotoren zur Verfügung gestellt, was den Namen von MAG noch mehr verbreitete.

Zu dieser Zeit gehörten rund 1200 Mitarbeiter zur Belegschaft und die Typen 350 und 500 Tourisme mit wechselgesteuertem Motor verkauften sich in großen Stückzahlen. Mit der 350er bzw. 500er Sport erwarb man eines der schnellsten Straßensportmodelle seiner Klasse – und das zu einem vertretbaren Preis.

Die einsetzende Rezession sorgte bei MAG für eine Verschiebung des Firmenjubiläums. Erst 1931 erschienen die geplanten Modelle Jubilé mit seitengesteuertem 500-cm³-Motor und die Jubilé Sport mit oben hängenden Ventilen und großer, angegossener Ölwanne unter dem Kurbelhaus.

Der für den Privatfahrer-Renneinsatz konstruierte Rennmotor Typ D wurde ebenfalls erst in diesem Jahr ausgeliefert. Die Großabnehmer der Serienfabrikate, z.B. Standard, OD und Triumph freuten sich, denn von den nur gut 100 Exemplaren mit 350 und 500 Kubik gingen einige an die deutschen Hersteller. Diese sind heute äußerst gesuchte Exemplare und werden entsprechend teuer gehandelt. Zu dieser Zeit entstand auch der große 850-cm³-Zweizylinder mit seitlichen Ventilen, der speziell für den Gespannbetrieb konzipiert wurde.

Während des Krieges hielt man sich mit der Fertigung von Stationärmotoren sowie Luftdruckanlagen für die Schweizer Armee über Wasser.

Nach dem Krieg gab es zwei Prototypen, die jedoch nicht in Serie gingen. Zum einen ein 100-cm³-Zweitakt-Roller und zum anderen ein 200-cm³-sv-Viertakt-Motorrad mit einem aus dünnen Rohren gefertigten Doppelschleifenrahmen.

Die letzte Motosacoche-Maschine entstand 1953: die 212 Twin mit dem ohc-Zweizylinder-Motor von Richard Küchen. Gefertigt wurde er in der Reißveschlussfabrik OPTI und der Rahmen wurde bei UT in Stuttgart hergestellt. Lediglich Lackierung und Zusammenbau fanden in der Schweiz statt.

Damit endet 1956 die Geschichte der Firma Motosacoche.

Appendix: MAG
Ansprechpartner: Werner Rebmann, Auf der Au 13, 66453 Gersheim

*Motosacoche 350 Sport 1926*

*Motosacoche 750 Grand Tourisme 1931*

## MOTOSACOCHE

| Modell | Baujahr | Zylinder | ccm | Steuerung | PS/min | Ersatzteilsituation | Nachfragetrend | Preise (EUR) |
|---|---|---|---|---|---|---|---|---|
| 350 Tourisme | 1926 - 34 | 1 | 347 | ioe | 9/3800 | schwach | gleichbleibend | 1 500 bis 5 000 |
| 500 Tourisme | 1926 - 34 | 1 | 498 | ioe | 14/3600 | schwach | gleichbleibend | 2 000 bis 5 500 |
| 350 Sport | 1926 - 34 | 1 | 347 | ohv | 15/5000 | schwach | gleichbleibend | 2 500 bis 6 500 |
| 500 Sport | 1926 - 34 | 1 | 498 | ohv | 22/4800 | schwach | gleichbleibend | 2 500 bis 9 000 |
| Grand Tourisme | 1924 - 32 | 2 | 500 - 1000 | ioe | 13,5 - 24 | schwach | gleichbleibend | 3 500 bis 13 000 |
| 500 Jubilé | 1931 - 37 | 1 | 498 | sv | 15/4200 | schwach | gleichbleibend | 2 500 bis 5 500 |
| 500 Jubilé Sport | 1931 - 37 | 1 | 498 | ohv | 20/4800 | schwach | gleichbleibend | 2 500 bis 7 000 |
| Type 720 | 1932 - 37 | 2 | 846 | sv | 24/3500 | schwach | gleichbleibend | 4 500 bis 15 000 |
| 212 Twin | 1953 - 56 | 2 | 247 | ohc | 15/6000 | schwach | gleichbleibend | 1 500 bis 5 000 |

# MÜNCH 1966–1976

Friedel Münch, selbst aktiver Rennfahrer, konzentrierte sich zunächst auf das Tuning von Motorrädern der Marke Horex. Deren Rennabteilung wurde bald aufmerksam auf den jungen Tüftler aus Hessen und holte ihn 1955 für ein Jahr in die Rennabteilung.

Nach dem Niedergang von Horex 1958 übernahm er die Fertigungsvorrichtungen und Ersatzteile und kümmerte sich um die zahlreich im Markt befindlichen Reginas und Imperatoren. 1964 konstruiert er seine bekannte Rennbremse, eine Doppelduplex aus federleichtem Elektronguss.

1965, zu einer Zeit als BMW R69S und Honda CB 450 zu den Supermotorrädern zählten, verpflanzt der findige Tüftler einen NSU-Vierzylinder-Automotor in einen Eigenbau-Rahmen.

*Münch TTSE Einspritzermodell 1975*

Eine Präsentation bei NSU hatte ihre Wirkung und so entstand ein Motorrad der Superlative für einen ganz exklusiven Käuferkreis. Nahezu jedes Teil wurde in Eigenregie konstruiert und gefertigt; kaum eine Münch gleicht der Anderen. Der 1100-cm³-Motor mit zuerst 55 PS Leistung schlug alles Dagewesene. Auf der IFMA 1966 ist die Münch das Highlight. Die erste Serie 001 kostete 7500,– DM, was eine Menge Geld für ein Motorrad war. Vermeintlicher Wettbewerb kam bald von Honda mit der CB 750 K0, die mit 72 PS und 200 km/h sowie deutlich niedrigerem Preis für Furore sorgte. Doch Münch konterte mit der TTS 1200 im Jahr 1969 mit 88 PS, und 1970 folgten ein neuer Rahmen und viele Detailverbesserungen.

Die Japaner waren letztlich keine Konkurrenz für Münch. Erst recht nicht, als zwei Jahre später eine Einspritzversion mit 104 PS folgte.

Doch nicht genug: der Gipfel schien noch nicht erreicht und so wurde für die Münch ein Turbo-Umbausatz angeboten, der die Leistung der Einspritzversion auf 125 PS steigerte.

Mit den Horex-Modellen 1400 TI, Titan 1600, 1800 und Titan 2000 wurde der Hubraum, nomen est omen, auf bis zu 2 Liter erhöht und die Höchstleistung für „Serienmodelle" mit 154 PS erreicht.

Doch eine echte Serienfertigung gab es nie. Zirka 480 Münch-Motorräder wurden gebaut und sie zählen heute zu den begehrtesten Sammlerstücken.

Kontaktadresse: Wilhelm Groh, Friedel Münch Museum, Schwetzinger Str. 48, 69190 Walldorf/Baden
Hoempage: www.muenchmuseum.de
e-mail: muenchmuseum@aol.com

*Münch TTS Vergasermodell 1973*

## MÜNCH

| Modell | Baujahr | Zylinder | ccm | Steuerung | PS/min | Ersatzteilsituation | Nachfragetrend | Preise (EUR) |
|---|---|---|---|---|---|---|---|---|
| TTS | 1966 - 76 | 4 | 1177 | ohc | 88/6500 | sehr gut | stark ansteigend | 20 000 bis 30 000 |
| TTS-E | 1973 - 76 | 4 | 1177 - 1287 | ohc | 104/7500 | sehr gut | stark ansteigend | 20 000 bis 35 000 |

M

# MV AGUSTA (I) EIN- UND ZWEIZYLINDER 1946–1975

Domenico Agusta, Sohn des bekannten Luftfahrtpioniers Giovanni Agusta, widmete sich ab etwa 1946 dem Bau von zunächst kleinen Motorrädern. Die bei Mailand gelegene Unternehmung startete mit 98er-Zweitaktern, die im Nachkriegs-Italien generell sehr gefragt waren. MV Agusta stand für Meccanica Verghera Agusta, und bereits drei Jahre nach dem Start konnte Agusta eine schnelle 125er präsentieren, die sich erfolgreich verkaufen ließ. Verschiedene sportliche Modelle mit Viertakt-Einzylindern folgten, und das einzige serienmäßige Modell mit obenliegender Nockenwelle war die 175 CS, alle anderen Maschinen erhielten Stoßstangen-Steuerung. 1950 gipfelte die Entwicklung bei MV Agusta in einer Vierzylinder-500er, die später zu einem absoluten Liebhaberstück avancierte.

Ab 1966 kamen dann Zweizylinder-Modelle wie die 250 Bicilindrica hinzu, und richtig sportlich war diese Motorenkonstruktion in der 350er oder in der 1975 vorgestellten 350 Ipotesi mit immerhin 34 PS.

Natürlich wurden zum Ausgleich bei MV Agusta auch Roller und Kleinmopeds sowie die in Italien beliebten Motorkarren hergestellt. Brave, solide Technik und wunderschönes Styling wie bei der bis 1977 gebauten Zweizylinder 350 Sport (Ipotesi) oder auch der kleinen Einzylinder 125 Sport hielten diese Modelle zwar relativ lange am Leben, doch der eigentliche Mythos MV ergab sich aus den Vierzylindern.

*MV Agusta 125 Monoalbero 1953*

*MV Agusta 150 1960*

*MV Agusta 350 GT 1968*

*MV Agusta 350 1969*

*MV Agusta 125 Super Sport 1970*

*MV Agusta 350 S Elettronica 1974*

Ansprechpartner:
MV Agusta Club Deutschland e.V.,
Utz Raabe, Speckstrasse 3,
72144 Dusslingen

*MV Agusta 125 Sport 1975*

*MV Agusta 350 Sport 1976*

M

## MV AGUSTA EIN- UND ZWEIZYLINDER

| Modell | Baujahr | Zylinder | ccm | Steuerung | PS/min | Ersatzteilsituation | Nachfragetrend | Preise (EUR) |
|---|---|---|---|---|---|---|---|---|
| 98 Turismo | 1946 - 49 | 1 | 89 | Schlitz | 3,5/3 500 | schwach | leicht ansteigend | 1 250 bis 2 500 |
| 125 TEL | 1949 - 54 | 1 | 123 | Schlitz | 5/4 800 | schwach | gleichbleibend | 750 bis 1 750 |
| 125 Motore Longo | 1950 - 53 | 1 | 125 | Schlitz | 9/8 000 | schwach | leicht ansteigend | 1 500 bis 3 000 |
| Scooter 125 CGT | 1950 - 52 | 1 | 125 | Schlitz | 5/4 800 | schwach | leicht ansteigend | 1 000 bis 1 500 |
| 175 CS | 1953 - 59 | 1 | 172 | ohc | 11/6 700 | schwach | leicht ansteigend | 2 500 bis 5 000 |
| Pullmann 125 | 1953 - 56 | 1 | 123 | Schlitz | 5/4 500 | schwach | gleichbleibend | 1 000 bis 2 000 |
| 125 Rapido Turismo | 1954 - 58 | 1 | 123 | ohv | 6,5/6 000 | schwach | gleichbleibend | 1 000 bis 2 000 |
| Superpullmann | 1955 - 57 | 1 | 123 | Schlitz | 6/5 200 | schwach | gleichbleibend | 1 000 bis 2 500 |
| Raid 250 | 1956 - 62 | 1 | 246 | ohc | 14/5 600 | schwach | leicht ansteigend | 1 000 bis 2 500 |
| 175 AB | 1958 - 59 | 1 | 172 | ohv | 7,5/5 500 | schwach | gleichbleibend | 1 000 bis 2 000 |
| 125 TREL (Centomila) | 1959 - 633 | 1 | 123 | ohv | 7,5/6 500 | schwach | gleichbleibend | 1 000 bis 2 000 |
| 150 GT | 1959 - 65 | 1 | 150 | ohv | 9/6 000 | schwach | gleichbleibend | 1 000 bis 2 500 |
| 150 RS | 1959 - 65 | 1 | 150 | ohv | 10/6 400 | schwach | leicht ansteigend | 1 000 bis 3 000 |
| 125 GT | 1964 - 73 | 1 | 123 | ohv | 9,6/8 000 | schwach | gleichbleibend | 1 000 bis 2 000 |
| 125 Scrambler | 1965 | 1 | 123 | ohv | 9,5/8 000 | schwach | leicht ansteigend | 4 000 bis 6 000 |
| 250 Bicilindrica | 1966 - 71 | 2 | 247 | ohv | 19/7 800 | schwach | gleichbleibend | 2 500 bis 4 000 |
| 250 Scrambler | 1966 - 71 | 2 | 247 | ohv | 18/7 800 | schwach | leicht ansteigend | 4 000 bis 6 000 |
| 350 Bicilindrica | 1970 - 74 | 2 | 348 | ohv | 28/8 400 | schwach | leicht ansteigend | 2 500 bis 4 000 |
| 350 Scrambler | 1970 - 74 | 2 | 348 | ohv | 28/8 400 | schwach | stark ansteigend | 4 500 bis 7 000 |
| 350 Ipotesi | 1977 | 2 | 348 | ohv | 34/8 500 | gut | leicht ansteigend | 3 000 bis 5 500 |
| 125 Sport | 1975 - 77 | 1 | 123 | ohv | 11/8 500 | gut | leicht ansteigend | 2 500 bis 5 000 |

# MV AGUSTA (I) VIERZYLINDER 1965–1977

Nachdem bereits 1950 der erste Vierzylinder-Prototyp in Mailand vorgestellt worden war, hielt man stets an dem Gedanken fest, ein solches Motorrad in Serie zu fertigen.

So kam es auf dem Mailänder Salon 1965 zur Präsentation der 600-$cm^3$-Vierzylinder-MV, von der nur gut 100 Exemplare entstanden. Der aus den Rennmotoren abgeleitete Vierzylinder mit zwei obenliegenden Nockenwellen erhielt ebenfalls das Bankett, eine Konstruktion, die Kurbelwelle, Zylinder und Ventiltrieb zu tragen vermochte.

1969 folgte der erwartete 750-$cm^3$-Motor neben der 600er – mit 66 PS und über 200 km/h Spitze war diese MV ein echtes Superlativ. Das galt auch für den Preis: 1972 kostete die 750 S stolze 13.890,– DM.

Nach dem Tod des Conte Domenico Agusta im Jahre 1971 stand die Veränderung der Eigentumsverhältnisse an. Über die Hälfte der Anteile ging an die staatliche Holding EFIM, die bis Ende 1975 das Signet mit der Herzogskrone, Zahnrad und Flugzeug am Leben hielt. Die Entscheidung der Gruppo Agusta, sich nur noch dem Hubschrauberbau zu widmen, und die Schließung der Rennabteilung taten ein Übriges, um das Ende der regulären Produktion herbei zu führen.

Von 1975-77 wurde das Modell 750 Sport America ausschließlich für den US-Markt geliefert, doch der Absatzerfolg blieb aus.

In Eigeninitiative durch Enthusiasten wie dem deutschen MV-Importeur Schneider oder dem ehemaligen Rennleiter Arturo Magni wurden noch einige MV-Vierzylinder hergestellt, die aus Restbeständen oder durch Nachfertigungen entstanden. Doch die Zeit der „echten" MV-Vierzylinder aus Gallarate war vorbei.

Ansprechpartner: MV Agusta Club Deutschland e.V.,
Utz Raabe, Speckstraße 3, 72144 Dusslingen

*MV Agusta 600 1970*

*MV Agusta 750 SS 1972*

*MV Agusta 750 SS „America" 1976*

*MV Agusta 1100 1982*

## MV AGUSTA VIERZYLINDER

| Modell | Baujahr | Zylinder | ccm | Steuerung | PS/min | Ersatzteilsituation | Nachfragetrend | Preise (EUR) |
|---|---|---|---|---|---|---|---|---|
| 600 Quattro Cilindri | 1966 - 70 | 4 | 592 | dohc | 50/8 200 | schwach | leicht ansteigend | 15 000 bis 20 000 |
| 750 Sport | 1970 - 75 | 4 | 743 | dohc | 69/7 900 | schwach | leicht ansteigend | 20 000 bis 27 500 |
| 750 GT | 1970 - 75 | 4 | 743 | dohc | 69/7 900 | schwach | leicht ansteigend | 17 500 bis 25 000 |
| 750 Sport America | 1975 - 77 | 4 | 789 | dohc | 55/8 500 | schwach | leicht ansteigend | 22 500 bis 30 000 |
| Monza/Daytona | 1977 | 4 | 837 | dohc | 85/8 750 | schwach | leicht ansteigend | 25 000 bis 30 000 |
| Arturo Magni/Cento Valli | 1977 | 4 | 862 | dohc | 90/8 750 | schwach | leicht ansteigend | 25 000 bis 35 000 |
| Corona | 1979 | 4 | 954 | dohc | 99/8 750 | schwach | leicht ansteigend | k.A. |
| 1000 Ago | 1980 | 4 | 954 | dohc | 99/8 800 | schwach | leicht ansteigend | k.A. |
| Corona | 1979 | 4 | 954 | dohc | 99/8 750 | schwach | leicht ansteigend | k.A. |
| 1100 GP | 1982 | 4 | 1066 | dohc | 125/9 000 | schwach | leicht ansteigend | k.A. |



# MZ 1956–HEUTE

Mit der ES 250 läutete MZ die Fertigung unter dem Namen Motorradwerk Zschopau ein. Durch die Leistung und Zuverlässigkeit der ES war das Ende der IFA BK 350 mit dem Boxer-Zweizylinder 1959 absehbar. Auch für die Einzylinder RT 125/2 und /3, die seit Ende 1956 bereits 100.000 Mal verkauft worden waren, kam 1962 das Aus. Die ES 175 erschien 1957 und konnte getrost als Nachfolger antreten. Mit 11 PS war sie fast doppelt so stark wie die kleinere 125er.

Für die ES 250 kam in enger Zusammenarbeit mit Stoye im gleichen Jahr der Elastic-Seitenwagen ins Programm. Ein Jahr später, anknüpfend an die Geländeerfolge, setzte man auf die Modelle ES 175G und ES 250G. G stand für Geländesport. Mit der Lieferung von MZ-Motorrädern in 55 Länder konnte die Marke 1960 sogar Zündapp in der Zulassungsstatistik übertreffen.

1962 folgte eine aufgebohrte Version der ES 250, die ES 300. Sie war für 120 km/h gut und natürlich auch als Geländeversion Typ ES 300G erhältlich. Modifikationen erfuhr auch der Seitenwagen, der nun Superelastic hieß. Mit den im gleichen Jahr erhältlichen Typen ES 125/150 wurden nun auch die kleineren „Schwestern" mit Vollschwingen-Fahrwerk, hier jedoch aus Gewichtsgründen mit Pressblechrahmen, gefertigt.

1963/64 sowie '65 gewann MZ die Trophy bei den Sechstagefahrten. Dies sollte für den Beinamen der Modellgeneration /2 bis 1973 sorgen. Die Geländesport-Versionen wurden mit 123, 172 und 243 cm³ bis 1978 gebaut.

Zum 10. Parteitag der SED wurde eine neue Modellserie fertig: Die ETZ, die mit der 250er 1981 startete. 1984 folgten die kleineren Motoren mit der ETZ 125/150, ebenfalls mit den auffällig großen Zylindern und horizontal verripptem Kopf. Der Motor war nun erstmals auch bei den kleinen Modellen in Gummi gelagert.

*MZ ES 250/2 1966*

Ansprechpartner:
Manfred Woll, Lindelbrunnstr. 7, 76865 Insheim
e-mail: m.woll.ins@t-online.de

*MZ ES 150 1966*

## MZ

| Modell | Baujahr | Zylinder | ccm | Steuerung | PS/min | Ersatzteilsituation | Nachfragetrend | Preise (EUR) |
|---|---|---|---|---|---|---|---|---|
| RT 125/2 | 1956 - 59 | 1 | 123 | Schlitz | 6,5/5200 | gut | gleichbleibend | 450 bis 1 500 |
| ES 250+ 250/1 | 1956 - 67 | 1 | 247 | Schlitz | 14,5/5100 | gut | gleichbleibend | 350 bis 1 250 |
| ES 175 | 1957 - 67 | 1 | 172 | Schlitz | 11/5000 | gut | gleichbleibend | 300 bis 900 |
| ES 300 | 1962 - 65 | 1 | 290 | Schlitz | 18,5/5200 | schwach | gleichbleibend | 500 bis 1 500 |
| ES 125 | 1962 - 75 | 1 | 123 | Schlitz | 10/6300 | gut | gleichbleibend | 200 bis 400 |
| ES 150 | 1962 - 75 | 1 | 142 | Schlitz | 11/6000 | gut | gleichbleibend | 200 bis 750 |
| ETS/Geländesport | 1965 - 78 | 1 | 123/172/243 | Schlitz | 12 - 27,5 | schwach | leicht ansteigend | 1 000 bis 2 500 |
| ES 250/2 | 1966 - 73 | 1 | 243 | Schlitz | 19/5200 | gut | gleichbleibend | 400 bis 1 000 |
| ETS 125 | 1969 - 73 | 1 | 123 | Schlitz | 10/6150 | gut | gleichbleibend | 200 bis 500 |
| ETS 150 | 1969 - 73 | 1 | 143 | Schlitz | 11,5/6150 | gut | gleichbleibend | 200 bis 500 |
| ETS 250 | 1969 - 73 | 1 | 243 | Schlitz | 21/5500 | sehr gut | gleichbleibend | 600 bis 1 500 |

# NEANDER 1924–1949

Ernst Neumann-Neander war Künstler, Graphiker und Konstrukteur. Seine ganze Ausrichtung gehörte jedoch dem Motorrad. Er versuchte mit Federungskomfort und unkonventionellen Konstruktionsideen seine eigene Ideologie zu verwirklichen. Nicht immer im Sinne des Verbrauchers. Bereits 1904 baute er sich ein Leichtbau-Motorrad mit Zweizylinder- Zedel-Motor im Griffon-Fahrgestell und fuhr damit zwei Mal die Strecke Paris-Rom-Paris in einem Stück. Danach versuchte er sich erfolgreich als Automobil-Designer in Berlin und kehrte 1920 zum Motorradbau zurück. Hier entwickelte er erstmalig seine später patentierte Abwälzfederung mit progressiver Wirkung. Blattgefederte Sättel gehörten ebenso zu seinem Standard wie Fußbretter, in denen die Bremse integriert war.

1923 schuf er drei Motorradmodelle in Köln gemeinsam mit der Lindenthaler Firma Allright. Mit diesen nahm er an der Deutschlandfahrt teil, der damals härtesten Prüfung für Mensch und Maschine. Alle drei Maschinen kamen nach dreiwöchiger Fahrt durch Eis und Schnee ans Ziel.

Mit dem „Deutschlandfahrt" genannten Modell ließ er sich 1924 in Euskirchen nieder und baute in seinen Einheitsrahmen Villiers-Motoren von 150 bis 350 cm³. Leichtbau stand immer im Vordergrund bei seinen Modellen, denn nur ein leichtes Motorrad ließ sich gut handhaben und auch die Motorleistung hubraumschwacher Motoren genügte hierfür.

So begann Neumann-Neander, dessen Beiname sich aus dem Griechischen (der neue Mann) ableitete, mit der Fertigung der Rahmen aus Duraluminium, welches aus den nahe gelegenen Dürener Aluminiumwerken bezogen wurde. Die geringe Verwindungssteifheit des Duralumins brachte ihn jedoch 1926 wieder zur Fertigung von Rohrrahmen, nun auch mit Motoren der Hersteller JAP, Küchen und Columbus.

Bekannt wurde Neumann-Neander mit seinen Stahlpressmodellen, welche er ab Ende 1926 in seinem Werk, nun in Düren, fertigte. Hier griff auch wieder das Prinzip des Einheitsrahmens Platz: Motoren von 150 bis 1000 cm³ ließen sich einbauen. Neue und alte Konstruktionsmerkmale wie der Büffeltank, blattgefederter Sitz mit Luftkissen sowie seine patentierte Abwälzfederung wurden bei diesem markanten Modell verwendet. Als Einzylinder-Einbaumotoren wurden vom 150-cm³-Villiers über die 500- und 600-cm³-Motoren von Küchen, MAG und JAP auch die großen Zweizylinder-750- und -1000-cm³-Motoren von MAG verwendet. In der Serie rundete als Spitzenmodell der 1000er JAP-Zweizylinder die Palette nach oben ab.

Rennerfolge wie der 24-Stunden-Rekord auf der Opelbahn, aufgestellt durch Leon Lismonde, aber auch diverse Straßen-, Berg- und Bahnrenneinsätze durch Fahrer wie Gohr, Goretzky, Buttler und Detombay verhießen die sportliche Einsetzbarkeit der Neander-Motorräder.

Auch Neander-Seitenwagen auf eigenem Fahrgestell mit Booten von Kalinowski wurden 1929 hergestellt. Parallel zur Neander wurde ab September 1928 unter Lizenzfertigung durch die Opel-Werke in deren Zweigwerk Brand-Erbisdorf das Modell Motoclub gefertigt. Diese mit eigenen Opel-Motoren bestückten Neander-Fahrgestelle erfreuten sich noch größerer Beliebtheit.

1929 endete die Produktion der Stahlpress-Neander nach ungefähr 1800 Stück, während bei Opel noch bis 1930 die Motoclub in insgesamt ca. 6000 Exemplaren verkauft wurde. Beide Maschinentypen Neander und Opel sind heute gesuchte Sammlerstücke.

1949, im Alter von 78 Jahren, schuf Neumann-Neander noch einmal ein Leichtmotorrad Typ „Motorkatze", ein wendiges kleines Maschinchen mit Drehblattfederung und verstellbarem Lenkkopf mit Einbaumotoren von ILO und Sachs. In Serie gingen die in wenigen Prototypen entstandenen Leichtmotorräder nie und das hohe Alter Neumann-Neanders verhinderte einen großen neuen Start.

Appendix: Villiers, JAP, MAG, Küchen, ILO, Sachs

Ansprechpartner: Thomas Trapp, Riedstraße 10, 61137 Schöneck

*Neander 1000 Sport (JAP) 1929*

N

## NEANDER

| Modell | Baujahr | Zylinder | ccm | Steuerung | PS/min | Ersatzteilsituation | Nachfragetrend | Preise (EUR) |
|---|---|---|---|---|---|---|---|---|
| 500 SS | 1927 - 29 | 1 | 498 | ohv | 22/4800 | schwach | gleichbleibend | 5 000 bis 10 000 |
| 500 K | 1927 - 29 | 1 | 499 | ohc | 22/4300 | schwach | gleichbleibend | 5 000 bis 10 000 |
| 750 | 1927 - 29 | 2 | 740 | ioe | 18/3800 | schwach | leicht ansteigend | 7 500 bis 12 500 |
| 1000 Tourist | 1927 - 29 | 2 | 996 | ioe | 22/4100 | schwach | leicht ansteigend | 7 500 bis 15 000 |
| 1000 Sport | 1927 - 29 | 2 | 980 | sv | 28/4000 | schwach | leicht ansteigend | 7 500 bis 17 500 |

# NEW HUDSON (GB) 1902–1958

In der Zweiradmetropole Englands ansässig, baute New Hudson in Birmingham schon 1902 sein erstes Motorrad. Die noch mit Minerva-Motoren ausgerüsteten Maschinen verkauften sich nur in geringen Mengen.

Ab 1910 ging man zur Verwendung von JAP-Triebwerken über und beteiligte sich schon 1911 auf der Isle of Man. Schnell erweiterte sich die Motorenpalette und reichte nun vom kleinen 211-cm³-Levis-Zweitakter bis zum dicken V-Zweizylinder für den Gespannbetrieb aus eigener Fertigung. Auch ein eigener 500er Seitenventil-Single war verfügbar.

Nach dem ersten Weltkrieg fertigte New Hudson auch eigene kleine Zweitakter und 1922 folgte ein 595-cm³-Einzylinder-Seitenventiler, der für den Gespannbetrieb ausgelegt war. Hierfür bot New Hudson einen Seitenwagen an.

1924 entfielen die Zweitakter gänzlich aus dem Programm, es kam dafür ein 350er OHV-Modell ins Programm. Das stand New Hudson ohnehin besser, denn das sportliche Image war immer von großer Bedeutung.

Es gelang dem Unternehmen, Bert Le Vack, den berühmten Rennfahrer und Konstrukteur, von JAP in London abzuwerben. Er prägte 1927 die Sportmotoren bei New Hudson. Die 350er-obengesteuerte-Maschine erhielt die Modellbezeichnung LSO, während die 500er den Namen MSO trug. 1929 kam eine 250er mit obengesteuerten Ventilen hinzu.

1931 neigte man, einem Modetrend in England entsprechend, die Zylinder leicht nach vorn und das Angebot bestand nun aus einer 350er, wahlweise mit oben- und seitengesteuerten Ventilen, einer 500er-OHV sowie einer robusten 600er-Seitenventiler für den Gespannbetrieb.

*New Hudson Semi Sport 350 1928*

1932 rundete die Bronze Wing mit gekapselten Kipphebeln in einem Geländesportrahmen mit 500 cm³ die Serie nach oben ab. Der Name kam von dem bronzefarbenen Tank mit angedeuteten Vogelschwingen auf der Motorverkleidung.

1940 wurde noch ein Anlauf mit dem Autocycle genommen, einem blechverkleideten Motorfahrrad mit 98er Single-Zweitakter von Villiers. Das Bauprinzip und die Produktion wurde 1946 von BSA übernommen und unter dem Namen New Hudson bis 1958 verkauft.

Appendix: JAP, Villiers
Ansprechpartner: Walter Meier, Zum Auehof 1, 31708 Ahnsen

## NEW HUDSON

| Modell | Baujahr | Zylinder | ccm | Steuerung | PS/min | Ersatzteilsituation | Nachfragetrend | Preise (EUR) |
|---|---|---|---|---|---|---|---|---|
| 350 Touren | 1925 - 33 | 1 | 346 | sv | 8/3800 | schwach | gleichbleibend | 1 750 bis 3 500 |
| 350 Sport | 1925 - 33 | 1 | 346 | ohv | 15/5200 | schwach | gleichbleibend | 2 250 bis 4 500 |
| 500 Touren | 1925 - 33 | 1 | 496 | sv | 12/4000 | schwach | gleichbleibend | 1 750 bis 4 000 |
| 500 Sport | 1925 - 33 | 1 | 496 | ohv | 20/5000 | schwach | gleichbleibend | 2 500 bis 5 000 |

# NEW IMPERIAL (GB) 1910–1939

Bereits 1910 fertigte Norman Downs sein erstes Serienmotorrad in Birmingham. Es war ein leichtes Tourenmodell, das gerne gekauft wurde. Als Konfektionsmotorräder folgten Maschinen unterschiedlicher Hubraumgrößen, von 246 bis 996 cm³, meist mit Einbaumotoren von JAP ausgestattet. TT-Erfolge auf der Isle of Man sorgten für Publicity und vollere Kassen, sodass man Mitte der zwanziger Jahre auf eigene Triebwerke setzen konnte. Ab 1926 waren elf Solo- und acht Beiwagenmodelle erhältlich. Während alle Einzylinder-Motoren aus eigener Fertigung kamen, wurden bei den schweren Zweizylinder-Maschinen nach wie vor die Motoren von JAP in London bezogen. Bereits ab 1927 ging New Imperial vom Stecktank zum Satteltank über, und das zu einer Zeit, als der Stecktank in Europa noch als Standard galt.

Mit verschiedenen TT-Replica-Modellen bediente man weiterhin das sportliche Segment bei New Imperial. Mit der seit 1926 gefertigten 250er wurde 1932 erstmals die TT gewonnen. Ab diesem Zeitpunkt war für den Privatfahrer das Modell Grand Prix mit 250 bzw. 350 cm³ erhältlich.

Im gleichen Jahr erfuhren die Serienmodelle ebenfalls eine Renaissance. Als Ablösung des alten Bauprinzips getrennter Motor- und Getriebeeinheit folgte nun ein Blockmodell, d.h. Motor und Getriebe bildeten eine Einheit. Die Ventile waren voll gekapselt und das Ölreservoir wurde unterhalb des Kurbelhauses ebenfalls in den Gehäuseblock integriert. Der steuerbegünstigten Hubraumklasse bis 150 cm³ folgend, gab es sogar ein kleines 150-cm³-Viertakt-OHV-Modell – die Minor. Für die größeren Brüder mit 350 und 500 cm³ wurde als Fahrgestell ein Schwingrahmen, Prinzip Bently & Draper, angeboten, dessen technisches Konzept man heute als Cantilever-Bauweise bezeichnen würde. Aufgrund der hohen Kosten für die aufwändige Fertigung setzte er sich jedoch nicht durch. Bis zum Kriegsbeginn gab es kaum weitere Modellpflege bei New Imperial. Man konzentrierte sich im Schwerpunkt auf die Weiterentwicklung der Rennmotoren, die in einem äußerst schnellen V2-Zylinder-Triebwerk gipfelte.

Mit dem Kriegsausbruch endete auch die Fertigungsära der schnellen New Imp-Maschinen aus Birmingham.

Appendix: JAP

*New Imperial Blue Prince 350 1932*

*New Imperial Light Tourist 350 1932*

## NEW IMPERIAL

| Modell | Baujahr | Zylinder | ccm | Steuerung | PS/min | Ersatzteilsituation | Nachfragetrend | Preise (EUR) |
|---|---|---|---|---|---|---|---|---|
| 250 Sport | 1925 - 39 | 1 | 247 | ohv | 9/4800 | schwach | gleichbleibend | 1 600 bis 3 750 |
| 350 Touren | 1925 - 33 | 1 | 344 | sv | 8/3800 | schwach | gleichbleibend | 1 750 bis 3 500 |
| 350 Sport | 1925 - 39 | 1 | 346 | ohv | 12/4800 | schwach | gleichbleibend | 2 250 bis 4 500 |
| 500 Sport | 1925 - 39 | 1 | 496 | ohv | 18/4800 | schwach | gleichbleibend | 2 500 bis 5 000 |
| Minor | 1932 - 39 | 1 | 148 | ohv | 5/5500 | schwach | gleichbleibend | 750 bis 2 000 |
| Grand Prix | 1933 - 37 | 1 | 247/344 | ohv | 15 - 20 | schwach | gleichbleibend | 3 750 bis 10 000 |



# NIMBUS (DK) 1918–1960

Der Staubsaugerfabrikant Peder Andersen Fisker stellte 1918 sein erstes Motorrad der Öffentlichkeit vor. Eine Vierzylinderkonstruktion mit wechselgesteuerten Ventilen und 750 cm³ war sein Motorenstandard – und das war für die damalige Zeit äußerst ungewöhnlich. Der Hauptrahmenträger bestand aus einem üppig bemessenen Stahlrohr, das auch gleichzeitig den Tank mit 12 Litern Fassungsvermögen beinhaltete. Diese Form gab dem schwarz lackierten Motorrad Typ Nimbus I schon bald den Spitznamen „Ofenrohr". 1920 wuchs es aus dem Prototypenstatus hinaus und die erste Serienfertigung begann. 1923 setzte man auf behördlichen Einsatz und die dänische Post wurde zum Abnehmer. Bereits ein Jahr später machte ein besonderer Umstand den Erfolg der ersten Nimbus zunichte: Die Umsatzsteuereinführung für Motorräder machte sie extrem teuer und die Absatzzahlen nahmen deutlich ab. 1926 endete die Produktion des „Ofenrohrs" und bis 1928 fertigte man aus Restbeständen die letzten Modelle.

1932 begann Fisker gemeinsam mit seinem Sohn Anders eine Neukonstruktion auf die Beine zu stellen, die ab 1934 serienmäßig gefertigt wurde. Diese Nimbus II hatte ebenfalls einen Vierzylinder-Reihenmotor, doch nun mit obenliegenden Ventilen und Königswellensteuerung. Die Leistung betrug zunächst 18 PS und stieg später auf bis zu 22 PS an. Die Zylinder waren nun nicht mehr einzeln, sondern in einem Block gegossen und das eher gutmütige Triebwerk mutete durch diese Konstruktionsdetails fast schon wie ein Rennmotor an. Das Dreiganggetriebe wurde bis 1936 per Hand geschaltet – im Folgejahr ging man zur Fußschaltung über. Auf die Hinterradfederung, die das Urmodell „Ofenrohr" noch aufwies, mussten die Käufer nun verzichten. Die einfache Flachstahlkonstruktion des Rahmens hätte wohl kaum die nötige Verwindungssteifigkeit aufgebracht.

Über die Hälfte der Produktion ging zu dieser Zeit an Behörden wie Post, Militär oder Polizei. Als Farbvarianten standen, neben dem obligatorischen Schwarz, ab 1935 auch Grün und Rot zur Auswahl. Mit dem Modell Sport gab es ab 1937 auch eine blaue Nimbus, und die „Spezial" ließ sich elfenbeinfarben erwerben.

1956 wurden mit der „Luksus" die Ventile gekapselt, doch losgelöst von sonstiger Modellpflege über die Jahre der Produktion, gab es nur geringfügige Veränderungen im ursprünglichen Bauprinzip der Nimbus-Motorräder.

Aufgrund der immer geringeren Nachfrage wurde 1960 die Produktion eingestellt und Anders Fisker konnte auf insgesamt 1252 produzierte Nimbus I, sowie 12.715 Nimbus II zurück blicken.

Ansprechpartner: IG Nimbus Freunde, Peter Schönbeck, Heidbergredder 16, 24147 Klausdorf

## NIMBUS

| Modell | Baujahr | Zylinder | ccm | Steuerung | PS/min | Ersatzteilsituation | Nachfragetrend | Preise (EUR) |
|---|---|---|---|---|---|---|---|---|
| Nimbus I, Nimbus II | 1919 - 28 | 4 | 746 | ioe | 16,8/3800 | schwach | gleichbleibend | 6000 bis 12 500 |
| Standard/Luksus | 1934 - 60 | 4 | 746 | ohc | 18/4000 | gut | gleichbleibend | 2 000 bis 6 250 |
| Sport/Spezial | 1937 - 60 | 4 | 746 | ohc | 22/4000 | gut | gleichbleibend | 2 500 bis 6 000 |

# NORTON (GB) 1902–1945

James Lansdowne Norton gründete 1898 seine Firma „Norton Manufacturing Company“ und baute bereits 1902 sein erstes Norton-Motorrad. Als Triebwerk wählte „Pa“ Norton einen französischen Viertakt-Clément-Motor mit $1^1/_3$ HP und Schnüffelventil. Das Auslassventil war bereits mechanisch gesteuert.

1907 trat der erste Erfolg auf der Isle of Man ein, welcher mit einem Peugeot-Zweizylinder-Motor im Norton-Fahrwerk die lange anhaltende Serie von Rennerfolgen des Hauses begründen sollte.

Bereits ein Jahr später baute Norton seine ersten eigenen Motore. Einen Zweizylinder, der an das französische Vorbild angelehnt war, sowie einen Langhub-Einzylinder, der 633 cm³ aufwies. Auf Basis dieses Bauprinzips wurde, in Anlehnung an die Hubraumklassen bis 500 cm³, im Jahr 1911 das Bohrung/Hub-Verhältnis auf für Norton klassische 79 x 100 mm reduziert. Es sollte bis 1963 für die Einzylinder-Modelle der Maßstab bleiben.

1913 strauchelte das Unternehmen aufgrund finanzieller Schwierigkeiten und durch den Eintritt der Finanziers R. T. Shelley und C. A. Vandervell wurde die „Manufacturing Company“ in die „Norton Motors Ltd.“ umgewandelt.

Mit dieser neuen Situation kam auch D. R. O'Donovan zu Norton, der zwei äußerst schnelle Rennmotorräder schuf: die Brooklands Special BS und die Brooklands Road Special BRS, die bereits über 70 Meilen schnell waren.

Bis kurz vor dem Krieg hielt Norton 21 Weltrekorde und nannte sich verkaufsfördernd „The Unapproachable“.

1915 wurden Dreigang-Getriebe von Sturmey-Archer eingeführt und wahlweise war nun Kettenantrieb erhältlich.

Nach dem Ersten Weltkrieg gab es fünf Norton-Modelle, die auf den Vorkriegsmaschinen aufbauten. Erst 1922 folgte eine Neuerung in den Konstruktionen: der OHV-Motor wurde eingeführt. Die Zeit der schnellen Seitenventiler war vorbei und

*Norton CS 1 1928*

*Norton International 1938*

Konkurrenten auf der Isle of Man, wie beispielsweise AJS, machten die Leistungsunterschiede deutlich. Im gleichen Jahr stellte man das OHV-Modell als neuer Typ 18 der Öffentlichkeit vor. Die seitengesteuerte 16H blieb unverändert im Programm.

1924 war das Jahr der Siege bei Norton. Speziell für das Rennen auf der Isle of Man wurde das Modell TT gefertigt. Alec Bennett siegte in der Senior-Klasse und George Tucker gewann die Seitenwagen-TT. Der Erfolg in der Senior-Klasse wurde zwei Jahre darauf von Stanley Woods wiederholt.

1927 befanden sich in Nortons Produktportfolio nicht weniger als drei seitengesteuerte, fünf kopfgesteuerte und das TT-Modell.

Im gleichen Jahr erzeugte man erneut mit einer außergewöhnlich sportlichen Konstruktion, diesmal jedoch mit Königswellenantrieb, aufsehen. Die CS1 debütierte gleich in ihrem ersten Erscheinungsjahr mit einem dritten Platz auf der TT.

1929 ging man bei Norton zu den schmalen Satteltanks über, und 1930 erschien die erste 350er-Maschine in zwei Varianten: die CJ war eine kleinere CS1, ebenfalls mit Königswelle, und die JE das kleinere, stoßstangengesteuerte Modell zur ES2 mit 500 $cm^3$. Dem Trend der Zeit folgend, erschienen auch bald Modelle mit Doubleport-Auspuffanlagen, die Typen 20 und 22. Sie setzten sich jedoch am Markt nicht durch.

1932 kam mit der International die wohl bekannteste Norton-Maschine mit Königswelle ins Programm. Sie war als Typ 30 mit 500 $cm^3$ und als Typ 40 mit 350 $cm^3$ erhältlich.

Neben Modellpflegemaßnahmen an den unterschiedlichen Typen waren Mitte der dreißiger Jahre auch, abgesehen von den Inter-Modellen, Trial-Versionen aller angebotenen Maschinen gegen Aufpreis erhältlich.

1938 bekamen alle Modelle gekapselte Ventile und Federn. Die Hüllrohre der Stoßstangen waren nun konisch zueinander geneigt, anstelle des Parallel-Verlaufs ihrer Vorgänger-Varianten.

Für den Kriegseinsatz produzierte Norton in großen Stückzahlen die Modelle 16G, eine Militärvariante der 16H, sowie die große, seitengesteuerte Big Four, die auch im Gespannbetrieb Einsatz fand.

Ansprechpartner:
Norton Owners Club, Manthalstr.5,
82335 Berg

*Norton Model 18 1949*

*Norton ES2 500 1955*

*Norton Dominator 1955*

N

*Norton Model 19 1955*

*Norton Manx 1961*

## NORTON EINZYLINDER

| Modell | Baujahr | Zylinder | ccm | Steuerung | PS/min | Ersatzteilsituation | Nachfragetrend | Preise (EUR) |
|---|---|---|---|---|---|---|---|---|
| 16 H | 1928 - 54 | 1 | 490 | sv | 14/4500 | schwach | gleichbleibend | 1 500 bis 4 000 |
| Big 4 | 1928 - 54 | 1 | 633 | sv | 16/4200 | schwach | gleichbleibend | 1 250 bis 3 500 |
| 18 | 1928 - 54 | 1 | 490 | ohv | 21/5000 | schwach | gleichbleibend | 2 000 bis 6 000 |
| International | 1932 - 58 | 1 | 348 | ohc | 24/6200 | schwach | gleichbleibend | 4 500 bis 11 000 |
| International | 1932 - 58 | 1 | 490 | ohc | 30/6000 | schwach | gleichbleibend | 7 500 bis 15 000 |
| ES 2 | 1947 - 63 | 1 | 490 | ohv | 21/5000 | gut | gleichbleibend | 1 750 bis 4 000 |
| 50 | 1955 - 63 | 1 | 348 | ohv | 20/5800 | gut | gleichbleibend | 1 500 bis 3 500 |
| 19 | 1954 - 58 | 1 | 597 | ohv | 25/4200 | schwach | gleichbleibend | 1 400 bis 3 500 |
| Manx | 1951 - 63 | 1 | 349 | dohc | 35/7200 | gut | gleichbleibend | 12 500 bis 25 000 |
| Manx | 1951 - 63 | 1 | 498 | dohc | 48/6800 | gut | gleichbleibend | 15 000 bis 30 000 |

# NORTON (GB) 1946–HEUTE

Trotz Materialengpässen begann Norton unmittelbar nach dem Krieg mit der Produktion der Modelle 16H und 18, jedoch nun mit geschlossenem Rahmen und Telegabel der ohc-Modelle.

Bald folgte die Einführung der Geradweg-Hinterradfederung, die, bis zum Übergang auf Schwingrahmen-Hinterradfederung zu Beginn der fünfziger Jahre, beibehalten wurde.

1948 konnte Norton auf der Londoner Earls Court Show einen neuen Meilenstein präsentieren: die Dominator 7. Der Zweizylinder mit oben hängenden Ventilen leistete 29 PS und das Fahrwerk wurde mit Verwendung des Federbett-Rahmens im Jahr 1952 beim Typ 88 dem Leistungsvermögen des Motors angepasst.

Dieser erschien erstmals 1951 in den neu eingeführten Rennmaschinen der „Manx"-Serie, die mit 350 cm³ und 500 cm³ mit zwei obenliegenden Nockenwellen auf internationalen Rennstrecken für Furore sorgten.

Im Jahr 1952 wurde Norton von der AMC-Gruppe (Associated Motor Cycle Ltd.) übernommen, der bereits Matchless, AJS und Sunbeam angehörten.

1954 endete die erfolgreiche Produktionsära der Typen 16H, 18 und Big Four und als Nachfolger kam die 19 und ein Jahr darauf der 350er OHV-Typ 50 ins Programm.

Die Ära der Einzylinder-Motorräder bei Norton endete 1963 mit der Verlegung des Werkes von Birmingham zu AMC nach Plumstead bei London.

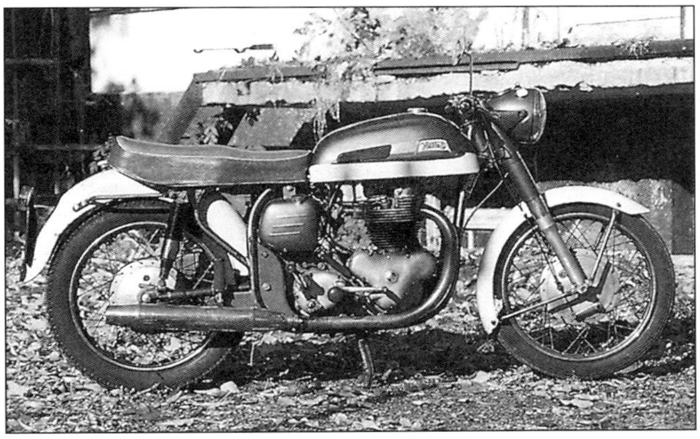

*Norton 99 1959*

Man konzentrierte sich, was die Entwicklung anging, neben den Manx-Rennmaschinen auf die Zweizylinder. Schon 1956 folgten 600er-Versionen als Typ 77, welche die Dominator 7 ablösten, sowie die 99, die als größere Schwester der 88 zur Seite stand. Sie leistete 34 PS und war für 100 Meilen Spitze gut.

1958, pünktlich zum 60-jährigen Firmenjubiläum, wurden auch kleinere Zweizylinder vorgestellt. Als Kleinste debütierte die Jubilee mit 250 cm³, ihr folgten mit 350 cm³ die Navigator, sowie 1963 die Electra, die einen E-Starter hatte. Doch große Verkaufserfolge waren diesen Modellen nicht beschieden.

1961 wurde der Hubraum mit der 650 SS auf 646 cm³ angehoben, die 185 km/h schnell war und 45 bhp vorzeigen konnte. Bereits ein Jahr später kam, mit nochmaliger Steigerung des Hubraumes auf 745 cm³, die Atlas hinzu.

1966 ging es dem AMC-Konzern so, wie Norton selbst 14 Jahre zuvor. Die Manganeze Bronze Holding stieg ein und 1968 zog man abermals um, nun nach Andover nahe der Thruxton-Rennstrecke in der Grafschaft Hampshire.

In diesem Jahr kam die legendäre Commando auf den Markt, die ein neues Fahrwerk besaß, bei dem Motor und Heckpartie als Einheit in Gummilagern des Doppelschleifenrahmens Aufnahme fanden. Diese Bauart gewährleistete einen vibrationsärmeren Lauf. Sie blieb bis 1973 im Angebot und ihr folgte die Commando mit 850 cm³, die nun ehrliche 50 PS Leistung auf dem Prüfstand abgab. Sie wurde bis 1977 in über 50.000 Exemplaren produziert, bis das Unternehmen erneut in Liquiditätsschwierigkeiten geriet. Ein kleiner Teil des Unternehmens überlebte den Konkurs und kreierte ein völlig neues Motorradkonzept für Norton mit einem Wankelmotor, das sich 1984 auch an die britische Polizei verkaufen ließ.

Die Übernahme Nortons durch den Investmentbanker Philippe Le Roux führte zu einem erneuten Konkurs im Jahr 1990, als dieser das Geld der Aktionäre verwendete, um Investmentgeschäfte zu machen, anstatt Motorräder zu bauen. 1989, 1990 und 1994 wurde trotz aller Widrigkeiten die Britische Meisterschaft von Norton-Motorrädern gewonnen.

Verschiedene Anteilseigner bestimmten über den weiteren Weg des Traditionsunternehmens, bis Norton Motors Deutschland im Jahr 1997 in Anklang an die erfolgreiche International ein neues Norton-Motorrad, die C652 International designte, welche in kleiner Serie auch 1998/99 gefertigt wurde.

Ansprechpartner: Norton Owners Club, Manthalstr.5, 82335 Berg

*Norton Commando 850 Roadster 1974*

N

## NORTON ZWEIZYLINDER

| Modell | Baujahr | Zylinder | ccm | Steuerung | PS/min | Ersatzteilsituation | Nachfragetrend | Preise (EUR) |
|---|---|---|---|---|---|---|---|---|
| Dominator 7 | 1949 - 56 | 2 | 497 | ohv | 29/6000 | gut | gleichbleibend | 1 500 bis 4 000 |
| 88 | 1952 - 66 | 2 | 497 | ohv | 29,5/7000 | schwach | gleichbleibend | 1 750 bis 4 500 |
| 99 | 1956 - 62 | 2 | 596 | ohv | 34/6500 | schwach | gleichbleibend | 1 750 bis 4 500 |
| Jubilee | 1958 - 66 | 2 | 249 | ohv | 16/7750 | schwach | gleichbleibend | 400 bis 1 500 |
| Navigator | 1960 - 65 | 2 | 349 | ohv | 22/7000 | schwach | gleichbleibend | 400 bis 1 750 |
| Electra | 1963 - 65 | 2 | 383 | ohv | 24/7000 | schwach | gleichbleibend | 600 bis 1 750 |
| 650 SS | 1961 - 68 | 2 | 646 | ohv | 45/6800 | schwach | gleichbleibend | 2 000 bis 5 000 |
| Atlas | 1962 - 68 | 2 | 745 | ohv | 45/6500 | schwach | gleichbleibend | 1 750 bis 4 500 |
| Commando 750: | | | | | | | | |
| Fastback | 1968 - 73 | 2 | 745 | ohv | 58/6800 | sehr gut | gleichbleibend | 2 000 bis 4 750 |
| Roadster | 1970 - 73 | 2 | 745 | ohv | 58/6800 | sehr gut | gleichbleibend | 2 250 bis 4 500 |
| Interstate | 1972 - 73 | 2 | 745 | ohv | 65/7000 | sehr gut | leicht ansteigend | 2 500 bis 4 750 |
| Commando 850 | 1973 - 77 | 2 | 828 | ohv | 50/5900 | sehr gut | stark ansteigend | 2 500 bis 7 500 |

# NSU 1900–1945

Bereits 1873 gründeten Christian Schmidt und Heinrich Stoll eine Strickmaschinenfabrik. 1880 zog das Unternehmen um nach Neckarsulm und wurde zur Aktiengesellschaft. 1886 begann man Fahrräder zu produzieren.

1900 folgten die ersten Motorräder mit Einbaumotoren von Zedel aus der Schweiz. 1902 entstanden eigene Ein- und Zweizylinder-Triebwerke unterschiedlicher Größe, die sich schon bald im sportlichen Einsatz bewiesen. Durch erfolgreiche Teilnahmen auf der Isle of Man ab 1907 und selbst bei Bahnrennen in den USA machten sich die Neckarsulmer einen Namen und das Unternehmen expandierte sprunghaft. Fahrrad- und auch Automobilbau wurde erfolgreich betrieben. Die wechselgesteuerten Ein- und Zweizylinder-Motorräder mit bis zu 996 $cm^3$ boten eine große Modellvielfalt.

1926 firmierten die Neckarsulmer unter „NSU Vereinigte Fahrzeugwerke AG“ und neue Modelle mit Blockmotoren wurden produziert. Hubraumgrößen von 250, 300, 500 und 600 $cm^3$ kennzeichneten diese als T (Touren) und TS (Touren/Satteltank) bezeichneten Maschinen und waren von Otto Reitz konstruiert.

Wechselgesteuerte Ventile wurden nur noch bei den TS 200/250-Modellen verwendet, ansonsten kennzeichneten seitlich gesteuerte Ventile diese Serie.

Für den sportlich ambitionierten Fahrer kam 1927 die 250er vom Typ SP 251 mit schnellem OHV-Motor hinzu, mit der Franz Islinger viele sportliche Erfolge errang. 1929 kam der berühmte englische Konstrukteur Walter William Moore von Norton zu NSU und schuf, in Anlehnung an den Norton CS1-Königswellenmotor, 350er- und 500er-Rennmaschinen, die unter Rüttchen, Ulmen, Giggenbach und dem legendären Tom Bullus für Furore sorgten. Letzterer sorgte für die Bezeichnung dieser NSU SS500 unter Kennern als „Bullus-NSU“.

Unter Moore entstand auch zu Beginn der dreißiger Jahre die OSL-Serie (Obengesteuert, Sport, Luxus). Sie war, neben den T-Modellen mit Blockmotor, der eigentliche Verkaufserfolg bei NSU. Als 198-, 239-, 346- und 494-$cm^3$-Modell angeboten, verkaufte sich insbesondere die preiswerte 250er außerordentlich gut. Als hubraumstarker Gespannmotor folgte 1937 das Topmodell der OSL-Serie, die 601 OSL mit 562 $cm^3$ Hubraum.

Nach unten rundeten die Neckarsulmer ihr Produktprogramm entsprechend ab. Mit der 1931 erschienenen Motosulm kam ein 63-$cm^3$-Zweitaktmotor ins Angebot, der über dem kettengetriebenen Vorderrad saß.

Mitte der dreißiger Jahre folgten weitere Zweitakter, wie die 98er Quick und die Pony, gefolgt von den ZDB-Modellen mit 123 und 198 $cm^3$. Der Krieg kam und bei NSU wurden für die Wehrmacht Kettenkräder mit 1500-$cm^3$-Opel Olympia-Vierzylindermotor gebaut.

Ansprechpartner: Karl Reese, Walther-Rathenau-Straße 105, 64560 Riedstadt

*NSU SS-Rennmaschine 1935*

*NSU Quick 98 1936*

*NSU 3 PS 1910*

*NSU 7/9 PS 1920*

*NSU 501 T 1927*

*NSU 201 OS 1933*

*NSU 501/601 OSL 1936*

*NSU 201 OSL 1940*

*NSU 601 TS 1936*

*NSU 251 OSL 1940*

*NSU 351/501 1936*

*NSU 601 OSL 1939*

## NSU

| Modell | Baujahr | Zylinder | ccm | Steuerung | PS/min | Ersatzteilsituation | Nachfragetrend | Preise (EUR) |
|---|---|---|---|---|---|---|---|---|
| 501 T | 1927 - 36 | 1 | 494 | sv | 11/3800 | schwach | leicht ansteigend | 2 000 bis 6 000 |
| 201 TS | 1929 - 32 | 1 | 199 | ioe | 4,5/4200 | schwach | gleichbleibend | 1 200 bis 3 000 |
| 601 TS | 1930 - 39 | 1 | 592 | sv | 16/4200 | schwach | gleichbleibend | 1 800 bis 5 500 |
| 500 SS | 1931 - 35 | 1 | 494 | ohc | 20 - 30 | schwach | gleichbleibend | 8 000 bis 20 000 |
| Motosulm | 1931 - 35 | 1 | 63 | Schlitz | 1,25/4000 | schwach | gleichbleibend | 600 bis 1 800 |
| 351 OSL | 1932 - 40 | 1 | 346 | ohv | 17/4800 | schwach | gleichbleibend | 1 800 bis 4 500 |
| 501 OSL | 1932 - 39 | 1 | 494 | ohv | 20/4400 | schwach | gleichbleibend | 1 800 bis 6 000 |
| 201 OSL | 1933 - 39 | 1 | 198 | ohv | 8/5000 | schwach | gleichbleibend | 1 000 bis 3 500 |
| 251 OSL | 1933 - 52 | 1 | 239 | ohv | 9/5000 | schwach | leicht ansteigend | 1 200 bis 4 500 |
| 201 ZD Pony | 1934 - 36 | 1 | 198 | Schlitz | 6,5/4000 | schwach | gleichbleibend | 500 bis 2 000 |
| 201 ZDB | 1935 - 40 | 1 | 198 | Schlitz | 7/4150 | schwach | gleichbleibend | 500 bis 2 000 |
| Quick | 1936 - 53 | 1 | 98 | Schlitz | 3/4200 | gut | gleichbleibend | 300 bis 1 300 |
| 601 OSL | 1937 - 42 | 1 | 562 | ohv | 24/5000 | schwach | gleichbleibend | 2 000 bis 6 500 |
| 125 ZDB | 1939 - 51 | 1 | 123 | Schlitz | 4,8/4600 | schwach | gleichbleibend | 500 bis 1 500 |



# NSU 1946–1964

Das NSU-Werk wurde im Krieg zu großen Teilen zerstört. Trotzdem begann man sofort wieder mit dem Bau von Motorrädern. Mit der kleinen, preiswerten Quick und der 1939 entstandenen ZDB125 war ein guter Anfang gemacht. Mit der OSL 251 konnte man sogar ein, für die damaligen Verhältnisse, „großes“ Motorrad anbieten.

1949 entstand bei NSU mit der Fox die echte Neuerung in den Konstruktionen, welche bis 1954 zu einem Verkaufsschlager wurde. Das 98-cm³-Viertakt-Motorrad hatte einen Pressstahl-Schalenrahmen und Hinterradschwinge. Die Leistung war mit 6 PS außerordentlich gut.

Ihr folgte 1951 im gleichen Rahmen eine Zweitakt-Version mit 123 cm³ und 5 PS Leistung, welche durch die Lux mit 198 cm³ ergänzt wurde.

Im gleichen Jahr erschienen als Spitzenmodelle die auf Vorkriegskonstruktionen aufbauenden Modelle Konsul I und II mit 349 cm³ bzw. 498 cm³. Sie verkauften sich gut, waren jedoch verhältnismäßig schwer im Vergleich zu der 1952 erschienenen Max mit 247 cm³.

Sie hatte den neuen ohc-Motor mit Trockensumpfschmierung, der den Ultramax-Nockenwellenantrieb mittels exzentrisch gelagerter Schubstangen aufwies. Im der Fox ähnlichen Pressstahl-Rahmen war sie deutlich wendiger als die Konsul und setzte sich auch in den Absatzzahlen durch.

*NSU Lambretta 150 ccm 1950*

*NSU Konsul 350/500 1951*

*NSU LUX 1952*

*NSU Konsul 150 1954*

*NSU Superlux 1956*

Im Fahrgestell der Max folgte dann 1954 die Superlux, die – noch immer zweitaktend – nun 11 PS Leistung hatte. In diesem Jahr löste man die Konsul ab und die Max Spezial übernahm diesen Käuferkreis. Sie wurde 1956 von der Supermax abgelöst, die eine überarbeitete Hinterradschwinge mit nun seitlichen Federbeinen hatte und bis 1963 im Programm blieb.

1955 wurde die Superfox eingeführt, die nun auch den 123-cm³-Viertaktmotor mit Schubstangen-Wellenantrieb der Max bot. Im Renngeschehen unterstrichen die Renn-Föxe und -Mäxe das sportliche Image der Neckarsulmer Maschinen und insbesondere durch die sportlichen Erfolge des käuflichen Produktions-Renners Sport-Max wurde die Seriennähe bewusst gemacht. Mit einer solchen wurde 1955 H. P. Müller Weltmeister der 250er-Klasse.

Weltrekorde mit NSU, aufgestellt durch den legendären Wilhelm Herz, aber auch durch Gustav Adolf Baumm, mit seinem „Baumm'schen Liegestuhl", trugen zu den großen Erfolgen von NSU bei.

Dem einsetzenden Rollerboom der Nachkriegszeit wollte man sich bei NSU anschließen und ging zunächst 1950 mit dem Lizenzvertrieb der italienischen Lambretta-Roller auf den Markt, der bald schon mit dem Prima-Roller eine eigene Konstruktion folgte. Er wurde wahlweise mit 150-cm³- oder 175-cm³-Motor angeboten.

1957 enstand als letztes Modell bei NSU die Maxi, welche mit ihrem 175-cm³-Viertakt-ohc-Motor die Lücke zur Superfox schließen sollte. Der Prima-Roller und die Maxi waren die beiden letzten, bis zum Ende des Unternehmens im Jahr 1964 gebauten Motorräder bei NSU.

Ansprechpartner: Karl Reese, Walther-Rathenau-Straße 105, 64560 Riedstadt

*NSU Fox 125 1952*

*NSU Spezial Max 1956*

N

*NSU Maxi 175 1964*

## NSU

| Modell | Baujahr | Zylinder | ccm | Steuerung | PS/min | Ersatzteilsituation | Nachfragetrend | Preise (EUR) |
|---|---|---|---|---|---|---|---|---|
| Fox | 1949 - 54 | 1 | 98 | ohv | 6/6500 | gut | gleichbleibend | 1 000 bis 3 800 |
| Lambretta | 1950 - 56 | 1 | 123/146 | Schlitz | 4,5 - 6,2 | schwach | gleichbleibend | 600 bis 2 000 |
| Fox 2-Takt | 1951 - 54 | 1 | 123 | Schlitz | 5/5300 | schwach | gleichbleibend | 700 bis 2 000 |
| Lux | 1951 - 53 | 1 | 198 | Schlitz | 8,6/5250 | gut | gleichbleibend | 700 bis 2 000 |
| Konsul I | 1951 - 54 | 1 | 349 | ohv | 17,5/5500 | schwach | gleichbleibend | 2 000 bis 5 000 |
| Konsul II | 1951 - 54 | 1 | 498 | ohv | 21,5/5000 | schwach | gleichbleibend | 2 000 bis 6 000 |
| Max | 1952 - 53 | 1 | 247 | ohc | 17/6500 | gut | gleichbleibend | 1 000 bis 3 500 |
| Superlux | 1954 - 57 | 1 | 198 | Schlitz | 11/5250 | gut | gleichbleibend | 700 bis 2 500 |
| Max Spezial | 1954 - 55 | 1 | 247 | ohc | 17/6500 | gut | gleichbleibend | 1 200 bis 4 500 |
| Superfox | 1955 - 58 | 1 | 123 | ohc | 8,8/6500 | gut | gleichbleibend | 700 bis 3 200 |
| Supermax | 1956 - 63 | 1 | 247 | ohc | 18/7000 | gut | gleichbleibend | 1 200 bis 4 000 |
| Prima | 1956 - 64 | 1 | 146/174 | Schlitz | 6,2 - 9,5 | schwach | gleichbleibend | 750 bis 2 000 |
| Maxi | 1957 - 64 | 1 | 174 | ohc | 12,5/6500 | gut | gleichbleibend | 700 bis 3 000 |

# OPEL 1901–1930

Die große Fahrradfabrik Opel in Rüsselsheim baute 1901 ihr erstes Motorrad.

Die 1 3/4 PS-Version währte nur bis 1902 und wurde von einem 2-PS-Motorzweirad abgelöst. Bereits 1903 folgten zwei neue Modelle mit 1 3/4 PS und 2 1/2 PS. Die Kunden konnten zwischen Magnet- oder Batteriezündung wählen. 1905 wurde dann eine seitengesteuerte 3 1/4-PS-Maschine und als Topmodell ein Parallel-Zweizylinder hergestellt. Doch der Schwerpunkt des Automobilbaus bei Opel forderte seinen Tribut und so endete zunächst die Motorradproduktion 1907.

Zu Beginn des ersten Weltkriegs gab es bei Opel einen Fahrrad-Hilfsmotor, der aber erst 1919 als 137-cm³-„Außenborder" am Opel-Motorfahrrad zur Verfügung stand. Der im Jahre 1922 durch zahlreiche Modifikationen von 1,1 auf 1,6 PS erstarkte Motor wurde nun gegen Aufpreis mit einem Zweiganggetriebe in der Hinterradnabe angeboten und galt bis Ende 1924 als echtes Motorrad. Ab 1921 war dieses Modell sogar als Damenversion mit tiefem Rahmendurchstieg, ähnlich einem Damenfahrrad, erhältlich. Den Motorfahrrädern folgte ein 148-cm³-Kleinkraftrad, dessen kleiner Viertaktmotor dem des Motorfahrrades sehr ähnlich war. Doch die Konkurrenz von DKW und Zündapp war groß.

Trotz erfolgreicher Bahn- und Straßenrennmaschinen mit Vierventil-Technik und Wasserkühlung endete auch hier wieder einmal der Motorradbau. Durch die enorme Nachfrage nach dem ersten deutschen Fließband-Auto Laubfrosch blieb für die Motorradfertigung keine Kapazität mehr. Das änderte sich erst, als die Familie Opel eine 75-%-Aktienmajorität an den Elite-Diamant Werken in Brand-Erbisdorf/Sachsen erwarb. Man versprach sich, die erfolgreiche Automobilproduktion mit attraktiven Motorrädern zu ergänzen. Zunächst konzentrierte man sich lediglich auf das Redesign bestehender Diamant-Motorradmodelle durch neuen Tank und Opel-Insignien. Doch mit der Lizenzübernahme für den Stahlpressrahmen Neumann-Neanders bot sich 1928 der Start in eine neue Welt: Die Opel-Motoclub war geboren.

Mit eigenem seitengesteuerten Motor mit 16 PS entstand die Version T (Touren), während die kopfgesteuerte Variante SS (Super-Sport) mit 22 PS und 120 km/h Spitze aufwarten konnte.

Werbewirksam war der Einsatz einer Opel-Motoclub SS durch Fritz von Opel mit sechs Feststoffraketen, was für Furore sorgte. Die Motoclub setzte sich durch rote Fußrastengummis, Griffgummis, Satteldecke und Bereifung deutlich von der Neander ab. Größere Stückzahlen mit insgesamt fast 6000 Exemplaren schlugen die Neander-Fertigung glatt um das Dreifache. Doch der Einstieg von General Motors bei Opel und die Weltwirtschaftskrise sorgten für das Aus der Produktion in Brand-Erbisdorf. Der Teilevorrat wurde noch bis 1930 in Rüsselsheim aufgebraucht und etwa zu diesem Zeitpunkt kam die letzte Opel-Motoclub auf den Markt.

Prototypen, die schon zur Serienreife entwickelt waren und deren Rohrrahmen Motoren von MAG und JAP beherbergten, gingen nach der Übernahme durch GM erst gar nicht mehr in Serie.

Ebensowenig kam die in sechs Prototypen in Brand-Erbisdorf durch Mitarbeiter gefertigte E.O. (Elite-Opel) zum Tragen, die mit neuartigem Küchen-Motor und Hurth-Vierganggetriebe die Schließung verhindern sollte.

Ansprechpartner: Jürgen Nöll, Höngenstraße 69, 65428 Rüsselsheim

*Opel 500*

O

## OPEL

| Modell | Baujahr | Zylinder | ccm | Steuerung | PS/min | Ersatzteilsituation | Nachfragetrend | Preise (EUR) |
|---|---|---|---|---|---|---|---|---|
| Motoclub T + SS | 1928 - 30 | 1 | 499 | sv/ohv | 16-22 | schwach | gleichbleibend | 5 000 bis 10 000 |

# PEUGEOT (F) 1899–HEUTE

Die Brüder Jean-Pierre II und Jean-Fréderic Peugeot gehörten zu den Gründern eines der erfolgreichsten Unternehmen Frankreichs. Bereits ab 1810 fertigten sie Eisenwaren aller Art in ihrer Eisengießerei. Nach großen Erfolgen im Fahrradbau und Versuchen mit einem Tricycle mit Motor von Daimler und Maybach wurde 1899 das erste Peugeot-Motorrad mit Schweizer Zedel-Motor gefertigt. Der 1,5 PS starke Einzylinder mit Oberflächenvergaser und Schnüffelventil wurde bald darauf von einem eigenen Motor abgelöst. Ein markantes P. F. (Peugeot-Frères) war auf der rechten Seite des Kurbelhauses zu lesen. 1905 kam ein Zweizylinder hinzu, mit dem im gleichen Jahr ein Tempo-Weltrekord mit 123 km/h aufgestellt wurde. 1907 entledigte man sich der anfälligen Batteriezündung und stellte auf Bosch-Magnetzünder um. Als Gabel diente nun die bekannte Konstruktion von Truffault. 1913 folgte das sportliche Modell Paris-Nice, das an die Erfolge des Langstreckenrennens erinnern sollte. Doch im gleichen Jahr entstand eine Peugeot-Rennmaschine mit Parallel-Twin und 500 cm³, mit der etliche Rekorde aufgestellt wurden. Der Motor wies zwei obenliegende Nockenwellen und Vierventiltechnik auf; der Antrieb der Nockenwellen wie auch des Getriebes erfolgte über Zahnradkaskaden.

1921 folgte die kleine Tourisme mit 267 cm³, die sich kaum von den Modellen anderer Hersteller abhob. Sie wurde später auf 175 cm³ erweitert. Durch den Zugang des Konstrukteurs Antoinesco kam frischer Wind in die Peugeot-Rennabteilung. Aufbauen auf den Vorkriegsrenner von 1913 schuf er die legendäre Werksrennmaschine, mit der Peugeot über lange Jahre ungeschlagen bleiben sollte. Der Zweizylinder-Parallel-Twin leistete 27 PS und sorgte unter dem Fahrer Péan für sensationelle 142 km/h Spitzentempo; eine aufgebohrte Version mit 750 cm³ erzielte gar 166 km/h beim Höchstgeschwindigkeitswettbewerb in Arpajon.

*Peugeot P108 1928*

1926 begann mit der P-Modellreihe die Fertigung eigener Viertakt-Blockmodelle, die erst 1933 umfangreich revidiert wurden; die Zuverlässigkeit und Qualität der Peugeot-Maschinen machte dies auch früher nicht erforderlich. Einen weiteren Schwerpunkt dieser Jahre bildeten im Absatz die Velomoteurs, also die kleinen 50- bis 125-Kubik-Fahrzeuge. 1937-38 wurden nur rund 2000 Motorräder gegenüber 60.000 Velomoteurs abgesetzt.

Nach dem Krieg folgten Modelle mit 100 cm³ und dann einem 125er-Zweitakter, aus dem, durch zwei gekoppelte Motoren, in den fünfziger Jahren der 250er- und aus zwei 175er-Motoren in der gleichern Weise der 350er-Zweitakt-Twin entstanden. Dieser hatte große Ähnlichkeit mit der JAWA aus Tschechien. Das eigentliche Geschäft bestritt jedoch die kleine „BIMA" mit ihrem 50-cm³-ABG-Einbaumotor, und schon bald ging Peugeot dazu über, nur noch Mofas, Mopeds und Motorroller zu produzieren.

Ansprechpartner:
Hans Jürgen Huse, Friedrich-Ebert-Straße 3,
66131 Saarbrücken

## PEUGEOT

| Modell | Baujahr | Zylinder | ccm | Steuerung | PS/min | Ersatzteilsituation | Nachfragetrend | Preise (EUR) |
|---|---|---|---|---|---|---|---|---|
| P105 | 1927 - 1936 | 1 | 350 | ohv | 10 | schwach | leicht ansteigend | 1 500 bis 3 500 |
| P107 | 1928 - 1936 | 1 | 350 | sv | 8,5 | schwach | leicht ansteigend | 1 100 bis 2 500 |
| P108 | 1928 - 1939 | 1 | 250 | sv | 5 | schwach | leicht ansteigend | 600 bis 1 600 |
| P110 | 1929 - 1933 | 1 | 215 | sv | 4 | schwach | gleichbleibend | 500 bis 1 750 |
| P109 | 1929 - 1935 | 1 | 175 | sv | 3 | schwach | leicht ansteigend | 500 bis 1 750 |
| 517 | 1933 - 1937 | 1 | 500 | sv | 12 | schwach | leicht ansteigend | 1 500 bis 3 500 |
| P51 | 1933 - 1939 | 1 | 100 | Schlitz | 2,5 | schwach | gleichbleibend | 200 bis 700 |
| 515 | 1934 - 1939 | 1 | 500 | ohv | 20 | schwach | leicht ansteigend | 2 000 bis 4 750 |
| 135 | 1936 - 1948 | 1 | 350 | ohv | | schwach | leicht ansteigend | 1 500 bis 3 750 |
| 54 | 1945 - 1949 | 1 | 100 | Schlitz | 2,5 | schwach | gleichbleibend | 150 bis 600 |
| 55 | 1946 - 1955 | 1 | 125 | 2 Schlitz | 4 | schwach | gleichbleibend | 200 bis 1 000 |
| 56 | 1946 - 1957 | 1 | 125 | Schlitz | 4,5 | schwach | gleichbleibend | 250 bis 1 100 |
| 176 | 1951 - 1956 | 1 | 175 | Schlitz | 7,5 | schwach | leicht ansteigend | 350 bis 1 250 |
| 256TB | 1953 - 1958 | 2 | 250 | Schlitz | | schwach | leicht ansteigend | 500 bis 2 250 |
| 57 | 1955 - 1961 | 1 | 125 | Schlitz | 4,5 | schwach | gleichbleibend | 250 bis 1 100 |
| 356B | 1957 - 1959 | 2 | 350 | Schlitz | 16 | schwach | leicht ansteigend | 750 bis 2 500 |

# PUCH (A) 1903–1987

Johann Puch gründete in Graz 1890 seine Fahrradfabrik, in der um 1903 das erste Puch-Motorrad Typ A mit eigenem Viertaktmotor entstand. Der Motor wies schon ein gesteuertes Auslassventil auf und hatte 254 $cm^3$ Hubraum.

Ein- und Zweizylindermaschinen unterschiedlicher Hubräume bis zu 905 $cm^3$ entstanden in Viertakt-Bauweise, und erfolgreiche Teilnahmen an bekannten Rennen sicherten den Verkaufserfolg.

1923 begründete Puch sein Bauprinzip der Doppelkolben-Zweitakter, die als Typ LM mit 122 $cm^3$ bis 1927 im Programm blieben. Es folgten Sportmodelle mit 175 $cm^3$, auf deren Basis schon bald Modelle gleichen Hubraums mit Frischölschmierung erschienen.

Im Renngeschehen sorgte Puch mit der Monza, einem 350er-Zweizylinder für Aufsehen. 1926 erschien mit der 220 das zunächst größte Doppelkolben-Modell von Puch, welches sich in zwei Jahren mit über 12.000 Exemplaren äußerst gut verkaufte. Hier waren, genau wie bei den Vorgängerinnen, die beiden Kolben längs in Fahrtrichtung angeordnet und gaben der Puch das Aussehen eines Zweizylinders. Diese Bauweise wurde nun abgelöst. Es folgte 1929 der Typ 250, welcher als sogenannter Querläufer die Kolben nun nebeneinander angeordnet hatte. 1933 erhielt es ein handgeschaltetes Vierganggetriebe, das ein Jahr später im Modell S4 wahlweise fußgeschaltet war. Um in den Gespannklassen ein hubraumstarkes Modell anbieten zu können, erschien 1931 die 500Z, welche zwei hintereinander gestellte 250er Doppelkolben-Triebwerke hatte. Sie blieb bis 1938 im Programm.

Um der Steuer- und Führerscheinfreiheit für 200-$cm^3$-Maschinen gerecht zu werden, gab es auf 200 $cm^3$ hubraumreduzierte 250er-Modelle, die 6 PS im Normal- und 9 PS im Sportmodell hatten.

Für Militär und Gendarmerie erschien 1936 die schwere Puch 800 mit Vierzylinder-Viertaktmotor in Weitwinkel-Boxerbauweise. In nur zwei Jahren Bauzeit verkaufte sie sich 550 mal. Hier erschien nun auch mit der GS350 ein Geländesportmodell mit Hinterradfederung, das bis 1940 auch für die Wehrmacht – jedoch ohne Hinterradfederung – gebaut wurde. Die eigentlichen Kassenschlager war jedoch die bewährte S4 mit 250 $cm^3$ und die kleinere 200.

Nach dem Krieg begann die in vielfältigen Varianten gebaute TF250 (TF = Teleskopfederung), mit ihrem schnellen Motor neue Kunden zu locken. Für den kleineren Geldbeutel gab es die 125T als Tourenvariante, die mit zwei Vergasern als 125S 10 PS leistete.

1950 wurde bei Puch die Telegabel eingeführt und drei Jahre darauf löste der Schalenrahmen den Rohrrahmen ab. Das moderne Modell svS 175 und die sportlichen 250er SG und SGS wurden in Produktionszahlen von bis zu 20.000 Exemplaren pro Jahr bis 1970 produziert. 1952 gab es als zusätzliches Standbein einen 125er Roller sowie ab 1954 die ersten 50-$cm^3$-Mopeds von

*Puch S 4 1938*

*Puch 350 GS 1938*

P

*Puch 175 sv 1953*

*Puch SGA 250 1956*

Puch. Während der Produktionszeitraum für die Roller 1968 endete, spielten die Mopeds aus dem Hause Puch eine entscheidendere Rolle. Mit der 1968 erschienenen Maxi gelang Puch ein wahrer Verkaufsschlager.

In den siebziger Jahren sicherte sich das österreichische Unternehmen große Erfolge in der 250er-Klasse der Moto-Cross-Weltmeisterschaft, 1975 gewann der Belgier Harry Everts den Titel.

Der italienische Importeur Luigi Frigerio baute ab 1976 die Geländemaschinen von Puch weiter, während 1987 der Piaggio-Konzern den Motorrad-Bereich bei Puch übernahm.

Ansprechpartner:
Friedrich Wellner, Klüter Heide 28,
32758 Detmold

## PUCH

| Modell | Baujahr | Zylinder | ccm | Steuerung | PS/min | Ersatzteilsituation | Nachfragetrend | Preise (EUR) |
|---|---|---|---|---|---|---|---|---|
| 220 | 1926 - 29 | 1 | 223 | Doppelkolben | 4,5/3500 | schwach | gleichbleibend | 1 250 bis 3 750 |
| 250 | 1929 - 33 | 1 | 248 | Doppelkolben | 6/3000 | schwach | gleichbleibend | 750 bis 2 000 |
| S 4 | 1934 - 42 | 1 | 248 | Doppelkolben | 10/4100 | schwach | gleichbleibend | 500 bis 3 500 |
| 500 | 1931 - 38 | 2 | 496 | Doppelkolben | 14/3000 | schwach | gleichbleibend | 1 750 bis 8 000 |
| 800 | 1936 - 38 | 4 | 792 | sv | 20/4000 | schwach | gleichbleibend | 7 000 bis 22 500 |
| 200 | 1937 - 40 | 1 | 198 | Doppelkolben | 6/4000 | schwach | gleichbleibend | 500 bis 1 500 |
| 350 GS | 1938 - 40 | 1 | 349 | Doppelkolben | 14/4500 | schwach | gleichbleibend | 1 000 bis 4 000 |
| 125 | 1946 - 53 | 1 | 125 | Doppelkolben | 7,5/5500 | schwach | gleichbleibend | 500 bis 1 500 |
| 250 TF | 1948 - 54 | 1 | 248 | Doppelkolben | 12/4500 | gut | gleichbleibend | 750 bis 3 000 |
| 150 TL | 1951 - 53 | 1 | 149 | Doppelkolben | 6,5/5000 | schwach | gleichbleibend | 500 bis 1 250 |
| R 125 | 1952 - 58 | 1 | 124 | Schlitz | 6/5500 | gut | gleichbleibend | 250 bis 1 250 |
| 175 SV | 1953 - 67 | 1 | 172 | Doppelkolben | 10/5800 | sehr gut | gleichbleibend | 400 bis 1 500 |
| 250 SGS | 1953 - 70 | 1 | 248 | Doppelkolben | 16,5/5800 | sehr gut | gleichbleibend | 450 bis 3 000 |
| M 125 | 1966 - 71 | 1 | 124 | Schlitz | 12/7000 | gut | gleichbleibend | 400 bis 1 000 |

# RABENEICK 1934–1957

August Rabeneick begann zu Beginn der dreißiger Jahre mit dem Bau von guten Konfektionsmotorrädern. Die Motoren mit 98 cm³ Hubraum kamen von Fichtel & Sachs wie auch von ILO. Dem allgemeinen Trend der Zeit vor dem zweiten Weltkrieg folgend, ließen sich diese kleinen, preiswerten Maschinen gut verkaufen. Nach dem Krieg setzte man auf das gleiche Konzept, und schon 1949 knüpfte man bei Rabeneick an die 98er Vorkriegsserie an. Schnell folgten dem Modell LM 100 die SM 125 mit Einzylinder-Zweitakter und 6 PS Leistung. Die Hubraumgrößen waren nun 98, 123, 147 und 197 cm³ für die Einzylinder Rabeneicks.

*Rabeneick SM 125 1949*

Mit dem gut konstruierten 250-cm³-Zweizylinder-Zweitakter von ILO wurde ab 1953 auch ein großes Motorrad in die Verkaufsbroschüren aufgenommen. Um den Markt nach unten abzusichern gab es einige Moped- und Mofa-Modelle bei Rabeneick mit 50-cm³-Motoren.

Ungewöhnlich war die Eigenkonstruktion eines kleinen 32-cm³-Nabenmotors, der eine Drehschieber-Einlasssteuerung aufwies. 1957 wurde Rabeneick in die Hercules-Werke integriert.

Appendix: Sachs, ILO

## RABENEICK

| Modell | Baujahr | Zylinder | ccm | Steuerung | PS/min | Ersatzteilsituation | Nachfragetrend | Preise (EUR) |
|---|---|---|---|---|---|---|---|---|
| LM 100 | 1949 - 52 | 1 | 98 | Schlitz | 3/4000 | schwach | gleichbleibend | 400 bis 1 250 |
| SM 125 | 1949 - 52 | 1 | 123 | Schlitz | 6/5000 | schwach | gleichbleibend | 400 bis 1 250 |
| GD 150 | 1952 - 57 | 1 | 147 | Schlitz | 6,5/5000 | schwach | gleichbleibend | 500 bis 1 750 |
| LI 200 | 1952 - 57 | 1 | 197 | Schlitz | 11/5000 | schwach | gleichbleibend | 500 bis 1 750 |
| F 250/1 | 1953 - 55 | 1 | 247 | Schlitz | 12/4800 | schwach | gleichbleibend | 500 bis 2 000 |
| F 250/2 | 1953 - 57 | 2 | 244 | Schlitz | 15/6000 | schwach | gleichbleibend | 1 000 bis 2 500 |

# RICKMAN (GB) 1959–1984

„The Brothers“ Donald und Derek Rickman, einst selbst aktive Moto-Cross-Rennfahrer, fertigten ab 1959 eigene Fahrgestelle mit unterschiedlichsten Einbaumotoren. Die aus Teilen von Triumph, Norton und BSA zusammen gewürfelten Fahrgestelle erhielten den Namen „Metisse“, was soviel wie Mischling bedeutet. Für die Rahmen wurde nur bestes Reynolds-Rohr verwendet; sie waren gegen Korrosion mit einer Nickelschicht überzogen.

Ende 1966 entstand die Street-Metisse für den Einbau von Motoren der Hersteller Triumph, Norton, BSA, Matchless und Royal Enfield, wobei für den sehr beliebten 650er Triumph Parallel-Twin sogar ein Vierventilkopf bereit stand. Dieser wurde gemeinsam mit Weslake entwickelt und sorgte für 65 PS. Im gleichen Jahr 1966 wurde in Kooperation mit der Fa. Lockheed eine hydraulische Scheibenbremsanlage für Motorräder entwickelt und erstmalig an einem Produktionsmotorrad an Vorder- und Hinterrad eingesetzt.

Der ursprünglichen Tradition folgend gab es weiterhin Scrambler-Modelle in Form von Cross- und Enduro-Maschinen, die Rickman mit diversen englischen Fabrikaten, aber auch mit Zündapp- und Bultaco-Motoren ausrüstete.

Als Triumph/BSA 1974 keine Motoren mehr herstellte, ging man dazu über, mit Honda und Kawasaki-Triebwerken zu arbeiten. Der Rahmen der CR-Modelle (Competition Replica) wurde entsprechend angepasst.

*Rickman Scrambler Mk III 1974*

R

1976 konnte durch eine neu konstruierte längere Schwinge das ohnehin schon vorbildliche Fahrverhalten noch einmal verbessert werden. Doch der Trend der Zeit ging immer mehr vom konventionellen Motorrad weg ins Moderne. Schon bald galten Kastenrahmen und Aluminium-Fahrgestelle als Standard, und weder die Zubehörfertigung, die Rickman schon lange mit Helmen, Verkleidungen etc. betrieb, noch die Predator-Modellreihe stoppte den Niedergang des Unternehmens. 1984 wurde die Motorradproduktion eingestellt und ein Kit-Car, der Rickman Ranger, besiegelte schließlich das endgültige Aus des Unternehmens.

Ansprechpartner: Rickman Owners Club, Jan Karolewicz, Hauentwiede, 22880 Wedel

*Rickman-Honda CR750 1974*

*Rickman-Kawasaki CR900 1978*

## RICKMAN

| Modell | Baujahr | Zylinder | ccm | Steuerung | PS/min | Ersatzteilsituation | Nachfragetrend | Preise (EUR) |
|---|---|---|---|---|---|---|---|---|
| Scrambler | 1960 - 74 | 2 | 490/649 | ohv | 36-50 | gut | leicht ansteigend | 4000 bis 8 000 |
| Matchless-Métisse | 1966 - 69 | 1 | 496 | ohc | 50 | gut | leicht ansteigend | k.A. |
| Aermacchi-Métisse | 1969 - 72 | 1 | 344 | ohv | 29 | gut | leicht ansteigend | k.A. |
| Enfield-Métisse | 1970 - 72 | 2 | 735 | ohv | 56/6750 | schwach | leicht ansteigend | k.A. |
| Micro-Métisse | 1970 - 75 | 1 | 123/247 | Schlitz | 17/23 | gut | leicht ansteigend | k.A. |
| Triumph Scrambler | 1960 - 74 | 2 | 690/649 | ohv | 36/50 | gut | leicht ansteigend | 4 000 bis 8 000 |
| Triumph-Métisse | 1968 - 79 | 2 | 679/744 | ohv | 50/65 | gut | leicht ansteigend | 4 500 bis 8 500 |
| Honda CR 750 | 1974 - 81 | 4 | 736 | ohc | 67/8000 | gut | leicht ansteigend | 2 000 bis 5 750 |
| Kawasaki CR 900 | 1975 - 81 | 4 | 903 | dohc | 82/8500 | gut | leicht ansteigend | 2 250 bis 6 250 |

# RIXE 1933–1985

Im Jahr 1921 gründete der Schlosser August Rixe seine Maschinen- und Fahrradfabrik in Brake nahe Bielefeld. Auf Basis verstärkter Fahrradrahmen kamen Mitte der dreißiger Jahre kleine Motorräder mit den 74-cm³- und 98-cm³-Einbaumotoren von Sachs hinzu. Die gute Qualität und der besonders gute Ruf der Rixe-Fahrräder sorgte für ansehnliche Absatzzahlen insbesondere im Großraum Bielefeld. Bald schon wurden auch Einbaumotoren von ILO-Pinneberg verwendet.

*Rixe RS 250/2 1955*

Nach dem zweiten Weltkrieg wurde neben der Fahrradproduktion auch sogleich wieder Motorradbau betrieben. Die K98 war das erste Nachkriegsmodell und kam 1949 in den Handel. Mit dem Nabenmotor von Sachs – der Saxonette mit 60-cm³-Zweitakter – beschritt man einen neuen Weg im motorisierten Fahrradbau.

Zu Beginn der fünfziger Jahre erweiterte sich die Modellpalette bei Rixe auf Zweiräder bis 250 cm³ mit Sachs- und ILO-Motoren. Rohrrahmen-Fahrgestelle mit Telegabel und Geradwegfederung waren ein guter Standard, der erst 1954 von einem Schalenrahmen mit Hinterradschwinge abgelöst wurde.

Das Spitzenmodell war die Senator, welche mit dem Zweizylinder-Zweitaktmotor von ILO ausgestattet war. Diese als RS-Typen bezeichnete Serie hielt sich mit den großen Motoren bis zum Ende 1959; die Modelle mit den kleineren 98- und 175-cm³-Motoren blieben bis Mitte der sechziger Jahre im Programm.

Konzentriert hatte sich das Unternehmen zu diesem Zeitpunkt richtigerweise auf die neuen Fahrzeugklassen der Mopeds, Mokicks und führerscheinfreien Mofas. Hier etablierte

sich Rixe als einer der führenden Anbieter. Besonders der Mofa-Bereich boomte, bis Ende der siebziger Jahre ein allgemein rückläufiger Trend für diese Fahrzeuggattung einsetzte. Viele andere Hersteller schlossen ihre Tore oder waren bereits aufgelöst. So hielt das traditionelle Bielefelder Unternehmen noch bis 1984 durch, meldete allerdings im gleichen Jahr Zahlungsunfähigkeit an. Die Liquidation erfolgte dann endgültig 1985.
Appendix: Sachs, ILO

## RIXE

| Modell | Baujahr | Zylinder | ccm | Steuerung | PS/min | Ersatzteilsituation | Nachfragetrend | Preise (EUR) |
|---|---|---|---|---|---|---|---|---|
| K 98/50 | 1949 - 56 | 1 | 98 | Schlitz | 3/5000 | schwach | gleichbleibend | 300 bis 1 250 |
| KT 175 | 1950 - 52 | 1 | 174 | Schlitz | 8/5000 | schwach | gleichbleibend | 500 bis 1 750 |
| R 150 | 1953 - 55 | 1 | 147 | Schlitz | 6,5/4750 | schwach | gleichbleibend | 400 bis 1 500 |
| R 250/2 | 1953 - 54 | 2 | 244 | Schlitz | 15/6000 | schwach | gleichbleibend | 1 250 bis 3 000 |
| RS 250/2 | 1954 - 58 | 2 | 244 | Schlitz | 15/6000 | schwach | gleichbleibend | 1 250 bis 3 000 |
| RS 175 | 1955 - 59 | 1 | 173 | Schlitz | 9,5/5250 | schwach | gleichbleibend | 400 bis 1 500 |
| RS 100 | 1955 - 64 | 1 | 98 | Schlitz | 5,2/5250 | schwach | gleichbleibend | 250 bis 1 000 |

# RMW/PHÖNIX 1925–1957

Bei RMW, den Ravensberger Motorradwerken, wurden bereits 1925 Leichtmotorräder mit 132- und 148-cm³-Zweitaktmotoren gebaut. Es folgten Modelle, die mit Einzylinder-Einbaumotoren von MAG versehen waren, bevor 1929 ein eigener 198er-Zweitakter verwendet wurde.

In neue Rahmen wurden ab 1931 die kleinen ohv-Viertakter von JAP eingebaut, um eine Alternative zum eigenen Zweitaktmotor zu bieten. Die RMW-Motorräder waren gut konfektioniert, und es folgten Triebwerke von Sturmey-Archer mit 350 cm³ sowie Einbauten von Moser aus der Schweiz.

Als die Einfuhr ausländischer Fabrikate in Deutschland immer schwieriger wurde, ging man dazu über, unter dem Namen Phönix ausschließlich Aggregate von Bark und Küchen zu verwenden. Sowohl Zwei- als auch Viertakter waren mit 198, 346 und 498 cm³ im Programm. Zum Ende der dreißiger Jahre schrumpfte das Angebot auf die kleinen 200er- und 250er-Zweitakter zusammen und nach dem Krieg gab es nur noch bis 1957 Phönix-Maschinen mit Einbaumotoren von ILO.

Appendix: MAG, JAP, Küchen, ILO

*RMW Record 1934*

*Phönix 175 1954*

## RMW/PHÖNIX

| Modell | Baujahr | Zylinder | ccm | Steuerung | PS/min | Ersatzteilsituation | Nachfragetrend | Preise (EUR) |
|---|---|---|---|---|---|---|---|---|
| Record | 1934 - 38 | 1 | 198 | Schlitz | 6/4000 | schwach | gleichbleibend | 500 bis 1 750 |
| Sport | 1938 - 39 | 1 | 245 | Schlitz | 9/4000 | schwach | gleichbleibend | 750 bis 2 000 |
| Typ 18 | 1949 - 55 | 1 | 174 | Schlitz | 8,2/5000 | schwach | gleichbleibend | 400 bis 1 500 |
| Typ 27 | 1953 - 57 | 1 | 247 | Schlitz | 12/4800 | schwach | gleichbleibend | 500 bis 1 750 |

R

# ROYAL ENFIELD (GB) 1901–1945

Die New Enfield Company, deren Schwerpunkt in der Produktion von Fahrrädern und Waffen lag, wurde 1896 gegründet. 1901 erschien die erste Enfield mit einem Einbaumotor von Minerva, der 1,5 PS leistete. Bereits zwei Jahre später baute Enfield seinen ersten eigenen Einzylindermotor mit 240 $cm^3$. 1909 folgte eine Zweizylinder mit dem seitengesteuerten Motor von MAG. aus der Schweiz.

1912 stieg der Hubraum der Zweizylinder auf 770 $cm^3$ und das Einbauaggregat kam nun von JAP aus London. Sie wurde als Gespannfahrzeug sehr gerne gekauft und hielt sich lange im Programm. Insbesondere das Militär fand Gefallen an der zuverlässigen Konstruktion und sorgte während der Kriegsjahre für guten Absatz bei Royal Enfield. 1914 kam ein kleiner Zweitakt-Einzylinder mit 225 $cm^3$ hinzu, der allerdings kaum Abnehmer fand.

1921 wurde bei den Gespannmodellen der JAP-Motor gegen einen Vickers-V-Twin mit 964 $cm^3$ getauscht. Die Einzylinder von JAP blieben Mitte der zwanziger Jahre neben eigenen Zwei- und Viertaktmotoren bei Royal Enfield in der Produktpalette.

1929 wurde der Satteltank eingeführt und der Käufer konnte unter vierzehn verschiedenen Modellen wählen. Das neue obengesteuerte 500er-Modell „505" stand in einem guten Preis-/Leistungsverhältnis. Ein Jahr darauf erschienen die de-Luxe-Modelle (F, G, H, J) mit dem unten offenen Diamant-Rahmen, der den Motor als Bindeglied benutzte. In der 500er-Variante gab es sogar eine Vierventil-Version (JFL31).

1932 baute man eine ungewöhnliche Konstruktion: das Cycar (Typ Z). Es besaß einen Blechpressrahmen und -gabel und erhielt einen kleinen 146 $cm^3$-Zweitakt-Motor. Ihm stand ein ähnliches, allerdings mit Rohrrahmen ausgestattetes, konventionelles Motorradmodell, Typ „X" zur Seite.

*Royal Enfield Model K 1140 1939*

Ein Jahr darauf debütierte das wohl bekannteste Modell bei Royal Enfield, die Bullet, welche mit 250, 350 und 500$cm^3$ angeboten wurde. Sie sollte bis zum heutigen Tage den Namen Royal Enfield am Leben erhalten.

1939 erschien mit der RE eine exakte DKW-Kopie, die einen 125-$cm^3$-Zweitakter mit Schnürle-Umkehrspülung aufwies. Sie wurde im Krieg bekannt als „Flying Flea", die per Fallschirm von den Engländern über Kriegsgebieten abgeworfen wurde.

Während des zweiten Weltkrieges baute man die bewährten 350er- und 500er-Einzylinder für den Militäreinsatz und sicherte so eine das Weiterbestehen der Fertigung.

Ansprechpartner: Classic British Bike Club e.V., Paul Hanenberg, Overbergstr. 2, 48366 Laer

# ROYAL ENFIELD (GB) 1946–HEUTE

Nach dem Krieg startete man mit der Zivilversion der RE, welche 1953 einen Hubraum von 148 $cm^3$ und Hinterradfederung erhielt. Diese als Modell Ensign bezeichneten Maschinen stellten die Einstiegsmodelle bei Royal Enfield dar. Hinzu kamen die Bullets mit 350 und 500 $cm^3$ (Typ G2 und JS), die bereits ab 1948 Hinterradschwinge und neue Fahrwerke hatten. Die Starrrahmen-Modelle (Typ G und J) blieben als günstigere Alternative zusätzlich im Programm.

1949 knüpfte man an im Krieg entstandene Prototypen eines Parallel-Twins an. Der 500-$cm^3$-Zweizylinder leistete zunächst 25 PS und wurde 1952 durch die Meteor mit 693 $cm^3$ ergänzt.

*Royal Enfield Bullet 500 1953*

Auf Basis des Bullet-Rahmens entstand 1954 die Clipper mit 250-$cm^3$-ohv-Motor, die ein Jahr später auch mit 350 $cm^3$ zu kaufen war.

1956 folgte eine Neukonstruktion mit 250-$cm^3$-Blockmotor und offenem Rahmen, die Crusader. Im gleichen Jahr gründete Royal Enfield in Madras/Indien eine Tochtergesellschaft, welche die 350er Bullet produzieren und den großen Bedarf an robusten Alltagsmotorrädern in Indien decken sollte. Die Produktion der Bullet in England endete 1962.

In diesem Jahr erschien mit der Interceptor der größte bei Royal Enfield gebaute Parallel-Twin. Sie hatte 736 $cm^3$, einen Hub von 93 mm und leistete über 50 PS.

1967 wurden Teile des Unternehmens von der Norton-Villiers Co. aufgekauft und die Interceptor blieb noch bis 1971 in der Produktion. Es war das eigentliche Ende Royal Enfields. In der Produktionsstätte der Enfield India in Madras werden allerdings bis zum heutigen Tage Bullets, nun auch als 500er Version, hergestellt und als echte Klassiker auch in Deutschland angeboten.

Ansprechpartner: Classic British Bike Club e.V.,
Axel Winklbauer, Georg Schumacher Str.20, 37671 Höxter

*Royal Enfield Constellation 700 1962*

*Royal Enfield Interceptor II 1970*

## ROYAL ENFIELD

| Modell | Baujahr | Zylinder | ccm | Steuerung | PS/min | Ersatzteilsituation | Nachfragetrend | Preise (EUR) |
|---|---|---|---|---|---|---|---|---|
| Model 182 (K) | 1926 - 36 | 2 | 976 | sv | 22/3800 | schwach | leicht ansteigend | 3 500 bis 10 000 |
| Model J | 1935 - 55 | 1 | 499 | ohv | 21/5000 | schwach | gleichbleibend | 1 500 bis 4 000 |
| Model K + KX | 1936 - 39 | 2 | 1140 | sv | 28/3600 | schwach | leicht ansteigend | 7 000 bis 12 500 |
| Bullet, G | 1937 - 62 | 1 | 346 | ohv | 18/5750 | gut | gleichbleibend | 1 500 bis 3 500 |
| Bullet 500 | 1952 - 62 | 1 | 499 | ohv | 25/5250 | schwach | gleichbleibend | 1 500 bis 3 500 |
| 500 Twin | 1949 - 63 | 2 | 495 | ohv | 25 - 33 | schwach | gleichbleibend | 1 500 bis 3 500 |
| 700 Meteor + Constellation | 1952 - 62 | 2 | 693 | ohv | 36 - 40 | schwach | gleichbleibend | 2 500 bis 5 000 |
| Crusader | 1956 - 66 | 1 | 248 | ohv | 13 - 20 | schwach | gleichbleibend | 400 bis 1 850 |
| Interceptor | 1962 - 70 | 2 | 736 | ohv | 52/6500 | gut | leicht ansteigend | 4 000 bis 7 000 |

R

# RUDGE (GB) 1910–1939

Rudge Whitworth Ltd. in Coventry bestand bereits seit 1894 und befasste sich mit dem Bau von Fahrrädern. Am 27. Juli 1910 debütierte das erste Motorrad mit Halbliter-Einzylinder und wechselgesteuerten Ventilen. Noch mit getriebelosem Riemenantrieb versehen, folgte ihr bald die Rudge Multi, welche in Form einer verstellbaren Riemenscheibe 21 Gänge aufwies und somit ungeheuer fortschrittlich war. Mit einem solchen Motorrad errang Cyril Pullin 1914 einen Sieg auf der TT der Isle of Man.

Das Lieferprogramm weitete sich bald aus und auf Basis der wechselgesteuerten 500er Einzylinder war auch eine 750er Einzylinder-Version erhältlich. Des Weiteren war für den Gespannbetrieb eine 1000er V-Zweizylinder im Angebot, doch der erste Weltkrieg nahte und ließ keine Zeit für weitere Entwicklungen.

Direkt nach dem Krieg lebte 1919 die Produktion der beiden Einzylinder, sowie der 1000er Zweizylinder wieder auf, wobei Letztere ebenfalls das Multigetriebe erhielt.

1920 stellte Rudge die aufwändige Getriebefertigung auf konventionelle Dreigang-Getriebe um. Die Motoren wurden überarbeitet, so dass 1922 der 750er-Einzylinder und 1924 der 1000-cm³-V-Twin entfielen. Dafür folgten in diesem Jahr ein neuer 350er- und 500er-Motor, die mit Vierventiltechnik glänzten. Die Motorräder, in denen sie Eingang fanden, hatten ein Viergang-Getriebe. 1926 wurde nur noch die 500er-Variante produziert.

Die „Four Speed-Four Valves"-Technik wurde werbewirksam auf dem Tank vermerkt und 1926 gab es drei Varianten dieses schnellen Motorrades: Touren-, Spezial- und Sportmodell. Gekoppelte Vorder- und Hinterradbremse wurde eingeführt und Rudge positionierte sich wieder im Renngeschehen.

1928 war ein sportlicher Höhepunkt, als Graham Walker den Ulster Grand Prix gewann. Fortan war das Modell Ulster die käufliche Supersportmaschine und blieb als Straßenvariante bis zum Ende der Produktion als Modell für den sportlich ambitionierten Fahrer im Programm.

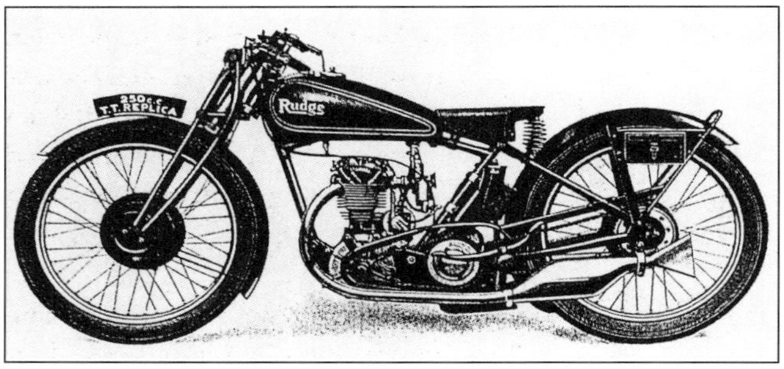


*Rudge 250 T.T. Replica 1930*

1929 wurden diese schnellen Maschinen neben der „Special" und einer wieder auflebenden 350er sowie einem neuen 250er-Modell mit JAP-Motor zum Verkaufsmagneten.

1930 folgte ein weiterer Renntriumph. Die 350er Rudge, nun mit halbkugelförmigen Brennräumen und vollradialer Ventilanordnung ausgestattet, siegten unter Tyrell-Smith, Nott und Walker auf der TT mit sensationellem Vorsprung vor der Konkurrenz. Alle drei Plätze gingen an das Rudge-Team. So wurden 1931 die sogenannten „TT-Replicas" als Ableitung der vorjährigen Werksrennmaschine mit 350 und 500 cm³ und 1932 auch als 250-cm³-Modell ins Programm genommen. Die 250er mit JAP-Motor entfiel 1931. Dies war auch das Jahr, als der Schriftzug „Whitworth" vom Tank verschwand.

Der erfolgreiche Vierventilmotor sollte nun auch als Exportprodukt über die beginnende Weltwirtschaftskrise hinweg helfen. Die unterschiedlichen Motorvarianten wurden unter der Bezeichnung Python als Einbaumotoren verkauft, die beispielsweise in Deutschland von Imperia und Zündapp verwendet wurden. Ende 1933 zog man sich aus finanziellen Gründen vom Renngeschehen zurück. Die TT-Replica entfielen aus dem Programm. Allerdings gab es 1934 und 1935 jeweils noch einmal 10 speziell gebaute Rennmaschinen. Der Ruhm von Rudge wurde durch private Rennställe wie Brumm (Berlin) oder Walker (England) aufrecht erhalten.

1935 ging man bei der 250er wieder auf eine zweiventilige Version zurück. Sie verkaufte sich ohnehin schlechter als ihre größeren Schwestern, erwies sich aber in fachkundiger privater Hand durchaus als konkurrenzfähiges Modell.

1938 wurde das Werk nach Hayes, Südengland, verlegt, um dort in modernen Fertigungsanlagen zu produzieren. Es entstand ein kleines 98-cm³-Moped mit Villiers-Motor, doch der Untergang des Unternehmens war vorprogrammiert. Missmanagement eines branchenfremden Unternehmers ließ 1939 die Produktion der Rudge-Motorräder enden. Hinzu kam der Krieg. Der neue Besitzer fertigte Radaranlagen und deren Ausrüstung im großen Stil. Obwohl es grundsätzlich möglich gewesen wäre, startete die Motorradproduktion bei Rudge nach dem Krieg nicht mehr.

Ansprechpartner: The Rudge Enthusiasts Club Ltd., Membership Secretary, Lew & Gill Cullwick, 13 Lade Fort Crescent, Lydd on Sea, Romney Marsh, Kent TN 29 9YG, England

*Rudge Rapid 250 1939*

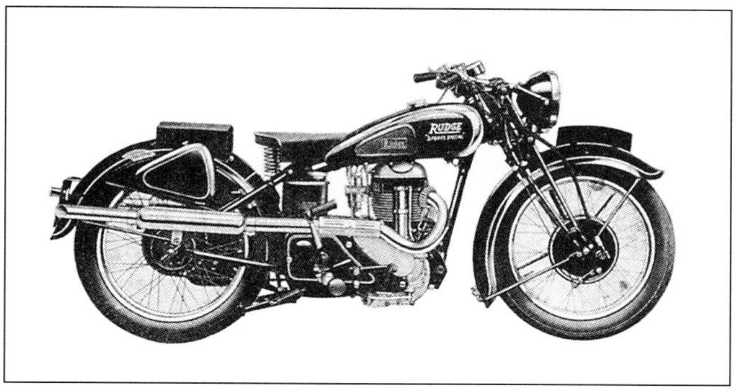

*Rudge Special 500 1939*

*Rudge Ulster 500 1939*

## RUDGE

| Modell | Baujahr | Zylinder | ccm | Steuerung | PS/min | Ersatzteilsituation | Nachfragetrend | Preise (EUR) |
|---|---|---|---|---|---|---|---|---|
| Sports | 1925 - 31 | 1 | 493 | ohv | 19/4800 | schwach | gleichbleibend | 2 500 bis 7 500 |
| Special | 1928 - 39 | 1 | 493 | ohv | 23/5200 | schwach | gleichbleibend | 2 500 bis 7 500 |
| Ulster | 1929 - 39 | 1 | 499 | ohv | 28/5800 | schwach | gleichbleibend | 3 250 bis 9000 |
| 350 Standard | 1929 - 34 | 1 | 348 | ohv | 16/5200 | schwach | gleichbleibend | 1 750 bis 4 000 |
| 350 Replica | 1931 - 33 | 1 | 348 | ohv | 23/6200 | schwach | gleichbleibend | 3 250 bis 12 500 |
| 250 Sports | 1931 - 35 | 1 | 248 | ohv | 12/5200 | schwach | gleichbleibend | 1 750 bis 3 500 |
| 250 Replica | 1932 - 33 | 1 | 248 | ohv | 18/6400 | schwach | gleichbleibend | 3 750 bis 10 000 |
| Rapid | 1935 - 39 | 1 | 245 | ohv | 11/5000 | schwach | gleichbleibend | 1 500 bis 3 500 |

# RUMI (I) 1950–1961

1950 stellte die Firma Officine Fonderie Rumi in Bergamo erstmals der Öffentlichkeit ein besonderes Motorrad vor. Pietro Vassena, ein genialer Tauchbootkonstrukteur und Freund Donnino Rumis, hatte für diesen einen Zweitakt-Zweizylinder mit liegenden Zylindern konstruiert. Als tragendes Teil in einen Doppelrohrrahmen integriert, entstand daraus ein sportliches Motorrad. Dieser Tourismo mit Dreiganggetriebe folgte schon 1951 eine Sport mit 21-Zoll-Rädern und Vierganggetriebe, die erste Erfolge im Sporteinsatz erringen konnte. 1952 folgte eine reine Straßenrennmaschine, die Gobbetto, mit überarbeitetem Rahmen und Kurzschwinge vorn.

1954 wurde die weiterentwickelte Version mit Schwingenrahmen vorgestellt, welche 1955 durch die Junior – mit Vollschwingenfahrwerk und auch straßenzulassungstauglich – abgelöst wurde. Diese Junior ersetzte auch die 1953 entstandene Straßensportmaschine mit zwei Vergasern, die Bicarburatore. 1951 war der erste Roller von Rumi, der Scoiattolo, mit dem Dreigangmotor der Tourismo erschienen. 1953 erhielten auch diese beiden Versionen den Viergangmotor. Im gleichen Jahr erschien die GT200, die bis 1956 in ganz geringer Stückzahl gefertigt wurde. Neben dem Scoiattolo erschien 1954 der revolutionäre Formichino-Roller mit Alugussrahmen und dem Motor als verbindendes Rahmenmittelteil. Er wurde mit großem Erfolg bis 1960 gebaut und auch exportiert. 1955 markiert den Höhepunkt von Rumi, wo neben der Junior auch eine Vollschwingen-Geländesportmaschine ins Programm kam und mit dem Diana-Prototypen die Ablösung der Tourismo erfolgen sollte. Noch im gleichen Jahr ereignete sich aber ein unverschuldeter wirtschaftlicher Einbruch, der die Produktion fast zum Erliegen brachte.

*Rumi Junior 1955*

1956 ging es nur noch mit der Junior – 1959 durch die Telegabelversion Gentleman ersetzt – und dem Formichino auf Sparflamme weiter, bis 1961 das endgültige Aus kam. Die Rennversion mit hartverchromten Aluzylindern erreichte bis zu 11 PS bei 8000 Touren und gehört heute zu den gesuchtesten Motorrädern der 50er-Jahre aus Italien, wobei auch alle anderen Rumis auf hohem Preisniveau angesiedelt sind.

Ansprechpartner:
Manfred Woll,
Lindelbrunnstr.7, 76865 Insheim

R

| Modell | Baujahr | Zylinder | ccm | Steuerung | PS/min | Ersatzteilsituation | Nachfragetrend | Preise (EUR) |
|---|---|---|---|---|---|---|---|---|
| Tourismo | 1950 - 56 | 2 | 124 | Schlitz | 5/5400 | gut | gleichbleibend | 1 500 bis 3 500 |
| Sport | 1951 - 53 | 2 | 124 | Schlitz | 7/6800 | gut | leicht ansteigend | 2 500 bis 5 000 |
| Scoiattolo | 1951 - 56 | 2 | 124 | Schlitz | 6/6000 | gut | gleichbleibend | 1 500 bis 3 500 |
| 200 GT | 1953 - 56 | 2 | 198 | Schlitz | 9/5400 | schwach | gleichbleibend | 1 250 bis 2 750 |
| Bicarburatore | 1953 - 54 | 2 | 124 | Schlitz | 8/8000 | gut | leicht ansteigend | 3 000 bis 5 000 |
| Formichino | 1954 - 60 | 2 | 124 | Schlitz | 6/6000 | gut | gleichbleibend | 2 000 bis 4 000 |
| Junior/Gentleman | 1955 - 60 | 2 | 124 | Schlitz | 8-10/8000 | gut | leicht ansteigend | 6 000 bis 8 000 |

# SANGLAS (E) 1945–1981

In Pueblo Nuevo, nahe Barcelona, begannen die beiden Brüder Martin und Javier Sanglas 1942 eine einzylindrige Tourenmaschine zu konzipieren. 1945 war es dann soweit: die erste Sanglas 350 debütierte mit einem obengesteuerten Motor und einer Telegabel im Doppelschleifenrahmen. Abgesehen von kleineren Modellpflegen, wie der optional ab 1950 erhältlichen Doppelportanlage anstelle des einzelnen Auspuffrohres, gab es erst 1953 mit Einführung einer 500er-Maschine die erste echte Neuerung.

Es folgten die Modelle 350/3 mit 16 PS und die „aufgebohrte“ 500/2 mit 25 PS. Diese hatte ab 1957 anstelle der Telegabel eine Gabelschwinge; die starre Hinterradaufhängung wich doppelten Federbeinen und das Fahrverhalten verbesserte sich deutlich. Die Leistung der Motoren wurde über die Jahre gesteigert und man hielt lange an den ursprünglichen Bauprinzipien fest. Mittlerweile waren die spanische Polizei sowie die Armee Hauptabnehmer der Halblitermodelle geworden – die robuste Konstruktion der Sanglas-Maschinen war Garant hierfür.

1960 zog das Werk nach Hospitalet und es kamen Zweitakter von Hispano-Villiers unter dem Namen Rovenna hinzu. Die 250- und 325-cm³-Parallel-Zweizylinder rundeten die Palette zunächst nach unten ab. 1965 erschien ein 250er Sportmodell mit 20 PS und kleinere Maschinen mit 50- und 100-cm³-Motoren von Zündapp kamen hinzu.

1968 endete die Zweitakt-Ära bei Sanglas und man konzentrierte sich gänzlich auf die schweren Einzylinder-Viertaktmodelle, die immer noch im Programm waren.

1969 erschien eine neue 400er Viertakt-Maschine, das Modell 400 mit 79 mm Hub, 82,5 mm Bohrung und 30 PS Leistung. Die alte 500er blieb weiterhin im Programm.

1973 erhielt die 400E eine tief greifende Modellpflege: die leichte, kopfgesteuerte Sportmaschine hatte fortan Telegabel, Federbeine von Telesco und Alu-Vollnabenbremsen mit 180 mm Durchmesser sowie eine 12-Volt-Anlage und E-Starter.

1976 entstand durch größere Bohrung auf Basis der 400er die 500S mit 32 PS Leistung und vollgekapselter Doppelscheibenbremsanlage vorn. 1977 löste die 400F ihre Vorgängerin ab, ohne große Veränderungen zu erfahren. Anders bei der 500er-Serie, bei welcher 1978 mit der 500S2 nun ein Fünfgang-Getriebe zum Einsatz kam. Zur Verzögerung gab es nun Brembo-Zangen an den Gussrädern und mit der Cockpitverkleidung sahen diese Maschinen recht sportlich aus. Im gleichen Jahr folgte, aufsetzend auf einen Vertrag mit Yamaha, die 400Y mit dem Yamaha-XS-400-Zweizylinder-Triebwerk und Sechsgang-Getriebe. Mit 170 km/h Höchstgeschwindigkeit war es die bis dato schnellste Sanglas und die auffällige Lackierung in gold-schwarz unterstrich dies deutlich. Damit gelang es den Japanern aber auch, einen Fuß in der Tür des spanischen Motorradmarktes zu haben – der Anfang vom Ende für Sanglas.

Für den reinen Sporteinsatz wurden auf Basis der 400er die 500Y Sport sowie die 500 Formula TT2 entwickelt, die 1980 und 1981 im spanischen Rennsport erfolgreich waren.

Für die Serie löste die S400Y als letzte Neuerung 1981 die 400Y ab. Sanglas wurde von der Firma SEMSA (Sociedad Espana de Motocicletas SA) übernommen, hinter der die Yamaha Motor Co. stand. In diesem Jahr wurden die Einzylinder-Modelle aus dem Programm genommen und ein Jahr später, 1982, schied auch die S400Y aus dem Angebot. Das markierte zugleich das Ende von Sanglas.

Ansprechpartner: IG Sanglas-Freunde Deutschland, Markus Ferstl, Martinstr. 46, 89518 Heidenheim

*Sanglas 400 1969*

*Sanglas 500 S 1977*

## SANGLAS

| Modell | Baujahr | Zylinder | ccm | Steuerung | PS/min | Ersatzteilsituation | Nachfragetrend | Preise (EUR) |
|---|---|---|---|---|---|---|---|---|
| 400 E+F | 1969 - 80 | 1 | 422 | ohv | 30/6200 | gut | gleichbleibend | 500 bis 1 750 |
| 500 S | 1976 - 81 | 1 | 497 | ohv | 27/5800 | gut | gleichbleibend | 750 bis 2 000 |
| 500 S II | 1978 - 81 | 1 | 497 | ohv | 27/5800 | gut | gleichbleibend | 750 bis 2 250 |
| 400 Y | 1978 - 81 | 2 | 422 | ohc | 34/8800 | gut | gleichbleibend | 500 bis 1 750 |

# SAROLÉA (B) 1902–1962

Nachdem Joseph Saroléa bereits erfolgreich Waffen und Fahrräder produzierte, ging er 1902 dazu über, Motorräder zu fertigen. Zunächst mit englischen Kerry-Motoren ausgestattet folgten bald eigene Motoren, deren Konstruktion die englische Vorlage nicht leugnen konnte. 1905 folgten wechselgesteuerte Zweizylinder mit 616 cm³ und 1914 konnte bereits eine Modellreihe mit verschiedenen Seitenventilern präsentiert werden. Die große 550er hatte starke Ähnlichkeit zu Sunbeam-Modellen.

Nach dem ersten Weltkrieg erschienen die Typen 22A mit 557 cm³, 23A mit 500 cm³ und 25 A mit 350 cm³, denen ab 1923 kopfgesteuerte Varianten mit 350 und 500 Kubik folgten.

Das Modell Monotube war eine ab 1933 erhältliche Privatfahrer-Rennmaschine die wegen des einzelnen Auslassports ihren Namen erhielt. Sie war als 350, 500 und 600er-Version erhältlich. Zu dieser Zeit waren auch preiswerte Zweitakter mit zunächst 150 cm³ und später auch 125 und 175 cm³ im Programm.

Ab 1936 wurde das belgische Militär in großen Stückzahlen überwiegend mit seitengesteuerten Maschinen beliefert.

Nach dem Krieg wurden bereits 1946 wieder die seitengesteuerten Vorkriegsmodelle belebt, welche ab 1948 Teleskopgabel und Geradwegfederung erhielten. 1950 erschienen mit der Oiseau Bleu wieder ein kleiner 125er-Zweitakter und die große Atlantic mit Zweizylinder-Blockmotor und 500 cm³, die 1953 als Atlantic Major sogar mit 600 cm³ verfügbar war.

*Saroléa Oiseau Bleu 1954*

*Saroléa 500 Super Sport 1930*

Mitte der fünfziger Jahre versuchte man noch am Roller-Boom durch Einsatz eines kleinen 50-cm³-Zweitakt-Rollers teilzuhaben, doch 1962 wurde Saroléa verkauft und die Motorradproduktion eingestellt.

S

## SAROLÉA

| Modell | Baujahr | Zylinder | ccm | Steuerung | PS/min | Ersatzteilsituation | Nachfragetrend | Preise (EUR) |
|---|---|---|---|---|---|---|---|---|
| Super Sport | 1924 - 30 | 1 | 494 | ohv | 18/4800 | schwach | gleichbleibend | 2 500 bis 6 000 |
| Super Sport | 1925 - 30 | 1 | 349 | ohv | 15/5000 | schwach | gleichbleibend | 2 000 bis 5 000 |
| Super Sport | 1930 - 39 | 1 | 494 | ohv | 20/4800 | schwach | gleichbleibend | 2 000 bis 5 000 |
| Monotube | 1933 - 37 | 1 | 346/494/589 | ohv | 20 - 30 | schwach | gleichbleibend | 5 000 bis 10 000 |
| Vedette | 1947 - 60 | 1 | 349 | ohv | 17/5000 | schwach | gleichbleibend | 1 000 bis 3 000 |
| Grand Tourisme | 1947 - 54 | 1 | 589 | ohv | 25/4800 | schwach | gleichbleibend | 1 500 bis 3 750 |
| Atlantic | 1950 - 53 | 2 | 498 | ohv | 26/5800 | schwach | gleichbleibend | 1 500 bis 3 750 |
| Oiseau Bleu | 1950 - 54 | 1 | 123 | Schlitz | 5/5000 | schwach | gleichbleibend | 300 bis 1 000 |
| Atlantic Major | 1953 - 59 | 2 | 599 | ohv | 30/5800 | schwach | gleichbleibend | 1 500 bis 3 750 |
| Cricket | 1955 - 60 | 1 | 123 | Schlitz | 6/5500 | schwach | gleichbleibend | 400 bis 1 250 |
| Century | 1957 - 63 | 1 | 197 | Schlitz | 11/5000 | schwach | gleichbleibend | 400 bis 1 250 |

# SCHÜTTOFF 1924–1930

Der Ingenieur Arthur Schüttoff gründete 1924 in Chemnitz seine Motorradfabrik. Vorher war er als Betriebsleiter bei Wanderer beschäftigt gewesen und der Kontakt zu einem der Konstrukteure verhalf ihm zu seiner ersten Motorrad-Serie.

Der Typ A hatte einen 250-cm³-Motor mit seitlicher Ventilsteuerung und wurde noch im selben Jahr als Typ B auch mit 350 Kubik angeboten. Erstmalig mit der obengesteuerten D-Type wurden 1925 auch Rennen bestritten. Die Motorleistung von 12 PS war für Siege gut. Fahrer wie Ihle, Hirth, Mittenzwei und Lohse brachten die fast serienmäßig startenden Schüttoffs ins Ziel. Auch Herbert Schüttoff, Enkel des Firmengründers und heute noch lebender Zeitzeuge, nahm aktiv am Renngeschehen teil.

1929 erschien dann der bekannte Typ F, die meistverkaufte Schüttoff-Maschine. Die ohv-Version leistete 15 PS aus 350 cm³ und sorgte für 120 km/h. Typisch für dieses beliebte Motorrad waren die stark verrippten Auslasskrümmer aus Aluminium. Die zahmere G-Version mit seitlichen Ventilen verkaufte sich nicht so gut. Im gleichen Jahr bot man, sozusagen als Krönung, mit dem Typ H eine Königswellen-Einzylinder an. Doch diese kam mit 14 Exemplaren über den Prototypenstatus nicht hinaus.

*Schüttoff K 500 1930*

Auch eine 500er gab es ab 1927 im Hause Schüttoff. Die „G" mit ihrem seitengesteuerten Motor war beliebt im Seitenwagenbetrieb, sorgte der Motor doch für viel Kraft „aus dem Keller".

Im letzten Schüttoff-Jahr entstand die 500er K, die mit obenliegenden Ventilen und 22 PS für „Sportleute, die nur das Beste gewohnt sind" konzipiert war. Doch die Inflation sorgte für finanzielle Schwierigkeiten, was zu einer Übernahme von Schüttoff durch die DKW-Werke führte.

## SCHÜTTOFF

| Modell | Baujahr | Zylinder | ccm | Steuerung | PS/min | Ersatzteilsituation | Nachfragetrend | Preise (EUR) |
|---|---|---|---|---|---|---|---|---|
| F | 1925 - 29 | 1 | 343 | ohv | 15/5000 | schwach | gleichbleibend | 3 000 bis 7 000 |
| G | 1928 - 30 | 1 | 494 | sv | 13,5/4000 | schwach | gleichbleibend | 2 500 bis 4 500 |
| K | 1930 | 1 | 494 | ohv | 22/5000 | schwach | gleichbleibend | 4 000 bis 8 000 |

# SCOTT (GB) 1898–1979

Alfred Angas Scott schuf bereits 1898 seinen ersten Zweizylinder-Zweitaktmotor, der in die Geschichte des Motorradbaus eingehen sollte. Der zunächst noch luftgekühlte Motor wies schon die Scott-typische, zentral gelagerte Schwungmasse mit beidseitig um 180 Grad versetzten, fliegend gelagerten Pleueln auf. 1904 wurde der Motor verbessert, patentiert und zwecks besserer Kühlung des hoch drehenden Triebwerks mit Wasserkühlung versehen. Im selben Jahr konstruierte er seinen Dreiecksrahmen aus geraden Rohren. 1908 und 1909 zeigten die sportlich ambitionierten Scott-Maschinen schon auf der Isle of Man, was sie konnten. 1912 und 1913 gewannen sie erstmals mit einem Start-Ziel-Sieg. Nach dem ersten Weltkrieg, etwa 1921, entstand das berühmte Sport-Modell, die Squirrel (Eichhörnchen), normalerweise mit Zweigang-Getriebe, ab 1923 auch mit drei Gängen verfügbar. Sie war erhältlich in zwei Hubraumgrößen: zunächst mit 486 und 532 cm³, später mit 498 und 596 cm³ Die schnellen Supersport-Versionen Super Squirrel waren sehr beliebt und begründeten ihren Ruhm, besonders durch die spätere Flying Squirrel, in diversen Renneinsätzen.

*Scott Silk Special (Basis Flying Squirrel 1949)*

Billigere Modelle kamen 1929 auf den Markt, sogar kleine Einzylinder mit 298 cm³ Hubraum wurden angeboten. Doch der große Absatzerfolg blieb aus. Selbst der sportliche Einsatz der Sprint Special, einer für Kurzstreckenrennen konstruierten Maschine, und der Scott TT-Replica mit gut 30 PS konnte dies nicht abwenden. Und so stand bereits 1931 das sportliche Unternehmen vor dem Aus.

Die Übernahme durch den Scott-Enthusiasten Reynolds rettete das Unternehmen einstweilen. Das 1934 entwickelte Scott-Dreizylinder-Motorrad mit 750 Kubik, das kurz darauf gar mit 1000 Kubik Hubraum zur Verfügung stand, war indes viel zu aufwändig und zu teuer. Die Maschine flopte, nur ca. 7 Stück wurden gebaut.

Nach dem zweiten Weltkrieg hielt sich das Unternehmen mit den Vorkriegsmodellen mehr recht als schlecht über Wasser und 1954 wurden die Tore erneut geschlossen. Ein weiterer Scott-Enthusiast namens Matt Holder erwarb die Rechte an der Marke und 1956 erschien das alte Konzept in neuem Mantel: die Scott Swift mit 596 cm³, Telegabel und fußgeschaltetem Viergang-Getriebe. Doch auch diese Epoche war nur von kurzer Dauer.

Ein letzter Versuch wurde einige Jahre später, 1975, durch einen weiteren Scott-Liebhaber unternommen. George Silk schuf in handwerklicher Kleinstserie die Silk 700, von der immerhin rund 200 Stück das Werk in Derby verließen. Sie durfte aus rechtlichen Gründen den Namen Scott nie tragen, doch war sie ein wahrhaftiger Ableger des Scott-Bauprinzips. Die 48 PS starke Silk war mit Telegabel und Scheibenbremsen ausgestattet und hatte den typisch heulenden Sound, mit denen die frühen Scotts sich unsterblich machten. So sind die Scotts, egal aus welcher Periode, heute gesuchte Raritäten.

Ansprechpartner:
Klaus Kretzschmar, Hubertusstr. 43a, 53125 Bonn

## SCOTT

| Modell | Baujahr | Zylinder | ccm | Steuerung | PS/min | Ersatzteilsituation | Nachfragetrend | Preise (EUR) |
|---|---|---|---|---|---|---|---|---|
| Touring | 1912 - 23 | 2 | 532 | Schlitz | 12/3000 | schwach | gleichbleibend | 4 000 bis 10 000 |
| Squirrel | 1921 - 31 | 2 | 486 | Schlitz | 15/4000 | schwach | gleichbleibend | 3 500 bis 9 000 |
| Super Squirrel | 1923 - 31 | 2 | 498/596 | Schlitz | 15 - 18 | schwach | gleichbleibend | 3 500 bis 9 000 |
| Flying Squirrel | 1925 - 50 | 2 | 498/596 | Schlitz | 20 - 30 | schwach | gleichbleibend | 4 000 bis 10 000 |
| TT-Replica | 1929 - 33 | 2 | 498/596 | Schlitz | 27 - 32 | schwach | gleichbleibend | 5 000 bis 15 000 |
| Flying Squirrel | 1956 - 78 | 2 | 596 | Schlitz | 30/5000 | gut | gleichbleibend | 3 500 bis 9 000 |
| Silk 700 S | 1975 - 79 | 2 | 653 | Schlitz | 47/6000 | sehr gut | gleichbleibend | 4 000 bis 8 000 |

# STANDARD 1926–1949

In der Kaserne an der Hindenburgstraße in Ludwigsburg bei Stuttgart fertigte Wilhelm Gutbrod ab 1926 seine schönen Standard-Motorräder. Der stabile Einrohrrahmen der ersten Modelle erhielt die schnellen englischen JAP-Motoren mit 350 und 500 cm³. Doch Probleme mit der Zulieferung ließen Gutbrod bereits 1927 auf die Schweizer Einbau-Triebwerke von MAG umschwenken. Mit dem wechselgesteuerten MAG mit 16 PS entstand die AT, wobei A die erste Modellserie klassifizierte und T für Tourenversion stand. Die AS als Sportmodell war mit 350 und 500 cm³ erhältlich.

Mit dem Zugang von Ing. Artur F. Dom, der neben Weiterentwicklungen auch die Rennabteilung bei Standard leitete, begann der große Aufschwung bei den Schwaben. 1928 gab es als Topmodell eine Zweizylinder mit wechselgesteuertem Motosacoche-Motor.

Im Jahr 1929 debütierten die B-Modelle mit neuem Doppelschleifenrahmen, die rot lackiert und mit gelben Rädern das optische Erscheinungsbild deutlich aufwerteten. Anstelle der Tiger-Parallelogrammgabel gab es nun die unter Lizenz gefertigte Castle-Gabel von Brough Superior aus England. Standard war zu diesem Zeitpunkt einer der besten Hersteller von Konfektionsmaschinen. Alle fremd gefertigten Produkte entsprachen höchster Qualität. Die BS- und BT-Modellserie gipfelte ebenfalls in dem 750er BT-Modell.

1930 ergänzten die C-Modelle die Produktlinie. Die als Volksmodelle bezeichneten Maschinen hatten nicht den Doppelschleifenrahmen, sondern einen unten offenen Einrohrrahmen, in welchen der Motor mit Halteplatten integriert wurde. Die deutlich billigeren Volksmodelle erfreuten sich größter Beliebtheit, waren sie aufgrund der einfacheren Rahmenbauweise doch erheblich leichter und somit schneller als die luxuriösen B-Versionen. Sie dienten oft als Basis für zahlreiche Privatfahrer der damaligen Zeit, die ein Motorrad für

*Standard Rex Sport 1935*

den Tagesgebrauch und am Wochenende für den Renneinsatz benötigten. 1931 kam als quasi serienmäßig gefertigtes Rennmotorrad die DR 500 auf den Markt. Ausgerüstet mit dem schnellen MAG-Motor D50 leistete sie 28 PS und sorgte für über 160 km/h Höchstgeschwindigkeit.

Für die führerscheinfreie 200er-Klasse fertigte man einen vermeintlich eigenen kleinen Viertakter; dieser konnte aber seine Herkunft von JAP nicht verleugnen. 1932 folgten die FS 200 Hexe sowie die GZ 175 Feuergeist. Gleichfalls sollten neue Typenbezeichnungen die gängigen Modelle mit MAG-Motor aufwerten. Die CT 350 hieß von nun an Ideal Touren, die 500er CT Atlas und die CS 500 Gloria. Topmodell war die Imperator mit 1000-cm³-Motor. Die Zweitakter Feuergeist Block und Feuergeist Nixe bildeten die Übergangszeit bis zum Erscheinen der Standard Rex. Der eigene Königswellen-Einzylinder war dabei die echte Neuheit. Die zunächst mit 350er-Motor und später mit 500 cm³ erhältliche Maschine erfreute sich großer Beliebtheit. Auch die Kurier-Modelle als Langhub-Version erhielten einen abgewandelten 350er Rex-Motor, der durch 115 mm Hub zum idealen Seitenwagen-Tourer wurde.

S

Die Kobold löste die DS 200 ab, und 1935 gab es immerhin elf unterschiedliche Modelle bei Standard. Modellpflege wie der Einsatz von Viergang-Getrieben, einer eigenen Teleskop-Schwinggabel oder der Hinterradfederung sorgten ebenso für Aufschwung wie die Feuergeist T250, die sogar eine Telegabel hatte. Doch der Krieg verhinderte weiteren Absatz und nach dem Krieg wurden gerade mal 200 Motorräder für behördlichen Einsatz geliefert. 1949 war es vorbei mit den schönen Standard-Motorrädern.

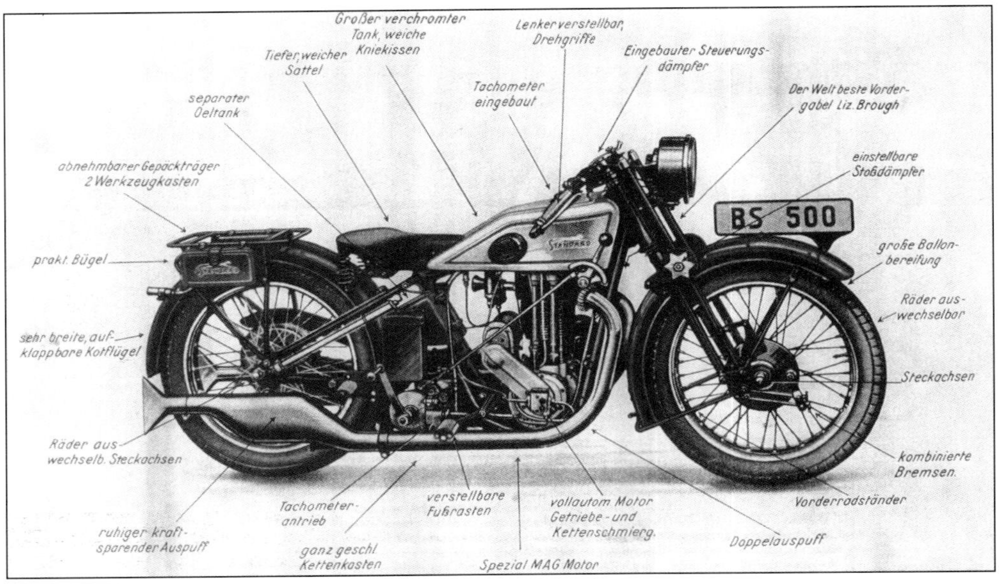


*Standard BS 500 1930*

Appendix: JAP, MAG
Ansprechpartner:
Gerhard Lüllau, Milanweg 87,
21391 Reppenstedt

## STANDARD

| Modell | Baujahr | Zylinder | ccm | Steuerung | PS/min | Ersatzteilsituation | Nachfragetrend | Preise (EUR) |
|---|---|---|---|---|---|---|---|---|
| AS | 1927 - 28 | 1 | 496 | ohv | 20/5000 | schwach | gleichbleibend | 3 000 bis 8 000 |
| BS 500/CS 500 | 1928 - 32 | 1 | 496 | ohv | 20/5000 | schwach | gleichbleibend | 2 250 bis 7 500 |
| BT/CT 500 | 1928 - 34 | 1 | 496 | ioe | 16/4500 | schwach | gleichbleibend | 1 750 bis 5 000 |
| Rex 500 | 1934 - 39 | 1 | 494 | ohc | 22/4800 | schwach | leicht ansteigend | 1 750 bis 6 000 |
| Rex Sport 350 | 1934 - 39 | 1 | 348 | ohc | 16/5200 | schwach | leicht ansteigend | 1 750 bis 6 000 |
| Kurier | 1935 - 39 | 1 | 494 | sv | 16/4600 | schwach | gleichbleibend | 1 000 bis 4 000 |
| Sport 350 | 1935 - 38 | 1 | 349 | ohv | 12/5000 | schwach | gleichbleibend | 1 500 bis 4 500 |
| Feuergeist | 1935 - 38 | 1 | 198 | Schlitz | 7/4500 | schwach | gleichbleibend | 1 000 bis 2 500 |
| Kobold | 1935 - 36 | 1 | 198 | ohv | 8/5000 | schwach | gleichbleibend | 1 500 bis 3 000 |

# SUNBEAM (GB) 1913–1957

Bereits 1899 wurde die von John Marston gegründete Unternehmung in Wolverhampton als Automobil und Fahrradproduzent tätig. Sie machte sich in dieser Zeit bereits einen Namen durch viele Rennerfolge auf Sunbeam-Rennwagen.

Die Motorradproduktion begann 1913, als Sunbeam einen seitengesteuerten 350-cm³-Motor verwendete und sich mit öldicht gekapselten Ketten von der Konkurrenz abhob. Die erste Teilnahme auf der Isle of Man 1914 führte die Renntradition der Automobile fort.

Für den Gespannbetrieb gab es Zweizylindermodelle mit JAP-Motor, die insbesondere während des Krieges Einsatz fanden.

Nach dem ersten Weltkrieg enstanden 500er Touren- und Sportmodelle und die Beteiligung am Renngeschehen stand wieder im Vordergrund. Das Jahr 1922 brachte mit der „Longstroke" eine äußerst sportliche seitengesteuerte Maschine ins Programm. Sie gewann im gleichen Jahr die Senior TT gegen härteste Konkurrenz, die größtenteils mit kopfgesteuerten Motoren startete. Viele weitere Siege folgten und 1925 entstanden sogar fünf Königswellen-Rennmodelle, deren Standfestigkeit allerdings zu wünschen übrig ließ.

1926 bestand die Produktpalette aus gereiften Modellen von 350 bis 600 cm³, wobei die beiden sportlichsten die 350er „Modell 8"und die 500er „Modell 9" waren. Sie waren beide mit Einportköpfen ausgestattet. Ihnen folgten, dem Modetrend entsprechend, nun doppelportig, die modifizierten Modelle 80 und 90, mit welchen erfolgreich auf der TT, wie auch im europäischen Ausland, gestartet wurde. Sie erhielten 1929 Satteltank und Fußschaltung. Doch finanzielle Schwierigkeiten ließen 1931 eine Übernahme durch den Chemie-Konzern ICI folgen.

1934 erschienen noch neue Modelle mit hochgelegten Nockenwellen und 500 cm³, doch die Verkaufszahlen gingen weiter zurück. Dies veranlasste den Eigentümer, einer weiteren Übernahme Sunbeams zuzustimmen und so ging das Unternehmen 1936 in der AMC (Associated Motor Cycles) auf.

Nach dem Krieg erschien noch ein äußerst fortschrittliches Motorrad, das inzwischen unter der Flagge von BSA entstand. BSA hatte Sunbeam 1941 von AMC übernommen.

Die S7, die 1946 erschien, wies einen längs eingebauten 487cm³-Paralleltwin mit oben liegender Nockenwelle, Doppelschleifenrahmen, Kardanantrieb und 16-Zoll-Räder auf. Doch weder sie, noch die 1949 erschienene sportlichere Variante S8 konnte Sunbeam retten. 1957 lief die letzte Maschine vom Band.

Appendix: JAP

Ansprechpartner:
Classic British Bike Club e.V.,
Paul Hanenberg, Overbergstr. 2, 48366 Laer

H.J. Kintsch, Wichernstr.9,
01445 Radebeul (nur Nachkriegsmodelle)

*Sunbeam Model 9 1928*

*Sunbeam S 8 1949*

## SUNBEAM

| Modell | Baujahr | Zylinder | ccm | Steuerung | PS/min | Ersatzteilsituation | Nachfragetrend | Preise (EUR) |
|---|---|---|---|---|---|---|---|---|
| Longstroke | 1927 - 39 | 1 | 492 | sv | 12/4000 | schwach | leicht ansteigend | 2 000 bis 6 000 |
| Modell 8 | 1927 - 38 | 1 | 347 | ohv | 15/4800 | schwach | gleichbleibend | 2 000 bis 5 500 |
| Modell 9 | 1927 - 38 | 1 | 493 | ohv | 20/4800 | schwach | gleichbleibend | 2 500 bis 6 000 |
| Early S7 | 1946 - 49 | 2 | 487 | ohc | 26/5800 | schwach | leicht ansteigend | 5 000 bis 10 000 |
| S7 deluxe | 1949 - 57 | 2 | 487 | ohc | 26/5800 | gut | leicht ansteigend | 2 000 bis 9 000 |
| S8 | 1949 - 57 | 2 | 487 | ohc | 26/5800 | gut | gleichbleibend | 3 000 bis 7 000 |

# SUZUKI (J) 1952–HEUTE

Der Textilfabrikant Michio Suzuki begann 1952 mit der Konstruktion eines kleinen 36-cm³-Fahrrad-Hilfsmotors, genannt Power Free. Schon bald folgte eine stärkere Variante mit 60 cm³, und der Erfolg war so groß, dass man 1954 den Textilbereich aufgab und nun als Suzuki Motor Co. Ltd. firmierte.

Mit dem Modell Colleda begann eine Erfolgsserie von Zwei- und Viertaktern, die ihr erfolgreichstes Modell in der 1956 erschienenen Colleda TT fand. Die Zweizylinder-Zweitaktmaschine hatte Profilblechrahmen und Langschwinge und verkaufte sich gut. Bereits 1960 erhielt sie Telegabel und hydraulische Bremsen und in diesem Jahr debütierte Suzuki erstmals im internationalen Renngeschehen auf der Isle of Man.

Zu dieser Zeit kam auch der Konstrukteur und Rennfahrer Ernst Degner aus der DDR zu Suzuki, der schon MZ zu großen Erfolgen verholfen hatte. Mit ihm erschien schon bald ein 50-cm³-Renner, mit dem Degner zahlreiche Siege errang.

1965 erschien die T20, welche entgegen ursprünglichen Konstruktionen nun einen Rohrrahmen hatte.

Auf Basis dieser Konstruktion folgten zum Ende der sechziger Jahre Modelle von 250 cm³ (T250) über 350 cm³ (T350) bis hin zur T500, die mit fast 50 PS ein schnelles Serienmotorrad war.

Anfang der siebziger Jahre folgte die GT-Serie, welche mit

*Suzuki T 250 1972*

*Suzuki T 500 1972*

S

schlitzgesteuerten Dreizylindermotoren für Furore sorgte. Die kleine GT380 sowie die GT550 waren luftgekühlt und mit dem sogenannten „RamAir-System" ausgestattet. Die gezielte Luftzuführung sollte einer Überhitzung der hochdrehenden Zweitaktmotoren vorbeugen. Als Spitzenmodell kam jedoch unmittelbar vor den kleineren Dreizylindern 1972 die wassergekühlte GT750 auf den Markt, die wegen ihres Kühlsystems den Beinamen „Wasserbüffel" erhielt.

Als heute gesuchtes Modell in Sammlerkreisen erschien 1974 die RE5 mit Einscheiben-Wankelmotor. Die ungewöhnliche Konstruktion verkaufte sich keine 100 Mal und verschwand sehr schnell wieder vom Markt.

Die erfolgreiche GT-Serie wurde Ende der siebziger Jahre von der GS-Reihe abgelöst. Als Einsteiger-Modell kam die Zweizylinder-Viertaktmaschine GS400, der die große GS750 mit Vierzylinder-Viertaktmotor zur Seite stand. Sie erhielt schon bald 1000 $cm^3$ Hubraum und gipfelte 1979 in der GSX 1100, die vier Ventile pro Brennraum aufwies.

Neben dem Straßenrennsport war Suzuki auch im Gelände erfolgreich. Mehrere Weltmeistertitel in der 125er-Klasse gingen an das Unternehmen. Bis heute hat Suzuki die Vielfältigkeit seines Angebotes beibehalten. In den Verkaufskatalogen finden sich, angefangen bei Mopeds über Enduro- und Moto-Cross-Modelle bis hin zu regelrechten Straßen-Rennmotorrädern, alle Bereiche des Motorradsports vertreten.

Ansprechpartner: Suzuki Wasserbüffel Club, Martin Krause, martin.krause@webnet.de

*Suzuki GT 750 1972*

## SUZUKI

| Modell | Baujahr | Zylinder | ccm | Steuerung | PS/min | Ersatzteilsituation | Nachfragetrend | Preise (EUR) |
|---|---|---|---|---|---|---|---|---|
| T 20 | 1966 - 68 | 2 | 247 | Schlitz | 29/7500 | schwach | leicht ansteigend | 750 bis 1 500 |
| T/GT 250 | 1969 - 78 | 2 | 247 | Schlitz | 26-32/8000 | schwach | gleichbleibend | 450 bis 1 250 |
| T/GT 500 | 1967 - 77 | 2 | 493 | Schlitz | 38-47/7000 | schwach | leicht ansteigend | 600 bis 2 000 |
| GT 750 | 1972 - 77 | 3 | 739 | Schlitz | 52-63/6500 | gut | leicht ansteigend | 1 000 bis 3 500 |
| GT 550 | 1972 - 77 | 3 | 539 | Schlitz | 47-50 | schwach | gleichbleibend | 600 bis 2 000 |
| GT 380 | 1972 - 78 | 3 | 371 | Schlitz | 33-38 | gut | gleichbleibend | 500 bis 1 500 |
| GT 185 | 1973 - 79 | 2 | 184 | Schlitz | 16 | gut | gleichbleibend | 400 bis 1 100 |
| RE 5 | 1975 - 76 | 1 Rotor | 497 | Wankel | 63/6500 | schwach | gleichbleibend | 1 500 bis 4 000 |
| GT 125 | 1974 - 79 | 2 | 124 | Schlitz | 14 | schwach | leicht ansteigend | 350 bis 900 |

# TERROT (F) 1902–1957

Charles Terrot, einst Textilmaschinenfabrikant und Fahrradbauer, fertigte sein erstes Motorrad 1902 in Dijon. Hier begann schon das Grundprinzip der Verwendung von Einbaumotoren, welches viele Jahre überdauern sollte. Die ersten Motoren kamen von Givaudan, danach von Bruneau aus Frankreich. Es wurden 1904 auch eigene Motoren gebaut, doch setzten sich weiterhin die Einbauaggregate durch. Dufaux, Zürcher und hauptsächlich die Schweizer Marke Zedel fand man – ab 1905 auch mit Zweizylinder-Motoren – ebenfalls im Programm.

Mit der Motorette, die 1907 erschien, war Terrot nun ein führender Anbieter. Um 1920 kam es zu einem Zusammenschluss mit Magnat-Debon, die nahezu baugleiche Modelle anboten. Lediglich Lackierung und Emblem verrieten die andere Herkunft.

Mitte der zwanziger Jahre konzentrierte man sich bei Terrot auf den Einbau englischer JAP-Triebwerke, deren sportliches Image die Verkaufszahlen beflügelte. Die bekannte HSS-Version mit 350-$cm^3$-Motor und obengesteuerten Ventilen war beliebt im Renneinsatz.

1927 wurden die Motoren von Terrot selbst gebaut – konnten jedoch ihre englische Herkunft nicht verleugnen. Diverse Modelle zwischen 175 und 500 $cm^3$ waren bei Terrot erhältlich, und wem das nicht genügte, der konnte bei Magnat-Debon zwischenzeitlich sogar die gleichen Fahrgestelle mit englischen Blackburne-Motoren erwerben. 1929 entstand bereits das 100.000. Motorrad.

Zu Beginn der dreißiger Jahre bot man eine V-Zweizylinder mit 680er JAP-Motor an, doch der hohe Preis sorgte für Absatzschwierigkeiten. Zur Mitte des Jahrzehnts wurde hieraus der Typ VA, der mit 750 $cm^0$ auch an das Militär geliefert wurde. Er wurde, auch im Zivileinsatz, gerne als starkes Seitenwagengespann verwendet. Doch der Krieg kam und die Nachfrage nach Militärgespannen wurde immer größer. Das bessere Gespann in der französischen Armee war zweifellos die AX2 von Gnome Rhône und so wurde Terrot, um der hohen Nachfrage gerecht zu werden, in dieser Zeit Fertigungsbetrieb unter Aufsicht seines Mitbewerbers für das Gespann AX2.

Nach dem Krieg ging man bei Terrot wieder eigene Wege. Die kleine EP, ein 125er Viertakter, sorgte für Aufschwung gemeinsam mit der traditionellen 350er mit seitengesteuertem Motor Typ HCT.

Zum Ende der Vierziger setzte der Roller-Boom ein und Terrot konzentrierte sich auch auf diesen Markt. Doch der bald einsetzende Drang zum Automobil im Frankreich der fünfziger Jahre verhinderte große Verkaufszahlen im Zweiradgeschäft. Neue Modelle mit klingenden Namen wie Tenor oder Rallye konnten ein langsames Sterben nicht verhindern. Die Terrot-Story endet durch die Übernahme von Peugeot, die noch bis etwa 1961 Motorräder und Mopeds von Terrot unter eigenem Namen produzierten.

Appendix: MAG, JAP, Blackburne

Ansprechpartner:
Hans Jürgen Huse,
Friedrich-Ebert-Straße 3, 66131 Saarbrücken

*Terrot FLG 250 1932*

*Terrot RGST 500 1950*

## TERROT

| Modell | Baujahr | Zylinder | ccm | Steuerung | PS/min | Ersatzteilsituation | Nachfragetrend | Preise (EUR) |
|---|---|---|---|---|---|---|---|---|
| L (Riemen) | 1925 - 1927 | 1 | 175 | Schlitz | 2 | schwach | leicht ansteigend | 400 bis 2 000 |
| F (Stecktank) | 1925 - 1929 | 1 | 250 | Schlitz | | schwach | gleichbleibend | 600 bis 2 250 |
| HSSO | 1928 - 1930 | 1 | 350 | ohv | 15,4 | schwach | leicht ansteigend | 1 250 bis 3 500 |
| OS, OSC (MOS, MOSC) | 1928 - 1932 | 1 | 250 | sv | | schwach | gleichbleibend | 500 bis 1 500 |
| OSSE (MOSSE) | 1929 - 1934 | 1 | 250 | ohv | | schwach | leicht ansteigend | 1 000 bis 2 500 |
| NSSO | 1930 | 1 | 500 | ohv | | schwach | leicht ansteigend | 2 250 bis 5 000 |
| HST (BST) | 1930 - 1932 | 1 | 350 | sv | 9,3 | schwach | gleichbleibend | 600 bis 2 500 |
| HSST/HSSL (BSST/BSSL) | 1930 - 1933 | 1 | 350 | ohv | | schwach | leicht ansteigend | 1 500 bis 3 750 |
| V | 1931 - 1932 | 2 | 680 | sv | | schwach | leicht ansteigend | 3 500 bis 10 000 |
| RSS (CSSB) | 1931 - 1938 | 1 | 500 | ohv | 16 | schwach | leicht ansteigend | 2 000 bis 4 500 |
| PU (PMU) | 1932 - 1934 | 1 | 225 | sv | 6 | schwach | gleichbleibend | 500 bis 1 750 |
| VM (VMD) | 1932 - 1936 | 1 | 100 | Schlitz | 2 | schwach | gleichbleibend | 200 bis 1 000 |
| VA (VMA) | 1934 - 1939 | 2 | 750 | sv | | schwach | leicht ansteigend | 3 000 bis 9 000 |
| HCT (BMTC) | 1948 - 1956 | 1 | 350 | sv | 8 | schwach | leicht ansteigend | 600 bis 2 250 |
| ETD (M4TD) | 1949 - 1957 | 1 | 125 | ohv | 5,5 | schwach | gleichbleibend | 400 bis 1 400 |
| RGST (C4TS) | 1949 - 1957 | 1 | 500 | ohv | 21 | schwach | leicht ansteigend | 1 750 bis 4 250 |
| OSSD (MOD) | 1953 - 1956 | 1 | 250 | ohv | | schwach | leicht ansteigend | 600 bis 1 750 |
| Rallye (Rallye) | 1958 - 1961 | 1 | 175 | ohv | 15 | schwach | leicht ansteigend | 700 bis 2 000 |

# TORNAX 1926-1955

Als der gelernte Goldschmied Ernst Wewer zusammen mit einem Kompagnon 1926 die Tornax-Motorradfabrikation in Wuppertal gründete, verpflichtete er gleich den Konstrukteur Otto Karpe. Er sollte helfen, ein Fahrwerk zu bauen, das den leistungsstarken JAP-Motoren gewachsen war. Ein seitengesteuerter 600-cm³-Einzylinder, der als tragendes Teil in einem unten offenen Rohrrahmen mit „Tiger"-Trapezgabel saß, war der Startschuss für den Weg zu einem der angesehensten Konfektionäre im deutschen Motorradbau, der 1955 aus wirtschaftlichen Gründen wieder aufgegeben werden musste.

Schon bald brachte Tornax auch den großen seitengesteuerten JAP-V 2 mit 996 cm³ im eigenen Fahrgestell unter. Für die nötige Publicity sorgte der von 1926 bis 1931 intensiv und erfolgreich betriebene Sporteinsatz. In speziell präparierten Fahrgestellen saßen kopfgesteuerte 350er und 1000er JAP-Triebwerke. 1930 reichte die Palette der seiten- und kopfgesteuerten Einbaumotoren bis zur steuerbegünstigten 200er-Klasse hinunter.

Ab Mitte der 30er Jahre musste auch Tornax auf einheimische Anbieter ausweichen. Columbus (Horex) lieferte seitengesteuerte 600er und einen Vierventil-600er, dazu kam der 800er Parallel-Zweizylinder mit einer über Kette angetriebenen obenliegenden Nockenwelle. Die mit dem Zweizylinder ausgestattete Version wurde unter dem Namen Tornado bekannt.

Vor 1939 produzierte Tornax auch preiswerte Zweitaktmaschinen mit ILO-Einbaumotoren von 125 bis 250 cm³. Mit diesem Motorenlieferanten lief auch 1948 die Nachkriegsproduktion wieder an. Die ersten Modelle hatten 125er- und 175er-, später 200er- und 250er-Zweitakteinzylinder, denen zuletzt die Zweizylinderversion folgte. Bis 1954 hatten die Tornax-Modelle einen Zweischleifen-Rohrrahmen, Telegabel und Geradwegfederung hinten. Das Top-Modell und die letzte Entwicklung dieser Baureihe, die „Schwarze Josefine" von 1954, verband den Komfort eines Vollschwingenfahrwerks mit dem leistungsstarken ILO-Zweizylinder-Zweitakter.

Appendix: JAP, ILO
Ansprechpartner: Tornax IG, Jürgen Heimann, Stettiner Straße 7, 57233 Kreuztal

*Tornax 600 SV 1929*

*Tornax V 200 1953*

## TORNAX

| Modell | Baujahr | Zylinder | ccm | Steuerung | PS/min | Ersatzteilsituation | Nachfragetrend | Preise (EUR) |
|---|---|---|---|---|---|---|---|---|
| 600 | 1929 - 34 | 1 | 592 | ohv | 24/4800 | schwach | gleichbleibend | 3 500 bis 9 000 |
| S 60 | 1936 - 39 | 1 | 596 | ohv | 22/5000 | schwach | gleichbleibend | 3 000 bis 8 000 |
| K 20 | 1936 - 38 | 1 | 197 | Schlitz | 7/5000 | schwach | gleichbleibend | 1 000 bis 3 500 |
| K 125 | 1948 - 54 | 1 | 123 | Schlitz | 6/5500 | schwach | gleichbleibend | 750 bis 2 000 |
| T 175 | 1950 - 54 | 1 | 174 | Schlitz | 8/5000 | schwach | gleichbleibend | 750 bis 2 000 |
| V 200 | 1953 - 55 | 1 | 197 | Schlitz | 11/5270 | schwach | gleichbleibend | 800 bis 3 000 |
| E 250 | 1953 - 55 | 1 | 248 | Schlitz | 12/5000 | schwach | gleichbleibend | 1 000 bis 3 500 |
| Z 250 | 1953 - 55 | 2 | 244 | Schlitz | 15/6000 | schwach | gleichbleibend | 1 000 bis 3 500 |
| S 250 | 1954 - 55 | 2 | 244 | Schlitz | 15/6000 | schwach | gleichbleibend | 1 500 bis 4 000 |

# TRIUMPH (D) 1903–1943

*Triumph Knirps 1924*

Siegfried Bettmann, gebürtiger Nürnberger, gründete in Coventry, England, bereits 1889 eine Fahrradfabrik, der eine Niederlassung in Nürnberg im Jahr 1896 folgte. Dort wurden ab 1903 motorisierte Fahrräder mit Motoren von Fafnir und Minerva eingebaut. 1907 endete zunächst die Produktion, sie lebte jedoch mit der Knirps 1919 wieder auf, die sich stark an die englische Triumph Junior anlehnte. Lediglich der Einzylinder-Zweitaktmotor war mit 276 $cm^3$ und 3 PS stärker. Die Knirps verkaufte sich aufgrund der Zuverlässigkeit und des günstigen Preises gut.

Mitte der zwanziger Jahre folgten Zweitakter mit 245 $cm^3$ und 6 PS, die unter der Bezeichung K3 bis K5 bis 1930 im Programm blieben. Sie erhielten Ketten- anstelle von Riemenantrieb. 1929 wurde der Satteltank eingeführt. Sportlichstes Modell in der Triumph-Palette war die obengesteuerte Viertakt-Sportmaschine mit dem englischen Triumph-„Ricardo"-Vierventilmotor. Seitengesteuerte Varianten, wie die 550-$cm^3$-T1 bzw. -2 sowie die ab 1927 gebaute 500-$cm^3$-T3 bzw. -4 waren typisch englische Konstruktionen.

1928 wurden die K-Modelle auf 197 $cm^3$ reduziert, um den Steuer- und Führerscheinfreiheitsbestimmungen gerecht zu werden.

1929 kam es zum Bruch mit dem englischen Mutterhaus, als die Nürnberger den Bezug von Schweizer MAG-Motoren forcierten. Fortan mussten die ins Ausland exportierten deutschen Triumph-Motorräder unter dem Namen Orial, später TWN (Triumph-Werk-Nürnberg), ausgeführt werden. Die erste Maschine dieser Serie war die SSK mit dem 350-$cm^3$-ohv-Motor von MAG. Sie war ein robust gefertigtes, sportliches Motorrad und die Rennerfolge von Triumph mit MAG-Motoren unter berühmten Fahrern wie Otto Ley oder Heiner Fleischmann taten ihr Übriges.

Eine wechselgesteuerte MAG-Tourenversion gab es mit der einzylindrigen T500, welcher als wechselgesteuertes Spitzenmodell RR750 eine Zweizylinder zur Seite stand.

Kleine Zweitakter mit 74-$cm^3$-Sachsmotor ergänzten bereits seit 1931 die 200er Zweitaktmodelle.

Ab 1933 wurden bei Triumph, Nürnberg, die MAG-Motoren in Lizenz gebaut. Die Zweizylinder entfiel aus dem Programm und ab 1934 kam mit der Kongreß ein äußerst preiswertes und zuverlässiges Motorrad ins Programm. Der 350er-Seitenventiler leiste-

te 9 PS. Als Sportmodell öffnete die SST500 mit obengesteuertem MAG-Motor die Linie. Des Weiteren hatte die TM500 als Tourenversion einen seitengesteuerten MAG, ebenfalls als Lizenzbau.

1936 kam mit der B200 ein erfolgreiches 200-cm³-Modell ins Programm, welches erst 1938 durch Einführung eines einheitlichen Rohrrahmens samt Pressstahlgabel durch die Viergang-Typen B204/254 sowie B350-Typen abgelöst wurde.

Mit der BD250 kam, konstruiert durch den Ing. Otto Reitz, ein neuer Doppelkolben-Drehschiebermotor zum Einsatz, der 12 PS leistete. Er blieb bis 1943 im Programm.

Das B stand für Blockmotor und D für Doppelkolben, wobei der Motor noch getrennte Pleuel aufwies.

Appendix: Sachs, MAG

Ansprechpartner: Homepage: www.twn-ig.de

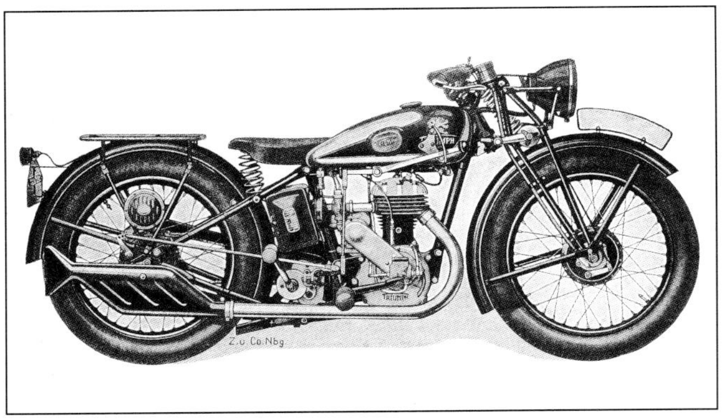

*Triumph Kongress 350 1934*

*Triumph B 200 1937*

*Triumph S 350*

## TRIUMPH ZWEI- UND VIERTAKT

| Modell | Baujahr | Zylinder | ccm | Steuerung | PS/min | Ersatzteilsituation | Nachfragetrend | Preise (EUR) |
|---|---|---|---|---|---|---|---|---|
| Knirps | 1919 - 25 | 1 | 277/298 | Schlitz | 3-4/3800 | schwach | leicht ansteigend | 2 000 bis 5 000 |
| K 3,4,5 | 1926 - 28 | 1 | 248 | Schlitz | 6/4000 | schwach | gleichbleibend | 1 000 bis 2 500 |
| T 3,4 | 1928 - 29 | 1 | 497 | sv | 15/4500 | schwach | leicht ansteigend | 2 000 bis 4 000 |
| K 6,7,8,9 | 1928 - 33 | 1 | 197 | Schlitz | 6/4500 | schwach | gleichbleibend | 750 bis 2 000 |
| T 500 | 1930 - 31 | 1 | 493 | sv | 13/4500 | schwach | leicht ansteigend | 1 500 bis 3 000 |
| SSK | 1930 - 33 | 1 | 343 | ohv | 15/4600 | schwach | leicht ansteigend | 1 750 bis 4 250 |
| STM 500 | 1932 - 36 | 1 | 496 | ohv | 20/5000 | schwach | leicht ansteigend | 1 750 bis 4 250 |
| Kongreß | 1934 - 36 | 1 | 346 | sv | 9/4000 | schwach | leicht ansteigend | 1 500 bis 3 000 |
| Noris 200 | 1934 - 36 | 1 | 197 | Schlitz | 6/4000 | schwach | gleichbleibend | 750 bis 2 000 |
| B 200/S350 | 1936 - 38 | 1 | 197/346 | Schlitz | 7-11/4000 | schwach | gleichbleibend | 750 bis 2 250 |
| B204/254 | 1936 - 39 | 1 | 197/244 | Schlitz | 7/8,5 | schwach | gleichbleibend | 750 bis 2 250 |
| B 350 | 1938 - 39 | 1 | 346 | Schlitz | 12/4400 | schwach | gleichbleibend | 750 bis 2 250 |
| BD 250 | 1939 - 43 | 1 | 248 | Drehschieber | 12/3800 | schwach | leicht ansteigend | 1 000 bis 2 500 |

# TRIUMPH (D) 1948–1957

1948 ging es, bedingt durch die Materialknappheit und zunächst angelehnt an die Bauart der Vorkriegs-BD250, nur langsam weiter. Die kleine B125 unterschied sich kaum von ihrer Vorgängerin. Erst mit der BDG 250, die einen überarbeiteten Motor aufwies und ab 1950 eine Telegabel erhielt, waren Veränderungen spürbar. Das G stand nun für Gabelpleuel, und diese Bauart ließ den Motor zu einem Dauerläufer erstarken. 1952 kam die Geradwegfederung hinzu. Dies wurde durch ein H in der Modellbezeichnung kenntlich gemacht.

Die BDG verkaufte sich gut und blieb sowohl als 125er wie auch als 250er bis 1957 im Programm.

1953 ergänzte die Cornet die Modellpalette bei dem Nürnberger Traditionsbetrieb, die mit einem 197-cm³-Motor zwischen ihre Schwestermodelle passte und sich durch die charakteristische Auspuffbirne optisch deutlich abhob. Mit Hinterradschwinge ausgestattet bot sie auch verbesserten Fahrkomfort.

Das Spitzenmodell der Nachkriegszeit war bei Triumph eindeutig die Boss, welche mit 350-cm³-Motor und 16 PS Leistung ein ordentliches Drehmoment an den Tag legte. Sie wurde auch gerne im Gespannbetrieb eingesetzt, vorzugsweise mit Produkten der ortsansässigen Firma Steib. Mit dem Steib LS 200 war sie ein gefälliges und gutmütiges Gespann und sie hatte serienmäßig eine hydraulisch betätigte Hinterradbremse, die sogar mit dem Seitenwagenrad koppelbar war.

Um den Rollermarkt abzudecken, erschien 1955 die Contessa mit dem 10 PS starken 200er Doppelkolben-Motor aus der Cornet. Die kleine Tessy mit 125er Einzylinder-Zweitakter und später 150er-Motor erschien ein Jahr darauf. Doch der Zweiradmarkt geriet in eine Talfahrt und 1957 wurde der Motorradbau bei Triumph in Nürnberg nach der Übernahme durch Max Grundig eingestellt.

Ansprechpartner:
Hompepage: www.twn-ig.de

*Triumph Cornet 1956*

*Triumph Boss 1953*

*Triumph BDG 250 SL 1954*

## TRIUMPH ZWEITAKT

| Modell | Baujahr | Zylinder | ccm | Steuerung | PS/min | Ersatzteilsituation | Nachfragetrend | Preise (EUR) |
|---|---|---|---|---|---|---|---|---|
| BDG 125 | 1950 - 57 | 1 | 123 | Doppelkolben | 6,5/4800 | schwach | leicht ansteigend | 750 bis 1 900 |
| BDG 250 | 1949 - 57 | 1 | 248 | Doppelkolben | 10,5 - 12 | gut | gleichbleibend | 750 bis 2 500 |
| Cornet | 1953 - 57 | 1 | 197 | Doppelkolben | 10/5000 | schwach | gleichbleibend | 750 bis 1 750 |
| Boss | 1953 - 57 | 1 | 344 | Doppelkolben | 16/3800 | schwach | gleichbleibend | 1 500 bis 3 250 |
| Contessa | 1955 - 57 | 1 | 197 | Doppelkolben | 10/4800 | schwach | gleichbleibend | 500 bis 1 250 |
| Tessy Standard | 1956 - 57 | 1 | 123 | Kolben | 6,1/5600 | schwach | gleichbleibend | 1 000 bis 1 500 |
| Tessy Luxus | 1956 - 57 | 1 | 123 | Kolben | 7,5/5600 | schwach | gleichbleibend | 1 000 bis 2 000 |
| Tessy Luxus | 1956 - 57 | 1 | 150 | Kolben | 8,4/5600 | schwach | gleichbleibend | 1 200 bis 2 500 |

# TRIUMPH (GB) EINZYLINDER 1902–1970

Der Nürnberger Siegfried Bettmann baute in Coventry, England, ab 1902 Motorfahrräder mit Fafnir, Minerva und JAP-Einbaumotoren. Neben seinem Zweigwerk in Nürnberg, welches bereits 1907 vorübergehend den Motorradbau einstellte, forcierte er die Entwicklung einer eigenen Motorenkonstruktion, die als 363-cm³-Seitenventiler 1905 debütierte und 1907 mit 453 cm³ angeboten wurde.

Bereits ein Jahr später wurde der Hubraum auf 475 cm³ erweitert. Durch Modellpflege erhielt diese 500er 1912 eine Hinterradkupplung und 1915 ein Sturmey-Archer-Dreigang-Getriebe. 1913 gab es als Modellergänzung auch die „Baby" mit 225-cm³-Zweitaktmotor, welche Käufer mit kleinerer Geldbörse ansprach.

*Triumph 5/5 Sports 1936*

*Triumph T20 Tiger Cub 1960*

Die Triumph Typ H wurde in großen Stückzahlen für die englische Armee produziert, hatte ab 1915 nun 550 cm³ und sorgte für eine gute finanzielle Quelle in der Zeit des Krieges.

Nach dem Krieg kam die stärkere Version SD hinzu, der 1921 ein revolutionäres Motorrad an die Seite gestellt wurde: die Ricardo, benannt nach dem Konstrukteur Henry Ricardo, besaß einen 500-cm³-ohv-Motor mit vier Ventilen und war äußerst sportlich. Sie wurde erst 1927 von der zweiventiligen TT abgelöst, die ihren Namen durch ihre Erfolge auf der Isle of Man erhielt.

1929 kam der Bruch zur deutschen Tochterfirma, die seit 1919 wieder Motorräder produzierte. Ab diesem Zeitpunkt wurden englische Triumph-Motorräder in Deutschland unter dem Namen „T.E.C."(Triumph Engineering Company) angeboten.

Zu Zeiten der Weltwirtschaftskrise Anfang der dreißiger Jahre weitete man das Modellprogramm auf kleinere Maschinen mit 150-cm³-Zwei- und Viertakt-Motoren aus. Letztere hatten obengesteuerte Ventile und wurden Basis für die folgenden H-Modelle mit 250, 350 und 500 cm³.

1936 wurde Triumph vom Ariel-Eigner Jack Sangster übernommen und 1937 erschienen mit der Tiger 70 und 80 sportliche 250 und 350er und mit der T90 eine 500-cm³-Maschine, die in ihrer Bauart bis lange nach dem zweiten Weltkrieg fortgeführt wurde. Doch im gleichen Jahr begründete Triumph auch die Fertigung einer Zweizylinder. Nachdem schon 1909 mit einem Fremdfabrikat von Bercley, 1913 mit einem eigenen Zweizylinder Versuche gestartet worden waren und 1932 ein Prototyp als Parallel-Twin entstanden war, gab es nun mit der von Edward Turner konstruierten Speed Twin ein schnelles und legendäres Modell bei Triumph. Die mit zunächst 26 PS vorgestellte Maschine war ein Jahr später auch als Tiger 100 Sportversion mit 32 PS erhältlich. Sie blieb bis zum Ende der fünfziger Jahre im Programm.

Wie im Ersten Weltkrieg auch wurde Triumph als Rüstungsproduzent mit seitengesteuerten Einzylindern von 350 cm³ und 500 cm³ tätig, bis 1940 das Werk zerstört wurde.

Ansprechpartner: Triumph Motorcycle Owners Club e.V., Klaus Küppers, Blumenstr. 14, 64846 Groß-Zimmern

## TRIUMPH EINZYLINDER

| Modell | Baujahr | Zylinder | ccm | Steuerung | PS/min | Ersatzteilsituation | Nachfragetrend | Preise (EUR) |
|---|---|---|---|---|---|---|---|---|
| H | 1914 - 20 | 1 | 499 | sv | 10/3800 | gut | gleichbleibend | 2 250 bis 6 000 |
| SD | 1920 - 29 | 1 | 550 | sv | 16/4200 | schwach | gleichbleibend | 2 250 bis 5 250 |
| Ricardo | 1922 - 27 | 1 | 497 | ohv | 22/5000 | schwach | gleichbleibend | 3 000 bis 9 000 |
| TT | 1927 - 30 | 1 | 497 | ohv | 20/5000 | schwach | gleichbleibend | 2 250 bis 6 000 |
| 5/5 Sports | 1934 - 36 | 1 | 493 | ohv | 23/5000 | schwach | gleichbleibend | 2 000 bis 4 500 |
| Tiger 70 | 1937 - 39 | 1 | 249 | ohv | 16/5800 | schwach | gleichbleibend | 2 250 bis 5 500 |
| Tiger 80 | 1937 - 39 | 1 | 343 | ohv | 20/5700 | schwach | gleichbleibend | 2 250 bis 5 500 |
| 3 H | 1937 - 45 | 1 | 343 | ohv | 17/5200 | schwach | gleichbleibend | 1 000 bis 3 000 |
| 5 H | 1937 - 39 | 1 | 493 | ohv | 23/5000 | schwach | gleichbleibend | 2 000 bis 4 000 |
| Tiger 90 | 1937 - 38 | 1 | 493 | ohv | 28/5800 | schwach | gleichbleibend | 2 250 bis 6 000 |
| T 20 Tiger Cub | 1954 - 68 | 1 | 199 | ohv | 10 - 14 | gut | gleichbleibend | 1 000 bis 3 000 |
| TR 25 W Trophy | 1968 - 70 | 1 | 247 | ohv | 24/8000 | gut | gleichbleibend | 1 250 bis 3 000 |

# TRIUMPH (GB) ZWEI- UND DREIZYLINDER 1937–1976

1946 startete man mit den für das Militär gebauten seitengesteuerten Modellen 3T mit 350 cm³ und 5T mit 500 cm³. Aber auch die Speed Twin und die Tiger 100 waren weiterhin im Programm. Alle Maschinen hatten Telegabel, doch das Hinterrad war starr aufgehängt. Dies änderte sich, als Ende des Jahres eine federnde Hinterradnabe eingeführt wurde.

1948 erschien mit der TR5 Trophy ein 25-PS-Modell mit Alu-Zylinderblock, und als Gegenpart zu den schnellen Manx der Konkurrenz wurden die Grand Prix genannten Modelle nun auch käuflich angeboten. Sie sollten bis 1950 im Verkaufskatalog stehen. 1949 kam die 6T Thunderbird mit 650 cm³ und 34

*Triumph Tiger 100 1954*

*Triumph Speed Twin 1949*

*Triumph Thunderbird 1949*

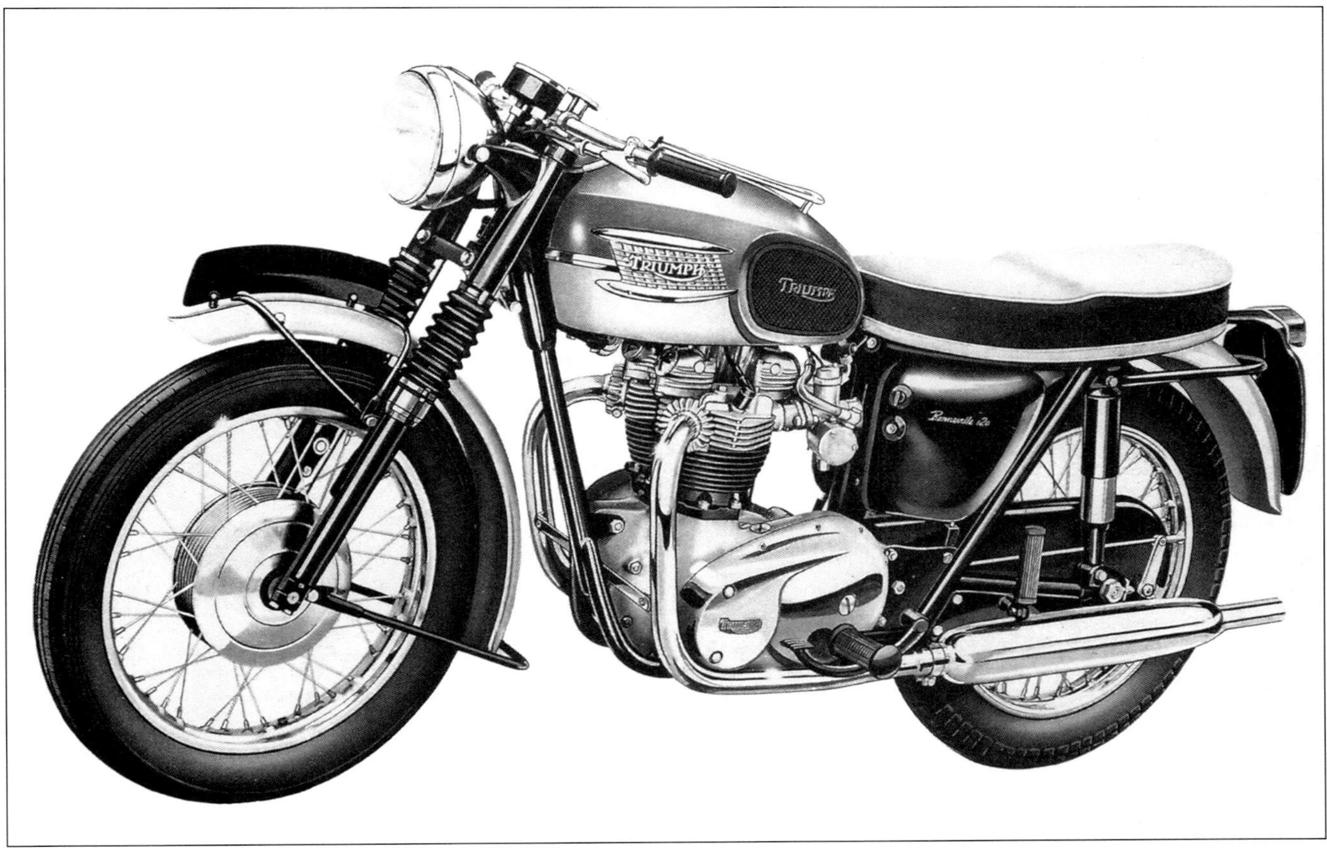


*Triumph T 120 Bonneville 1965*

T

PS, die, abgesehen von Modellpflegemaßnahmen, bis 1962 nahezu unverändert im Programm blieb.

Für den kleineren Geldbeutel gab es ab 1953 unterschiedliche Einzylinder-Modelle wie die T15 mit 150 cm³ und die T20 mit 200 cm², denen eine zweitaktende 175-cm³-Maschine zur Seite stand. Sie blieben bis 1971 im Angebot. Danach widmete man sich bei Triumph nur noch den 650er- und 750er-Maschinen.

1953 wurde auf der Motorradausstellung in Paris mit der Tiger T110 erstmals bei Triumph ein Modell mit Hinterradschwinge vorgestellt. Mit 42 PS Leistung war die Tiger erheblich schneller als die Konkurrenz und verkaufte sich gut. Ab 1955 erhielten alle Modelle die neu eingeführte Hinterradschwinge.

Die 3TA war 1958 mit 350 cm³ die kleinste ohv-Zweizylinder. Sie war eine besondere Konstruktion, denn nun bildeten Motor und Getriebe eine Einheit – im Unterschied zur klassischen getrennten Bauweise der Vergangenheit. Im gleichen Jahr erhielt der 650er-Twin in der Bonneville zwei getrennte Vergaser. Der auf Basis der T110 modifizierte Motor leistete nun 46 PS. Dazwischen lag die 5TA mit 500-cm³-Motor. Sie löste die erfolgreiche Speed Twin ab.

Die Blockbauweise der kleinen 350er wurde 1963 für alle Modelle eingeführt. 1968 erschien mit der T150 Trident eine Dreizylinder, die auf dem 500er-Twin aufbaute. Gemeinschaftlich mit BSA unternahm man hiermit den Versuch, der aufstrebenden Konkurrenz aus Fernost entgegen zu wirken. Nahezu baugleich, was die Motor-/Getriebeeinheit anging, stellte sich die Rocket 3 von BSA neben die Trident. Triumph setzte auf den bewährten Einrohr-Rahmen, während BSA die Doppelschleife bevorzugte. Zweifellos war der Dreizylinder ein überaus starkes und schnelles Aggregat, aber die Zuverlässigkeit ließ zu wünschen übrig. Zum Ende seiner Produktion im Jahre 1976 leistete der Motor gut 60 PS, die über ein Fünfgang-Getriebe für eine Spitze von über 200 km/h sorgten.

*Triumph TR 6 Trophy 1969*

*Triumph TR 6 Tiger 1971*

*Triumph 650 1972*

*Triumph Trident 1972*

*Triumph T 100 SS Adventurer 1974*

*Triumph T 160 V Trident 1975*

*Triumph T 140 V Bonneville 1974*

Für den US-Markt erschien 1972 unter der Federführung von Craig Vetter die Hurricane, eines der beliebtesten Sammlermodelle im Triumph-Liebhaberkreis. Mit Glasfaser-Monocoque und einseitiger Dreirohr-Auspuffanlage hatte sie ein ungewöhnliches Aussehen.

Seit einigen Jahren ist es Triumph unter völlig neuer Leitung gelungen, an die große alte Tradition anzuknüpfen, und fertigt hoch moderne, aber z.T. bewusst nostalgisch anmutende Motorräder.

Ansprechpartner:
Triumph Motorcycle Owners Club e.V.,
Klaus Küppers, Blumenstr.14,
64846 Groß-Zimmern

## TRIUMPH ZWEI- UND DREIZYLINDER

| Modell | Baujahr | Zylinder | ccm | Steuerung | PS/min | Ersatzteilsituation | Nachfragetrend | Preise (EUR) |
|---|---|---|---|---|---|---|---|---|
| 5T Speed Twin | 1937 - 58 | 2 | 499 | ohv | 26/6000 | gut | stark ansteigend | 2 500 bis 9 000 |
| Tiger 100 | 1938 - 59 | 2 | 499 | ohv | 32/6500 | schwach | leicht ansteigend | 2 500 bis 6 000 |
| 3T | 1946 - 51 | 2 | 349 | ohv | 19/6500 | schwach | gleichbleibend | 1 000 bis 3 000 |
| TRW | 1948 - 64 | 2 | 499 | sv | 17/5000 | gut | gleichbleibend | 1 000 bis 4 000 |
| Grand Prix | 1948 - 50 | 2 | 499 | ohv | 40/7200 | schwach | stark ansteigend | 3 750 bis 12 000 |
| TR5 Trophy | 1949 - 58 | 2 | 499 | ohv | 25 - 33 | gut | gleichbleibend | 1 750 bis 6 000 |
| 6T Thunderbird | 1949 - 62 | 2 | 649 | ohv | 34/6300 | gut | gleichbleibend | 3 000 bis 10 000 |
| T110 | 1953 - 61 | 2 | 649 | ohv | 42/6500 | gut | stark ansteigend | 2 250 bis 10 000 |
| T120 Bonneville | 1958 - 62 | 2 | 649 | ohv | 46/6500 | gut | stark ansteigend | 2 250 bis 7 500 |
| 3TA | 1957 - 66 | 2 | 349 | ohv | 19/6500 | gut | gleichbleibend | 1 000 bis 3 000 |
| 5TA | 1958 - 66 | 2 | 490 | ohv | 27/6500 | gut | leicht ansteigend | 1 500 bis 4 000 |
| T100 | 1961 - 74 | 2 | 490 | ohv | 34/7000 | gut | gleichbleibend | 1 500 bis 6 000 |
| T120 Bonneville | 1962 - 73 | 2 | 649 | ohv | 50/7000 | gut | gleichbleibend | 6 000 bis 12 500 |
| TR6 | 1962 - 73 | 2 | 649 | ohv | 40/6500 | gut | gleichbleibend | 2 500 bis 7 500 |
| T140V Bonneville | 1973 - 82 | 2 | 744 | ohv | 53/6500 | sehr gut | gleichbleibend | 2 500 bis 8 000 |
| TR7V Tiger | 1973 - 82 | 2 | 744 | ohv | 51/6500 | sehr gut | gleichbleibend | 2 500 bis 7 000 |
| T150 Trident | 1968 - 75 | 3 | 740 | ohv | 58/7250 | gut | gleichbleibend | 3 000 bis 7 000 |
| T160V Trident | 1975 - 76 | 3 | 740 | ohv | 58/7250 | gut | leicht ansteigend | 3 000 bis 7 000 |

# UT 1922–1962

Der Untertürkheimer Hermann Scheihing nahm das Kürzel UT seiner Heimatstadt als Name für seine Motorräder. In seiner bereits 1922 gegründeten Werkstatt entwickelte er Maschinen, die er zunächst mit Motoren von Bekamo ausrüstete. Die Berliner Kleinmotoren AG lieferte Zweitaktmotoren von 130, 150 und 175 cm³ mit liegendem Zylinder, die mit einer Ladepumpe äußerst fortschrittliche, aber auch anfällige Konstruktionen waren.

Als 1924 die UT-Motorräder bereits in kleinen Serien hergestellt wurden, baute Scheihing einen eigenen Zweitaktmotor mit liegendem Zylinder und 250 cm³ ein. Dieser war den Motoren von Cockerell und Bekamo sehr ähnlich; die Trittbretter waren jedoch als Kühlplatte ausgebildet, was den Motor von diesen Konstruktionen abhob.

Schon 1925 wurden eifrig Rennen bestritten und zahlreiche Siege gingen auf das Konto von UT. 1927 stieg UT um auf englische JAP- und Blackburne-Motoren und bot nun Modelle von 200 bis 600 Kubik an. Die Maschinenfabrik Bergmüller & Co. in Stuttgart-Vaihingen, die UT übernommen hatte, setzte auf die Publicity durch Rennerfolge und leistete sich eine kostspielige Rennabteilung, zu der Größen wie Karl Frentzen, Otto Kohfink oder der später legendäre H. P. Müller gehörten.

Zu Beginn der dreißiger Jahre wurde UT erneut von einem anderen Unternehmen übernommen. Schwenk & Schnürle setzten ab etwa 1933 auf ein neues Konzept. Die ohnehin kaum lieferbaren ausländischen Motoren wurden durch deutsche Fabrikate ersetzt. Das 200er-Modell war jetzt auch als Zweitakter mit 198-cm³-Bark-Motor erhältlich. Auch eine 350er mit ohv-Triebwerk war verfügbar. Nach oben rundete der 500er- bzw. 600er-Blockmotor von Küchen die Palette ab.

Ende der Dreißiger kamen die Bark-Typen 500S und 600S mit 20 bzw. 24 PS hinzu, die sehr beliebt waren.

1949 stieg UT (Schwenk & Schnürle GmbH, Stuttgart-Möhringen) wieder ins Motorradgeschäft ein. Mit einer Vorkriegskonstruktion, ausgestattet mit 125er ILO-Motor, startete man zuverlässig. Später gab es auch Modelle mit 175-, 200- und 250-cm³-ILO-Zweitaktern. Das Topmodell war die 1953 gebaute TS 252 mit Zweizylinder-ILO-Motor. Als letztes Motorrad lieferte UT noch bis 1962 die TS 175F mit Sachs-Motor.

Ähnlich wie bei Tornax gab es Versuche mit einem Serienmodell, das über den „Opti"-Zweizylinder-Viertaktmotor von Küchen mit obenliegender Nockenwelle verfügte (KV250, 1953). Doch auch hier blieb man in Ansätzen stecken, denn der Motor war einfach nicht ausgereift und es war bereits zu spät für einen Start mit einem solch aufwändigen Motorrad.

Nach einigen Mopedkonstruktionen im Jahr 1954 hielt sich UT noch bis etwa 1962 auf dem Markt.

Appendix: JAP, Blackburne, ILO

Ansprechpartner: Günter Wolf, Ulmenstrasse 103, 71088 Holzgerlingen

*UT 500 Sport 1928*

*UT K125 1942*

*UT SB 350 1939*

*UT STS 252 1953*

| Modell | Baujahr | Zylinder | ccm | Steuerung | PS/min | Ersatzteilsituation | Nachfragetrend | Preise (EUR) |
|---|---|---|---|---|---|---|---|---|
| 350 Sport | 1928 - 31 | 1 | 348 | ohv | 16/5000 | schwach | gleichbleibend | 2 250 bis 4 750 |
| 500 Sport | 1928 - 31 | 1 | 496 | ohv | 20/5000 | schwach | gleichbleibend | 2 500 bis 6 000 |
| 200 Sport | 1928 - 34 | 1 | 197 | ohv | 6,5 - 8,5 | schwach | gleichbleibend | 1 500 bis 4 000 |
| Z 201 | 1934 - 38 | 1 | 191 | Schlitz | 6/4000 | schwach | gleichbleibend | 400 bis 1 250 |
| SB 200 | 1934 - 38 | 1 | 199 | ohv | 9/5200 | schwach | gleichbleibend | 1 500 bis 3 000 |
| SB 350 | 1934 - 39 | 1 | 343 | ohv | 16/5200 | schwach | gleichbleibend | 1 750 bis 4 000 |
| SB 500 | 1934 - 39 | 1 | 499 | ohv | 20/5000 | schwach | gleichbleibend | 1 750 bis 4 250 |
| SB 600 | 1935 - 39 | 1 | 589 | ohv | 24/4800 | schwach | gleichbleibend | 2 000 bis 4 500 |
| K 125 | 1941 - 50 | 1 | 123 | Schlitz | 5/4200 | schwach | gleichbleibend | 500 bis 1 250 |
| KTN 125 | 1949 - 55 | 1 | 123 | Schlitz | 5,5/5500 | schwach | gleichbleibend | 500 bis 1 250 |
| KTV 175 | 1951 - 55 | 1 | 174 | Schlitz | 8,5/5500 | schwach | gleichbleibend | 500 bis 1 250 |
| TS 250 | 1952 - 54 | 1 | 248 | Schlitz | 12/4750 | schwach | gleichbleibend | 600 bis 1 500 |
| TS 175 | 1953 - 62 | 1 | 174 | Schlitz | 9,5/6000 | schwach | gleichbleibend | 750 bis 1 500 |
| TS 252 | 1953 - 55 | 2 | 244 | Schlitz | 15/6000 | schwach | gleichbleibend | 1 250 bis 3 000 |
| VS 252 | 1955 - 59 | 2 | 244 | Schlitz | 15/6000 | schwach | gleichbleibend | 1 250 bis 3 000 |
| VS 100 | 1955 - 59 | 1 | 97 | Schlitz | 5,2/5250 | schwach | gleichbleibend | 400 bis 1 000 |

# VELOCETTE (GB) 1905–1971

1905 brachte John Taylor, der sich ab 1917 John Goodman nannte, sein erstes Motorrad, die Veloce auf den Markt. Sie war kein großer Erfolg.

Erst 1909, als sein Sohn Percy ein neues Modell kreierte, das sich durch einen wechselgesteuerten 276-cm³-Viertaktmotor und Zweiganggetriebe auszeichnete, begann die eigentliche Produktion in größerem Stil. 1910 folgte als Ergänzung ein seitengesteuerter 500er-Viertakter, ähnlich der Triumph gleichen Baujahrs. Die Ähnlichkeit war so groß, dass sogar die Nocken der beiden Modelle austauschbar waren.

1913 kamen Zweitaktmodelle mit zunächst 206 cm³, später 220 cm³ und letztlich 249 cm³, die bis 1940 gebaut werden sollten. 1914 trugen diese Modelle erstmals den Namen Velocette am Tank. 1916 wurde auf Regierungserlass die Produktion von Motorrädern eingestellt. Veloce Ltd. musste für die Rolls-Royce-Werke Rüstungsgüter produzieren.

Ab 1919 wurden wieder Zweitakter gefertigt, und 1924 begann man mit der Konstruktion einer richtungweisenden neuen Modellreihe: der K-Serie. Mit ihr nahm man 1925 an der TT auf der Isle of Man teil, und als sehr sportliche Version KSS kam sie im gleichen Jahr auf den Markt. Sie unterschied sich nur sehr unwesentlich von dem Rennmodell. Auch sie war mit dem neuen 350-cm³-Königswellenmotor ausgerüstet, der für die damalige Zeit unglaublich schnell war.

Das käufliche Rennmodell, die KTT, wurde erstmals im Herbst 1928 angeboten und leitete eine bedeutende Serie von Rennmaschinen bei Velocette ein, die erst 1950 mit der KTT Mark VIII endete.

1933 folgte die MOV mit 250 cm³ und Stoßstangen-Steuerung sowie der „High Camshaft", der über dem Kurbelhaus liegenden Nockenwelle. Sie wurde durch die MAC mit 350 cm³ 1934 und deren große Schwester MSS mit 500 cm³ im Jahr 1935 ergänzt.

Für 1936 wurde der KSS-Motor aufgrund der Erfahrung mit den Rennmodellen überarbeitet, und nach dem Krieg wurde schon 1947 wieder der Rennbetrieb aufgenommen.

1948 erschien eine ungewöhnliche Neukonstruktion bei Velocette: Die LE war eine Mischung aus Motorrad und Roller mit zuerst 150 und später auch 200 cm³ großem, wassergekühltem, seitengesteuertem Boxermotor. Sie wurde bis 1959 gefertigt und fand großen Absatz bei Behörden und Polizei in England. Aufbauend auf die LE erschien 1956 die kopfgesteuerte Valiant, die aber kein großer Erfolg war. Dies sollte 1960 der Roller Viceroy

*Velocette Viper 1963*

*Velocette Venom 500 1968*

nachholen, aber der kam zu spät. Der Rollerboom war bereits im Abklingen begriffen. Als Straßenmotorrad kam 1956 die 350er Viper, die als Venom mit 500 cm³ wieder ein richtiges Sportmotorrad war. Sie war 1959 als Venom Clubman mit 38 PS Leistung ein richtiger Knaller. Beide waren im Grunde eine Weiterentwicklung der Springer MAC und MSS.

*Velocette LE 200 1952*

1964 wurde als Forderung des zwischenzeitlich erschlossenen US-Marktes die Thruxton hergestellt. Sie leitete sich aus der Venom ab, war aber um einiges stärker. Mit nun 41 PS war sie über 160 km/h schnell und das wohl bekannteste Nachkriegsmodell bei Velocette.

Durch die in den sechziger Jahren auf den Markt drängenden Japaner ging die Produktion natürlich auch bei Velocette deutlich zurück. Die hohen Fertigungskosten für die qualitativ hochwertigen Motorräder wirkten sich negativ aus und so ging das traditionsreiche Haus Veloce Ltd. am 5.2.1971 in Liquidation.

Ansprechpartner:
Walter Hartmann, Barmerstraße 9
34497 Korbach

*Velocette MAC 350 1934*

## VELOCETTE

| Modell | Baujahr | Zylinder | ccm | Steuerung | PS/min | Ersatzteilsituation | Nachfragetrend | Preise (EUR) |
|---|---|---|---|---|---|---|---|---|
| KSS Mk.I | 1925 - 35 | 1 | 348 | ohc | 19/5800 | schwach | gleichbleibend | 4 000 bis 9 500 |
| KTT | 1928 - 50 | 1 | 348 | ohc | 24-30 | schwach | gleichbleibend | 7 500 bis 40 000 |
| MOV | 1933 - 48 | 1 | 248 | ohv | 11/5200 | schwach | gleichbleibend | 2 500 bis 4 500 |
| MAC | 1934 - 51 | 1 | 349 | ohv | 14/5000 | schwach | gleichbleibend | 2 500 bis 4 500 |
| MSS | 1935 - 48 | 1 | 495 | ohv | 20/5000 | schwach | gleichbleibend | 2 750 bis 7 500 |
| KSS Mk.II | 1936 - 48 | 1 | 348 | ohc | 18/5300 | schwach | gleichbleibend | 3 500 bis 9 500 |
| LE Mk I | 1948 - 71 | 2 | 149 | sv | 6/5000 | gut | gleichbleibend | 400 bis 1 800 |
| LE | 1948 - 71 | 2 | 192 | sv | 8/5000 | gut | gleichbleibend | 400 bis 1 800 |
| MSS | 1953 - 71 | 1 | 499 | ohv | 27/5500 | schwach | gleichbleibend | 1 800 bis 5 000 |
| Venom | 1956 - 71 | 1 | 499 | ohv | 36/6200 | schwach | gleichbleibend | 2 800 bis 7 000 |
| Viper | 1956 - 69 | 1 | 349 | ohv | 27/7000 | schwach | gleichbleibend | 2 750 bis 6 500 |
| Valiant | 1956 - 63 | 2 | 192 | ohv | 12/6000 | schwach | gleichbleibend | 1 250 bis 2 750 |
| Venom Clubman | 1959 - 71 | 1 | 499 | ohv | 38/6200 | schwach | gleichbleibend | 3 000 bis 9 250 |
| Thruxton | 1964 - 71 | 1 | 499 | ohv | 41/6200 | schwach | gleichbleibend | 6 500 bis 14 500 |

# VESPA (I) 1946–HEUTE

Im größtenteils zerstörten Flugzeugwerk von Piaggio wird nach Ende des zweiten Weltkrieges wegen des Verbotes der Alliierten die Flugzeugproduktion nicht wieder aufgenommen, sondern auf zivile Produkte umgestellt. Schnell stellt sich heraus, dass außer dem täglichen Bedarf der Wunsch nach Mobilität erfüllt werden muss. Enrico Piaggio beauftragt 1946 nach einem misslungenen Versuch den Konstrukteur Corradino d'Ascanio, ein Zweirad für jedermann zu entwerfen. Das daraufhin entwickelte und gebaute Fahrzeug weist einen selbsttragenden Schalenrahmen aus Blech auf, hat eine Lenkung mit gezogener Schwinge und eine als Direktantrieb am Hinterrad ausgebildete Einheit aus einem 98-cm³-Zweitaktmotor und einem Getriebe mit drei Gängen. Der Motor ist mittels Gebläse luftgekühlt und wird durch den Rahmen abgedeckt. Die 8-Zoll-Räder sind einseitig aufgehängt und untereinander austauschbar, das Vorderrad ist gefedert. Das Fahrzeug erhält den Namen Vespa. 1948 wird der Hubraum auf 125 cm³ vergrößert und die Antriebseinheit zur gefederten und gedämpften Triebsatzschwinge. Das Vorderrad erhält einen Reibungsdämpfer und der Rahmen einen Hauptständer. Als Fahrzeug für tatsächlich jedermann findet die Vespa allgemeine Verbreitung und ist aus keinem Stadtbild mehr wegzudenken. Die Vespa-Fahrer bilden Clubs und Piaggio nimmt jede Möglichkeit der Werbung für die Vespa wahr. Das „Vespa-Fieber" breitet sich unaufhörlich, auch über die Landesgrenzen, aus. 1950 erhält der Motorradfabrikant Jakob O. Hoffmann die Lizenz, in Deutschland die Vespa herzustellen. Weitere Lizenzen werden in mehrere europäische Länder, aber auch weltweit vergeben. 1955 wechselt die Herstellung zur Vespa-Messerschmitt GmbH in Augsburg, zwei Jahre später wird die Gesellschaft in Vespa GmbH umfirmiert. Sie besteht als Piaggio Deutschland GmbH heute noch. 1955 erfüllt die Vespa den Wunsch nach mehr Hubraum und damit Leistung auf zwei Wegen: Mit der robusten Dreigangversion mit 5,5 PS und der schnellen Viergang-Grand Sport mit 8 PS, die erstmals auf 10-Zoll-Rädern steht. In Italien bleibt die

*Vespa 125 1952*

125er weiter lieferbar. 1959 bringt der nächste Entwicklungsschritt den Drehschiebereinlass durch die Kurbelwellenwange, zunächst für die 150-Dreigang, in Deutschland „Touren" genannt, 1960 auch für die neue 125er. Die Grand Sport behält auch in der 1962 überarbeiteten Version mit 160 cm³ die Schlitzsteuerung bei. Mit den Jahren wird die Form der Vespa schlanker, das Fahrzeug höher. Der Hubraum des Spitzenmodells wächst erst auf 180 cm³, dann auf 200 cm³. Die Zündung wird elektronisch unterstützt. Als letzten Entwurf von Corradino d'Ascanio präsentiert Piaggio eine neue Baureihe mit zunächst 50 cm³, später 90 und 125 cm³. Das sind die neuen Flitzer für die immer engeren Verkehrsräume in den Städten. Während in Deutschland die Motoren gedrosselt sind, ist in Italien fast jeder getunt. Die letzte Baureihe der Vespa im klassischen Sinne, die PX, wird seit nunmehr 25 Jahren auf der Grundlage des Entwurfes von 1946 als 125er, 150er und 200er produziert, gekauft, gefahren und geliebt.

Ansprechpartner: Vespa-Veteranen-Freunde, Manfred Meier, Schönefelder Str. 43, 21109 Hamburg-Wilhelmsburg

## VESPA

| Modell | Baujahr | Zylinder | ccm | Steuerung | PS/min | Ersatzteilsituation | Nachfragetrend | Preise (EUR) |
|---|---|---|---|---|---|---|---|---|
| 98 | 1946 - 48 | 1 | 98 | Schlitz | 3,2/4500 | schwach | gleichbleibend | k.A. |
| 125 | 1948 - 64 | 1 | 123 | Schlitz | 4,5/4500 | gut | gleichbleibend | 750 bis 3 750 |
| Hoffmann-Vespa | 1950 - 54 | 1 | 123 | Schlitz | 4,5/4500 | schwach | gleichbleibend | 1 000 bis 3 000 |
| 150 | 1955 - 62 | 1 | 145,6 | Schlitz | 5,7/5000 | gut | gleichbleibend | 500 bis 3 000 |
| Gran Sport 150 | 1955 - 63 | 1 | 145,6 | Schlitz | 8/7000 | gut | gleichbleibend | 500 bis 3 000 |

V

# VICTORIA 1901–1945

Victoria in Nürnberg gehört zu den Pionieren des deutschen Motorradbaus. Max Ottenstein und Max Frankenburger gründeten 1886 die Frankenburger & Ottenstein OHG und beschäftigten sich mit dem Fahrradbau. 1901 erschienen die ersten Motorräder mit verstärkten Fahrradrahmen und Einbaumotoren von Fafnir und Cudell. Sowohl Ein- als auch Zweizylinder gehörten zum Programm und schon früh setzte man auf die Publizität im Renneinsatz, das Hauptgeschäft blieb jedoch beim Fahrradbau.

1920 erschien mit der KR1 ein richtungweisendes Motorrad. Der bei den Bayerischen Motoren Werken hergestellte Boxer-

*Victoria KR 35 mit Lackler-Motor 1936*

*Victoria KR 6 1936*

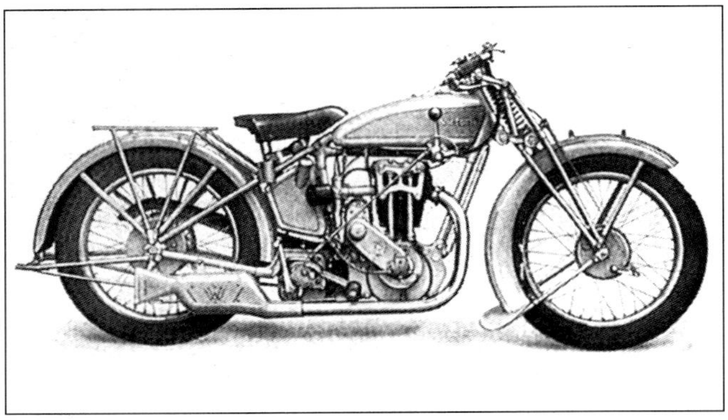

*Victoria KR 35 1929*

motor Typ M2B15 mit 496 cm³ fand Einsatz in einem hochwertig gefertigten Rahmen von Victoria. Aufgrund der hervorragenden Fahreigenschaften war die KR1 beliebter als die bei BMW hergestellte Helios und so wurde Victoria zum größten Abnehmer des Triebwerks. Während die KR1 noch Riemenantrieb und seitengesteuerte Ventile aufwies, folgte mit der KR2 im Jahr 1922 deutliche Verbesserung: rollengelagertes Pleuel, hohlgebohrte Stößelstangen und ein kopfgesteuertes Triebwerk waren auf die Neukonstruktion von Obering. Martin Stolle zurückzuführen. Dieser verließ BMW und schuf dieses neue Triebwerk in der Maschinenfabrik Sedlbauer in München.

1923 übernahm Victoria diesen Betrieb und Stolle verbesserte die KR-Serie immer wieder aufs Neue. Mit der KR6 erschien 1927 gar ein 600er-Boxer bis 20 PS Leistung. Im Renneinsatz wurden die ohv-Modelle ständig erfolgreich eingesetzt.

1928 wurde die Produktpalette nach unten abgerundet, um den steuer- und führerscheinfreien Klassen Rechnung zu tragen. So entstand mit der KR 20 ein kleiner 200er Seitenventiler, der mit 795,– Mark zu Buche schlug. Mit der KR35 erschien im gleichen Jahr eine Maschine mit einem 350-cm³-Sturmey-Archer-Motor, die sich gut verkaufte. Dreiecksrahmen und Tigergabel von Brüsselbach, Köln, verhalfen zu gutem Fahrwerk. 1930 wurde der Hubraum auf 500 cm³ samt seitengesteuerten und im Kopf hängenden Ventilen erweitert. Diese KR 50 und KR 50 S bezeichneten Motorräder waren beliebte Modelle.

Um die Mopedklassen abzudecken erschienen 1931 bis 1936 auch Modelle mit Sachs- und ILO-Motoren der Hubräume 74 und 98 cm³, wie etwa die KR10, sowie größere 125-, 150- und 200-cm³-Versionen mit ILO-Motoren, die als KR 12/15 und KR 20 bekannt wurden.

1937 kam mit der KR 25 S Typ Aero ein Einheitsrahmen mit Pressstahlgabel hinzu; sie sollte nach dem Krieg zu einem Neustart verhelfen. Während des Krieges wurden Motorräder und Rüstungsgüter (Strahlflugzeuganlassermotoren) produziert.

Appendix: Sachs, ILO

Ansprechpartner: Victoria IG, Kay Rauen, Neuer Kamp 27b, 24582 Wattenbek, e-mail: Rauen.Victoria@t-online.de

## VICTORIA

| Modell | Baujahr | Zylinder | ccm | Steuerung | PS/min | Ersatzteilsituation | Nachfragetrend | Preise (EUR) |
|---|---|---|---|---|---|---|---|---|
| KR 1, KR 2, KR 3 | 1923 - 27 | 2 | 496 | ohv | 12/3500 | schwach | gleichbleibend | 3 500 bis 16 500 |
| KR 6 | 1927 - 37 | 2 | 596 | ohv | 14 - 20 | schwach | leicht ansteigend | 3 500 bis 16 500 |
| KR 35 | 1928 - 34 | 1 | 344 | ohv | 14/4800 | schwach | gleichbleibend | 1 500 bis 5 000 |
| KR 20 | 1928 - 34 | 1 | 198 | sv | 4/3800 | schwach | gleichbleibend | 800 bis 2 500 |
| KR 50 | 1930 - 32 | 1 | 498 | ohv | 18/4500 | schwach | gleichbleibend | 2 000 bis 7 500 |
| KR 15 | 1932 - 39 | 1 | 145 | Schlitz | 5/5000 | schwach | gleichbleibend | 500 bis 1 250 |
| KR 20 Z | 1932 - 36 | 1 | 196 | Schlitz | 6/5000 | schwach | gleichbleibend | 500 bis 1 500 |
| KR 8 | 1934 - 35 | 2 | 496 | sv | 15/4600 | schwach | gleichbleibend | 2 250 bis 10 000 |
| KR 35 B | 1935 - 36 | 1 | 346 | sv | 13/4650 | schwach | gleichbleibend | 1 000 bis 4 000 |
| KR 35 S | 1936 - 37 | 1 | 344 | ohv | 15/5000 | schwach | gleichbleibend | 1 500 bis 4 000 |
| KR 10 | 1936 - 40 | 1 | 98 | Schlitz | 3/4000 | schwach | gleichbleibend | 400 bis 1 500 |
| KR 9 | 1936 - 37 | 2 | 498 | ioe | 15/4600 | schwach | gleichbleibend | 2 250 bis 10 000 |
| KR 20 EN | 1937 - 40 | 1 | 198 | Schlitz | 7/4000 | schwach | gleichbleibend | 600 bis 1 750 |
| KR 25 S | 1937 - 40 | 1 | 247 | Schlitz | 9/5440 | gut | gleichbleibend | 1 000 bis 2 500 |
| KR 35 SN | 1938 - 45 | 1 | 342 | ohv | 18/5000 | schwach | gleichbleibend | 1 500 bis 3 000 |
| KR 35 SS | 1938 - 39 | 1 | 342 | ohv | 20/5000 | schwach | gleichbleibend | 1 350 bis 3 750 |

# VICTORIA 1948–1958

Nachdem größte Teile des Werkes im Krieg zerstört worden waren, wurden zuerst Ziegelputzmaschinen, Milchkannen und Fleischwölfe gebaut. Danach setzte man 1948 auf einen von Albert Roder entwickelten Fahrradmotor, den FM 38. Mit dem drehschiebergesteuerten Zweitakter und Zweiganggetriebe gelang der Neustart.

Hierzu verhalf ebenfalls die Wiederauflage der Vorkriegs-KR 25 Aero, die erst 1951 eine Modellpflege durch Telegabel und Geradwegfederung hinten erhielt. Sie gipfelte in der 1953 erschienenen KR 26N, die mit nun 14 PS Leistung bis 1957 im Programm bleiben sollte.

Doch auch andere kleine Fahrzeuge waren absatzstark bei Victoria. Die V99 BL erschien mit ihren 99 cm³ im Jahr 1949 und war mit Flachkolben-Zweitakter ein wendiges, schnelles Motorfahrrad. Sie erstarkte mit der KR 125 Bi-Fix 1951 auf 123 cm³ und kurzzeitig 5 PS Leistung.

Ein Motorrad der besonderen Art war 1953 die V35 Bergmeister. Der 350-cm³-Zweizylinder-ohv-Motor von Richard Küchen war jedoch von Kaltstartproblemen geplagt. 21 PS Leistung und Kardanantrieb unterstrichen die an sich hervorragende Konstruktion. Doppelrohrrahmen, Telegabel und Geradwegfederung gehörten zum Standard. Doch sie wurde kein Verkaufserfolg und man stellte die Produktion 1955 wieder ein.

Mit der KR 21 Swing erschien aus der Feder von Norbert Riedel, dem berühmten Imme-Konstrukteur, eine neue Konstruktion bei Victoria. Eine Triebsatzschwinge, in der ein elektromagne-

*Victoria KR 25 HM 1951*

*Victoria V 35 Bergmeister 1954*

V

*Victoria Swing 1956*

*Victoria Parilla 175 Sport 1957*

tisch geschaltetes Getriebe sowie der 200-cm³-Zweitaktmotor aufgehängt waren, war höchst unkonventionell. Federungs- und Dämpfungsfunktion hatte nur das rechte Federbein am geschlossenen Kettenkasten, der aus Aluminium gefertigt war. Das Vorderrad war in einer Pressstahl-Schwinggabel aufgehängt.

Die Bauart gestattete auch die Fertigung einer Kleinserie von Peggy-Rollern. Sie waren ebenso wenig ein Verkaufserfolg wie der bereits zuvor gefertigte 50-cm³-Nicky-Roller, der einen Monocoque-Rahmen aus Druckguss aufwies.

Geld verdient wurde zu diesem Zeitpunkt bei Victoria, wie bei vielen anderen Herstellern, nur durch das Fahrrad- und Moped-Geschäft. Das 48-cm³-Moped Vicky war ein echter Verkaufsschlager und glich die roten Zahlen der Sonderkonstruktionen aus. 1957 machte Victoria mit der Victoria-Parilla erneut auf sich aufmerksam. Durch eine Fertigung von Gussteilen war Parilla bereits als Partner für Victoria tätig. Im Gegenzug erhoffte man sich durch den Einbau des bewährten, sportlichen 175-cm³-Parilla-Motors in ein neues Fahrgestell gute Absatzmöglichkeiten – doch sie blieb nur zwei Jahre im Programm. Die generelle Absatzkrise von Zweirädern machte auch vor Victoria nicht halt. 1958 endete die Produktion der Victoria-Parilla, und das Unternehmen ging in der Nürnberger Sachs-Gruppe auf.

Ansprechpartner: Victoria IG, Kay Rauen, Hermann-Berndt-Str. 8, 24582 Wattenbek, e-Mail: Rauen.Victoria@t-online.de

## VICTORIA

| Modell | Baujahr | Zylinder | ccm | Steuerung | PS/min | Ersatzteilsituation | Nachfragetrend | Preise (EUR) |
|---|---|---|---|---|---|---|---|---|
| KR 25 Aero | 1948 - 52 | 1 | 247 | Schlitz | 9/4500 | gut | gleichbleibend | 1 000 bis 2 250 |
| V99 BL | 1950 - 52 | 1 | 99 | Schlitz | 3,25/4500 | schwach | gleichbleibend | 400 bis 1 000 |
| KR 125 Bi-Fix | 1951 - 53 | 1 | 122 | Schlitz | 4,5/4500 | schwach | gleichbleibend | 400 bis 1 250 |
| KR 25 HM | 1951 - 54 | 1 | 247 | Schlitz | 10,5/4700 | gut | gleichbleibend | 750 bis 2 000 |
| KR 26 N | 1953 - 57 | 1 | 247 | Schlitz | 14/5250 | gut | gleichbleibend | 500 bis 2 000 |
| V 35 Bergmeister | 1953 - 57 | 2 | 347 | ohv | 21/6300 | gut | gleichbleibend | 2 000 bis 5 500 |
| KR 21 Swing | 1956 - 57 | 1 | 197 | Schlitz | 11,3/5300 | schwach | gleichbleibend | 1 500 bis 4 500 |
| Victoria-Parilla/KR 20P | 1957 - 58 | 1 | 174 | ohv | 14/7800 | schwach | gleichbleibend | 1 250 bis 4 000 |

# VINCENT (GB) 1946–1955

Gleich nach dem Krieg begannen Philip C. Vincent und sein Chefkonstrukteur Phil Irving wieder Motorräder zu bauen. Mit der Serie B wurde ein neues Fahrgestell vorgestellt, das aus einem Vierkant-Rückgratrohr bestand, welches auch als Ölreservoir diente. Eingebaut wurde die Trapezgabel von Brampton.

Die Dreiecksschwinge, die das Hinterrad aufnahm, war am hinteren Teil der Ein- und Zweizylindermotoren gelagert. Die Motoren waren im Baukastensystem gefertigt. Viele Teile der Einzylinder passten auch bei den Zweizylindern. Die Modellpalette wurde mit der Meteor, Comet und Rapide beibehalten.

Mit Einführung der selbst entwickelten „Girdraulic"-Trapezgabel 1948 wurde auch die Serie C bei Vincent eingeführt. Hier kamen nun einige bedeutende Modellergänzungen zum Zuge und das HRD-Logo verschwand vom Tank. Als Sportmodell wurde die Black Shadow angeboten, die 10 PS Mehrleistung gegenüber der Rapide erhielt. Zur besseren Wärmeabfuhr, aber auch zur Unterstreichung der Exklusivität, wurde der Motor in einem Spezialverfahren schwarz lackiert. Als Geschwindigkeit wurden „deutlich über 200 km/h" angegeben, was die Maschine zu einem absoluten Superlativ werden ließ. Für den Renneinsatz wurden ganze 16 Stück des Typs Black Lightning gebaut, die mit 80 bhp etwa 245 km/h schnell sein sollte. Sie war mit 14.800,– DM damals schier unerschwinglich.

*Vincent Comet 1950*

Als Rennmodell in der 500er-Klasse entstand aus der Comet die Grey Flash, die von 1949 bis 1951 erhältlich war.

1954 debütierte die Serie D, bei der nun auch voll verschalte Maschinen angeboten wurden. Die 500er Victor sowie die beiden 1000er Black Knight mit 45 PS und die Black Prince mit 55 PS steckten in futuristischen Vollverkleidungen aus Polyester.

Aber auch Fahrwerk und Motor erhielt Neuerungen. Für die hintere Rahmenabstützung sorgte nun ein liegendes, hydraulisch gedämpftes Federbein. Das bisher im Rahmen integrierte Ölreservoir wich nun einem eigenen Öltank.

1955 wurde noch einmal ein Geschwindigkeitsweltrekord durch Russell Wright mit einer Black Lightning aufgestellt. Mit dem aufgestellten Rekord von 297,9 km/h sollte ein letzter Versuch gewagt werden, die Käufergunst zu gewinnen. Doch die aufwändige Fertigung der Vincent-Motorräder riss ein großes Loch in das Bilanzergebnis. Im Dezember des gleichen Jahres verließ die letzte Vincent das Werk in Stevenage.

Von 1969 bis 1974 baute der bekannte Fahrwerkskonstrukteur Fritz W. Egli noch einmal etwa 52 Vincent-Motoren in eigene Fahrgestelle ein.

Ansprechpartner:
Vincent Owners Club, Kurt Schupp,
Lindenbachstr. 13, 35641 Niederwetz

*Vincent Black Shadow 1950*

V

## VINCENT

| Modell | Baujahr | Zylinder | ccm | Steuerung | PS/min | Ersatzteilsituation | Nachfragetrend | Preise (EUR) |
|---|---|---|---|---|---|---|---|---|
| Rapide B | 1946 - 50 | 2 | 998 | ohv | 45/5300 | gut | leicht ansteigend | 5 000 bis 22 500 |
| Black Shadow | 1948 - 50 | 2 | 998 | ohv | 55/5700 | gut | gleichbleibend | k.A. |
| Meteor B | 1948 - 50 | 1 | 499 | ohv | 26/5300 | gut | gleichbleibend | 4 000 bis 9 000 |
| Rapide C | 1948 - 54 | 2 | 998 | ohv | 45/5300 | gut | leicht ansteigend | 5 000 bis 22 500 |
| Black Shadow C | 1948 - 54 | 2 | 998 | ohv | 55/5700 | gut | gleichbleibend | 7 500 bis 30 000 |
| Black Lightning | 1948 - 55 | 2 | 998 | ohv | 70/5600 | gut | gleichbleibend | k.A. |
| Comet | 1948 - 54 | 1 | 499 | ohv | 28/5800 | gut | gleichbleibend | 5 000 bis 10 000 |
| Grey Flash | 1949 - 51 | 1 | 499 | ohv | 35/6200 | gut | gleichbleibend | k.A. |
| Meteor C | 1950 | 1 | 499 | ohv | 26/5300 | gut | gleichbleibend | 3 000 bis 7 500 |
| Black Prince | 1954 - 55 | 2 | 998 | ohv | 55/5700 | gut | gleichbleibend | 7 500 bis 30 000 |
| Black Knight | 1954 - 55 | 2 | 998 | ohv | 45/5200 | gut | gleichbleibend | 7 500 bis 30 000 |
| Black Shadow D | 1955 | 2 | 998 | ohv | 55/5700 | gut | gleichbleibend | 7 500 bis 25 000 |
| Rapide D | 1955 | 2 | 998 | ohv | 45/5200 | gut | leicht ansteigend | 5 000 bis 22 500 |
| Egli-Vincent | ab 1969 | 2 | 998 | ohv | 45 - 70 | gut | gleichbleibend | 5 000 bis 20 000 |

# WANDERER 1902–1943

1885 gründeten die Mechaniker Winklhofer und Jaenicke in Chemnitz eine Firma zum Handel mit Fahrrädern und begannen 1887 selbst zu produzieren. Dies war die Keimzelle für die 1896 gegründete Aktiengesellschaft „Wanderer Fahrradwerke vormals Winklhofer & Jaenicke“. Um von Konjunkturschwankungen unabhängiger zu werden, erweiterte man schrittweise die Produktion um die Sparten Werkzeugmaschinen 1899, Motorradbau 1902, Büromaschinen 1904 und Automobilbau 1913. Den Anspruch auf höchste Material- und Fertigungsqualität im Werkzeug- und Büromaschinenbau, wo man bald internationale Bedeutung erlangt hatte, übertrug man auch auf den Motorradbau. So blieb es nicht aus, dass Wanderer-Motorräder sich schon nach kurzer Zeit größter Beliebtheit erfreuten. Bis 1909 brachte Wanderer acht verschiedene Ein- und Zweizylinder-Modelle von 1 1/2- 5 PS heraus – alle mit selbstentwickelten Motoren. Die von 1910-1919 gebauten Ein- und Zweizylinder mit 1 1/2- 4 PS waren neben Kurzschwingen-Vorderradgabeln auch mit Hinterradschwingen, beide teleskopgefedert, ausgestattet und boten damit einen für die Zeit einmaligen „Federbett“-Komfort. Bemerkenswert war auch die Verstellbarkeit der Riemenspannung während der Fahrt.

Das Jahr 1920 brachte Neukonstruktionen mit Dreigang-Blockmotoren und starrem Hinterbau. Bereits 1917 war eine entsprechende Maschine mit 327 $cm^3$ großem, seitengesteuertem Einzylindermotor fertig gewesen, die jedoch nicht in Produktion

*Wanderer 750 1926*

gegangen war. Das neue Programm bestand nun aus diesem Einzylinder mit effektiv 3,5 PS sowie aus einem fast baugleichen Zweizylinder mit 616 $cm^3$ und 6 PS, später 8 PS Leistung, genannt 4 1/2 PS. Beide Modelle, robuste und aufwändig gefertigte Gebrauchsräder, erfreuten sich bei zahlungskräftigen Käufern großer Beliebtheit – auch als Gespann-Maschinen. Während der 2 1/2 PS-Einzylinder 1924 auslief, wurde der 4 1/2 PS-Zweizylinder für das Modelljahr 1925 noch einmal überarbeitet (Tankform, Vordergabel etc.) Neu ins Programm kam jetzt im Fahrgestell der 4 1/2 PS ein 708-$cm^3$-Zweizylinder Typ 5,4 PS mit vier kopfgesteuerten Ventilen je Zylinder und 12 PS; später in geändertem Rahmen mit 15 PS Leistung. Ebenfalls neu war eine leichte Maschine mit liegendem Zylinder von 196 $cm^3$ auf einem Zweigang-Blockmotor, ebenfalls vier obengesteuerten Ventilen und effektiv 4-5 PS, Modellbezeichnung 1,5 PS. In Anpassung an gesetzliche Vorschriften gab es dieses Modell auch als 1,4 PS mit 184 $cm^3$.

Auch die leichten Modelle entsprachen der Wanderer-Tradition und waren dementsprechend solide, aufwändig und (zu) teuer gefertigt. Die langhubige, vierventilige 5,4 PS erfreute sich jedoch nur einer kurzen Produktionszeit; bereits 1927 verschwand sie aus den Prospekten und wurde durch eine 750-$cm^3$-Zweizylinder mit 2 obengesteuerten Ventilen je Zylinder und ca. 20 PS ersetzt (Modellbezeichnung 5,7 PS). Auch bei der „Kleinen Wanderer“ wich 1928 der Vierventilkopf einer Ausführung mit zwei großen Ventilen. Zeit und Technik waren für die empfindlichen Vierventil-Konstruktionen noch nicht reif gewesen; die Zweiventil-Technik sollte noch für Jahrzehnte führend bleiben. Das Programm 1927 war mit einer 750-$cm^3$-Maschine und einem 200-$cm^3$-Modell, beide aufwändig und teuer, unausgewogen. Gewinnbringend ließ sich der Motorradbau damit bei Wanderer nicht betreiben. Im gleichen Jahr war jedoch ein völlig neues 500-$cm^3$-Einzylindermotorrad mit 16 PS, ohv-Dreigangblockmotor, Kardanantrieb und Pressblechrahmen in der Entwicklung, auf das Wanderer große Hoffnungen setzte. Leider zwang das rückläufige Motorradgeschäft, das sensationelle Modell K500 nicht ausreichend erprobt auf den Markt zu bringen. (Es war übrigens kein BMW-Nachbau, wie häufig fälschlich behauptet wird).

Rahmenbrüche und Motorschäden infolge Überhitzung und Schmierungsmängeln enttäuschten die Kundschaft und hatten erhebliche Garantieaufwändungen zur Folge, die in dem sich rapide verschlechternden Geschäft mit schweren Motorrädern nicht mehr erwirtschaftet werden konnten. So entschloss sich Wanderer Mitte 1929, den gesamten Motorradbau aufzugeben.

Es gelang, die Fertigungseinrichtung für die K500 nebst Materialbeständen an den tschechischen Fabrikaten Janecek zu verkaufen, der aus „Ja" und „Wa" die Marke JAWA schuf und mit einer verbesserten, bis 1934 produzierten K500 den Grundstein für eine jahrzehntelange, erfolgreiche Motorrad-Produktion legte.

Als dann 1930 von Sachs und Ilo leichte Zweitakt-Motoren mit 60, 74, 98 und 100 cm³ als Fahrradhilfsmotoren angeboten wurden, stieg der bedeutende Wanderer-Fahrradbau in das neue Geschäft mit Motorfahrrädern ein und wurde rasch einer der größten Hersteller in dieser Sparte. Erst Ende 1943, als kriegsbedingt entsprechende Motoren nicht mehr verfügbar waren, musste die Produktion eingestellt werden. Damit endete nach 41 Jahren bei Wanderer die Herstellung motorisierter Zweiräder. Versuche von Wanderer, nach dem Krieg von Bayern aus mit fremd gefertigten Fahrrädern und Mopeds an die ruhmreiche Vergangenheit anzuknüpfen, brachten nicht den erhofften Erfolg und wurden nach wenigen Jahren aufgegeben.

Appendix: Sachs, ILO
Ansprechpartner: Wanderer-Motorrad-Archiv, Dirk und Peter Peschken, Am Juffernbach 12, 48157 Münster

## WANDERER

| Modell | Baujahr | Zylinder | ccm | Steuerung | PS/min | Ersatzteilsituation | Nachfragetrend | Preise (EUR) |
|---|---|---|---|---|---|---|---|---|
| 2½ PS | 1920-24 | 1 | 327 | sv | 6/3000 | schwach | gleichbleibend | 3 000 bis 6 000 |
| 4½ PS | 1920-25 | 2 | 616 | sv | 12/3000 | schwach | gleichbleibend | 4 000 bis 9 000 |
| 1,4/1,5 PS | 1925-29 | 1 | 184 | ohv | 4,5/4000 | schwach | gleichbleibend | 3 000 bis 5 500 |
| 5,4 PS | 1925-27 | 2 | 708 | ohv | 15/4000 | schwach | gleichbleibend | 8 000 bis 14 000 |
| 750 | 1926-29 | 2 | 746 | ohv | 20/4500 | schwach | gleichbleibend | 4 000 bis 8 500 |
| G 200 | 1928-30 | 1 | 196 | ohv | 5/4500 | schwach | gleichbleibend | 1 250 bis 2 500 |
| K 500 | 1928-29 | 1 | 499 | ohv | 17/4700 | schwach | gleichbleibend | 3 500 bis 6 500 |
| 74 | 1931-39 | 1 | 74 | Schlitz | 1,25/3000 | schwach | gleichbleibend | 500 bis 1 500 |
| 98 | 1933-40 | 1 | 98 | Schlitz | 2,25/3300 | gut | gleichbleibend | 500 bis 1 900 |

# YAMAHA (J) 1955–HEUTE

Schon vor der Jahrhundertwende wurden bei Torakusu Yamaha, dem Firmengründer, Orgeln gebaut. 1897 erfolgte eine Umfirmierung in die Nippon Gakki Co. Ltd., aus der 1955 der Firmenzweig Yamaha Motor Co. Ltd. als Tochtergesellschaft hervor ging.

Mit der YA1 erschien eine gute Kopie der DKW RT125, der Einzylinder-Zweitakter konnte seine Herkunft nicht verleugnen. 1957 erschien die YA2, welche schon ein eigenes Vollschwingenfahrwerk erhielt und einen Pressstahlrahmen hatte. Im gleichen Jahr erschien auch schon der erste Zweizylinder mit der YD1. Diverse Detailverbesserungen zeichneten die folgenden Modelle aus. Entscheidend Neues kam mit der YA6, die eine Getrenntschmierung hatte. Hier wurde nun automatisch drehzahl- und lastabhängig das Öl dem Benzin beigemischt. Ende der fünfziger Jahre stieg Yamaha, dessen Tankemblem – angelehnt an die Musiktradition des Unternehmens – drei gekreuzte Stimmgabeln zeigte, ins Renngeschehen ein. Mit der YDS1 kam eine äußerst sportliche 250er ins Programm, die später als TD-Modell gar Weltmeistertitel erringen sollte.

Die Mitsui & Co. führte mit der YDS3 die erste Yamaha nach Deutschland ein. Der 5-Kanal-Zweitaktmotor war drehfreudig und begründete die Ära später folgender Typen des japanischen Unternehmens.

Großen Bekanntheitsgrad und größte Verkaufserfolge erlang-

*Yamaha DS 6 1969*

*Yamaha TD 3 250 Production Racer 1972*

Y

ten die RD 250/350-Modelle, die in einem günstigen Preis-/Leistungsverhältnis standen. Reichte die Produktpalette bislang von 125 bis 350 $cm^3$ und bestand sie ausschließlich aus Zweitaktern, so begab sich Yamaha 1970 mit der XS1 auf Neuland. Der 650-$cm^3$-Parallel-Twin mit obenliegender Nockenwelle lehnte sich stark an englische Vorbilder an und begründete den späteren Erfolg der XS-650-Reihe.

Es folgte die TX 750, eine als „der Stier“ bekannt gewordene 750er Zweizylinder, die mit nominell immerhin 51 PS in den Reigen der Konkurrenzprodukte passte. Doch thermische Probleme und ärgerlicher Muskelschwund sorgten auch hier für keinen großen Absatz; das wurde erst mit den Folgemodellen behoben.

Das erfolgreichste Modell der frühen Viertakt-Ära bei Yamaha war zweifellos die XS 650, die sich bis zum Jahr 1984 im Programm hielt.

Yamaha besticht heute noch, wie alle japanischen Hersteller, durch große Modellvielfalt.

Ansprechpartner: Walter Meier, Zum Auehof 1, 31708 Ahnsen

*Yamaha XS 2 1973*

*Yamaha AS 1 1969*

*Yamaha TX 750 1974*

*Yamaha YR 3 1969*

*Yamaha DS 5 1969*

## YAMAHA

| Modell | Baujahr | Zylinder | ccm | Steuerung | PS/min | Ersatzteilsituation | Nachfragetrend | Preise (EUR) |
|---|---|---|---|---|---|---|---|---|
| DS 5 | 1967 - 69 | 2 | 246 | Schlitz | 29/8000 | schwach | gleichbleibend | 600 bis 1 750 |
| DS 6 | 1969 - 70 | 2 | 246 | Schlitz | 30/7500 | schwach | gleichbleibend | 400 bis 1 750 |
| R 3 | 1969 - 70 | 2 | 348 | Schlitz | 36/7000 | schwach | gleichbleibend | 600 bis 1 750 |
| R 5 | 1970 - 73 | 2 | 348 | Schlitz | 36/7000 | schwach | gleichbleibend | 450 bis 1 700 |
| DS 7 | 1970 - 73 | 2 | 247 | Schlitz | 30/7500 | schwach | gleichbleibend | 350 bis 1 500 |
| AS 3 | 1971 - 73 | 2 | 124 | Schlitz | 15/8500 | schwach | gleichbleibend | 300 bis 1 250 |
| XS 1 | 1970 | 2 | 653 | ohc | 53/7000 | schwach | gleichbleibend | 1 250 bis 3 750 |
| XS 2 | 1971 - 73 | 2 | 653 | ohc | 53/7000 | schwach | gleichbleibend | 600 bis 2 900 |
| TX 750 | 1973 - 74 | 2 | 743 | ohc | 63/6500 | schwach | leicht ansteigend | 750 bis 3 750 |
| TD 2 | 1969 - 71 | 2 | 247 | Schlitz | 44/10500 | schwach | gleichbleibend | 3 250 bis 9 000 |
| TR 2 | 1969 - 70 | 2 | 348 | Schlitz | 54/9600 | schwach | gleichbleibend | 3 250 bis 9 000 |
| TZ 250 | 1973 - 75 | 2 | 247 | Membran | 51/10500 | schwach | gleichbleibend | 1 250 bis 7 500 |
| TZ 350 | 1973 - 75 | 2 | 348 | Membran | 60/9500 | schwach | gleichbleibend | 2 000 bis 7 500 |

Y

# ZÜNDAPP 1921–1950

1917 wurde die „Zünder und Apparatebau GmbH" gegründet, aus der nach dem ersten Weltkrieg die „Zündapp-Gesellschaft für den Bau von Spezialmaschinen" in Nürnberg wurde. 1921 entstand mit dem Modell Z22 das erste Motorrad, welches große Ähnlichkeit mit der englischen Levis aufwies. Aus ihrem 211-$cm^3$-Nasenkolben-Motor entstand im Jahre 1924 die größere K249, die mit Kettenantrieb und Dreigang-Getriebe schon deutlich fortschrittlicher war. 1925 erschien das Einheitsmodell EM 250, das schon mit 4,5 PS Leistung aufwarten konnte. Es kamen Modelle mit 300 $cm^3$ hinzu, bis endlich 1930 mit den S-Typen nicht nur Modellverbesserungen eintraten, sondern nun auch ein echtes 500-$cm^3$-Motorrad verfügbar war. Die S 500 mit dem schnellen Rudge-Python-Vierventilmotor setzte sich jedoch nicht durch und blieb nur zwei Jahre im Programm. Mit den Modellen der dreißiger Jahre kamen 1933 die K-Modelle hinzu, welche mit eigenen Viertakt-Motoren ausgestattet wurden. Sie wiesen entgegen den früheren Zündapp-Maschinen nun einen Kastenrahmen und Kardanantrieb auf. Neben der einzylindrigen OK 200 waren alle anderen Modelle Zweizylinder-Boxer mit seitengesteuerten Ventilen. Spitzenmodell war die K800 die einen Vierzylinder-Boxermotor hatte.

*Zündapp S 200 1930*

*Zündapp S 500 1930*

Erst 1936 erhielten die Motoren oben hängende Ventile und hatten in der KS 500 dann schon beachtliche 24 PS Leistung. Sie wurde 1938 von der KS 600 abgelöst, die bis zum Jahr 1950 im Programm bleiben sollte. Sowohl die K800 als auch die KS-Modelle fanden bei der Wehrmacht Verwendung. Die schweren Stahlpressrahmen hielten den Belastungen – meist im Gespannbetrieb – stand, während die DS 350 mit ihrem Einzylindermotor und Rohrrahmen eher konventionell wirkte.

1941 kam dann die KS 750 als überschweres Wehrmachtsgespann, das neben der R75 vom bayerischen Konkurrenten BMW wegen seiner absoluten Geländetauglichkeit legendär werden sollte.

Ansprechpartner: Zündapp-Freunde Norddeutschland, Andreas Kleinwechter, Enseburgweg 7e, 30826 Garbsen e-mail: Andreas.Kle@t-online.de

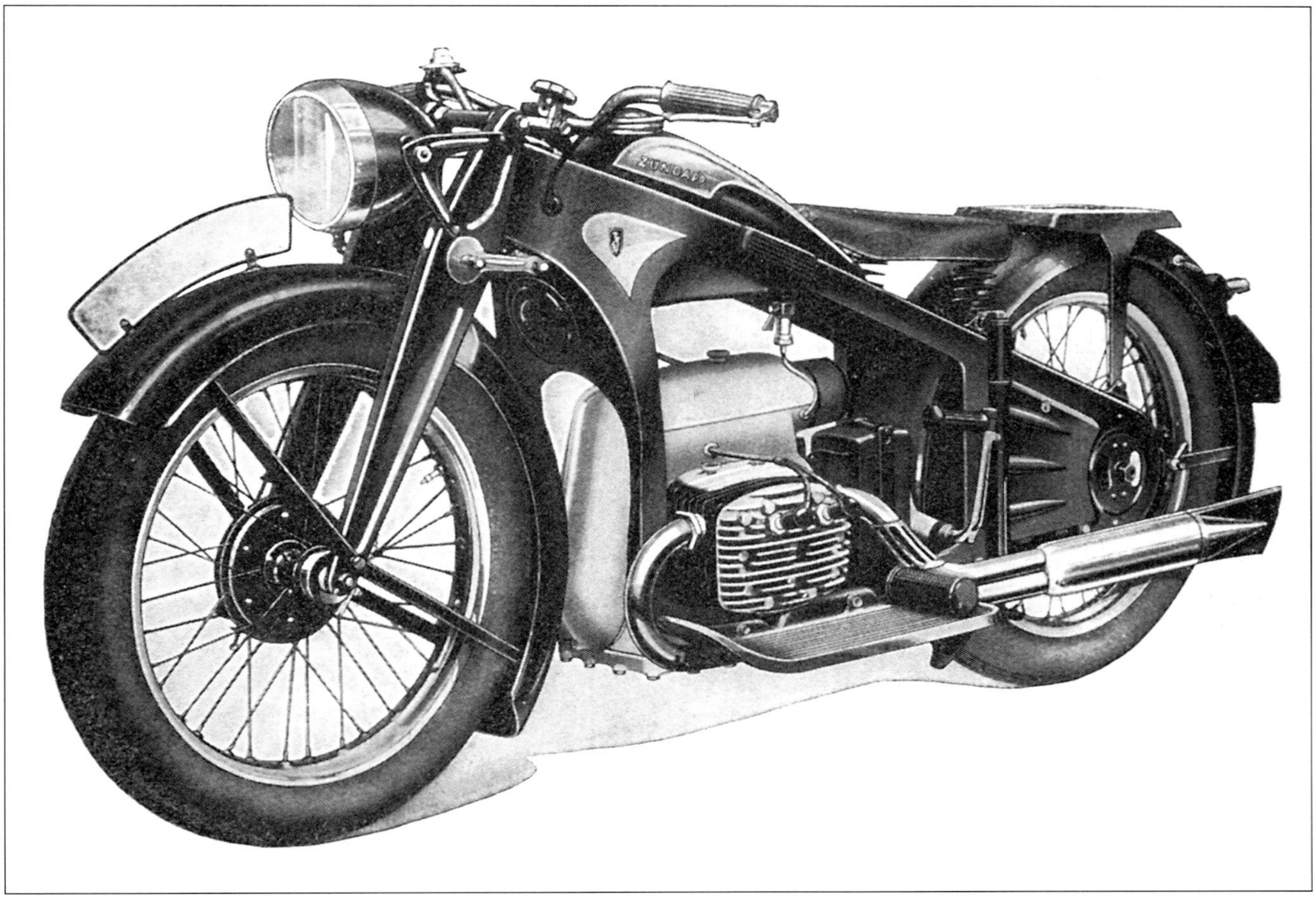


*Zündapp K 800 1933*

## ZÜNDAPP

| Modell | Baujahr | Zylinder | ccm | Steuerung | PS/min | Ersatzteilsituation | Nachfragetrend | Preise (EUR) |
|---|---|---|---|---|---|---|---|---|
| EM 249 | 1925 - 27 | 1 | 249 | Schlitz | 4,5/3100 | schwach | gleichbleibend | 1 250 bis 2 500 |
| Z 200 | 1928 - 30 | 1 | 198 | Schlitz | 4,5/3300 | schwach | gleichbleibend | 1 000 bis 2 000 |
| S 200 | 1930 - 32 | 1 | 198 | Schlitz | 6/3500 | schwach | gleichbleibend | 600 bis 1 750 |
| S 500 | 1930 - 31 | 1 | 499 | ohv | 22/4900 | schwach | leicht ansteigend | 2 500 bis 5 000 |
| Derby 200 | 1933 - 35 | 1 | 198 | Schlitz | 7/3850 | schwach | gleichbleibend | 500 bis 1 500 |
| Kardan 200 | 1933 - 34 | 1 | 198 | Schlitz | 6,5/4000 | schwach | gleichbleibend | 750 bis 2 000 |
| K 500 | 1933 - 40 | 2 | 498 | sv | 16/4800 | schwach | leicht ansteigend | 1 750 bis 4 000 |
| K 800 | 1933 - 38 | 4 | 791 | sv | 22/4300 | schwach | leicht ansteigend | 3 500 bis 7 500 |
| Kardan 350 | 1935 - 36 | 1 | 349 | Schlitz | 12/3700 | schwach | gleichbleibend | 900 bis 2 000 |
| DB 200 | 1935 - 51 | 1 | 198 | Schlitz | 7/4000 | schwach | gleichbleibend | 750 bis 2 000 |
| DBK 200 | 1936 - 38 | 1 | 198 | Schlitz | 7/4000 | schwach | gleichbleibend | 750 bis 1 750 |
| KS 500 | 1936 - 39 | 2 | 496 | ohv | 24/5200 | schwach | leicht ansteigend | 2 250 bis 4 500 |
| DB 250 | 1937 - 40 | 1 | 247 | Schlitz | 8,5/3850 | schwach | gleichbleibend | 500 bis 1 250 |
| DS 350 | 1937 - 40 | 1 | 346 | ohv | 17/5200 | schwach | gleichbleibend | 1 750 bis 3 500 |
| KS 600 | 1938 - 50 | 2 | 597 | ohv | 28/4700 | schwach | leicht ansteigend | 2 250 bis 5 000 |
| KS 750 | 1940 - 48 | 2 | 751 | ohv | 26/4000 | schwach | leicht ansteigend | 4 000 bis 15 000 |

# ZÜNDAPP 1950–1984

Nachdem der Nähmaschinenbau unmittelbar nach dem Krieg wieder für vollere Kassen sorgte, ging man bei Zündapp 1950 wieder an die Motorradfertigung. Die DB 200 mit ihrem Zweitaktmotor knüpfte mit Pressstahlgabel direkt an die Vorkriegsmodelle an. Erst mit der ein Jahr später folgenden DB 201 kamen Neuerungen in Form von Telegabel und Vierstrom-Umkehrspülung, die 1952 in der Comfort mit einer Geradwegfederung des Hinterrades gipfelten.

Im gleichen Jahr begann man bei Zündapp mit der Fertigung kleiner 50-cm³-Mopeds.

Das Zweitaktprogramm erweiterte sich 1953 durch die Elastic, welche mit 200- und 250-cm³-Motor bis 1955 im Programm blieb. Sie hatte einen Zentralrohrrahmen sowie Hinterradschwinge mit ölgedämpften Federbeinen und war äußerst fortschrittlich.

Mit dem Roller Bella mit 150, 175 und 200 cm³ klinkte sich Zündapp in das Rollergeschäft ein. Er wurde von 1953 bis 1964 gefertigt und erhielt ab 1955 einen elektrischen Anlasser.

Die vor dem Krieg so erfolgreichen Boxermodelle hielten ebenfalls 1949 Einzug. Zunächst noch als KS 600, wie vor dem Krieg gefertigt, folgte 1950 die KS 601, welche als „Grüner Elefant" Motorradgeschichte schrieb. Sie hatte nun einen Stahlrohr-Rahmen sowie Telegabel und Geradwegfederung und sollte ab 1953 in der Sportversion 34 PS erhalten.

Wegen des motorsportlichen Erfolgs bei der Sechstagefahrt in der Tschechoslowakei 1957 entstanden die 175 S Trophy sowie deren Pendant mit 250-cm³-Motor. Sie bestimmten neben den Mopeds und dem Bella-Roller das Geschehen bei Zündapp in den sechziger Jahren.

1964 entsteht die KS 50 Super und macht ebenfalls im Wettbewerb Furore. Sie sollte ab 1972 sogar Wasserkühlung erhalten. Die Serie KS bestand ab 1971 nun auch aus zwei 125er-Modellen, der Straßenversion KS 125 sowie dem Geländesportmodell GS 125. Ein neuer Roller, der R 50, mit Führerscheinklasse 5 bewegbar, konnte keine großen Verkaufszahlen erringen.

Zum Ende der siebziger Jahre wurden fast ausschließlich Mofas, Mopeds und Mokicks gefertigt, bis 1979 mit der KS 175 wieder ein richtiges Motorrad im Programm stand. Doch die Zeit für diese Hubraumklasse war vorbei.

Ab 1980 folgte man mit der KS 80 der neuen Führerscheinregelung, die nun Motorräder bis 80 cm³ für die unter 18-Jährigen vorsah. Mit den 80-cm³-Modellen griff Zündapp nun letztmalig ins Renngeschehen ein und errang mit Stefan Dörflinger die Straßen-Weltmeisterschaft.

Zu diesem Zeitpunkt war Zündapp bereits in Konkurs gegangen, und die Produktionsanlagen wurden nach China verkauft.

Ansprechpartner: Zündapp Freunde Norddeutschland,
Andreas Kleinwechter, Enseburgweg 7e, 30826 Garbsen
e-mail: Andreas.Kle@t-online.de

*Zündapp KS 125 S*

*Zündapp KS 50 WC*

*Zündapp KS 80*

*Zündapp KS 601 1956*

*Zündapp 250 S Trophy 1956*

*Zündapp DB 201 1950*

*Zündapp KS 100 1967*

*Zündapp Bella 1956*

## ZÜNDAPP

| Modell | Baujahr | Zylinder | ccm | Steuerung | PS/min | Ersatzteilsituation | Nachfragetrend | Preise (EUR) |
|---|---|---|---|---|---|---|---|---|
| DB 201 | 1950 - 51 | 1 | 198 | Schlitz | 7,5/4000 | schwach | leicht ansteigend | 450 bis 2 000 |
| KS 601 | 1950 - 57 | 2 | 597 | ohv | 28/4700 | schwach | stark ansteigend | 2 500 bis 6 500 |
| DB 202 | 1951 - 52 | 1 | 198 | Schlitz | 7,5/4000 | schwach | gleichbleibend | 400 bis 1 250 |
| DB 203 Comfort | 1952 - 53 | 1 | 198 | Schlitz | 8,7/4250 | schwach | leicht ansteigend | 400 bis 1 750 |
| DB 204 Norma | 1952 - 53 | 1 | 198 | Schlitz | 8,3/4600 | schwach | gleichbleibend | 400 bis 1 250 |
| DB 234 Norma Luxus | 1953 - 55 | 1 | 198 | Schlitz | 8,3/4600 | schwach | gleichbleibend | 400 bis 1 400 |
| KS 601 Sport | 1953 - 58 | 2 | 597 | ohv | 34/6000 | schwach | leicht ansteigend | 2 500 bis 6750 |
| DB 205 Elastic | 1953 - 55 | 1 | 198 | Schlitz | 9,5/4700 | schwach | gleichbleibend | 500 bis 1 750 |
| DB 255 Elastic | 1954 - 55 | 1 | 246 | Schlitz | 13/5200 | schwach | gleichbleibend | 500 bis 1 750 |
| 201 S | 1955 - 58 | 1 | 197 | Schlitz | 12/5400 | schwach | gleichbleibend | 400 bis 1 250 |
| 175 S Trophy | 1956 - 63 | 1 | 174 | Schlitz | 10,5/5400 | schwach | gleichbleibend | 500 bis 1 400 |
| 250 S Trophy | 1956 - 63 | 1 | 245 | Schlitz | 14,5/5500 | schwach | gleichbleibend | 500 bis 1 500 |
| Bella-Roller | 1953 - 64 | 1 | 147/198 | Schlitz | 7,3 - 12 | schwach | gleichbleibend | 500 bis 1 750 |
| KS 75 Typ 511 | 1959 - 62 | 1 | 75 | Schlitz | 5,6/6200 | schwach | leicht ansteigend | 400 bis 2 250 |
| KS 100 Typ 514 | 1963 - 69 | 1 | 98 | Schlitz | 8,2/ 6300 | schwach | stark ansteigend | 250 bis 2 500 |
| KS 100 Typ 518 | 1969 - 71 | 1 | 98 | Schlitz | 10/6800 | schwach | stark ansteigend | 250 bis 3 000 |
| KS 125 Sport | 1971 - 76 | 1 | 123 | Schlitz | 17/7900 | schwach | leicht ansteigend | 400 bis 1 500 |
| GS 125 | 1971 - 76 | 1 | 123 | Schlitz | 18/7900 | schwach | stark ansteigend | 900 bis 2 500 |
| KS 50 WC Typen 517 | 1972 - 76 | 1 | 49 | Schlitz | 6,25 /8400 | schwach | stark ansteigend | 250 bis 2 000 |
| KS 50 Cross Typen 517 | 1972 - 76 | 1 | 49 | Schlitz | 6,25 /8400 | schwach | stark ansteigend | 350 bis 2 250 |
| KS 50 WC Typen 530 | 1976 - 80 | 1 | 49 | Schlitz | 6,25 /8400 | schwach | stark ansteigend | 250 bis 1 750 |
| KS 175 Typ 521 | 1977 - 84 | 1 | 163 | Schlitz | 17 /7400 | schwach | leicht ansteigend | 350 bis 1 750 |
| KS 80 | 1980 - 83 | 1 | 78,1 | Schlitz | 8,3 / 6000 | schwach | gleichbleibend | 250 bis 800 |
| KS 80 Touring | 1981 - 82 | 1 | 78,1 | Schlitz | 8,3 / 6000 | schwach | leicht ansteigend | 250 bis 950 |
| K 80 Typ 540-010 | 1982 | 1 | 78,1 | Schlitz | 8,3 / 6000 | schwach | gleichbleibend | 150 bis 750 |
| K 80 Typ 540-011 | 1982 - 83 | 1 | 78,1 | Schlitz | 8,3 / 6000 | schwach | leicht ansteigend | 150 bis 900 |
| K 80 Typ 540-200 | 1984 - 85 | 1 | 78,1 | Schlitz | 9,0 / 6000 | schwach | leicht ansteigend | 200 bis 1 000 |
| KS 80 Super | 1982 - 84 | 1 | 78,1 | Schlitz | 9,5 / 6000 | schwach | gleichbleibend | 200 bis 1 250 |
| KS 80 Sport | 1984 - 85 | 1 | 78,1 | Schlitz | 9,5 / 6000 | schwach | stark ansteigend | 300 bis 1 600 |
| SX 80 | 1983 - 85 | 1 | 78,1 | Schlitz | 8,3 / 6000 | schwach | stark ansteigend | 250 bis 1 750 |

# APPENDIX

*In diesem Anhang werden im Motorrad-Oldtimer-Katalog sogenannte Konfektionsmotoren strukturiert in Übersichten dargestellt.*
*Viele der damaligen Motorradhersteller bedienten sich der Produkte namhafter Lieferanten. Die gängigsten Vor- und Nachkriegs-Motorenhersteller sind hier gelistet und werden unter Berücksichtigung der am häufigsten für die Motorradindustrie gelieferten Typen aufgeführt:*
*Die Auflistung erhebt keinen Anspruch auf Vollständigkeit. Es sind nur gängige Motoren gelistet; Rennmotoren sowie Prototypen oder in Kleinststückzahlen gefertigte Motoren blieben unberücksichtigt.*

**Inhalt Appendix:**


Villiers – Motoren Seite 169–170

MAG – Motoren Seite 171–173

JAP – Motoren Seite 174–175

Blackburne – Motoren Seite 176–178

Küchen – Motoren Seite 179–180

ILO – Motoren Seite 181–184

Sachs – Motoren Seite 185–187

Rex – Motoren Seite 188

Die Vergasereinstellung von Praktikus aus dem Jahr 1936 Seite 189

Etwas von der Zündung von Praktikus aus dem Jahr 1936 Seite 190

Auf den Tropfen kommt es an von Praktikus aus dem Jahr 1936 Seite 191

*Triumph-Gespann, 500 cm³ 1921*

# APPENDIX VILLIERS

„Hubraumstärkste Motoren waren in der Serie IV-IX mit 350 $cm^3$ zu finden. Der links abgebildete Motor mit 79 x 70 mm hatte Frischölschmierung. Das zusätzlich angebrachte Schwungrad wurde wahlweise auch bei dem 250-$cm^3$-Motor (rechts) mit 67 x 70 mm eingeführt und sorgte für weicheren Lauf."

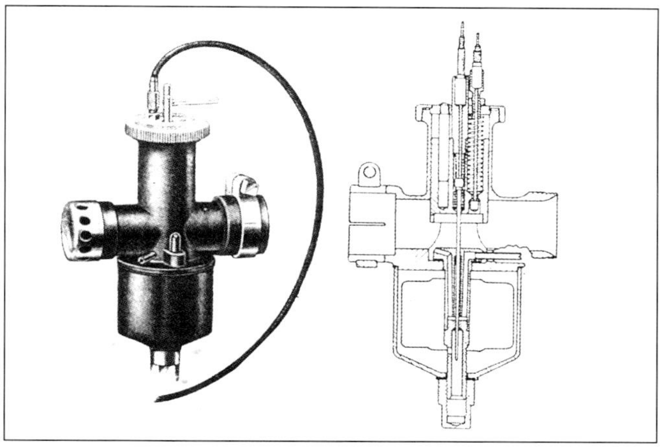

„Beim Middleweight Zweizug-Vergaser (rechts) konnte der Fahrer je nach Bedarf durch Verstellen der Düsennadel das Gemisch anreichern oder abmagern. Beim älteren Modell, meist bei Neander in Verbindung mit Villiers verwendet, wurde die Vorrichtung lediglich zum Starten benutzt."

*Links:* „Der Mk-IV-Motor mit 269 $cm^3$, 70 x 70 mm (Bohrung/Hub) aus den Jahren 1913 bis 1922. Der Vergaser liegt in Höhe des Zylinderkopfes und steht mit einem langen Kanal mit dem Einlaßschlitz in Verbindung."

*Rechts:* „1922 kam der Mk VI C mit 147 $cm^3$, 55 x 62,5 mm, 1,5 PS heraus und war für die deutsche 1-PS-Steuerformel bestimmt.

*Links:* „Die ersten 175 $cm^3$ großen (57,15 x 67 mm), als Rekordmotore deklarierten Sportmotoren hatten Sackzylinder und Mischungsschmierung. Ab 1922 wurde der Villiers-Umlaufmagnet eingeführt."

*Rechts:* „Aus dem 175-$cm^3$-Rekordmotor entstand dann mit abnehmbaren Zylinderkopf und Frischölschmierung der schnellste Motor seiner Klasse: Der TT-Motor, mit dem viele Rekorde auf der Brooklands-Bahn in England gefahren wurden. Analog dazu gab es von 1929 - 1934 den 196-$cm^3$-Super-Sport-Motor bei Villiers, an dem lediglich die Bohrung auf 61 mm vergrößert wurde."

## Villiers Motor-Codierungen

| Motor-Modell | Hubraum | Fertigungsjahr | Motor Code Nr. |
|---|---|---|---|
| Mark 1 | 269 cm³ | 1913 | O |
| Mark II | 269 cm³ | | A |
| Mark III | 269 cm³ | 1913-22 | B |
| Mark IV | 269 cm³ | | C |
| Mark V | 269 cm³ | | D |
| Midget | 98 cm³ | 1931-34 | CY |
| Mark VI-C | 147 cm³ | 1922-23 | H |
| Mark VII-C | 147 cm³ | 1923-24 | L |
| Mark VIII-C | 147 cm³ | 1924/1934 | W |
| Mark XII-C | 148 cm³ | 1931-34 | GY |
| Sports Engine | 172 cm³ | 1924-32 | T |
| Sports Engine | 172 cm³ | 1924-32 | TL |
| rr. Super-Sports | 172 cm³ | 1926-32 | BZ |
| „BROOKLANDS“ | 172 cm³ | 1925-34 | Y |
| Mark I-E | 196 cm³ | 1928-34 | IE |
| Mark II-E | 196 cm³ | 1930-34 | XZ |
| Super-Sports | 196 cm³ | 1929-34 | KZ und KZS |
| Mark VI-A | 247 cm³ | 1922-23 | J |
| Mark VII-A | 247 cm³ | 1924 - 25 | S |
| Mark VIII-A | 247 cm³ | 1925-26 | X |
| Mark IX-A | 247 cm³ | 1926-29 | DZ |
| Mark X-A | 247 cm³ | 1930-32 | JZ |
| Mark XIV-A | 249 cm³ | 1923-34 | BY |
| Mark XIV-A | 249 cm³ | 1932-34 | BYP |
| Mark XIV-A *Watercooled* | 249 cm³ | 1932 - 34 | RY |
| Mark XV-C | 148 cm³ | 1934 | CUX |
| Mark VI-B | 342 cm³ | 1922 - 23 | K |
| Mark VII-B | 342 cm³ | 1924-25 | M |
| Mark VIII-B | 342 cm³ | 1925 - 26 | AZ |
| Mark VIII-D | 125 cm³ | | M |
| Mark IX-B | 342 cm³ | 1926-29 | CZ |
| Mark IX-BA | 342 cm³ | 1929-32 | CZA |
| Mark X-B | 342 cm³ | 1928-32 | HZ |
| Mark XIV-Q | 249 cm³ | 1932 | |
| Mark XIV-B *Automatic Lubrication* | 346 cm³ | 1931-34 | YZ |
| Mark XVI-A | 247 cm³ | 1934-40 | AXF |
| Mark XIV-B *Petroil Lubrication (= Benzin-/Ölgemisch)* | 346 cm³ | 1931-34 | YZP |
| Mark XVII-B | 346 cm³ | 1932-34 | WY |

*Anmerkung zu den Sonder-Codierungen, die auf dem Kurbelgehäuse eingeschlagen sind:*
*XZ = automatische Ölschmierung* *XZP = Petroil (Gemisch-Schmierung)*
*BYP = Luftkühlung und Gemisch-Schmierung* *BY = Luftkühlung und Automatik-Schmierung*
*RY = Wasserkühlung und Automatik-Schmierung.*

# APPENDIX MAG

MOTOSACOCHE

## Tableau motos.

L 1248

| Hubraum | Type | Moteur | Année |
|---|---|---|---|
| 100 cm³ | 101 A | 10 T1 | 1934 |
| 250 cm³ | 206 | 1C10 CN | 1927 |
| | 207 | 1C10 G | 1927 |
| | 209 | 1C10 CN | 1928 |
| | 210 | 1C10 H6 | 1928 |
| 350 cm³ | 303/6 | 1C14 H | 1927 |
| | 304/5 | 1C14 K | 1927 |
| | 309 | 1C14 K6 | 1928 |
| | 310 | 1C14 H6 | 1928 |
| | 311 | 1C14 K7 | 1929 |
| | 312 | 1C14 H8 | 1929 |
| | 313 | 1C14 K9 | 1930 |
| | 314 | 1C14 H9 | 1930 |
| | 316 | 1C14 K9 | 1931/32 |
| | 317 | 1C14 H11 | 1931/32 |
| | 318 | 1C14 H11 | 1933 |
| | 319 | 1C14 K9 | 1933 |
| | 320 | 1C14 H12 | 1934 |
| | 321 | 1C14 K11 | 1934 |
| | 322 | D35A | 1932 |
| 500 cm³ | 407/8 | 2C10 CS | 1927 |
| | 409 | 1C9K6 | 1928 |
| | 410 | 1C9H6 | 1928 |
| | 411 | 1C9K7 | 1929 |
| | 412 | 1C9H8 | 1929 |
| | 413 | 1C9K10 | 1930 |
| | 414 | 1C9H8A | 1930 |
| | 415 | D50 | 1931 |
| | 416 | 1C9K11 | 1931 |
| | 417 | 1C9M1 | 1931 |
| | 418 | 1C9L1 | 1931 |
| | 419 | 1C9KL | 1932 |
| | 420/B | 1C9H11 | 1932/33 |
| | 422 | D50A | 1932 |
| | 423 | 1C9M3 | 1932 |
| | 424 | 1C9L3 | 1932 |
| | 425/A | 1C9L3 | 1933/34 |
| | 426 | 1C9M3 | 1933 |
| | 429 | 1C9L3 | 1934 |
| | 430 | 1C9M3 | 1934 |
| 500 cm³ | 431 | 1.C.9 L3 | 1935/36 |
| | 432 | 1.C.9 M3 | 1935/36 |
| | 433 | 1.C.9 KL | 1936/37 |
| | 434 | 1.C.9 11 | 1936/37 |
| 600 cm³ | 503 | 2C12 CS | 1926 |
| 750 cm³ | 712 | 2C14C3 | 1929 |
| | 714 A | 2C14C3 | 1930 |
| | 714 B | 2C14C5 | 1931 |
| 850 cm³ | 720 | 85L | 1932 |
| | 720 A | 85L | 1933/34 |
| | 720 B | 85L1 | 1935/36 |
| 1000 cm³ | 803/4 | 2C9A/BS | 1927/28 |
| | 805 | 2C9CSA | 1931/32 |

Jules Maier
Winterthur

MOTOSACOCHE S. A. GENÈVE | Date: 18.V.34 Visa: | Page:

*Typentafel*
*MAG-Motoren von 100 – 1000 cm³.*

## Typentafel MAG-Motoren

Der Aufbau der Motornummer, in der Regel auf der linken Seite des Kurbelgehäuses eingeschlagen, ist bei den MAG-Motoren wie folgt:

Beispiel:
1 C 9 H 8
1/Zylinder/500 cm³/OHV/8. Ausf.

1 bedeutet die Anzahl der Zylinder,
2 steht für 2-Zylinder-Motoren

C bedeutet Zylinder (französisch Cylindre)

9 bedeutet Hubraumvolumen der Zylinder
- 9 = 500 cm³ bei Einzylindern; bei Zweizylindern x 2 = 1000 cm³
- 10 = 250 cm³ bei Einzylindern; bei Zweizylindern x 2 = 500 cm³
- 12 = 300 cm³, diesen Motor gab es nur als Zweizylinder: x 2 = 600 cm³
- 13 = 600 cm³, diesen Motor gab es nur als Einzylinder
- 14 = 350 cm³ bei Einzylindern; bei Zweizylindern 750 cm³

H Steuerung der Ventile
- H = kopfgesteuert
- K = wechselgesteuert
- L = seitengesteuert

8 Die Nummer nach dem Buchstaben bezeichnet den jeweiligen Entwicklungsstand des Motorentypes.

# APPENDIX MAG

## MAG Touren-Type

„Gegengesteuerte Ventile, gekapselte Steuerung und Frischölschmierung, bequem zugängliche Kipphebel, durch Excenter nachstellbar, Aluminiumkolben, Pleuel auf Rollenlagern. Der rassige, unverwüstliche Tourenmotor, durch geschmeidigen Gang und seine Langlebigkeit ebenso bewährt als beliebt.“

| Type | Zylinderinhalt $cm^3$ | Bohrung x Hub | Tourenzahl | Stärke PS | Gewicht kg |
|---|---|---|---|---|---|
| 1 C 10 CN | 248 | 64 x 77 | 4200 | 6 | 18 |
| 1 C 14 K | 347 | 72 x 85 | 3800 | 9 | 26 |
| 1 C 9 K | 498 | 82 x 94 | 3600 | 14 | 30 |
| 1 C 13 K | 597 | 90 x 94 | 3500 | 16 | 34 |

## MAG Touren-Type 500 $cm^3$

„Seitlich gesteuerte Ventile, Steuerung hermetisch gekapselt, Druckschmierung durch mechanische Pumpe. Abnehmbarer Aluminium-Zylinderkopf, Aluminiumkolben, Pleuelstange auf Rollenlager.
Dieser rassige, unverwüstliche Touren-Motor, von einfacher und kräftiger Konstruktion, kennzeichnet sich durch gleichmäßigen Gang und seine zähe Leistung.“

## MAG Touren-Luxus-Type 500 $cm^3$

„Seitliche gesteuerte Ventile, abnehmbarer Zylinderkopf aus Aluminium, Zylinder mit breiten Kühlrippen, Aluminiumkolben, Pleuelstangen auf Rollenlager, in Längsrichtung angebrachte, durch geräuschloses Schneckenrad angetriebene Nockenwelle, Zündung durch Lichtbatteriezünder. Öltank direkt mit dem Motorgehäuse verbunden, im Motorgehäuse eingebaute, durch die Nockenwelle angetriebene Ölpumpe, alle Organe durch Druckschmierung bedienend.
Dieser Luxus-Motor von neuartigem Aufbau stellt in seiner raffinierten Vollendung die neuesten Errungenschaften der Motoren-Technik dar. Es wurde nichts unterlassen, um ihm einen im höchsten Grade betriebssicheren Gang zu verleihen. Im übrigen zeichnet er sich, dank seiner robusten Konstruktion, durch charakteristische Unverwüstlichkeit aus.“

## MAG Touren Zwei-Zyl. Type

„Sorgfältig ausgesuchter 2-Zylinder-Motor mit gegengesteuerten Ventilen, in Mantelrohren hermetisch verschalte Ventilgestänge, Kipphebel in Ölbad, Aluminiumkolben; Pleuelstangen auf Rollenlagern. Der Motor ist mit hinter dem Zylinder oder auch seitlich dem Steuergehäuse angebautem Magnettisch lieferbar. Diese Motorkonstruktion legte seinerzeit den Grundstein für den untadeligen Ruf der M.A.G.-Motoren. Sie ist die Urtype des verlässlichen und dauerhaften Tourenmotors, welcher ganz besonders bei Verwendung schwerer Seitenwagengespanne herrliche Fähigkeiten besitzt.“

| Type | Zylinderinhalt $cm^3$ | Bohrung x Hub | Tourenzahl | Stärke PS | Gewicht kg |
|---|---|---|---|---|---|
| 2 C 14 | 748 | 72 x 91 | 3600 | 19 | 32 |
| 2 C 9 | 996 | 92 x 94 | 3600 | 26 | 37 |

# APPENDIX MAG

## MAG Luxus-Type 2 Zylinder

„Bohrung 72, Hub 104, Zylinderinhalt 850 $cm^3$, Kraftentwicklung 8/25 PS. Seitlich gesteuerte Ventile, Steuerung durch 2 separate, in hermetisch geschlossenem Gehäuse montierte Nockenwellen. Abnehmbarer Zylinderkopf aus Aluminium, Aluminium-Kolben. Spezial-Pleuelstangen auf Rollenlager. Zwangsläufige Druckumlaufschmierung. Dynamo Batteriezündung. Mechanischer Entlüfter.

Dieser Motor ist das Ergebnis von mehr als 30jähriger reicher Erfahrung und eifriger Forschungen. Nach langer gewissenhafter Vorbereitung in unserem Laboratorium wurde seine Herstellung in Serie erst nach erfolgreich überstandenen und unter den denkbar schwierigsten Verhältnissen durchgeführten praktischen Versuchen anhand genommen.

Sein ruhiger, geschmeidiger und regelmäßiger Gang, sowie sein rassiges Anzugsvermögen machen diese Type zum Ideal für große Überlandfahrten mit Seitenwagen."

## MAG Sport Type

„O.H.V. D.P., kopfgesteuerte Ventile, Doppelauspuff, abnehmbarer Flansch-Zylinderkopf, Ventilhebel im Ölbad gekapselt, auf Rollenlager laufend, Ventilgestänge in verchromten Mantelrohren, Pleuel auf Rollenlagern.

Ein Motor, der durch seine vollblütige Rassigkeit und raffinierte Präzision die unverhohlene Bewunderung des Kenners anspricht. Trotz der hervorragenden Kraftleistung und verblüffendem Anzugsmoment besitzen diese O.H.V.-Typen einen erstaunlich weichen, geschmeidigen Gang und zeichnen sich im übrigen durch die allen M.A.G.-Motoren charakteristische Unverwüstlichkeit aus."

| Type | Zylinderinhalt $cm^3$ | Bohrung x Hub | Tourenzahl | Stärke PS | Gewicht kg |
|---|---|---|---|---|---|
| 1 C 10 H | 248 | 61 x 85 | 5000 | 10 | 28 |
| 1 C 14 H | 347 | 72 x 85 | 5000 | 14 | 30 |
| 1 C 9 H | 498 | 82 x 94 | 4500 | 20 | 34 |
| 1 C 13 H | 597 | 90 x 94 | 4300 | 24 | 39 |

## MAG Luxus Sport Type

„Obengesteuerte. hängende Ventile, abnehmbarer Zylinderkopf, Doppelauspuff, Zylinder mit großen Kühlrippen versehen, Aluminiumkolben, Pleuelstange auf Rollenlager, Nockenwelle durch geräuschloses Schneckenrad angetrieben, im Motorgehäuse eingebaute Ölpumpe, alle Organe durch Druckschmierung bedienend, Öltank direkt mit dem Motorgehäuse verbunden.

Eine Neuschöpfung wundervoller technischer Vollendung und mustergültiger Präzisionsarbeit."

## MAG Renn Type 350 $cm^3$, 500 $cm^3$

„Obengesteuerte, hängende Ventile, Ventilfedern in Haarnadelform, Stoßstangen und Kiphebel in Ölbad laufend, Aluminium-Spezial-Kolben, Schwungräder aus poliertem Stahl, schwingungsfreie Auswuchtung, besonders leichte Pleuelstange aus Spezialmaterial, Öltank mit dem Motorgehäuse vergossen, im Motor eingebaute, automatisch arbeitende Druck-Umlauf-Schmierung.

Diese Motoren-Type ist als Nachkomme einer langen Reihe berühmter Rennmotoren, die in den letzten Jahren zahlreiche Weltrekorde und Siege auf allen Rennstrecken des Kontinents erzielten, durch seine Rassigkeit und dennoch einfache Behandlung rennfreudigen Privatfahrern zugedacht."

# APPENDIX JAP

## Typentafel JAP-Motoren

Der Aufbau der Motornummer, in der Regel auf dem Steuergehäuse des Motors oder auf dem Kurbelgehäuse vor dem Zylinder eingeschlagen, ist bei den JAP-Motoren wie folgt:

*Beispiel: KT/C 56364*

1. Der erste Buchstabe vor dem Schrägstrich gibt Aufschluss über den Hubraum des Zylinders; oder jedes Zylinders, wenn es sich um einen Zweizylinder handelt.

2. Der nächste Buchstabe vor dem Schrägstrich identifiziert den Motorentyp.

3. Der erste Buchstabe nach dem Schrägstrich bezeichnet das Jahr der Herstellung des Motors.

4. Die nach der Baujahrbezeichnung folgende Nummer ist die Motornummer.

5. Weitere Buchstaben nach einem zusätzlichen Schrägstrich, nach der Motornummer folgend, geben Aufschluss über Abweichungen von Serienfertigungen.

*Nach der nun folgenden Auflistung dürfte sich jeder JAP-Motor identifizieren lassen:*

**Erster Buchstabe (Zylinder-Kapazität):**

| | | | | | | |
|---|---|---|---|---|---|---|
| A | = | 300 cm³ | seitliche Ventilsteuerung | 70 | x | 78 mm Bohrung/Hub |
| B | = | 250 cm³ | seitliche Ventilsteuerung | 64,5 | x | 76 mm Bohrung/Hub |
| E | = | 375 cm³ | seitliche Ventilsteuerung | 74 | x | 85 mm Bohrung/Hub |
| F | = | 300 cm³ | seitliche Ventilsteuerung | 70 | x | 76 mm Bohrung/Hub |
| G | = | 350 cm³ | seitliche Ventilsteuerung | 70 | x | 88 mm Bohrung/Hub |
| I | = | 350 cm³ | seitliche Ventilsteuerung | 70 | x | 90 mm Bohrung/Hub |
| J | = | 500 cm³ | seitliche Ventilsteuerung | 80 | x | 99 mm Bohrung/Hub |
| K | = | 00 cm³ | seitliche Ventilsteuerung | 85,7 | x | 85 mm Bohrung/Hub |
| L | = | 550 cm³ | seitliche Ventilsteuerung | 85,7 | x | 95 mm Bohrung/Hub |
| M | = | 375 cm³ | seitliche Ventilsteuerung | 70 | x | 97 mm Bohrung/Hub |
| N | = | 200 cm³ | seitliche Ventilsteuerung | 55 | x | 83 mm Bohrung/Hub |
| P | = | 250 cm³ | seitliche Ventilsteuerung | 62,5 | x | 80 mm Bohrung/Hub |
| S | = | 350 cm³ | seitliche Ventilsteuerung | 74 | x | 80 mm Bohrung/Hub |
| U | = | 600 cm³ | seitliche Ventilsteuerung | 85,7 | x | 104 mm Bohrung/Hub |
| V | = | 175 cm³ | seitliche Ventilsteuerung | 60 | x | 62 mm Bohrung/Hub |
| Z | = | 175 cm³ | seitliche Ventilsteuerung | 55 | x | 73 mm Bohrung/Hub |

**Weitere Buchstaben vor dem ersten Schrägstrich:**

| | | | | | |
|---|---|---|---|---|---|
| T | = | Zweizylinder | O | = | OHV-Steuerung |
| W | = | Wasserkühlung | Z | = | Trockensumpf-Schmierung |
| C | = | Sportmotor | R | = | Rennmotor |
| Y | = | Doppelport-Zylinderköpfe | | | |
| S | = | Kurzhub-Motor oder Special-Motor | | | |

Diese Buchstaben wurden meist in Kombinationen zu zweit oder dritt verwendet.

**Buchstaben nach dem ersten Schrägstrich: (Jahr der Herstellung)**

| | | | | | | | | | | | |
|---|---|---|---|---|---|---|---|---|---|---|---|
| P | = | 1920 | N | = | 1921 | E | = | 1922 | U | = | 1923 |
| M | = | 1924 | A | = | 1925 | T | = | 1926 | I | = | 1927 |
| C | = | 1928 | S | = | 1929 | W | = | 1930 | H | = | 1931 |
| Y | = | 1932 | Z | = | 1933 | D | = | 1934 | R | = | 1935 |
| V | = | 1936 | F | = | 1937 | O | = | 1938 | G | = | 1939 |

Hierbei ist zu bemerken, dass bei JAP das Produktionsjahr stets vom 1. September desselben bis zum 31. August des Folgejahres gerechnet wurde.
Buchstaben nach der Seriennummer des Motors und einem zweiten Schrägstrich:
Ein an Motoren ab Baujahr 1925 geprägter Buchstabe „S" bedeutet, dass dieser Motor nach besonderen Kundenwünschen produziert wurde. Ein * bedeutet, daß dieser Motor für Rekordzwecke präpariert oder auch auf Kundenwunsch besonders getunt wurde.

JAP 500 cc O. H. V. double port Racing (Rennmotor)

JAP 500 cc O. H. V. double port standard (verkapselte Schwinghebel)

JAP 1000 cc O. H. V. Rac... (Rennmotor)

8

JAP 175 cc O. H. V. double port Racing (Rennmotor)

JAP 350 cc O. H. V. double port Racing (Rennmotor)

...V. Standard

*JAP-Motoren*

## JAP seitlich gesteuerte (S.V.) Motoren.

| Motortype | Kennzeichen (auf Kurbelgehäuse eingeschlagen erster Buchstabe vor der Nummer) | Bohrung | Hub | c/c Inhalt |
|---|---|---|---|---|
| 175 c/c S. V. steuer- und führerscheinfrei | V/ | 60 | 62 | 173,6 |
| 200 c/c S. V. steuer- und führerscheinfrei | N/ | 55 | 83 | 197 |
| 300 c/c S. V. | A/ | 70 | 78 | 298,8 |
| 350 c/c S. V. Roadster | SY/ | 70 | 90 | 344,9 |
| 550 c/c S. V. Sport | I/ | 70 | 90 | 344,9 |
| 500 c/c S. V. Einzylinder Sport | K/ | 85,7 | 85 | 490,6 |
| 550 c/c S. V. Einzylinder Roadster | LY/ | 85,7 | 95 | 548 |
| 600 c/c S. V. Einzylinder Sport | U/ | 85,7 | 104 | 599,9 |
| 680 c/c S. V. Zweizylinder | GT/ | 70 | 88 | 674,4 |
| 750 c/c S. V. Zweizylinder | MT/ | 70 | 97 | 745,8 |
| 1000 c/c S. V. Zweizylinder Standard | KT/ | 85,7 | 85 | 981,2 |
| 1000 c/c S. V. Zweizylinder 8/30 PS Supersport (4 Nocken) | KTCY/ | 85,7 | 85 | 981,2 |

| | 175 c/c | 200 c/c | 300 c/c | 350 c/c Roadster | 350 c/c Sport | 500 c/c Sport | 550 c/c Roadster | 600 c/c Sport | 680 c/c | 750 c/c | 1000 c/c | 8/30 |
|---|---|---|---|---|---|---|---|---|---|---|---|---|
| Gewicht in kg ca. | 13 | 17 | 18 | 23 | 23 | 32 | 27 | 34 | 32 | 33 | 44 | 49 |
| Pleuellager | Rollenlager | | | | | | | | | | | |
| Hauptlager (Nockenseite) | Broncebuchse | | | | | | | | | | | |
| Hauptlager (Antriebsseite) | Broncebuchse | Rollenlager | | | | | | | | | Kugellager | Kugellager |
| Kolben Aluminium | flach | flach | flach | flach | flach | flach | flach | flach | flach | flach | flach | flach |
| Durchm. des Ansaugrohrs | 22,2 | 22,2 | 22,2 | 25,4 | 25,4 | 28,6 | 28,6 | 28,6 | 25,4 | 25,4 | 28,6 | 28,6 |
| Durchm. des Auspuffrohrs | 41,3 | 44,4 | 44,4 | 44,4 | 44,4 | 50,8 | 44,4 | 50,8 | 44,4 | 44,4 | 50,8 | 50,8 |
| Kettenlinie zum Getriebe in englischem Zoll | 2 1/2" | 3" | 3" | 3" | 3" | 3 7/16" | 3 7/16" | 3 7/16" | 3 7/16" | 3 7/16" | 3 7/16" | 3 7/16" |
| Geeignete K. L. G. Kerze Vorderzylinder | HS.4 A | HS.4 A | HS.4 A | HS.4 A | HS.4 A | HS.4 A | HS.4 A | HS.4 A | HS.4 A | HS 4 A | HS.4 A | HS.4 A |
| Hinterzylinder | — | — | — | — | — | — | — | — | HS.4 A | HS.4 A | HS.4 A | 220 |
| Geeigneter M. L. Magnet | NA | NA | NA | CMA | CMA | CMAK | CMAK | CMAK | CKV | CKV | CKV | CKV |
| Schmierung Castrol | XL | XL | XL | XL | XL | XL | XL | XL | XL | XL | XL | XL |
| Brems-PS | 3,9 | 5 | 6,5 | 7 | 7,75 | 13,8 | 11 | 14,8 | 17 | 18,2 | 22 | 34 |
| bei Tourenzahl pro Minute | 4200 | 3600 | 4200 | 3400 | 3400 | 3800 | 3600 | 3600 | 4000 | 4000 | 4000 | 4500 |
| Durchschnittsgeschwindigkeit, Solo in km | 70 | 75 | 80 | 80 | 90 | 110 | 100 | 110 | 110 | 115 | 105 | 140 |
| Beiwagen in km | — | — | — | — | — | 85 | 80 | 90 | 95 | 95 | 100 | 120 |
| Uebersetzungsverhältnis Solo | 6,6 | 7 | 8 | 5,7 | 5,7 | 4,5 | 4,7 | 4,25 | 4,5 | 4,25 | 3,75 | 3,5 |
| Beiwagen | — | — | — | — | — | 5,5 | 5,7 | 5,25 | 5,25 | 5,25 | 4,75 | 4,25 |
| Kompression | 5 | 5,8 | 5,1 | 5,4 | 4,5 | 4,83 | 5,1 | 5,25 | 5,2 | 5,5 | 4,75 | 5,2 |

## JAP oben gesteuerte (O. H. V.) Motoren.

| Motortype | Kennzeichen (auf Kurbelgehäuse eingeschlagen erster Buchstabe vor der Nummer) | Bohrung | Hub | c/c Inhalt |
|---|---|---|---|---|
| **O. H. V. Touren- und Sport-Modelle:** | | | | |
| 250 c/c O. H. V. double port standard | POY/ | 62,5 | 80 | 245,2 |
| 350 c/c O. H. V. double port standard | IOY/ | 70 | 90 | 344,9 |
| 500 c/c O. H. V. double port standard | KOY/ | 85,7 | 85 | 490,6 |
| 680 c/c O. H. V. Zweizylinder standard | GTO/ | 70 | 88 | 674,4 |
| **O. H. V. Rennmotoren:** | | | | |
| 175 c/c O. H. V. double port racing | HOR/ | 53 | 78 | 173 |
| 250 c/c O. H. V. double port special racing | POR/ | 62,5 | 80 | 245,2 |
| 350 c/c O. H. V. „ „ racing long stroke | IOR/ | 70 | 90 | 344,9 |
| 500 c/c O. H. V. „ „ „ „ „ | JOR/ | 80 | 99 | 497,5 |
| 1000 c/c O. H. V. 8/55 PS. Racing | JTOR/ | 80 | 90 | 995,2 |

| | 250 c/c | 350 c/c | 500 c/c | 680 c/c | 175 d. p. racing | 250 d. p. racing | 350 d. p. racing | 500 d. p. racing | 1000 c/c racing |
|---|---|---|---|---|---|---|---|---|---|
| Gewicht in kg ca. | 25 | 25 | 38 | 38 | 20 | 27 | 28 | 39 | 52 |
| Pleuellager | Rollenlager | | | | | | | | |
| Hauptlager Nockenseite | Broncebuchse | | | | Broncebuchse | | Rollenlager | | |
| „ Antriebsseite | Rollenlager | | | | | | | | |
| Kolben Aluminium | gewölbt | flach | gewölbt | gewölbt | gewölbt | | | | |
| Durchmesser d. Ansaugrohrs | 25,4 | 25,4 | 28,6 | 28,6 | 25,4 | 28,6 | 28,6 | 31,7 | 31,7 |
| Durchmesser d. Auspuffrohrs | 50,8 | 50,8 | 57,1 | 50,8 | 44,4 | 50,8 | 50,8 | 57,1 | 57,1 |
| Kettenlinie zum Getriebe in englischem Zoll | 3" | 3" | 3 7/16" | 3 7/16" | 3" | 3" | 3" | 3 7/16" | 3 7/16" |
| Geeignete K. L. G. Kerze | HS 4 A | HS 4 A | HS 4 A | HS 3 / HS 4 A | — | — | — | — | — |
| K. L. G. Kerze für Touren, Vorderzylinder | — | — | — | — | 246 | 246 | 246 | 246 | J 1 |
| Hinterzylinder | — | — | — | — | — | — | — | — | 230 |
| K. L. G. Kerze für Straßenrennen, Vorderzylinder | — | — | — | — | 341 | 341 | 341 | 396 | 268 |
| Hinterzylinder | — | — | — | — | — | — | — | — | 244 |
| K. L. G. Kerze für Bahnrennen, Vorderzylinder | — | — | — | — | 348 | 341 | 348 | 348 | 341 |
| Hinterzylinder | — | — | — | — | — | — | — | — | 464 |
| Geeigneter M. L. Magnet | CMA | CMA | CMAK | CKV | CMA | CMA | CMA | CMAK | CKV |
| Schmierung Castrol | XL | XL | XL | XL | R | R | R | R | R |
| Brems-PS | 7,5 | 11,7 | 18,8 | 21 | 10 | 11,9 | 19 | 30 | 55 |
| bei Tourenzahl | 4400 | 4400 | 4400 | 4200 | 5400 | 5400 | 5500 | 5200 | 5200 |
| Durchschnittsgeschwind. Solo | 100 | 110 | 120 | 130 | 110 | 125 | 140 | 155 | 180 |
| Beiwagen | — | — | 100 | 115 | — | — | — | 135 | 160 |
| Uebersetzungsverhältnis Solo | 6 | 5 1/4 | 4 1/2 | 4 1/4 | 6,2 | 5,7 | 5 | 4 1/4 | 3 1/4 |
| Beiwagen | — | — | 5 1/2 | 5 1/4 | — | — | — | 5 1/4 | 4 1/4 |
| Kompression | 6,1 | 5,6 | 6,2 | 6,5 | 9,75 | 7,3 | 7 | 7 | 10 |

9

## Maß-Tabelle in Millimeter

| Zylinderinhalt in c/c | 175 | 300 und 200 | 350 Roadster | 350 Sport | 500 | 600 | 680 und 750 | 1000 | 8/30 | 350 O. H. V. Standard | 250 O. H. V. Racing | 350 O. H. V. Racing | 500 O. H. V. Racing | 1000 O. H. V. Racing |
|---|---|---|---|---|---|---|---|---|---|---|---|---|---|---|
| A. | — | — | — | — | — | — | 377 | 387 | 422 | — | — | — | — | 482 |
| B. | 298 | 400 | 441 | 490 | 520 | 530 | 433 | 454 | 552 | 509 | 484 | 501 | 533 | 544 |
| C. | 79 | 111 | 119 | 119 | 120 | 120 | 128 | 138 | 138 | 122 | 109 | 109 | 120 | 138 |
| D. | 219 | 288 | 322 | 322 | 339 | 371 | 304 | 315 | 414 | 387 | 374 | 374 | 412 | 406 |
| E. | 127 | 188 | 200 | 200 | 230 | 230 | 211 | 242 | 242 | 200 | 200 | 200 | 230 | 242 |
| F. | — | 95 | 111 | 111 | 123 | 123 | 110 | 134 | 134 | 111 | 111 | 111 | 123 | 134 |
| G. | — | 104 | 71 | 71 | 71 | 71 | 105 | 115 | 116 | 71 | 71 | 71 | 71 | 116 |
| H. | — | 34 | 86 | 86 | 104 | 104 | 55 | 67 | 66 | 86 | 86 | 86 | 104 | 66 |
| J. | 35 | 57 | 73 | 73 | 74 | 74 | 96 | 74 | 73 | 73 | 73 | 73 | 74 | 73 |
| K. | 161 | 238 | 244 | 244 | 235 | 235 | 247 | 250 | 269 | 244 | 247 | 247 | 228 | 269 |
| L. | 217 | 210 | 221 | 221 | 245 | 245 | 230 | 259 | 268 | 221 | 215 | 215 | 251 | 268 |
| M. | 100 | 112 | 123 | 123 | 142 | 142 | 127 | 142 | 150 | 123 | 111 | 111 | 142 | 150 |
| N. | 117 | 97 | 97 | 97 | 102 | 102 | 103 | 117 | 117 | 97 | 104 | 104 | 108 | 117 |
| P. | 56 | 56 | 58 | 58 | 72 | 72 | 57 | 72 | 72 | 58 | — | — | 72 | 72 |
| R. | — | 154 | 165 | 165 | 192 | 192 | 155 | 188 | 205 | 149 | 152 | 152 | 171 | 171 |
| S. | — | 57 | 60 | 60 | 69 | 69 | 57 | 68 | 76 | 74 | 76 | 76 | 85 | 85 |
| T. | — | 97 | 104 | 104 | 123 | 123 | 98 | 119 | 129 | 74 | 76 | 76 | 85 | 85 |
| U. | — | 181 | 190 | 190 | 190 | 190 | 203 | 215 | 215 | 190 | 190 | 190 | 190 | 215 |
| W. | 57 | 63 | 63 | 63 | 63 | 63 | 63 | 63 | 63 | 63 | 63 | 63 | 63 | 63 |

Die Maße sind nur annähernd gegeben. Für den Bau von Rahmen stehen ernsthaften Interessenten Blaupausen zur Verfügung.

# *Blackburne England*

**Die bekanntesten Blackburne-Motoren:**

| $cm^3$ | Vent. | Boh. | Hub | PS | n | Übers. | Anm. |
|---|---|---|---|---|---|---|---|
| 174 | sv | 53 | 79 | 5,3 | 4400 | 6,5 | – |
| 174 | ohv | 50 | 88 | 9,0 | 6000 | – | Renn. |
| 196 | sv | 56,2 | 79 | 5,7 | 4200 | 6,3 | – |
| 196 | ohv | 56,2 | 79 | 7,0 | 4600 | 6,3 | – |
| 246 | sv | 63 | 79 | 7,2 | 4200 | 6,0 | – |
| 248 | sv | 60 | 88 | 6,8 | 4000 | 5,9 | ä. A. |
| 248 | ohv | 60 | 88 | 9,5 | 4800 | 5,8 | – |
| 248 | ohv | 60 | 88 | 12,0 | 5800 | – | Renn. |
| 295 | sv | 69 | 79 | 7,0 | 3700 | 5,6 | ä. A. |
| 345 | sv | 69 | 92 | 9,2 | 4000 | 5,4 | – |
| 348 | sv | 71 | 88 | 8,5 | 3800 | 5,3 | ä. A. |
| 348 | ohv | 71 | 88 | 14,7 | 4800 | 5,4 | – |
| 348 | ohv | 71 | 38 | 20 | 5800 | – | Renn. |
| 496 | sv | 81 | 96,8 | 13,3 | 3800 | 5,0 | – |
| 550 | sv | 85 | 96,8 | 14,0 | 3600 | 4,8 | ä. A. |
| 409 | ohv | 81 | 96,8 | 22,0 | 3400 | 5,0 | – |
| 496 | ohv | 81 | 96,8 | 28,5 | 5800 | – | Renn. |
| 597 | ohv | 85 | 105 | 25,8 | 4800 | 4,8 | – |

**Motoren-Maße:**

| | Höhe über alles mm | Loch-kreis Durch-messer mm | Breite der Auf-hänge-augen mm | Boh-rung mm | Hub mm | Brems-PS ca. | Ketten linie | Ge-wicht kg | Typen-bezeich-nung |
|---|---|---|---|---|---|---|---|---|---|
| 200 $cm^3$ SV | 425 | 183 | 57 | 56,3 | 79 | 6,5 | 77,5 | 18,5 | O M E |
| 300 $cm^3$ SV | 425 | 183 | 57 | 69 | 79 | 8 | 77,5 | 19,5 | J B |
| 350 $cm^3$ SV innenl. Schwungm. | 425 | 183 | 57 | 69 | 93 | 9,5 | 77,5 | 20,5 | J P G |
| 350 $cm^3$ SV außenl. Schwungm. | 475 | 192 | 57 | 71 | 88 | 9 | 77,5 | 20 | P C |
| 350 $cm^3$ OHV | 530 | 245 | 57 | 71 | 88 | 16 | 77,5 | 31 | C S |
| 350 $cm^3$ OHV DP | 530 | 245 | 57 | 71 | 88 | 20 | 77,5 | 31 | C S C |
| 500 $cm^3$ SV innenl. Schwungm. | 505 | 245 | 57 | 81 | 96,8 | 13,5 | 77,5 | 32 | F K |
| 500 $cm^3$ SV außenl. Schwungm. | 460 | 192 | 57 | 81 | 97 | 14 | 77,5 | 32 | F G |
| 500 $cm^3$ OHV | 540 | 245 | 57 | 81 | 96,8 | 22 | 77,5 | 33 | G C |
| 500 $cm^3$ OHV DP | 540 | 245 | 57 | 81 | 96,8 | 28 | 77,5 | 33 | G C C |

## *Die Blackburne-Motoren SV-Modelle (seitl. gesteuert)*

**H.P. 4**

| | |
|---|---|
| Bohrung | 81 mm |
| Hub | 97 mm |
| ccm | 500 |
| Brems HP | 14 (Standard) |
| Brems HP | 16 (Sport) |

*„Neu sind die 500 ccm S.V. Motoren Standard und Sport. Grader Ansaugstutzen. Beide Typen sind ausgezeichnete Tourenmaschinen von hoher Leistungsfähigkeit und Ausdauer. Ähnlich dem 1926er 550 ccm Modell, lt. Abbildung aber mit gradem Ansaugstutzen."*

**H.P. 2³/4** **(o. Abb.)**

Bohrung 71 mm · Hub 88 mm · ccm 350 · Brems HP 9

*„Dieser Motor wurde infolge seiner hohen Kraftentwicklung sehr beliebt und findet wegen seiner Zuverlässigkeit in Tourenmaschinen gern Verwendung."*

**H.P. 1³/4**

| | |
|---|---|
| Bohrung | 53 mm |
| Hub | 79 mm |
| ccm | 175 |
| Brems HP | 5 |

*„Der neue steuer- und führerscheinfreie 4-Taktmotor mit und ohne Magnet und Vergaser lieferbar. Die leichte Maschine."*

**H.P. 2¹/4**

| | |
|---|---|
| Bohrung | 60 mm |
| Hub | 88 mm |
| ccm | 250 |
| Brems HP | 5,5 |

*„Dieser Motor hat besonders große Kühlrippen, und leistet für seine Abmessungen Außerordentliches. Er wird deshalb gern von Leicht-Motorrad-Fabriken eingebaut."*

**H.P. 10**

| | |
|---|---|
| Bohrung | 85 mm |
| Hub | 96 mm |
| ccm | 1100 |
| Brems HP | 24 |

*„Zweizylinder: Dieser seitlich gesteuerte Motor ist wassergekühlt und zeichnet sich durch seine große Kraftentwicklung und Zuverlässigkeit aus."*

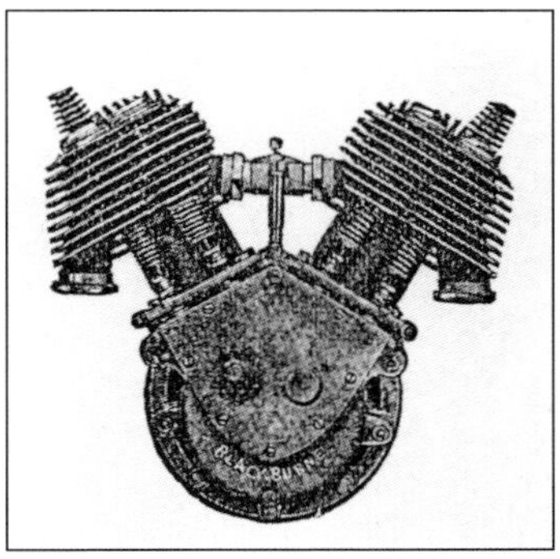

**H.P. 10**

| | |
|---|---|
| Bohrung | 84 mm |
| Hub | 96 mm |
| ccm | 1100 |
| Brems HP | 25 |

*„Zweizylinder: Der Motor findet außer bei Motorrädern infolge seiner Zuverlässigkeit auch in Leichtkraftwagen Verwendung. Die Wirtschaftlichkeit und geräuschlose Arbeitsweise dieses Motors werden sehr geschätzt."*

## *Die Blackburne-Motoren OHV-Modelle (obengesteuert)*

### H.P. 2 3/4

| | |
|---|---|
| Bohrung | 71 mm |
| Hub | 88 mm |
| ccm | 350 |
| Brems HP | 18-20 |

*„Abgesehen vom Zylinderkopf ist dieser Motor mit dem 1926er T.T.-Rennmotor, welcher in dem T.T.-Rennen auf der Isle of Man große Erfolge errungen hat, identisch. Alle ausprobierten Verbesserungen sind in diesem Motor vereinigt. Der Motor ist für erstklassige Rennen nur zu empfehlen. Der Double-Port-Motor ist auch in seinem Äußeren durch seine Vernickelung ein äußerst ansehnlicher Motor."*

### H.P. 2 3/4 (o. Abb.)

Bohrung 71 mm · Hub 88 mm · ccm 350 · Brems HP 12

*„Dieser Motor ist das Erzeugnis einer langjährigen Erfahrung. Wir behaupten, dass er der schnellste und leistungsfähigste in seiner Klasse ist (s. Junior T.T. 1923 u. 1926). Seine Überlegenheit wurde schnell in der Welt bekannt. 1., 2. Preis bei Brooklands 200 Mile Race."*

### H.P. 1 3/4

| | |
|---|---|
| Bohrung | 50 mm |
| Hub | 88 mm |
| ccm | 175 |
| Brems HP | 4,5 |

*„Zweifellos der schnellste und leistungsfähigste Motor in seiner Klasse. 1., 2., 3. Preis im I.O.T.T. und Belgian Grand Prix; viele andere Siege über kurze und lange Strecken."*

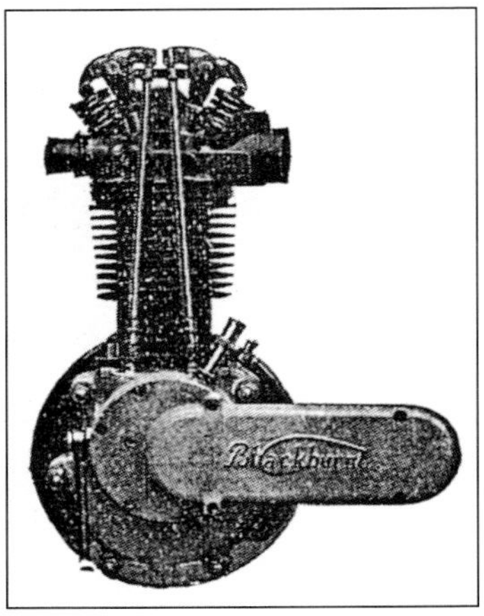


### H.P. 2 1/4

| | |
|---|---|
| Bohrung | 60 mm |
| Hub | 88 mm |
| ccm | 250 |
| Brems HP | 7 |

*„Die hohe Leistung und große Zuverlässigkeit dieses Motors wurde in der vorigen Saison überall bewundert. 1., 2., 3. Preis Brooklands 200 Mile Race 1925, Italien Grand Prix (Monza) 1. Preis, Belgian Grand Prix 1., 2., 3. Preis."*

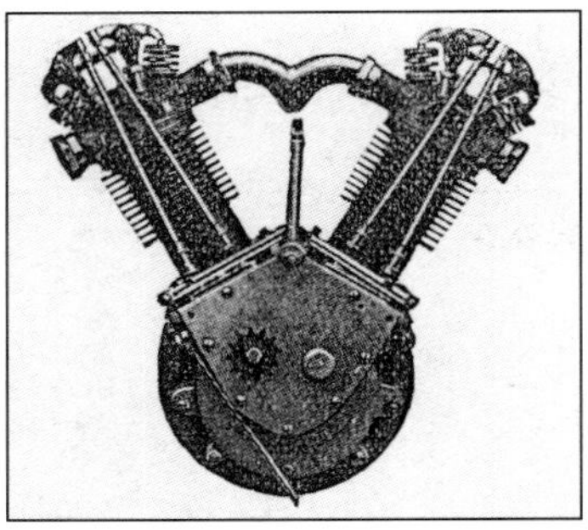

### H.P. 5-6

| | |
|---|---|
| Bohrung | 71 mm |
| Hub | 88 mm |
| ccm | 700 |
| Brems HP | 25,5 |

*„Zweizylinder: Besonders starke und schnelle von oben gesteuerte Maschine trotz niedrigen Gewichts."*

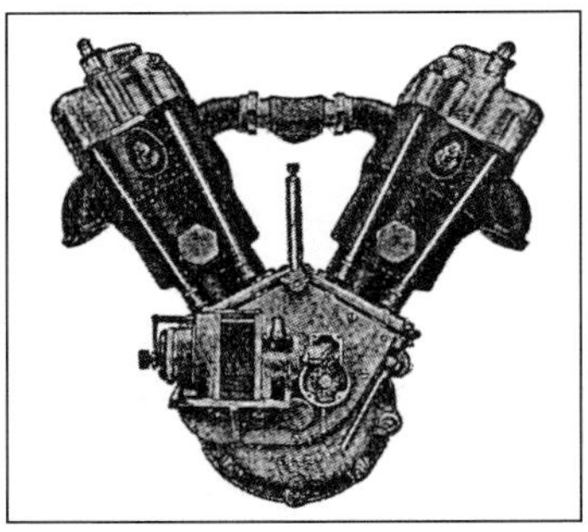

### H.P. 10

| | |
|---|---|
| Bohrung | 85 mm |
| Hub | 96 mm |
| ccm | 1100 |
| Brems HP | 40 |

*„Als wassergekühlter, von oben gesteuerter, Sportmotor entwickelt derselbe bei großer Zuverlässigkeit in Leichtkraftwagen eine kolossale Leistung. Mit dem Rennmotor dieser Type wurden Geschwindigkeiten bis 100 Meilen (ca. 165 km/h) pro Stunde erreicht. Ein Weltrekord!"*

# APPENDIX KÜCHEN

K MOTOR

SYSTEM KÜCHEN

*50 $cm^3$ K-Motor, Type KMV, Sportausführung*

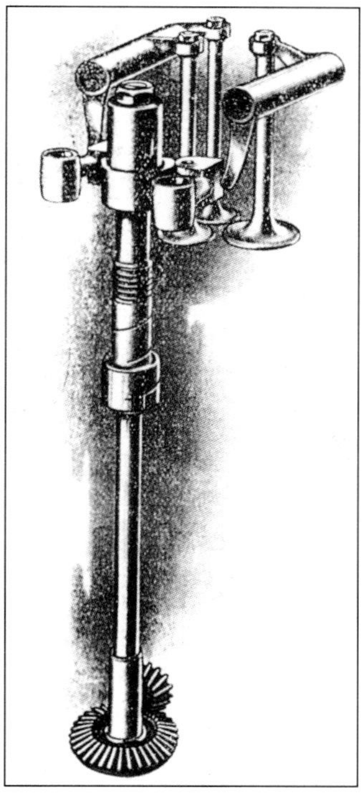

*Die gestängelose Ventilsteuerung durch Königswelle*

## Der K-Motor

„Der K-Motor, Bauart Küchen, ist eine Pionierleistung auf dem Gebiet des Kraftrad-Motorenbaues. Er hat mit dazu beigetragen, daß sowohl im Inland wie auf dem Weltmarkt das Interesse für die deutschen Motorräder erneut in den Vordergrung getreten ist, eine Tatsache, an die vor 5 bis 6 Jahren niemand zu denken wagte."

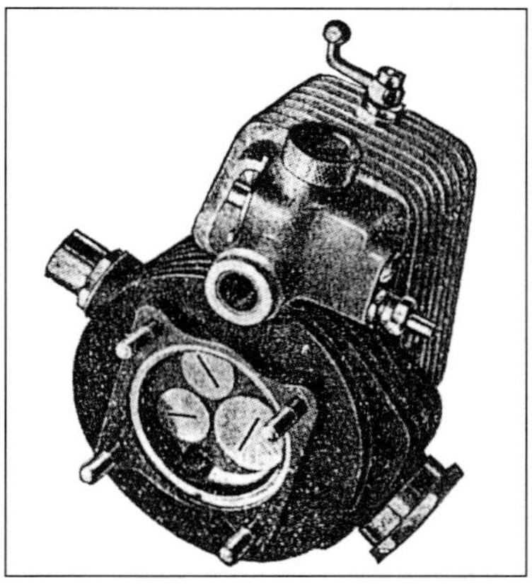

*Der dreiventilige Zylinderkopf, in den runden, glatten Kompressionsraum gesehen.*

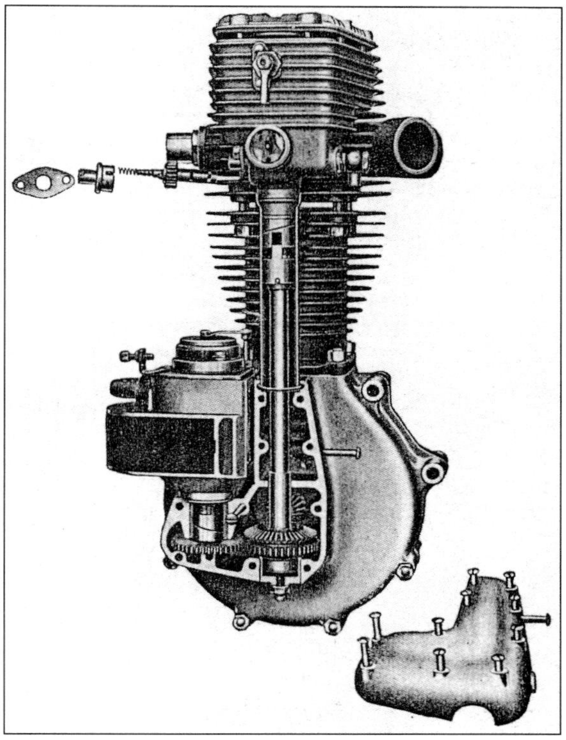

*Steuerung mit Magnetantrieb offen. Zwillingsölpumpe ausgebaut.*

**Motoren-Maße:**

| | Höhe über alles mm | Loch-kreis Durch-messer mm | Breite der Auf-hänge-augen mm | Boh-rung mm | Hub mm | Brems-PS ca. | Ketten linie | Gewicht kg | Typen-bezeich-nung |
|---|---|---|---|---|---|---|---|---|---|
| 350 $cm^3$ 1 Auspuff | 545 | 255 | 65 | 70 | 90 | 16 | nach | 28 | K M III |
| 350 $cm^3$ 2 Auspuff | 545 | 255 | 65 | 70 | 90 | 16 | Wahl | 28 | K M III D |
| 500 $cm^3$ 1 Auspuff | 545 | 255 | 65 | 80 | 100 | 22 | | 32 | K M V |
| 500 $cm^3$ 2 Auspuff | 545 | 255 | 65 | 80 | 100 | 22 | | 32 | K M V D |

# 1934—39 Küchen-Motoren

Der Küchen-Motor gilt als ruhige Maschine, charakteristisch ist bei den sv's der U-förmige Steuergehäusedeckel, bei den ohv's das kurze königswellenartige Stoßstangenhüllrohr. Wir finden Küchenmotoren bei Ardie, Phönix, U. T. usw.

Hauptdaten

| Typ | Steuerung | Bohrung | Hubr. | Hubvolumen | PS | Drehzahl | Verdicht. |
|---|---|---|---|---|---|---|---|
| 500 | sv | 79,8 | 100 | 497 | 14 | 4400 | 5,2 |
| 500 | ohv | 79,8 | 100 | 497 | 20 | 4800 | 6,5 |
| 600 | sv | 82,5 | 110 | 588 | 16 | 4400 | 5,2 |
| 600 | ohv | 82,5 | 110 | 588 | 22 | 4800 | 6,2 |

Ventilzeiten in Graden, Zündzeiten in mm.

| Hubr. | Steuerung | E. ö. v. o. T. | E. s. n. u. T. | A. ö. v. u. T. | A. s. n. o. T. | Spiel kalt | VZ. |
|---|---|---|---|---|---|---|---|
| 500 | sv | 25 | 50 | 55 | 25 | 0.15/0,2 | 8 |
| 500 | ohv | 17 | 60 | 63 | 26 | 0,1/0,15 | 13 |
| 600 | sv | 25 | 50 | 55 | 25 | 0,15/0,2 | 9 |
| 600 | ohv | 17 | 60 | 63 | 26 | 0,1/0,15 | 14 |

Vergasereinstellung für Amal

| Hubr. | Steuerung | Vergaser | ∅ | Hasptd. | Schieber | NP. |
|---|---|---|---|---|---|---|
| 500 | sv | 76/001 | 23,8 | 140 | 6/5 | 3 |
| 500 | ohv | 76/011 | 25,4 | 150 | 6/5 | 3 |
| 600 | sv | 76/011 | 25 4 | 140 | 6/5 | 3 |
| 600 | ohv | 76/011 | 25,4 | 150 | 6/5 | 3 |

**Ardie-Fahrer, Achtung!**

Bei Ardie wurde an der 500 sv 76/418 H, an der 500 ohv 76/012 H und an der 600 sv 76/012 H verwendet, dies betrifft jedoch nur Ausführungsvarianten, die Grundeinstellung bleibt gleich.

Nachdem Ardie sowohl Bark- als auch Küchen-Motoren eingebaut hat, ist die Unterscheidung oft nicht leicht. Die Maschinen mit 200 und 250 ccm (ohv) hatten durchwegs Bark-Motoren, ebenso die erste 350 ccm mit Kopfventilen. Die seitengesteuerte Ardie 350 hatte jedoch einen Eigenbaumotor, dessen Daten untenstehend zu finden sind. Die Typenbezeichnung der großen Modelle, z. B. RBU 605, läßt auf 600 ccm schließen, das U bedeutet untengesteuert, die 5 am Ende der Nummer zeigt ungefähr das Baujahr 1935. So ist die RBK 503 eine kopfgesteuerte 500er ca. aus 1933 usw. Die Unterscheidung nach Bark- und Küchen-Motor ist in den Typenbezeichnungen (Typenschild) nicht enthalten, hier urteilt man nach Hub und Bohrung und äußerem Aussehen. Deshalb wurden Hauptmerkmale und Abbildungen gebracht.

Ardie hat auch einen eigenen Motor mit 350 ccm — sv gebaut:

**Ventile:** E. ö. 8° v. o. T., E. s. 52° n. u. T., A. ö. 60° v. u. T., A. s. 20° n. o. T., Spiel kalt 0,15/0,2 mm.

*Aus: Internationale Motorrad-Typenschau 1928–1944, Wien 1951*

# APPENDIX ILO

| Typ | Kickstr. | Getriebe | Schaltg. | Verwendung |
|---|---|---|---|---|
| F 60 | nein | nein | keine | Fahrrad |
| MF 100 | nein | 2 Gang | Hand | Motorfahrrad |
| MF 120 K | ja | 2 Gang | Hand | Kleinmotorrad |
| MG 125 E | ja | 3 Gang | Fuß | Motorrad |
| MGDy 200 | ja | 3 od. 4 G. | H. od. F. | Motorrad |
| MGT 200 | ja | 3 od. 4 G. | H. od. F. | Motorrad |

ME 120 K wurde z. B. von Tornax mit einfachem Schalthebel für Fußbetätigung montiert!

## Hauptdaten

| Typ | Bohrung | Hub mm | ccm | PS | U/min | Verd. |
|---|---|---|---|---|---|---|
| F60 | 42 | 44 | 60 | 1,25 | 4200 | 6,0 |
| MF 100 | 50 | 50 | 98 | 3,0 | 4200 | 5,8 |
| MF 120 K | 55 | 50 | 120 | 3,5 | 4000 | 5,8 |
| MG 125 E | 52 | 58 | 123 | 5,0 | 4200 | 6,0 |
| GMDy 200 | 61 | 68 | 198 | 6,5 | 3800 | 5,8 |
| MG 250 T | 68 | 68 | 247 | 8,5 | 4200 | 6,0 |

| Typ | Übers. | Verbrauch 1/100 | km/h | Vorzündung mm | Kerze |
|---|---|---|---|---|---|
| F60 | 12,8 | 1,8 | 40 | 2 | M 35 A 2 |
| MF 100 | 10,4 | 2,3 | 55 | 3,5 | M 175 T 1 |
| MF 120 K | 7,5 | 2,5 | 65 | 4 | M 175 T 1 |
| MG 125 E | 7,6 | 2,4 | 72 | 4 | W 225 T 1 |
| MGDy 200 | 5,9 | 3,0 | 80 | 5 | M 175 T 1 |
| MG 250 T | 5,5 | 3,4 | 90 | 5 | M 175 T 1 |

| Typ | Vergaser | HD | NP | LD | LL | Sch |
|---|---|---|---|---|---|---|
| F 60 | Graetzin Kf 12/95 | 55 | 2 | – | – | – |
| MF 100 | Graetzin Kf 14 | 55 | 3 | 0,35 | 3/4 U | – |
| MF 120 K | Graetzin Kf 16/74 | 65 | 2 | 0,30 | 2 U | – |
| MG 125 E | Bing A I 1/16 N | 85 | 2 | 0,40 | 2 U | – |
| | Graetzin Kf 16 n | 75 | 2 | 0,40 | 2 U | – |
| MGDy 200 | Amal M 74 420 | 80 | 3 | – | 1U | 4/5 |
| | Graetzin Kf 2057 | 90 | 2 | 0,30 | 1U | – |
| MG 250 T | Amal M 75/415 L | 90 | 3 | – | 1 1/2 U | 5/3 |
| | Graetzin K 22 S | 95 | 2 | 0,40 | 1 1/2 U | – |

# APPENDIX ILO

## Typbezeichnung: F 48 (Einbaumotor)

**Baujahr 1951**

***Motor, Triebwerk***

*Motor-Hersteller:* .......... *Süddeutsches Ilo-Werk, GmbH, München*
*Typ:* .............................. *F 48*
*Arbeitsverfahren:* .......... *Zweitakt*
*Spülverfahren:* ............... *Umkehrspülung*
*Zylinderanzahl:* ............ *1*
*Zylinderanordnung:* ...... *liegend*
*Zylinderwerkstoff:* ......... *G.E.*
*Hubraum:* ...................... *48 ccm*
*Bohrung:* ....................... *37 mm*
*Hub: 44 mm*
*Verdichtung:* .................. *1 : 6,3*
*Kurzleistung:* ................. *1 PS bei 4200 U/min*
*Dauerleistung:* ............... *0,8 PS bei 4000 U/min*
*Zylinderkopf:* ................ *abnehmbar*
*Zylinderkopf-Werkstoff:* .. *Aluminium*
*Kurbelwellenlagerung:* ... *Kugellager*
*Pleuellager:* .................. *Rollen*
*Kolbenart:* ..................... *Flachkolben*
*Kolben-Werkstoff:* .......... *Legierung Mahle 244*
*Kolbenringe:* .................. *2 Verdichtungsringe 37 x 2 nach Werk-Norm*
*Motorschmierung:* .......... *Gemisch*
*Luftfilter:* ...................... *Knecht-Nassluftfilter*
*Kraftstofffilter:* ............... *Metallsieb am Vergasereintritt*
*Vergaser-Einstellung:*
*Querschnitt:* .............. *9,5*
*Hauptdüse:* ................ *0,56*
*Nadeldüse:* ................. *2,1*
*Nadelstellung von oberer Raste:* ........... *11*
*Kupplung:* ...................... *keine; Reibrollenantrieb*
*Kraftübertragung*
*Motor-Getriebe:* .......... *Zahnradvorgelege*
*Übersetzung*
*Motor-Getriebe:* .......... *1 : 2*
*Getriebe-Hersteller:* ........ *Ilo-Werke*
*Getriebe-Anordnung:* ..... *Vorgelege im Motorblock*
*Schaltung:* ..................... *keine; die Reibrolle wird durch Schwenken des Motors an den Reifen gedrückt*
*Kraftübertragung*
*Getriebe-Hinterrad:* .... *Reibrolle 67*
*Zündungsanlage:* ........... *Siba MLZ, Standmagnet*
*Zündkerze:* .................. *Bosch: W 175 T 1*
*Beru: 175/14*
*Einstellzündpunkt:* ........ *2 mm v. o. T.*

***Maße und Gewichte***

*Maße über alles:*
*Länge:* ....................... *400 mm*
*Breite:* ........................ *85 mm;*
*Höhe:* ........................ *185 mm*
*Eigengewicht des Einbaumotors:* ........... *7,5 kg*
*Kraftstoffnormverbrauch:* . *1,3 – 1,4 l/100 km, je nach Fahrzeug*
*Mischungsverhältnis:* ...... *1 : 25*

## Typbezeichnung: F 60 H und R (Einbaumotor)

**Baujahr: 1951**

***Motor, Triebwerk***

*Motor-Hersteller:* ........... *Ilo-Werke*
*Typ:* .............................. *F 60 H und R*
*Arbeitsverfahren:* ........... *Zweitakt*
*Spülverfahren:* ............... *Querstrom*
*Zylinderanzahl:* ............ *1*
*Zylinderanordnung:* ...... *liegend*
*Zylinderwerkstoff:* .......... *G.E.*
*Hubraum:* ...................... *60 ccm*
*Bohrung:* ....................... *42 mm*
*Hub: 44 mm*
*Verdichtung:* .................. *1 : 5,8*
*Kurzleistung:* ................. *1,25 PS bei 3200 U/min*
*Dauerleistung:* ............... *1,0 PS bei 3000 U/min*
*Zylinderkopf:* ................. *nicht abnehmbar*
*Zylinderkopf-Werkstoff:* .. *GE aus einem Stück Zylinder*
*Ventilanordnung:* ........... *Schlitzsteuerung*
*Kurbelwellenlagerung:* ... *Kugellager*
*Pleuellager:* .................. *Rollenlager*
*Kolbenart:* ..................... *Nasenkolben*
*Kolben-Werkstoff:* .......... *Legierung KS 280; Mahle 244*
*Kolbenringe:* .................. *2 Verdichtungsringe 42 x 3,5 nach Werk-Norm*
*Motorschmierung:* ......... *Gemisch*
*Luftfilter:* ..................... *Knecht-Nassluftfilter*
*Vergaser:* ...................... *1 Schiebervergaser*
*Vergaser-Hersteller / Typ:* *Amal / 12 EF/SB*
*Vergaser-Einstellung:*
*Querschnitt:* .............. *12*
*Hauptdüse:* ............... *50 (Einlaufzeit: 55)*
*Gasschieberausschnitt:* .. *5*
*Luftschraube-Umdr. offen:* ...................... *2 x*
*Kupplung:* ...................... *Korklamellen*
*Hersteller:* ..................... *Ilo*
*Kraftübertragung*
*Motor-Antriebsritzel:* .. *Zahnradvorgelege*
*Übersetzung*
*Motor-Getriebe:* ......... *1 : 2,8*
*Übersetzung*
*Getriebe-Hinterrad:* .... *je nach Fahrzeug*
*Getriebe-Anordnung:* .... *Vorgelege*
*Schaltung:* .................... *keine*
*Anzahl der Gänge:* ........ *1*
*Kraftübertragung*
*Getriebe-Hinterrad:* .... *Kette*
*Elektrische Anlage:* ........ *Spannung: 6 Volt*
*Zündungsanlage:* ........... *Schwungradzünd-lichtanlage*
*Zündverstellung:* ........... *keine*
*Zünd-Lichtanlage / Typ:* *Bosch / LMUT 1/142/17/ L 6*
*Leistung:* ....................... *17 Watt*
*Zündkerze:* ................... *Bosch: M 95 T 1*
*Beru: 95/18*
*Einstellzündpunkt:* ........ *3 mm vor o. T.*
*Batterie:* ....................... *keine*

***Maße und Gewichte***

*Maße über alles:*
*Länge:* ....................... *330 mm*
*Breite:* ........................ *230 mm*
*Höhe :* ........................ *270 mm*
*Eigengewicht:* ................ *12 kg mit Brennstofftank*
*Kraftstoffnormverbrauch:* . *je nach Fahrzeug*
*Mischungsverhältnis:* ...... *1 : 25*

# APPENDIX ILO

**Typbezeichnung: FM 100/120, FM K/120 K** (Einbaumotor)
**Baujahr: 1951**

***Motor, Triebwerk***

*Motor-Hersteller:* ........... *Ilo-Werke*
*Typ:* ............................. *FM 100 (120) K*
*Arbeitsverfahren:* ........... *Zweitakt*
*Spülverfahren:* ............. *Querstrom*
*Zylinderanzahl:* ........... *1*
*Zylinderanordnung:* ...... *stehend*
*Zylinderwerkstoff:* ......... *G.E.*
*Hubraum:* ................... *98 (118) ccm*
*Bohrung:* ..................... *50 (55) mm*
*Verdichtung:* ................ *1 : 6,0*
*Mittl. Arbeitsdruck*
*(Dauerleistung):* ......... *3,71 (3,66) at.*
*Kurzleistung:* ................ *3,6 (4,0) PS bei 4500 U/min*
*Dauerleistung:* .............. *3,3 (3,9) PS bei 4000 U/min*
*Zylinderkopf:* .............. *abnehmbar*
*Zylinderkopf-Werkstoff:* .. *Alu*
*Kurbelwellenlagerung:* ... *Kugellager*
*Pleuellager:* .................. *Rollenlager*
*Kolbenart:* .................... *Nasenkolben*
*Kolben-Werkstoff:* .......... *Legierung KS 280; Mahle 244*
*Größte Kolben-Übergr.:* . *52 (57) mm*
*Motorschmierung:* ......... *Gemisch*
*Luftfilter:* ..................... *Knecht 2072/25 (Nassluftfilter)*
*Vergaser:* ....................... *1 Schiebervergaser*
*Vergaser-Hersteller/Typ:* ... *Bing / 1/16 N 2 (1/16/2)*
*Vergaser-Einstellung:*
*Querschnitt:* .............. *16*
*Hauptdüse:* ................ *75 (80), (Einfahrzeit: 80 (80))*
*Nadeldüse:* ................. *2,60*
*Leerlaufdüse:* .............. *40*
*Nadelstellung v. o. Raste:* *II (Einfahrzeit: III)*
*Luftschraube-Umdr. offen:* ...................... *2 1/2*
*Kupplung:* ..................... *Korklamellen*
*Hersteller:* ..................... *Ilo*
*Kraftübertragung*
*Motor-Getriebe:* .......... *Kette*
*Übersetzung*
*Motor-Getriebe:* .......... *1 : 2*
*Übersetzung*
*Getriebe-Hinterrad:* .... *je nach Fahrzeug*
*Getriebe-Hersteller:* ....... *Ilo*
*Getriebe-Anordnung:* ..... *in einem Block mit Motor*
*Schaltung:* ..................... *Handschaltung*
*Anzahl der Gänge:* ......... *2*
*Getriebe-Übersetzung:* ... *1. Gang: 1 : 6,2*
*2. Gang: 1 : 3,88*
*Kraftübertragung*
*Getriebe-Hinterrad:* .... *Kette*
*Elektrische Anlage:* ......... *Spannung: 6 Volt*
*Zündungsanlage:* ........... *Schwungradlichtmagnet mit Ladespule*
*Zündverstellung:* ........... *keine*
*Zünd-Lichtanlage / Typ:* .. *Bosch / LMU T 1/142 R 20*
*Leistung:* ....................... *17/20 Watt*
*Zündkerze:* .................. *Bosch: M 175 T 1*
*Einstellzündpunkt:* ........ *3,5 - 4 mm v. o. T.*

***Maße und Gewichte***

*Maße über alles:*
*Länge:* ......................... *273 (420) mm*
*Breite:* ......................... *201 (290) mm mit Kickstarter*
*Höhe:* ........................... *321 mm*
*Eigengewicht des Einbaumotors:* ....... *15,5 kg*
*Getriebemischung:* ......... *90 cm³ im Getriebe; 160 cm³ im Kettenkasten*
*Kraftstoffnormverbrauch:* . *je nach Fahrzeug*
*Mischungsverhältnis:* ...... *1 : 25*

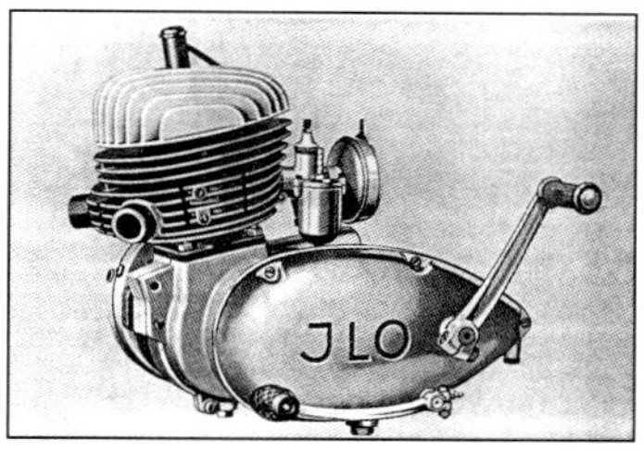

**Typbezeichnung: MG 125 EF (SF*)**
**(Einbaumotor)* SF hat Segmentschaltung**
**Baujahr: 1950**

***Motor, Triebwerk***

*Motor-Hersteller:* .......... *Ilo-Werke*
*Typ:* ............................. *MG 125 EF (SF)*
*Arbeitsverfahren:* ........... *Zweitakt*
*Spülverfahren:* .............. *Umkehrspülung*
*Zylinderanzahl:* ........... *1*
*Zylinderanordnung:* ...... *stehend*
*Zylinderwerkstoff:* .......... *G.E.*
*Hubraum:* ..................... *123 ccm*
*Bohrung:* ....................... *52 mm* *Hub: 58 mm*
*Verdichtung:* .................. *1 : 6,8*
*Mittl. Arbeitsdruck*
*(Dauerleistung):* .......... *3,81 at.*
*Kurzleistung:* ................ *5,8 PS bei 5500 U/min*
*Dauerleistung:* .............. *5,2 PS bei 5000 U/min*
*Zylinderkopf:* ................ *abnehmbar*
*Zylinderkopf-Werkstoff:* .. *Alu*
*Schwungscheibe:* ........... *keine*
*Kurbelwellenlagerung:* ... *Kugellager*
*Pleuellager:* .................. *Rollen*
*Kolbenart:* ..................... *Flachkolben*
*Kolben-Werkstoff:* .......... *Legierung KS 280; Mahle 244*
*Größte Kolben-Übergr.:* .. *54 mm*
*Kolbenringe:* .................. *2 Verdichtungsringe 52 x 2,5 nach Werk-Norm*
*Motorschmierung:* .......... *Gemisch*
*Luftfilter:* ...................... *Knecht-Nassluftfilter*
*Vergaser-Einstellung:*
*Querschnitt:* .............. *17*
*Hauptdüse:* ................ *80 (Einfahrzeit: 85)*
*Gasschieberausschnitt:* .. *konstant*
*Nadeldüse:* ................. *2,60*
*Leerlaufdüse:* .............. *35*
*Nadelstellung von o. Raste:* ............. *II*
*Luftschraube-Umdr. offen:* ...................... *1*
*Kupplung:* ..................... *Korklamellen*
*Hersteller:* ..................... *Ilo*
*Kraftübertragung*
*Motor-Getriebe:* ......... *Kette*
*Übersetzung*
*Motor-Getriebe:* .......... *1 : 2,44*
*Übersetzung*
*Getriebe-Hinterrad:* .... *je nach Fahrzeug*
*Getriebe-Hersteller:* ........ *Ilo*
*Getriebe-Anordnung:* ..... *mit Motor in einem Block*
*Getriebe-Art:* ................. *Klauenschaltung*
*Schaltung:* ..................... *Fußschaltautomat bzw. Segmentschaltung*
*Anzahl der Gänge:* ......... *3*
*Kraftübertragung*
*Getriebe-Hinterrad:* .... *Kette*
*Elektrische Anlage:* ......... *Spannung: 6 Volt*
*Zündungsanlage:* ........... *Gleichstrom-Zündlichtmaschine*
*Zündverstellung:* ........... *keine*
*Zünd-Lichtanlage / Typ:* . *Noris / LMZ 6/35/45*
*Leistung:* ....................... *45 Watt*
*Zündkerze:* .................. *Bosch: W 225 T1 Beru: 225/14*
*Einstellzündpunkt:* ........ *3,5 – 4 mm v. o. T.*
*Batterie:* ........................ *je nach Fahrzeug*
*Kapazität:* ...................... *ja nach Fahrzeug*

***Maße und Gewichte***

*Maße über alles:*
*Länge:* ......................... *455 mm*
*Breite:* ......................... *365 mm*
*Höhe:* ........................... *380 mm*
*Eigengewicht des Einbaumotors:* ........... *22 kg*
*Getriebeöl:* ..................... *Motorenöl SAE 50*
*Kraftstoffnormverbrauch:* . *je nach Fahrzeug*
*Mischungsverhältnis:* ..... *1 : 25*

# APPENDIX ILO

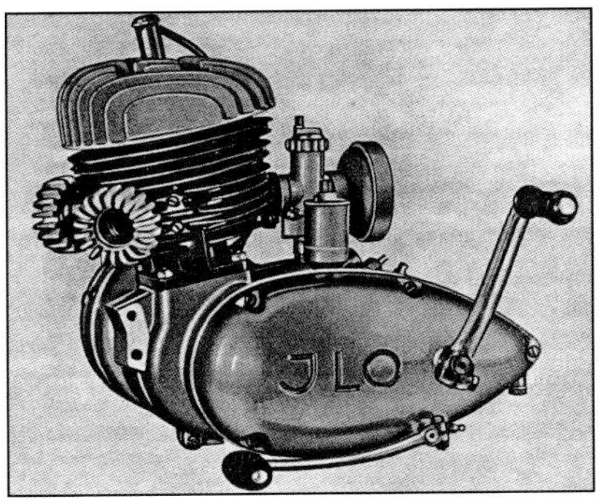


**Typbezeichnung: MG 175 F, MG 175 S*, MG 175 TF (Einbaumotor)**
***MG 175 S hat Segmentschaltung**
**Baujahr: 1951**

***Motor, Triebwerk***

*Motor-Hersteller:* ........... *Ilo-Werke*
*Typ:* ............................. *MG 175 F (S) (TF)*
*Arbeitsverfahren:* ........... *Zweitakt*
*Spülverfahren:* ............... *Umkehrspülung*
*Zylinderanzahl:* ............ *1*
*Zylinderanordnung:* ...... *stehend*
*Zylinderwerkstoff:* ........ *G.E.*
*Hubraum:* ..................... *175 ccm*
*Bohrung:* ....................... *58 mm*
*Hub: 64 mm*
*Verdichtung:* .................. *1 : 6,8*
*Mittl. Arbeitsdruck*
*(Dauerleistung):* ......... *4,42 at.*
*Kurzleistung:* ................. *8,2 PS bei 5000 U/min*
*Dauerleistung:* ............... *7,65 PS bei 4500 U/min*
*Zylinderkopf:* ................ *abnehmbar*
*Zylinderkopf-Werkstoff:* . *Alu*
*Kurbelwellenlagerung:* ... *Kugellager*
*Pleuellager:* .................. *Rollen*
*Kolbenart:* ..................... *Flachkolben*
*Kolben-Werkstoff:* .......... *Legierung KS 280; Mahle 244*
*Größte Kolben-Übergröße:* .................. *60 mm*
*Kolbenringe:* .................. *3 Verdichtungsringe 58 x 2,5 nach Werk-Norm*
*Motorschmierung:* .......... *Gemisch*
*Vergaser-Einstellung:*
*Querschnitt:* ............... *20*
*Hauptdüse:* ................ *85 (Einfahrzeit: 90)*
*Einsatz:* ...................... *3*
*Nadeldüse:* ................. *2,68*
*Nadelstellung von o. Raste:* ............ *II*
*Luftschraube-Umdr. offen:* ....................... *1*
*Kupplung:* ...................... *Kork-Lamellen*
*Hersteller:* ...................... *Ilo*
*Kraftübertragung*
*Motor-Getriebe:* ........... *Kette*
*Übersetzung*
*Motor-Getriebe:* .......... *1 : 2,44*
*Übersetzung*
*Getriebe-Hinterrad:* .... *je nach Fahrzeug*
*Getriebe-Hersteller:* ........ *Ilo*
*Getriebe-Anordnung:* ..... *mit Motor in einem Block*
*Getriebeart:* ................... *Klauenschaltung*
*Schaltung:* ...................... *Fußschaltautomat bzw. Segmentschaltung*
*Anzahl der Gänge:* ......... *3*
*Kraftübertragung*
*Getriebe-Hinterrad:* .... *Kette*
*Elektrische Anlage:* ......... *Spannung: 6 Volt*
*Zündungsanlage:* ........... *Gleichstrom-Zündlichtmaschine*
*Zündverstellung:* ........... *keine*
*Zünd-Lichtanlage / Typ:* . *Noris / MLZ S 6/45/60 S*
*Leistung:* ........................ *45 – 60 Watt*
*Zündkerze:* ..................... *Bosch: W 225 T 1*
*Beru: 225/14*
*Einstellzündpunkt:* ........ *4,0 – 4,5 mm v. o. T.*
*Batterie:* ........................ *je nach Fahrzeug*
*Kapazität:* ...................... *je nach Fahrzeug*

***Maße und Gewichte***

*Maße über alles:*
*Länge:* ........................ *455 mm*
*Breite:* ........................ *365 mm*
*Eigengewicht des Einbaumotors:* ....... *25 kg Motorgewicht*
*Getriebeöl:* ..................... *Motorenöl SAE 50*
*Kraftstoffnormverbrauch:* . *je nach Fahrzeug*
*Mischungsverhältnis:* ...... *1 : 25*

## Aufstellung der ILO Nachkriegsmotorradmotoren

| Motortyp | Hubraum | Boh. x Hub mm | Leistung U/min | Zyl. | Getriebe | Besonderheiten |
|---|---|---|---|---|---|---|
| FM 100 | 98 $cm^3$ | 50 x 50 | 2,8 PS / 4000 | 1 | 2 Gang | |
| FM 120 | 118 $cm^3$ | 55 x 50 | 3,8 PS / 4000 | 1 | 2 Gang | |
| MG 125 E | 123 $cm^3$ | 52 x 58 | 5 PS / 4500 | 1 | 3 Gang | Nasenkolben |
| MG 125 EF | 123 $cm^3$ | 52 x 58 | 5,8 PS / 5000 | 1 | 3 Gang | Flachkolben |
| MG 125 S | 123 $cm^3$ | 52 x 58 | 7,5 PS / 7500 | 1 | 3 Gang | 2 Vergaser |
| MG 150 | 147 $cm^3$ | 57 x 58 | 6,5 PS / 4500 | 1 | 3 Gang | |
| MG 175 T | 173 $cm^3$ | 58 x 66 | 7,65 PS / 4500 | 1 | 3 Gang | Nasenkolben |
| MG 175 F | 173 $cm^3$ | 58 x 66 | 8,2 PS / 5000 | 1 | 3 Gang | Umkehrspülung |
| M 175 | 173 $cm^3$ | 58 x 66 | 8,2 PS / 5000 | 1 | 4 Gang | |
| M 200 | 197 $cm^3$ | 62 x 66 | 11 PS / 5000 | 1 | 4 Gang | 12 PS / 5250 U/min* |
| M 250 | 248 $cm^3$ | 65 x 75 | 12,8 PS / 4750 | 1 | 4 Gang | |
| M 2 x 125 | 244 $cm^3$ | 52 x 58 | 15,1 PS / 6000 | 2 | 4 Gang | |

* mit Tornax „Rechteckzylinder“

# APPENDIX SACHS

## Sachs-Typenübersicht

| Motor-Typ | Sachs MF 74 Mod. 32 | Sachs 98 M 32 | Sachs 98 M 50 | Sachs 98 M 50 K |
|---|---|---|---|---|
| Bohrung in mm | 42 | 48 | 48 | 48 |
| Hub in mm | 54 | 52 | 52 | 52 |
| Hubraum in $cm^3$ | 74 | 98 | 98 | 98 |
| Zylinder | 1 | 1 | 1 | 1 |
| Takt | 2 | 2 | 2 | 2 |
| Leistung in PS | 1,2 | 2,25 | 3 | 3 |
| bei U/min | 3000 | 3500 | 4100 | 4100 |
| Anz. Gänge | 2 | 2 | 2 | 2 |
| Spitze km/h | 35 | 50 | 55 | 60 |

| Motor-Typ | Sachs Saxonette | Sachs Sachs 50 | Sachs 100/3 u. 100/4 | Sachs SM 125 |
|---|---|---|---|---|
| Bohrung in mm | 45 | 38 | 48 | 54 |
| Hub in mm | 38 | 42 | 54 | 54 |
| Hubraum in $cm^3$ | 60 | 47 | 97 | 123 |
| Zylinder | 1 | 1 | 1 | 1 |
| Takt | 2 | 2 | 2 | 2 |
| Leistung in PS | 1,2 | 1,25 | 5,2 bis 7,0 | 3,5 |
| bei U/min | 3000 | 4500 | 5500 | 5000 |
| Anz. Gänge | 2 | 2 | 3 oder 4 | 3 |
| Spitze km/h | 30 | 40 | 75 bis 85 | 60 |

| Motor-Typ | Sachs 175 Mod. 55 | Sachs 200 L | Sachs KC 27 |
|---|---|---|---|
| Bohrung in mm | 62 | 65 | – |
| Hub in mm | 58 | 58 | – |
| Hubraum in $cm^3$ | 174 | 191 | 294 KV |
| Zylinder | 1 | 1 | 1 Scheibe |
| Takt | 2 | 2 | 4 |
| Leistung in PS | 10 | 10,2 | 27 |
| bei U/min | 5250 | 5250 | 6000 |
| Anz. Gänge | 4 | 4 | 6 |
| Spitze km/h | 85 | 90 | 140 |

## Sachs-Motor 75 cm³ – für Fahrräder

***Motor, Triebwerk***

*Zylinderzahl:* 1
*Bohrung::* 42 mm
*Hub:* 54 mm
*Hubraum:* 75 mm
*Verdichtungsverhältnis:* 1:5,3
*Drehzahl normal:* 3500 U/min
*Drehzahl maximal:* 5000 U/min
*Drehmoment:* 0,31 mkg bei 2500 U/min
*Gebremste Dauerleistung:* 1,4 PS
*Gebremste Spitzenleistg.:* 1,7 PS
*Kraftstoffverbrauch:* 450 g/PS/Std.
*Schmierölverbrauch:* 450 g/PS/Std.
*Arbeitsweise:* Zweitakt (Dreikanalsystem)
*Zylinderwerkstoff::* Grauguss
*Zylinderkopf:* nicht abnehmbar
*Art der Steuerung:* Schlitze
*Zahl der Kurbelwellenhauptlager:* 2
*Art der Kurbelwellenhauptlager:* Kugellager
*Kurbelgehäusewerkstoff:* Aluminium
*Pleuelstangenwerkstoff:* Stahl
*Gewicht der Pleuelstange:* 110 g
*Länge der Pleuelstange:* 110 mm
*Kolbenwerkstoff:* Aluminiumlegierung
*Kolbengewicht:* 115 g
*Kolbenringe:*
*Anzahl:* 2
*Breite:* 2,5 mm
*Nuttiefe:* 2,5 mm
*Kolbenbolzenanordnung:* fest im Kolben
*Kolbenbolzen:*
*Außendurchmesser:* 12 mm
*Wanddicke:* 2,5 mm
*Gewicht:* 30 g
*gesichert:* durch Sprengringe
*Aufhängung des Motors:* Dreipunkt
*Schmierung des Motors:* Gemischschmierung
*Zündung:* Kerzen
*Zündstromerzeugung:* eig. Konstr., Schwungrad-Lichtmagnetzünder
*Zündkerze:* Fabrikat Bosch M 45/1
*Vergaser:* F. & S., eig. Konstr., horizontal
*Ansaugrohrdurchmesser:* 15 mm
*Kraftstoffförderung:* Gefälle
*Art der Kühlung:* Luft
*Motorgew., betriebsfert.:* 10,5 kg

***Maße und Gewichte***

*Größte Länge d. Motors:* 290 mm
*Größte Breite d. Motors:* 170 mm
*Größte Höhe des Motors:* 290 mm

## Sachs M 50 K

***Motor, Triebwerk***

*Motorhersteller:* Fichtel & Sachs
*Typ:* M 50 K
*Arbeitsverfahren:* Zweitakt
*Spülverfahren:* Gegenstrom, System F. & S.
*Zylinderanzahl:* 1
*Zylinderanordnung:* schräg stehend
*Zylinderwerkstoff:* Grauguss
*Hubraum:* 98 ccm
*Bohrung:* 48 mm
Hub: 54 mm
*Verdichtung:* 1 : 6
*Mittl. Arbeitsdruck (Dauerleistung):* 3,2 at.
*Kurzleistung:* 3 PS bei ca. 4000 U/min
*Dauerleistung:* 2,75 bei ca. 4000 U/min (Drosselleistung)
*Zylinderkopf:* abnehmbar
*Zylinderkopf-Werkstoff:* Leichtmetall
*Kurbelwellenlagerung:* 2 Kugellager L17
*Pleuellager:* Rollenlager mit Korb
*Kolbenart:* Flachkolben mit Mulden
*Kolben-Werkstoff:* Leichtmetall, Leg. KS280
*Größte Kolben-Übergröße:* 49,5 Ø
*Kolbenringe:* 2 Verdichtungsringe Eac 48x44x2,5; DIN 73102
*Motorschmierung:* Mischung
*Luftfilter:* Knecht, Nassluftfilter
*Vergaser-Hersteller:* Fichtel & Sachs
*Vergaser-Einstellung:* Querschnitt: 16,5 Ø Düse: 58
*Kupplung:* Zweischeiben-Korklamellen
*Hersteller:* Fichtel & Sachs
*Kraftübertragung*
*Motor-Getriebe:* Zahnräder
*Übersetzung*
*Motor-Getriebe:* 1 : 2,5
*Abtrieb zum Hinterrad:* Kettenritzel für Einfachrollenkette 1/2 x 1/4", 7,8 mm Rollen-Ø
*Getriebe-Hersteller:* Fichtel & Sachs
*Getriebe-Anordnung:* im Motorblock
*Übersetzungsverhältnis zum Hinterrad:* 13/28 = 1 : 2,15
*Schaltung:* Hand
*Anzahl der Gänge:* 2
*Getriebe-Übersetzung:* 1. Gang: 1 : 2,78
2. Gang: 1 : 1,77
*Kraftübertragung*
*Getriebe-Hinterrad:* Kette
*Elektrische Anlage:* Spannung: 6 Volt
*Zündungsanlage:* Schwungrad-Lichtmagnetzünder
*Zündverstellung:* keine
*Zünd-Lichtanlage / Typ:* Bosch / LM/UT/1/142 L
*Leistung:* 15 Watt (Wechselsrom)
*Zündkerze:* Bosch: M 145 T1
Beru: 145/18
*Einstellzündpunkt:* 3,5 mm Kolbenweg vor o. T. (Frühzündung)

***Maße und Gewichte***

*Maße über alles:*
*Länge:* 250 (310) mm
*Breite:* 240 mm
*Höhe:* 350 mm
*Eigengewicht des Einbaumotors:*
...... 13,5 kg ohne Schalldämpfer u. Rohr
...... 14,9 kg mit Schalldämpfer und Rohr
*Auspuff-Schalldämpferart:* Wirbelungsschalldämpfer (Interferenzdämpfer)
*Auspuff-Rohr:* 26 Ø lichte Weite
*Kraftstoffnormverbrauch:* 1,5 l/100 km
*Mischungsverhältnis:* 1 : 25

## Sachs 98 ccm

***Motor, Triebwerk***

*Motorhersteller: ............ Fichtel & Sachs*
*Typ: ............................ 98 ccm, 2 Gang*
*Arbeitsverfahren: .......... Zweitakt*
*Spülverfahren: ............. Gegenstrom, System F. & S.*
*Zylinderanzahl: ............ 1*
*Zylinderanordnung: ...... schräg stehend*
*Zylinderwerkstoff: ......... Grauguss*
*Hubraum: .................... 98 ccm*
*Bohrung: ...................... 48 mm Hub: 54 mm*
*Verdichtung: ................. 1 : 6*
*Mittl. Arbeitsdruck (Dauerleistung): ......... 3,2 at.*
*Zylinderkopf: ................ abnehmbar*
*Zylinderkopf-Werkstoff: .. Leichtmetall*
*Kurbelwellenlagerung: ... 2 Kugellager L17*
*Pleuellager: .................. Rollenlager mit Korb*
*Kolbenart: ................... Flachkolben mit Mulden*
*Kolben-Werkstoff: ......... Leichtmetall, Leg. KS 280*
*Größte Kolben-Übergröße: ................ 49,5 Ø*
*Kolbenringe: ................ 2 Verdichtungsringe Eac 48x44x2,5; DIN 73102*
*Motorschmierung: ......... Gemisch*
*Luftfilter: .................... Knecht, Nassluftfilter*
*Vergaser: ...................... 1 Einkolbenvergaser mit Starterklappe*
*Vergaser-Hersteller: ....... Fichtel & Sachs*
*Vergaser-Einstellung: ..... Querschnitt: 16,5 Ø Düse: 58*
*Kupplung: .................... Zweischeiben-Korklamellen*
*Hersteller: ..................... Fichtel & Sachs*
*Kraftübertragung Motor-Getriebe: ......... Zahnräder*
*Übersetzung Motor-Getriebe: ......... 1 : 2,5*
*Abtrieb zum Hinterrad: . Kettenritzel für Einfachrollenkette 1/2 x 1/4", 7,8 mm Rollen-Ø*
*Getriebe-Hersteller: ....... Fichtel & Sachs*
*Getriebe-Anordnung: .... im Motorblock*
*Übersetzungsverhältnis zum Hinterrad: ......... 12/28 = 1 : 2,3*
*Schaltung: .................... Hand*
*Anzahl der Gänge: ........ 2*
*Getriebe-Übersetzung: ... 1. Gang: 1 : 2,78*
*2. Gang: 1 : 1,77*
*Kraftübertragung Getriebe-Hinterrad: .... Kette*
*Elektrische Anlage: ........ Spannung: 6 Volt*
*Zündungsanlage: .......... Schwungrad-Lichtmagnetzünder*
*Zündverstellung: ........... keine*
*Zünd-Lichtanlage / Typ: Bosch / LM/UT/1/142 L (ULA 1 CL 1)*
*Leistung: ...................... 15 Watt (Wechselsrom)*
*Zündkerze: .................. Bosch: M 145 T1 Beru: 145/18*
*Einstellzündpunkt: ....... 3,5 mm Kolbenweg vor o. T. (Frühzündung)*

***Maße und Gewichte***

*Maße über alles:*
*Länge: ...................... 250 mm*
*Breite: ........................ 190 mm*
*Höhe: ........................ 350 mm*
*Eigengewicht des Einbaumotors : .......... 12,1 kg*
*Auspuff-Schalldämpferart: ........................... Wirbelungsschalldämpfer (Interferenzdämpfer)*
*Auspuff-Rohr: ............... 26 Ø lichte Weite*
*Kraftstoffnormverbrauch: 1,5 l/100 km*
*Mischungsverhältnis: ..... 1 : 25*

## Sachs SM 51

***Motor, Triebwerk***

*Motorhersteller: ............ Fichtel & Sachs*
*Typ: ............................ SM 51*
*Arbeitsverfahren: .......... Zweitakt*
*Spülverfahren: ............. Gegenstrom, System F. & S.*
*Zylinderanzahl: ............ 1*
*Zylinderanordnung: ...... schräg stehend*
*Zylinderwerkstoff: ......... Grauguss*
*Hubraum: .................... 147 ccm*
*Bohrung: ...................... 57 mm Hub: 58 mm*
*Verdichtung: ................. 1 : 6,5*
*Mittl. Arbeitsdruck (Dauerleistung): ......... 4,06 at.*
*Kurzleistung: ................ 6,5 PS bei ca. 4500 U/min*
*Dauerleistung: ............. 6 PS bei ca. 4500 U/min (Drosselleistung)*
*Zylinderkopf: ................ abnehmbar*
*Zylinderkopf-Werkstoff: .. Leichtmetall*
*Kurbelwellenlagerung: ... 2 Kugellager M20*
*Pleuellager: .................. Rollenlager mit Korb*
*Kolbenart: ................... Flachkolben mit Mulden*
*Kolben-Werkstoff: ......... Leichtmetall, Leg. KS 280*
*Größte Kolben-Übergröße: ................ 58,5 mm*
*Kolbenringe: ................ 2 Verdichtungsringe Eac 57x52, 4x2,5; DIN 73102*
*Motorschmierung: ......... Gemisch*
*Luftfilter: .................... Knecht, Nassluftfilter*
*Vergaser-Einstellung: ..... Querschnitt: 20 Ø Düse: 68*
*Kupplung: .................... Dreischeiben-Korklamellen*
*Hersteller: ..................... Fichtel & Sachs*
*Kraftübertragung Motor-Getriebe: ......... Kette (A9, 525 x 7,5, 5 Hülsen-Ø, DIN 73232)*
*Übersetzung Motor-Getriebe: ......... 1 : 2,12*
*Abtrieb zum Hinterrad: . Kettenrad für Einfachrollenkette, 12,7 x 6,4 x 8,51 Rollen-Ø*
*Getriebe-Hersteller: ....... Fichtel & Sachs*
*Getriebe-Anordnung: .... im Motorblock*
*Übersetzungsverhältnis zum Hinterrad: ......... 14/46 = 1 : 3,28*
*Schaltung: .................... Fuß*
*Anzahl der Gänge: ........ 4*
*Getriebe-Übersetzung: ... 1. Grad: 1 : 3,22*
*2. Gang: 1 : 1,72*
*3. Grad: 1 : 1,24*
*4. Gang: 1 : 0,95*
*Kraftübertragung Getriebe-Hinterrad: .... Kette*
*Elektrische Anlage: ........ Spannung: 6 Volt*
*Zündungsanlage: .......... Schwungrad-Lichtmagnetzünder*
*Zündverstellung: .......... keine*
*Zünd-Lichtanlage / Typ: Bosch / LM/UT/1/142/30 L 6*
*Leistung: ...................... 30 Watt*
*Zündkerze: .................. Bosch: M 225 T1 Beru: 225/18*
*Einstellzündpunkt: ....... 5 mm Kolbenweg vor o. T. (Frühzündung)*

***Maße und Gewichte***

*Maße über alles:*
*Länge: ...................... 355 mm*
*Breite: ........................ 367 mm*
*Höhe: ........................ 365 mm*
*Eigengewicht des Einbaumotors:*
*...... 22 kg ohne Schalldämpfer und Rohr*
*...... 24 kg ohne Schalldämpfer und Rohr*
*Auspuff-Schalldämpferart: ........................... Wirbelungsschalldämpfer (Interferenzdämpfer)*
*Auspuff-Rohr: ............... 38 Ø lichte Weite*
*Getriebeöl: .................... 650 cm³*
*Kraftstoffnormverbrauch: 2,2 l/100 km*
*Mischungsverhältnis: ..... 1 : 25*

# Rex-Fahrrad- und Mopedmotor FM 31, FM 34, FM 40, FM 50 und FM 50.1

Hersteller: Rex-Motorenwerk, München 25, Forstenriederstr. 73

**Technische Daten enthält die untenstehende Tabelle.**

### Kurzbeschreibung:

Motor mit einfachem Zahnradvorgelege in vom Kurbelgehäuse getrenntem Gehäuse (Abb. 117). Die aus der Tabelle hervorgehenden Unterschiede zwischen den bisherigen Rex-Motortypen dieser Bauart erstrecken sich nur auf Zylinderinhalt, Leistung, Zündanlage, Verwendungszweck usw., nicht auf den grundsätzlichen Aufbau des Motors. Hier bestehen nur insofern Unterschiede, als die Rex-Fahrradmotoren normalerweise keine Kupplung besitzen, aber, auch nachträglich, mit einer Klemmkugelkupplung (Abb. 118) ausgerüstet werden können, der Mopedmotor aber eine Lamellenkupplung (Abb. 119) besitzt. Die Anleitung bezieht sich auf den Moped-Motor FM 50.1, bei allen anderen Motoren ist sinngemäß vorzugehen.

### Mögliche Arbeiten ohne Ausbau:

Abnahme des Zylinderkopfes (normal), Ausbau der Lichtzündanlage (normal), Zerlegung der Kupplung.

**Abb. 117: Schnittbild des Rex-Motors ohne Kupplung** (Werkbild Rex)

Die Haltemutter der Magnet-Schwungmasse sitzt vertieft, deshalb dünnwandigen Steckschlüssel verwenden!

**Rex-Motorentypen bis 1954 (ohne Export-Sonderausführungen)**

| Type | Zylinderbohrung mm | Kolben Ø mm | Hub mm | Drehzahl U/min | PS max | Schwunglichtmagnetzünder 6 Volt, 3 Watt | Zündzeitpunkt | Vergaser | Verwendung |
|---|---|---|---|---|---|---|---|---|---|
| FM 31 | 35 | 35 | 32 | 4000 | 0.7 | Bosch UE1/R11 | 2,5÷2,8 v.o.T. | Bing | Aufbau am Lenker |
| FM 34 | 35 | 35 | 35 | 4000 | 0,8 | Bosch LM/US1/125/3R1 | 2,8 v.o.T. | Bing | Aufbau am Lenker |
| FM 40 | 38 | 38 | 35 | 4000 | 0,9 | Bosch LM/US1/125/3R1 | 3 v.o.T. | Bing<br>Pallas 10Z | Aufbau am Lenker |
| FM 50 | 40,5 | 40,5 | 38,25 | 4200 | 1,1 | Bosch LM/US/125/3L1<br>3R1 | 3,2÷3,5 v.o.T. | Pallas S10Z<br>Pallas S10Z | Moped IIA<br>Moped IIB |
| FM 50.1 | 40,5 | 40,5 | 38,25 | 4500 | 1,4 | Bosch LM/US/125/3L1 | 3,2÷3,5 v.o.T. | Pallas SF12/89<br>Pallas SF12/8901<br>ab Juli 1954 | Moped IIB<br>Moped III (34)<br>Moped IV<br>Rahmendreieck |
| FM 50.1 | 40,5 | 40,5 | 38,25 | 4500 | 1,4 | Bosch LM/UP1/115/3L2<br>Einheitsmagnet | 3,2÷3,5 v.o.T. | Pallas SF12/89<br>Pallas SF12/8901<br>ab Juli 1954 | Moped VI<br>Rahmendreieck |

# Die Vergasereinstellung

Von Praktikus

Das Tachometer unserer neuen Maschine zählt lustig und zeigt bald die erste Tausend. Wir lassen bei 1000 km wieder das Motoröl ab, spülen gut mit Spülöl durch und steuern der zweiten Tausend. zu. Normalerweise wird der Motor bei 1000 bis 1500 km gut eingelaufen sein, und wir können dann einmal sehen, was eigentlich drin steckt. Man soll nur nicht mit einem Male zuviel verlangen, damit das der Motor nicht doch noch übelnimmt.

Befriedigt uns die Leistung nicht, müssen wir uns zuerst einmal um die Vergasereinstellung kümmern. Keine Angst!! So ein Vergaser ist durchaus nicht so geheimnisvoll, wie er zuerst erscheint. Man muß sich beim Auseinanderbauen nur einmal ansehen, wie er zusammengebaut war. Dann kann man beim Zusammensetzen kaum noch einen Fehler machen. Wir wollen uns jetzt erst einmal die Teile ansehen, aus denen ein Vergaser besteht. Da ist der Vergaserkörper mit Mischkammer, der Gas- und Luftschieber, der Düsenstock mit Düse, die Leerlaufschraube und die Schieberanschlagschraube. Außerdem das Schwimmergehäuse mit Schwimmer und Schwimmernadel. Alle diese Teile sind zusammen der Vergaser. Diese Teile können alle verstellt werden. Um zu verstehen, was verstellt werden muß, wenn die Leistung nicht genügt, müssen wir uns überlegen, welche Funktion jedes dieser verschiedenen Teile übernimmt, damit wir beim Einregulieren nicht eine noch schlechtere Leistung bekommen. 1. Die Stellung der Leerlaufschraube ist maßgeblich für das Gemisch von geschlossener Gasschieberöffnung bis 1/8 Oeffnung. 2. Der Gasschieberausschnitt trägt die Verantwortung von 1/8 bis ¼ Gasschieberstellung. 3. Den Löwenanteil an der Vergasereinstellung beansprucht die konische Nadel, nämlich von ¼ bis ¾ Gasschieberöffnung. 4. Und von ¾ bis Vollgas übernimmt dann die Hauptdüse ihre Arbeit. Das ist nun das ganze Geheimnis des Vergasers. Wir wissen jetzt genau, wo wir den Hebel bei mangelnder Leistung anzusetzen haben.

Ehe wir aber die Vergasereinstellung ändern, wird erst einmal der ganze Vergaser bei nicht genügender Leistung gründlich gesäubert. Bringt die Säuberung nicht den gewünschten Erfolg, dann, aber nur dann, regulieren wir unseren Vergaser selbst sauber ein. Wir müssen uns also überlegen, was eigentlich besser werden soll, also welche der vier Stufen des Vergasers eigentlich mangelhaft ist. Hat die Maschine einen zu trägen Anzug, das heißt beschleunigt sie nicht so, wie wir uns das vorgestellt haben, und haben wir eventuell unsere Maschine mit einer des gleichen Typs verglichen, dann hängen wir die Nadel erst einmal eine Raste höher. Dann drehen wir die Leerlaufschraube etwas hinein. Die Nadelposition wird so lange variiert, bis der Motor von ¼ bis ¾ Gasschieberstellung ordentlich läuft.

Reißen wir den Gashebel mit einem Ruck auf, beobachten wir, wie sich der Motor dabei benimmt. Feuert oder patscht er aus dem Vergaser, ist das Gemisch zu mager. Setzt der Motor beim schnellen Oeffnen aus, ist der Auspuffqualm schwarz, oder stirbt er gar beim Schließen des Luftschiebers ab, dann ist das Gemisch zu reich. Auf dem Gasschieber stehen immer zwei Zahlen. Zum Beispiel 5/4. Bei einem derartigen Gasschieber bedeutet 5 den Typ des Vergasers und 4 den Ausschnitt des Gasschiebers in Sechzehntelzoll. Also hat unser Schieber einen Ausschnitt von 4/16 Zoll. Ist nun das Gemisch zu mager und der Motor feuert oder patscht, dann setzen wir einen Gasschieber 5/3 ein. Also einen Schieber mit einem kleineren Ausschnitt. Durch den kleineren Ausschnitt wird der Querschnitt natürlich auch kleiner und die Sauggeschwindigkeit größer. Es wird also in diesem Bereich des Vergasers mehr Brennstoff angesaugt. Bei zu reichem Gemisch wird dementsprechend ein Schieber mit einem größeren Ausschnitt eingesetzt, also in unserem Fall, der Schieber 5/5.

Dann wird der Leerlauf eingestellt. Dazu muß der Motor erst auf Betriebswärme gebracht werden. In warmem Zustand wird der Lufthebel ¾ geöffnet und der Gashebel 1/8. Dann dreht man die Leerlaufschraube heraus. Dadurch läuft der Motor schneller. Das wird dann durch ein weiteres Schließen des Gasschiebers ausgeglichen. Befriedigt nun der Leerlauf, fixiert man die Gasschieberanschlagschraube, und die Leerlaufeinstellung ist beendet.

Bekommt man keinen sauberen Leerlauf, können nachstehende Mängel des Motors vorliegen: Der Motor bekommt Nebenluft. Das ist möglich, wenn der Vergaser am Motor nicht dicht genug angeschlossen ist, wenn die Ventilführung schon ausgeschlagen ist oder die Ventilsitze nicht richtig dicht sind, wenn die Zündkerze verölt ist oder die Elektroden nicht den richtigen Abstand haben. Auch bei zuviel Frühzündung ist ein sauberer Leerlauf in Frage gestellt. (Beim Einstellen des Leerlaufs möglichst auf Spätzündung oder wenigstens auf Mittelzündung stellen.) Wenn der Motor nun bis ¾ Gas ordentlich geht und nur die Spitze ist noch nicht ausreichend, dann setzt man eine größere Düse ein. Die richtige Düsengröße stellt man fest, indem man in der Ebene mit ¾ geöffnetem Gashebel fährt. Dann wird der Lufthebel geschlossen. Wird die Maschine durch das Schließen des Lufthebels schneller, dann müssen wir eine größere Hauptdüse einsetzen. Wir nehmen erst einmal die nächstgrößere Nummer und probieren wieder. Und das so lange, bis die Maschine durch das Schließen des Lufthebels nicht schneller, sondern langsamer wird. Wird sie also langsamer beim Schließen des Lufthebels, setzen wir wieder die nächst kleinere Düse ein und diese ist dann richtig. Man merke sich als Grundsatz: Die kleinste Düse, mit der die Maschine die größte Geschwindigkeit erreicht, ist immer die richtigste.

Wir haben also gesehen, daß die richtige Vergasereinstellung eine ganze Menge Arbeit macht. Diese Arbeit macht sich aber bestimmt bezahlt. Der Motor wird bei richtiger Vergasereinstellung nicht bei jeder Hetzfahrt heiß. Er beschleunigt gut, und was wohl mit das wichtigste ist, er nutzt den Brennstoff richtig aus. Dann müssen wir der Wahl der für unseren Motor geeignetsten Kerze unsere Aufmerksamkeit widmen. Es ist durchaus nicht gleich, welche Kerze in den Motor eingesetzt wird. Die Kerze mit dem höchsten Glühwert, die nicht zu leicht verölt, ist gerade richtig. Lieber einmal die Kerze sauber machen, als den Motor Glühzündungen aussetzen.

Glühzündungen? Was ist denn das?

Das sind Zündungen durch glühende Kerzenelektroden. Verwendet man in einem Motor also eine Kerze mit einem zu niedrigen Glühwert, dann wird die Kerze zu heiß, und die Elektroden fangen an zu glühen. Die Zündung erfolgt dann schon, ehe die Kerze den Strom von dem Magnet oder bei Batteriezündung von der Spule zugeteilt bekommt. Man kann sich vorstellen, wie schädlich die Glühzündungen sind, wenn der Vorgang bekannt ist, und den wollen wir uns einmal vor Augen führen.

Der Motor saugt sein Gemisch an, komprimiert und dann erfolgt normalerweise die Zündung in dem richtigen Augenblick, also kurz vor dem oberen Totpunkt. Wenn die Kerze aber Glühzündungserscheinungen zeigt, dann glüht sie also. Der Motor saugt dann natürlich auch das Gemisch an. Durch die glühende Kerze wird es aber schon entzündet, ehe der Kolben weit genug hochgekommen ist. Der Kolben ist durch das Getriebe und durch die Kupplung mit dem Hinterrad verbunden. Die Maschine hat Fahrt und will vorwärts. Das zu früh entzündete Gemisch will den Kolben aber rückwärts treiben. Die Kräfte der belasteten Maschine sind jedoch größer und bringen sie doch vorwärts. Jetzt arbeitet also der Kolben gegen den Schub der Maschine. Im Augenblick der Verbrennung kommt auf den Kolben je nach Größe ein Druck von Lis zu 2000 kg. Wenn die Drücke aber gegeneinander arbeiten, wird das Triebwerk unheimlich beansprucht und hat dementsprechend einen abnormen Verschleiß. Außerdem können hierdurch noch Beschädigungen entstehen. Das alles kann durch die Wahl der richtigen Kerze vermieden werden.

**Die schematische Darstellung der einzelnen Stufen des Nadelvergasers**

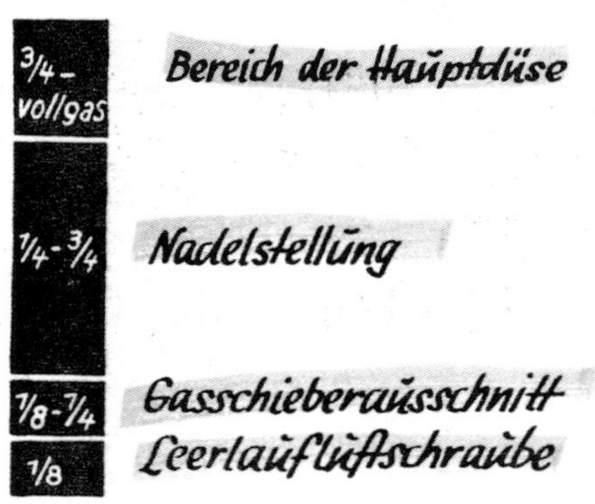


**Das Bild zeigt einen Nadelvergaser im Schnitt. Die Nadel ist in die mittelste Kerbe gehängt.**

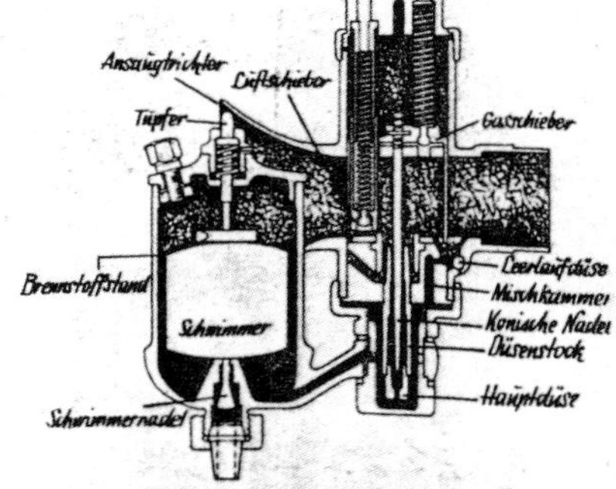

# Etwas von der ZÜNDUNG

Text und Zeichnungen von Praktikus

Unser Motor wird als Verbrennungsmotor bezeichnet. Wenn etwas verbrennen soll, muß es natürlich erst einmal in Brand gesteckt werden. Und dazu haben wir an jeder Maschine eine Vorrichtung, die das Brennstoffluftgemisch in Brand setzt, nämlich die Zündung. Bei den meisten modernen Motoren wird eine Batteriezündung verwendet, weil ein Kraftfahrzeug ja sowieso eine Lichtmaschine haben muß, um den Strom für die Beleuchtung zu erzeugen. – Die Lichtmaschine erzeugt nun den Strom, schickt ihn in den Akku, und von dort werden die Verbraucher gespeist. – Das Licht interessiert uns heute noch nicht, sondern vorerst einmal die Zündung. Bei Krafträdern (und den meisten modernen Personenwagen) hat der Akku eine Klemmenspannung von 6 Volt, und diese 6 Volt sind nicht stark genug, um den Abstand der Elektroden an der Zündkerze zu überspringen. Der Strom muß also erst eine höhere Spannung bekommen, er muß hochtransformiert werden. Dazu ist die Spule vorgesehen. – Und dann muß das Brennstoffluftgemisch ganz genau in dem richtigen Augenblick entzündet werden. Dazu ist wieder der Unterbrecher da. – Der Funke an der Zündkerze soll nicht nur überspringen, sondern er soll auch sehr stark sein. Je stärker der überspringende Funke ist, desto besser wird das Brennstoffluftgemisch entflammt und desto besser wird einmal die Leistung des Motors und dann auch die Ausnützung des Brennstoffes sein. – Die Stärke des Funkens hängt von mehreren Dingen ab. Da muß erst einmal immer genügend Strom vorhanden sein. Die Lichtmaschine muß also genügend laden. Der Akku muß in Ordnung sein und nicht einen zu hohen Eigenwiderstand haben. Und nicht zuletzt hängt die Funkenstärke von dem richtigen Abstand der Unterbrecherkontakte ab. Als bester Abstand kann 0,4 mm angenommen werden. Bei sehr hoch drehenden Motoren kann der Abstand der Unterbrecherkontakte etwas kleiner, etwa 0,3 mm sein. Zuerst werden wir uns also einmal um den Abstand der Unterbrecherkontakte kümmern. Meistens ist im Werkzeug ein kleiner Magnetschlüssel. Haben wir bei unserer Maschine keinen derartigen Schlüssel, können wir ihn uns für ein paar Pfennige kaufen. An diesem Schlüssel ist ein Stahlplättchen, eine sogenannte Fühllehre, die genau 0,4 mm stark ist. Der Abstand der Unterbrecherkontakte muß so eingestellt werden, daß diese Fühllehre gerade zwischen die Kontakte paßt, wenn sie ganz geöffnet sind. Die Kontakte müssen aber nicht nur den richtigen Abstand haben, sie müssen auch völlig plan sein. Sind sie etwas angeschmort, dann werden sie mit einer feinen Feile, einer Kontaktfeile, die extra für diesen Zweck hergestellt wird, plangefeilt. Ein Säubern mit Schmirgelleinen ist unbedingt zu vermeiden, da die Kontakte dann nicht genau plan werden. Es sei übrigens schon jetzt darauf hingewiesen, daß die Ursache eines schnellen Schmorens der Kontakte, wenn der Abstand richtig eingestellt war, bei einem defekten Kondensator zu suchen ist. Um festzustellen, ob der Kondensator defekt ist, läßt man den Motor laufen, nachdem man den Unterbrecherdeckel abgenommen hat. Zeigt sich beim Laufen eine starke Funkenbildung, dann wird man gut tun, den Kondensator zu erneuern. (Kostet übrigens nicht viel.) – Da wir gerade unten am Unterbrecher arbeiten und den Unterbrecherdeckel abgenommen haben, versehen wir bei dieser Gelegenheit gleich den Schmierdocht oder Schmierfilz des Unterbrechernockens mit ein paar Tropfen Oel. Das hat den Zweck, daß der Fibreklotz des Unterbrecherhebels nicht zu schnell abgenützt wird. – Wir können bei dieser Ueberprüfung gleich feststellen, ob die Zündung überhaupt stimmt. Wenn man aus dem Handbuch, das der Maschine beigegeben wurde, den Zündzeitpunkt nicht entnehmen konnte, dann wird man beim Werk anfragen. – Soll unser Motor 10 mm maximale Frühzündung haben, stellen wir den Zündverstellhebel auf Frühzündung, den Kolben in den oberen Totpunkt und zeichnen uns die Totpunktstellung an. Um die Totpunktstellung des Kolbens anzeichnen zu können, muß natürlich die Kerze entfernt werden. Zu dem Kerzenloch wird ein Stahlmaß hineingehalten und an dem Zylinderkopf irgendeine Stelle markiert. Dann wird der Motor aus der Totpunktstellung rückwärts gedreht. In unserem Fall also 10 mm. Man sieht sich dann den Unterbrecher an, der gerade anfangen muß, sich zu öffnen. Tut er das nicht, oder ist er schon offen, muß das korrigiert werden. Man lockert dann die Mutter, die den Unterbrechernocken festklemmt, klemmt zwischen die Unterbrecherkontakte ein Stückchen Seidenpapier und dreht den Nocken so lange, bis sich das Seidenpapier herausziehen läßt. In dieser Stellung wird dann die Mutter wieder festgezogen. (Der Zündverstellhebel ist natürlich immer noch auf Frühzündung, und auch der Kolben steht noch 10 mm vor dem oberen Totpunkt.) Das Ganze hört sich etwas umständlich an, ist aber halb so schlimm. Aus der Zeichnung sehen wir, wie es gemacht wird. – Stimmt dann also der Abstand der Unterbrecherkontakte, der Zündzeitpunkt, und hat die Kerze auch den richtigen Glühwert, dann müssen wir uns ein bißchen um den Akku kümmern. – In einer modernen Maschine hat der Akku normalerweise eine Klemmspannung von 6 Volt. Das heißt, der Akku besteht aus drei Zellen, und jede dieser drei Zellen hat eine Nennspannung von 2 Volt. Es sollen nur kurz die Vorgänge in dem Akku während der Ladung gestreift werden. Es bleibt sich dabei völlig gleich, ob der Akku mit einer Dynamo oder aus dem Gleichstromnetz geladen wird. (Gleichstrom m u ß aber zum Laden sein.) – Hängt man in ein mit 25prozentiger chemisch reiner Schwefelsäure gefüllten Gefäß zwei Bleiplatten, so überziehen diese sich mit Bleisulfat, dem Produkt aus Schwefelsäure und Blei. Wird an die eine Platte der Plus- und an die andere der Minuspol einer Stromquelle gelegt, so verwandelt sich durch Zersetzung das Bleisulfat an der positiven Platte in das braune Bleisuperoxyd und an der negativen Platte in graues, schwammiges Blei. Um nun gleich eine große Kapazität des Akkus zu bekommen, erhalten die Akkuplatten nur ein Gittergerüst aus Blei, das mit den entsprechenden Chemikalien gefüllt wird. – Der gut geladene Akku soll eine Klemmenspannung von 6,2 Volt haben. Die Säuredichte soll dabei 28 Bè betragen. – Außerdem gibt es dann noch den sogenannten Edison-Akku, dessen eine Platte mit Eisenoxyd und dessen andere mit Nickeloxyd gefüllt ist. Dieser Akku wird mit einer 21prozentigen Kalilauge gefüllt. Jede Zelle hat eine Klemmspannung von 1,2 Volt, und man braucht demnach, um wieder auf die benötigten 6 Volt zu kommen, fünf Zellen für eine Batterie. Der Edison-Akku ist gegen Stoß und Kurzschluß unempfindlich, dagegen in der Anschaffung erheblich teurer und hat außerdem eine geringere Leistung als der normale Akku. – Hat unser Bleiakku weniger als 5,7 Volt, so ist es ratsam, ihn an einer fremden Stromquelle aufladen zu lassen. Sind wir nicht viel in der Nacht gefahren, und er hat trotzdem nicht mehr Stromspannung, dann müssen wir der Ursache auf den Grund gehen. Einmal kann Regler oder Rückstromschalter der Dynamo defekt sein, dann kann aber auch irgendwo in der Leitung ein »Kurzer« sein. Beide Mängel müssen schleunigst beseitigt werden, da sich andernfalls die Lichtmaschine für unsere Nachlässigkeit rächt. Aber auch wenn alles in Ordnung ist, müssen wir den Akku alle vier Wochen einmal ausbauen und destilliertes Wasser nachfüllen, da der Akku doch dauernd von der Lichtmaschine geladen wird und durch das Laden destilliertes Wasser verdunstet. Man soll nicht mehr Wasser als 2 mm über die Platten nachfüllen. Füllt man mehr ein, kocht der Akku beim Fahren über, und durch die Säure werden Maschinenteile wie Spannband und mehr angefressen.

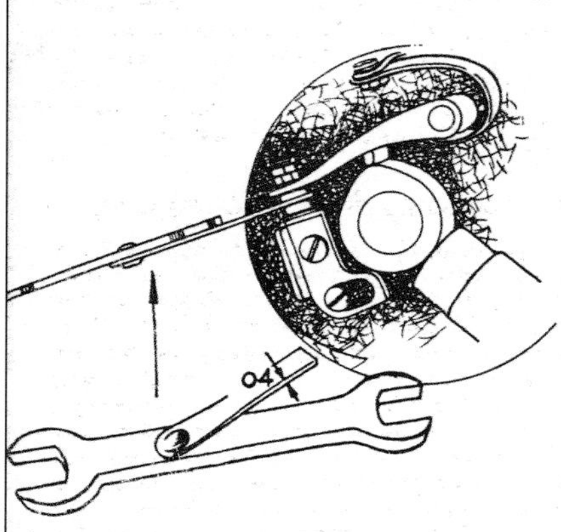


Um eine gute Verbrennung zu erhalten, müssen die Unterbrecherkontakte einen Abstand von genau 0,4 mm haben. Um diesen Abstand genau einstellen zu können, ist es ratsam, eine Fühllehre zu verwenden, die sich an dem Magnetschlüssel befindet. Diese Lehre ist genau 0,4 mm stark, und wenn sie genau zwischen die Unterbrecherkontakte in voll geöffnetem Zustand paßt, dann ist der Abstand gerade richtig.

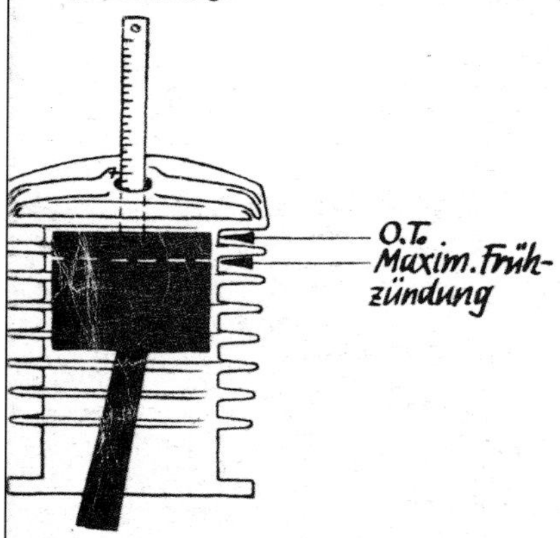


Um die Zündung richtig einzustellen, ist es nur nötig, die Zündkerze herauszuschrauben. Man stellt dann mit einem Stahlmaß fest, wann der Kolben im oberen Totpunkt steht. Dann dreht man den Motor um so viel Millimeter rückwärts, wie die maximale Frühzündung betragen muß.

„Motor+Sport 1936"

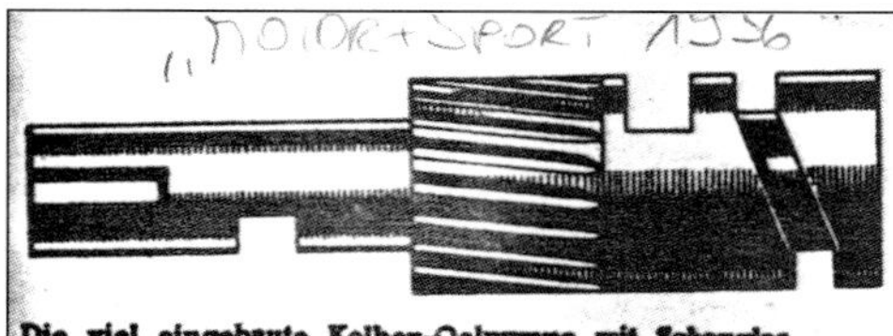

Die viel eingebaute Kolben-Oelpumpe mit Schauglas zur Ueberwachung der Funktionen und Fördermengen. – Links der durch Schnecke und Schneckenrad angetriebene Pumpenkolben. Durch Veränderung der Hublänge kann die Fördermenge erhöht oder verringert werden. *(Werkzeichnung Hajot)*

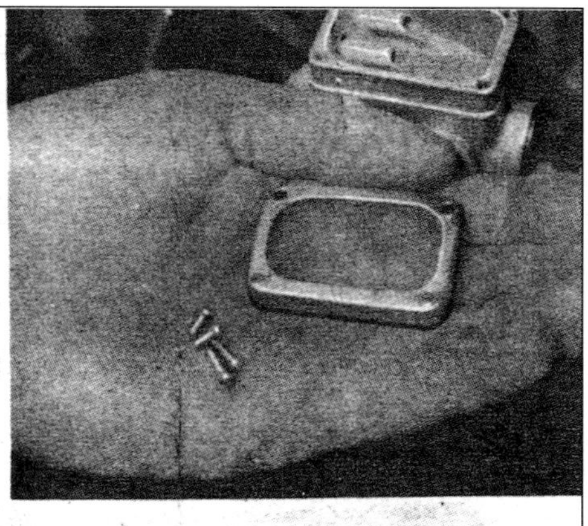

Eine angebaute Oelpumpe. Das Schauglas ist abgenommen, damit die Tropfenröhrchen noch deutlicher zu erkennen sind. – Bei dieser Doppelpumpe führt die hintere Leitung (am Motor) zu den Schmierstellen der Kurbelwelle, die vordere Leitung zu den Steuerungsteilen der Ventile.

# Auf den Tropfen kommt es an!

Noch heute gibt es auf den deutschen Landstraßen Tausende von Motorrädern mit außen liegender Oelpumpe, die ganz genau eingestellt werden muß. Außerdem werden nicht nur in England, sondern auch in Deutschland noch Motorräder mit dieser frei liegenden Oelpu[illegible]ebaut. Es lohnt sich deshalb, an eine[illegible]weit verbreiteten Beispiel zu zeigen, worauf es ankommt. Diese Pumpe hat den Vorzug, daß ihre Wirkungsweise jederzeit überwacht werden kann. Das Schmieröl fließt durch eine unter dem Schauglas unterbrochene Leitung (es können auch mehrere sein), so daß man bei stehendem Rad und im Leerlauf arbeitender Maschine, aber auch während der Fahrt die Funktion der Pumpe beobachten kann. Sie sehen, wie das Oel fließt, wie Tropfen auf Tropfen aus dem Rohr heraustreten. Die Zahl der Tropfen zeigt Ihnen die Menge des geförderten Oeles. Jede dieser Pumpen ist einstellbar. Es besteht also die Möglichkeit, den noch neuen oder neu gelagerten Motor, die Maschine mit neuem Kolben besonders stark zu schmieren oder bei normal hoher Belastung – etwa im Hochgebirge – die Oelfördermenge zu erhöhen.

Die Einstellung dieser Pumpe erfolgt je nach Ausführung entweder mit dem Schraubenzieher durch Verdrehen einer kleinen Einstellschraube oder von Hand durch einfaches Drehen eines Einstellknopfes oder – bei Rennmaschinen wichtig – über einen Drahtzug durch einen H[illegible]l am Lenker.

Immer handelt es sich um eine selbsttätige Saug- und Druckpumpe, die vom Motor angetrieben wird. Wo die Oelpumpe zweckmäßig angebaut wird, das hängt von der Konstruktion und dem Einbau des Motors ab. Die Pumpe soll nicht nur gut zugänglich sein, sondern muß so liegen, daß das Schauglas leicht zu übersehen ist. Die Konstruktion der Pumpe ist einfach. Die meisten Ausführungen unterscheiden sich nur in Kleinigkeiten voneinander. Es ist eine Kolbenpumpe, bei der der Kolben nicht durch Schubstange und Kurbelwelle bewegt wird. Schnecke und Schneckenrad bringen den Kolben in eine Drehbewegung. Durch die Führung des Kolbens (im Gehäuse ist ein Zapfen befestigt, der in einer im Kolben eingefrästen Kurvennute läuft) wird erst die hin- und hergehende Bewegung erreicht. Bei unserem Beispiel ist der Kolbenhub veränderlich. Dadurch kann die Fördermenge vergrößert oder verkleinert werden. Bei einer anderen Ausführung bleibt der Kolbenhub immer gleich, aber die Menge des zufließenden Oels kann durch eine Einstellschraube verringert oder erhöht werden.

Wieviel Oel gefördert werden muß, das hängt selbstverständlich allein von dem Oelbedarf des betreffenden Motors ab. – In den Bildern zeigen wir eine Doppelpumpe. Der eine Teil der Pumpe (im Schauglas, das auf der Motorseite liegende Tropfrohr) fördert das Frischöl zum Kurbeltrieb, also zu den Hauptlagern des Motors. Die zweite Pumpe fördert das Oel zu den Steuerungsteilen der Ventile. Wie erfolgt nun bei dieser Oelpumpe die Einstellung?

Bei dieser Pumpe kann die Kurbelwellenschmierung leicht durch Drehen dieses Handknopfes (nach links erhöhte Oelförderung) eingestellt werden.

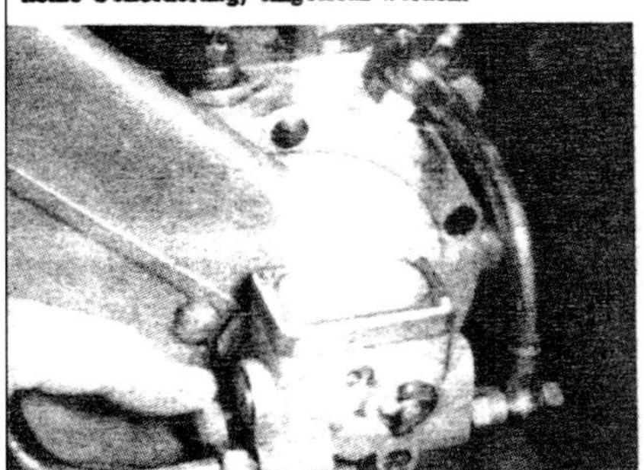

## Die Schmierung der Kurbelwelle

Das Motorrad steht auf dem Kippständer, der Motor läuft ruhig im Leerlauf. Durch das Schauglas können wir die Funktion der Pumpe beobachten. Tropfen auf Tropfen laufen aus dem hinteren Röhrchen. Jede, auch die geringste Verstellung des Handknopfes (Bild) ändert die Tropfenzahl je Minute, bzw. je Umdrehung des Motors oder je Kolbenhub. Bei diesem Motor soll immer auf vier Hübe ein Tropfen kommen. Der neue Motor erfordert etwas mehr Oel. – Der Fahrer, der sich liebevoll mit seiner Maschine beschäftigt, wird bald herausbekommen, wie die Oelpumpe bei dieser oder jener Belastung am besten eingestellt wird. Für den Anfänger empfehlen die Hersteller solcher Pumpen die Einstellung so vorzunehmen, daß bei eingelaufenem Motor aus dem Auspuff eine kaum sichtbare Rauchfahne strömt.

Auf dem Einstellknopf ist durch Pfeile und Zeichen „Zu" und „Auf" noch die Einstellrichtung angegeben. Eine Drehung nach links erhöht die Oelförderung!

Die bereits erwähnte Oelpumpe mit Drahtzugverstellung kommt nur für Sonderfälle in Betracht. Die Pumpe wird zunächst fest eingestellt, und zwar so, daß ohne Bedienung des Handhebels für den Normalbetrieb genügend Oel gefördert wird. Bei jeder übermäßigen Belastung – etwa im Gebirge – oder bei ständiger Fahrt mit Vollgas genügt eine kleine Hebelbewegung, um die Fördermenge zu steigern. Sowie man den Hebel losläßt, geht die Pumpe wieder in die Normalstellung zurück. Früher konnte das gleiche nur durch eine zusätzliche Handölpumpe erreicht werden.

## Die Schmierung der Ventilsteuerung

Im vorderen Teil unserer Oelpumpe beobachten wir unter dem Schauglas das zur Ventilsteuerung fließende Oel. Der Bedarf ist hier geringer. Bei normaler Belastung genügt 1 Tropfen auf 8 Hübe. Die Einstellung erfolgt (oft auch bei der Pumpe für die Kurbelwellenlager) mit dem Schraubenzieher. Die Einstellschraube ist blockiert, damit sich die Pumpe nicht verstellen kann. Zunächst werden deshalb die beiden Klemmschrauben über und unter der Einstellschraube etwas gelöst. Jetzt kann die mittlere Einstellschraube verdreht werden. Durch eine Drehung nach rechts – also im Sinne des Uhrzeigers – wird die Fördermenge verringert. – An der Regulierschraube ist ein kleiner Pfeil angebracht, am Gehäuse eine Skala, so daß man sich jeweils richtige Stellung merken kann. Die Drehrichtung wird durch die Zeichen „Z" = Zu und „A" = Auf (unten) gekennzeichnet. – Nach der Einstellung werden die Klemmschrauben wieder angezogen.

J. F.

Oelförderung zu den Ventilsteuerungsteilen: Nach Lösen der beiden Klemmschrauben wird diese mittlere Einstellschraube ein wenig nach links (mehr Oel) oder rechts gedreht. *(Photo Fischer, 3)*

# Eine Existenzfrage ist es,

ob Sie Motorrad-Ersatzteile und -Zubehör bei **2000** verschiedenen Lieferanten einzeln bestellen oder bei **einem** Fachgrossisten **alles** ab Lager

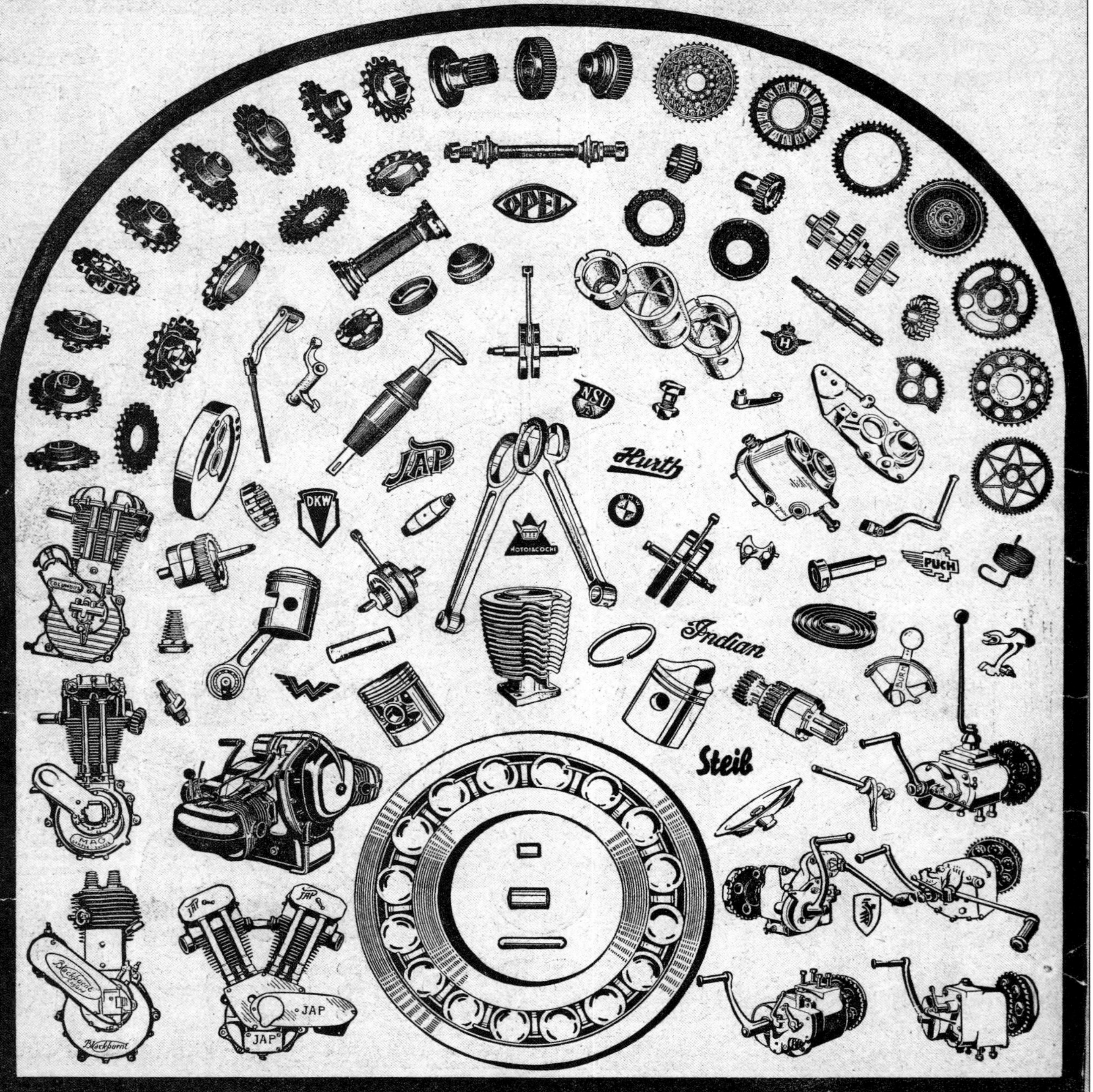


# Bruno v. Festenberg-Pakisch

Der Motorradteile-Grossist

Telephon: 33 59 53/54

**Hamburg 1**

Telegramme: Festenberg Hamburg

„Haus des Fortschritts", Steinstraße 10, oder Bugenhagenstraße 7

**Lieferung nur an Händler!**

# Alles, was zum Motorrad gehört,

finden Sie bei mir in über 40 000 Fächern sortiert am Lager / Darum kann der **Händler** und **Reparateur** alles innerhalb 24 Stunden erhalten

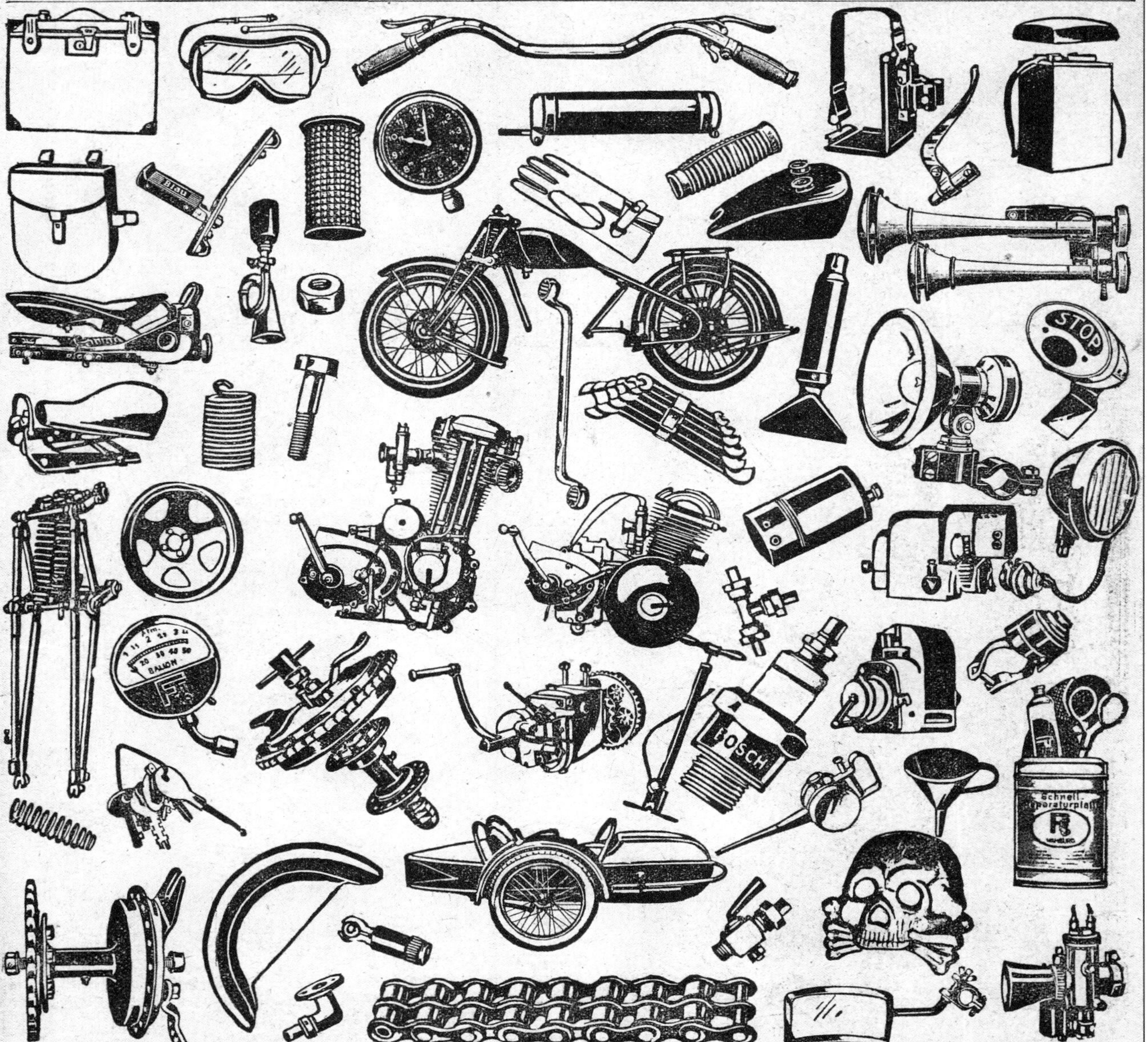


# Bruno v. Festenberg-Pakisch

Spezial-Großhandlung für Motorrad-Zubehör

Telephon: 33 59 53/54

**Hamburg 1**

Telegramme: Festenberg Hamburg

„Haus des Fortschritts", Steinstraße 10, oder Bugenhagenstraße 7

**Lieferung nur an Händler!**